Ernst Peter Fischer

Das Atom der Biologen

SERIE PIPER
Band 759

Zu diesem Buch

Max Delbrück (1906–1981) gilt als der Wegbereiter der Molekularbiologie, der vielleicht modernsten aller Naturwissenschaften, die sich mit der Erforschung der Grundlagen des Lebens beschäftigt. Aus der bekannten Berliner Familie der Delbrücks stammend, studierte Delbrück zunächst Physik und Astronomie. Angeregt durch die Entdeckung der Quantentheorie begann er, die neuen Erkenntnisse über die Atome zu nutzen und sie auf die Mikrobiologie zu übertragen. Anhand von Bakteriophagen arbeitete er, seit 1937 in den USA, über Genmutationen und Gen-Rekombinationen. Später wandte er sich der Erforschung einfacher Lebewesen zu, um so das Phänomen der Wahrnehmung analysieren zu können. 1969 erhielt er den Nobelpreis für Medizin.

Ernst Peter Fischer rekonstruiert anhand des Lebenslaufes von Delbrück die Ursprünge der Molekulargenetik. Kaum eine Wissenschaft hat in den letzten Jahrzehnten einen so großen Aufbruch erlebt wie die Molekularbiologie; die Tragweite der Forschungen auf diesem Gebiet läßt sich noch kaum abschätzen. »Ich habe schon früh entdeckt, daß ein Wissenschaftler die Welt stärker verändern kann als Cäsar. Und während er dies tut, kann er ganz ruhig in einer Ecke sitzen.« (Max Delbrück)

Ernst Peter Fischer, geboren 1947 in Wuppertal. Studierte zunächst Festkörperphysik in Köln und dann Biologie bei Max Delbrück in Pasadena; dort promovierte er 1977. Danach Forschungsarbeiten auf den Gebieten Biochemie und Biophysik; Habilitation 1986. Fischer lebt als Wissenschaftspublizist in Konstanz.

Ernst Peter Fischer

DAS ATOM DER BIOLOGEN

Max Delbrück
und der Ursprung der Molekulargenetik

Piper
München Zürich

Von Ernst Peter Fischer liegt in der Serie Piper
außerdem vor:
Niels Bohr (SP 5226)

ISBN 3-492-10759-1
Januar 1988
R. Piper GmbH & Co. KG, München
Lizenzausgabe mit Genehmigung des Universitätsverlags Konstanz

Umschlag: Federico Luci,
unter Verwendung eines Fotos
von Mutanten der Phycomyces
(Foto: David Dennison)
Gesamtherstellung: Clausen & Bosse, Leck
Printed in Germany

Inhalt

M. Delbrück

Hinweise für den Leser

Max Delbrück hat 1978 in mehreren Interviews, die er Carolyn Kopp, einer amerikanischen Studentin der Wissenschaftsgeschichte, gegeben hat, aus seinem Leben erzählt. Niederschriften dieser Gespräche befinden sich im Archiv des California Institute of Technology in Pasadena (USA), im folgenden Caltech genannt. Zitate aus diesen Interviews sind mit (I) gekennzeichnet.

Der Autor hat Max Delbrück im Februar 1981 besucht. Dabei wurde die Disposition für dieses Buch entworfen. Sie ermutigte Max Delbrück, trotz einer schweren Krankheit, damit zu beginnen, seine Erinnerungen zu diktieren. Etwa 35 Seiten waren geschrieben, als Max Delbrück im März 1981 starb. Zitate aus diesen autobiographischen Notizen sind mit (A) gekennzeichnet.

Die Briefe von oder an Max Delbrück, aus denen zitiert wird, befinden sich im Archiv des Niels-Bohr-Institutes in Kopenhagen, im Archiv der Rockefeller Foundation in Tarrytown (New York) und im Caltech. Diese Briefe sind in Kopien durch Angabe des Schreibers und des Adressaten von den Archiven zu erhalten. Die Daten werden im Text genannt. Einige zitierte Briefe oder Texte sind in Privatbesitz, wie jeweils aus dem Zusammenhang geschlossen werden kann. Stilistische und grammatikalische Eigenwilligkeiten wurden in den deutschen Zitaten beibehalten. In den aus dem Englischen vom Autor übersetzten Zitaten wurde versucht, die besondere Ausdrucksform Delbrücks wiederzugeben.

Die wissenschaftlichen Arbeiten von Max Delbrück sind in einem Anhang aufgeführt. Sie wurden von D 1 bis D 111 numeriert und entsprechend zitiert. Weitere Literaturhinweise erfolgen durch Nennung des Autorennamens und des Erscheinungsjahres, zum Beispiel (Heisenberg, 1969). Diese Publikationen sind alphabetisch in einem weiteren Anhang zusammengestellt.

◁ »Tritt ein ohne anzuklopfen – wenn Du kannst.« Dieser Spruch stand an der Tür zu Max Delbrücks Arbeitszimmer in Pasadena; das Bild links zeigt ihn dort im Jahr 1969.

Widmung

Für Heinrich Hahne in lebenslanger und dankbarer Verbundenheit.

Ernst Peter Fischer

Zu Beginn

Die Freude am Denken

Das Leben von Max Delbrück

Dieser Bericht wurde von einem Wissenschaftler für die Freunde der Wissenschaft geschrieben. Er beschreibt das Leben von Max Delbrück, der seine Studien mit der ältesten Wissenschaft begann, der Astronomie, und die jüngste, die Molekularbiologie, ins Leben rief. Charakteristisch für ihn war seine nie versiegende Bereitschaft, neue intellektuelle Abenteuer zu beginnen. Max Delbrück genoß stets die Freiheit eines Anfangs.

Sein ganzes Leben hat sich Delbrück nur auf wissenschaftliche Fragen konzentriert. Er hat die nationale, internationale und akademische Politik gemieden. Dabei kannte er die bedrohliche Stärke, die die Wissenschaft des 20. Jahrhunderts gewonnen hat: »Ich habe schon sehr früh für mich entdeckt, daß man als Wissenschaftler potentiell die Welt viel stärker verändert, als es Caesar oder irgendeine der großen militärischen oder politischen Gestalten je getan haben. Und während man das tut, kann man ganz ruhig in einer Ecke sitzen« (I). Delbrück sagte dies am Ende seines Lebens, als die Molekulargenetik, die er begründet hatte, anfing, die Börsenmakler zu beschäftigen. Als Max Delbrück 1906 in Berlin geboren wurde, gab es den Begriff »Gen« noch nicht. Er wurde erst drei Jahre später geprägt (Johannsen, 1909). 1943 veröffentlichten Salvador Luria und Max Delbrück Ergebnisse, die das Tor zur Bakteriengenetik weit öffneten (D 25). Für diesen Erfolg erhielten sie zusammen mit Alfred Hershey 1969 den Nobelpreis für Medizin und Physiologie.

Ein besonderes Merkmal der neuen Biologie besteht darin, daß sie nicht nur von Biologen gemacht worden ist. Luria zum Beispiel war Mediziner, und Delbrück hatte Physik studiert. Die Physik faszinierte den jungen Delbrück, weil sie ihm Einblick in die Struktur der Atome bot. Nach astronomischen Anfängen arbeitete sich Delbrück 1928 in die Quantentheorie ein und promovierte 1930 bei Max Born in Göttingen.

Delbrücks Hinwendung zur Biologie begann 1931 während eines sechsmonatigen Aufenthalts bei Niels Bohr in Kopenhagen. Bohr versuchte damals, die neuen Entdekkungen der Atomphysik zu erklären. Die Atome – so war klar geworden – konnten nur verstanden werden, wenn man auf bestimmte Denkgewohnheiten verzichtete. Elektronen liefen zum Beispiel nicht auf festen Bahnen um den Atomkern. Sie konnten auch nicht identifiziert werden. Bohr sprach in diesem Zusammenhang von der Lektion der Atome für das menschliche Erkennen, und er betonte, daß sie auch von anderen Bereichen der Wissenschaft gelernt werden müsse.

Dieser Vorschlag faszinierte Max Delbrück, der sich in den dreißiger Jahren die Aufgabe stellte, seine Relevanz für die Biologie zu prüfen. Die Konsequenz der Atomphysik, die er dabei im Auge hatte, ist als die Idee der Komplementarität bekannt. Dieses Konzept war 1927 von Niels Bohr vorgeschlagen worden, um die Widersprüchlichkeiten der neuen Theorien zu versöhnen, die so erfolgreich das Verhalten der Atome vorhersagten. Die Partikel aus der atomaren Welt offenbarten nämlich zwei Gesichter. Unter bestimmten Bedingungen verhielten sie sich so, wie man dies von festen Teilchen aus dem Alltag kennt, unter anderen Bedingungen traten sie als Wellen in Erscheinung.

Welle und Teilchen sind komplementäre Konzepte der modernen Atomphysik, dies bedeutet, daß man mit diesen intuitiven Bildern Ergebnisse von Experimenten beschreibt, die sich gegenseitig ausschließen, die also nicht gleichzeitig durchgeführt werden können. Delbrück war von Anfang an davon überzeugt, mit der Komplementarität können Licht und Leben erklärt werden. Er wollte das Leben wie das Licht verstehen.

Die Suche nach einer Möglichkeit, mit der Idee der Komplementarität das Rätsel des Lebens zu lösen, war für Max Delbrück »die einzige Motivation in der Biologie«, sie war sein »Hintergedanke (›my ulterior motive‹) . . . von Anfang an«, wie er Niels Bohr gegenüber immer wieder betonte.

Sein Einstieg in die Biologie fand noch in Berlin statt, wohin er 1932 zurückgekehrt war, um bei Lise Meitner zu arbeiten. In seiner Dienstzeit kümmerte er sich um die Physik des Atomkerns und in seiner Freizeit um die Natur des Gens, das heißt, er untersuchte, wie sich die Stabilität des genetischen Materials und seine Veränderungen (Mutationen) erklären lassen.

Damit enden Delbrücks europäische Jahre, von denen im ersten Teil des Buches (»Die neue Physik in der Alten Welt«) berichtet wird. Als ihm 1937 ein Stipendium der Rockefeller-Stiftung die Möglichkeit bot, seine biologischen Arbeiten in Amerika fortzusetzen, griff Delbrück dankbar zu. In Deutschland fühlte er sich zu jener Zeit nicht wohl, da es zunehmend schwieriger wurde, sich auf die Wissenschaft zu konzentrieren. Zwei Jahre später verhinderte der Ausbruch des Zweiten Weltkriegs seine Rückkehr, und Delbrück beschloß, in den Vereinigten Staaten zu bleiben.

In der Neuen Welt hatte er zu jener Zeit schon das System gefunden, das geeignet war, Bohrs Herausforderung zu beantworten. Delbrücks Untersuchungen mit Viren, die Bakterien angreifen und zerstören können (Bakteriophagen), legten zwischen 1938 und 1945 den Grund, auf dem später das Gebäude der Molekularbiologie errichtet werden konnte. Mit diesem Aufstieg der neuen Genetik befaßt sich der zweite Teil des vorliegenden Buches (»Die molekulare Biologie in der Neuen Welt«). Er erreichte seinen Höhepunkt 1953, als es gelang, die Struktur des genetischen Materials (DNS) zu erkennen.

Damals hatte sich Delbrück bereits aus diesem Bereich der Forschung zurückgezogen. Denn je erfolgreicher die Genetiker waren, desto weniger Spielraum blieb für seine Hoffnung auf Komplementarität. Konsequenterweise suchte Delbrück ab 1947 ein neues System, das eine Möglichkeit bieten könnte, diese Idee in die Biologie zu übertragen. In diesem Jahr war er Professor für Biologie am California Institute of Technology

(Caltech) in Pasadena (USA) geworden. Seine Wahl fiel auf den einzelligen Pilz *Phycomyces*, dessen Reaktionen auf verschiedene Reize aus der Umgebung (Verhalten) er fortan analysierte.

Bis zum Ende seines Lebens blieb Delbrück diesem Pilz und Caltech treu. Den Kontrast zu dieser geographischen und thematischen Stetigkeit bilden seine anderen weitverzweigten Interessen nach dem Ende des Weltkriegs. Für diesen Abschnitt von Delbrücks Leben kann daher kein chronologischer Bericht gegeben werden. Statt dessen werden – im dritten Teil – einzelne Fäden aufgenommen und verfolgt (»Ein Wissenschaftler in seiner Welt«).

»Davon glaube ich kein Wort«

Dieser Bericht beschreibt das Leben eines Mannes, der stärker als irgendein anderer Biologe gezeigt hat, wie die Kraft einer Persönlichkeit den Fortgang der Wissenschaft beeinflussen kann. Max Delbrück erreichte diese Macht durch seine Integrität und seine intellektuellen Fähigkeiten. Er besaß nie ein mächtiges Amt, weil es ihn nur von der Wissenschaft und seiner Freude am Denken abgelenkt hätte. Alle seine Freunde – auch die deutschen – nannten und nennen ihn Max. Dies soll in diesem Bericht nicht anders sein.

Max hatte Spaß am Denken. Er war der Intellektuelle der Molekularbiologie. Viele Zeitgenossen trugen mit ihren Arbeiten direkt mehr zur Entwicklung dieser Wissenschaft bei; es war aber immer wieder Max, der nach genauem Hinhören mit bohrenden Fragen den Forschern neue Wege wies. Er war der Sokrates der Biologie, und Cold Spring Harbor und Caltech waren seine Marktplätze.

Wer mit Max zusammengearbeitet hat, wird niemals seine Reaktion vergessen, mit der er die Ankündigung (vermeintlich oder wirklich) großer Entdeckungen begrüßte: »Davon glaube ich kein Wort!« (»I don't believe a word of it!«). Wer seine Experimente mit Max diskutierte, konnte sicher sein, eine Vorschau auf alle mögliche Kritik zu bekommen. Falls Max zuhörte! Er konnte auch abweisend sein. Wenn aber sein Interesse geweckt worden war, wollte er auch die Details genau wissen. Er war dann schwer zu überzeugen und zufriedenzustellen.

Max lobte selten. Immer forderte er seine Diskussionspartner auf, genauer und kritischer zu sein. Es war in seiner Gegenwart nicht leicht, sich zu behaupten und so zu sein, wie man wirklich ist. Bei alldem schimmerte aber immer die Freude durch, die es Max bereitete, über wissenschaftliche Fragen nachzudenken.

Auf dem Weg zur Biographie

Die Geschichte dieses Buches beginnt 1978. Damals gab Max Carolyn Kopp mehrere Interviews. Sie war Studentin der Wissenschaftsgeschichte und wollte sein Leben im Rahmen ihrer Dissertation beschreiben. Max stimmte diesem Vorhaben zu, denn er verstand Geschichte als Bericht über das, was einzelne Menschen getan und erlitten haben. Carolyn Kopp bereitete diese Interviews sorgfältig vor und verarbeitete sie zu ausgezeichneten Transkripten, die nun in den Archiven der Millikan Bibliothek in Pasadena aufbewahrt werden.

Während seines Lebens hat Max einmal Land und Sprache und mehrmals das wissenschaftliche Gebiet gewechselt. Daher fühlte sich Carolyn, die in Amerika als Wissenschaftshistorikerin ausgebildet worden war und sich auf die Genetik konzentrieren wollte, nicht in der Lage, ihr einmal begonnenes Projekt zu Ende zu bringen.

Als sie Max darüber informierte, dachte er zunächst daran, seine Autobiographie zu schreiben. Er wollte dies auch deshalb tun, um – wie er schrieb – mit diesem »ganz neuen Versuch das Problem in den Griff zu bekommen, eine Art innere Einheit meines Lebens zu erfassen« (A).

Max starb, kurz nachdem er diesen Satz diktiert hatte. Er war krebskrank und wußte, daß nur wenig Zeit blieb, als er seinen autobiographischen Versuch begann. In dieser Situation bat er mich, ihm zu helfen. Anfang 1981 lud er mich ein, nach Pasadena zu kommen. Ich hatte vier Jahre lang (1973–1977) am Caltech bei Max als einer seiner letzten Doktoranden gearbeitet.

Der Dank an Freunde

Dieses Buch konnte nur mit einem Stipendium der Deutschen Forschungsgemeinschaft (DFG) geschrieben werden. Ich bedanke mich bei der DFG sehr herzlich. Besonders danke ich Dr. Anita Hoffmann, die trotz einer fast aussichtslos erscheinenden Ausgangslage mich zu einem Antrag an die DFG ermutigte und das Vorhaben immer unterstützte.

Wer die Biographie von Max Delbrück schreibt, begibt sich auf das Gebiet der neueren Wissenschaftsgeschichte. Man sollte meinen, wenn man diesen Versuch ohne vorherige Erfahrung an einer Universität unternimmt, an der dieses Fach nicht vertreten ist, besteht keine Aussicht, ihn durchführen zu können. Doch in Konstanz wurde es möglich, vor allem durch die Unterstützung von Prof. Peter Läuger und dem Rektor der Universität, Prof. Horst Sund. Peter Läuger wies wiederholt darauf hin, wie bedeutend die Vermittlung von Wissenschaft ist, und Horst Sund half, jedes institutionelle Problem zu lösen. So behielt ich einen Platz in der Universität, und dafür bin ich sehr dankbar.

Viele hundert Seiten meiner ersten Fassung wurden von Hildegard Allen zu lesbaren Texten verarbeitet. Sie hat mir damit sehr geholfen, und ich bedanke mich gerne.

James D. Watson hat mich eingeladen, einige Zeit in Cold Spring Harbor zu verbringen, wo Max seine zweite amerikanische Heimat gefunden hatte. Es war ein reines Vergnügen, dort Gast zu sein, und ich bin dankbar dafür.

Gunther S. Stent hat mit seiner optimistischen Rastlosigkeit und seiner unglaublichen Kenntnis biologischer Details und wissenschaftlicher Zusammenhänge mir ein Vorbild gesetzt, das unerreichbar bleibt. Ich danke ihm und seiner Frau für ihre Hilfe (und die wunderbaren Abendessen).

Der Name Max Delbrück öffnet viele Türen. Ich konnte mit vielen seiner berühmten

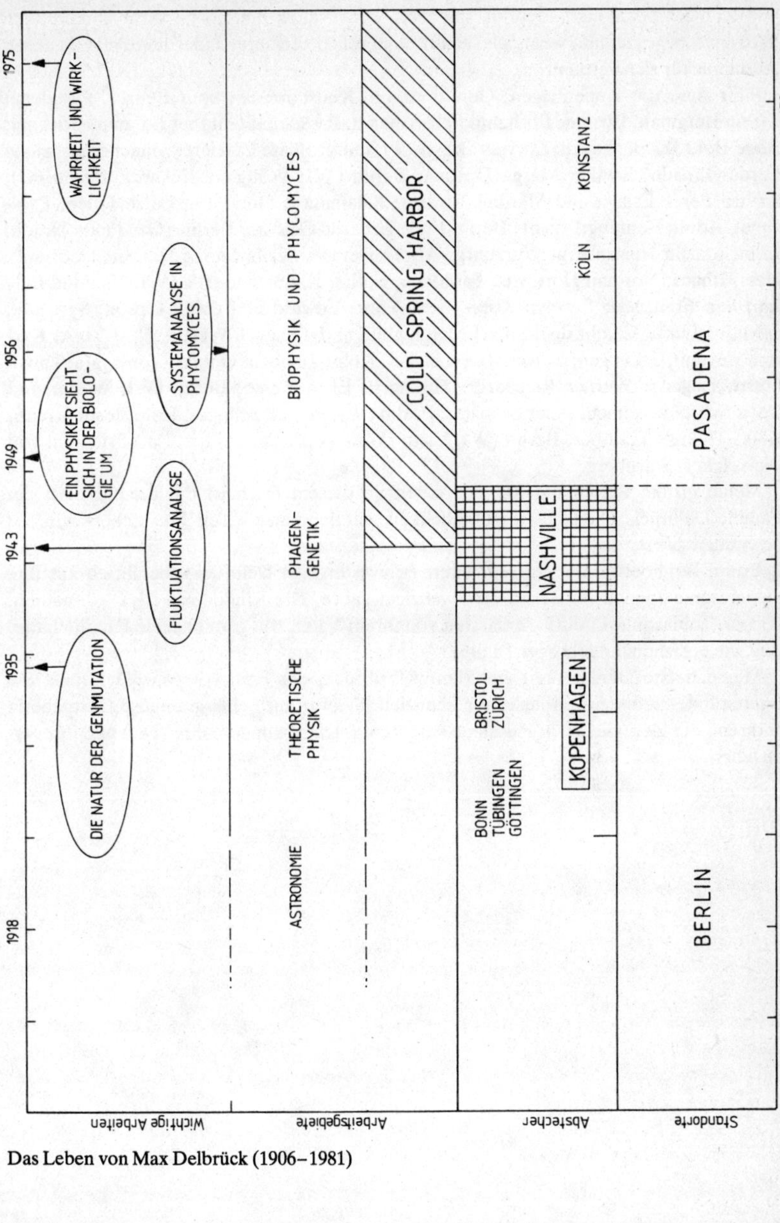

Das Leben von Max Delbrück (1906–1981)

und weniger bekannten Freunde sprechen. Ihnen allen bin ich herzlich dankbar. Ich bitte, mir zu verzeihen, wenn ich sie nur namentlich aufführe. Jeder hätte einen ganzen Abschnitt für sich verdient.

Finn Aaserud, Kopenhagen; Gerold Adam, Konstanz; Seymour Benzer, Pasadena; Kostia Bergman, Boston; Ruth und Felix Boehm, Pasadena; Günther Boheim, Bochum; Aage Bohr, Kopenhagen; Carsten Bresch, Freiburg; Beate Carrière, München; Enrique Cerdá-Olmedo, Sevilla; Marga Dütting, Berlin (W); Wolfgang Eckardt, Berlin (O); Arturo Perez Eslava und Maribel Alvarez, Salamanca; Doris und Caleb Finch, Pasadena; Adolf Henning Frucht, Berlin (W); Erhardt Geißler, Berlin (O); Janos Hajdu, Köln; Martin Heisenberg, Würzburg; Alfred Hershey, Cold Spring Harbor; George P. Hess, Ithaca; Norman Horowitz, Pasadena; Lothar Klünner, Berlin (W); Yno und Lilly Jan, San Franzisco; Carolyn Kopp, New York; Edward und Carol Lipson, Syracuse; Salvador Luria, Cambridge; Stuart McLaughlin und Tazewell Wilson, New York; Karl von Meyènn, Tübingen; Bernd Mühlschlegel, Köln; Tamotsu Ootaki, Yamagata; David Presti, Eugene; Werner Reichardt, Tübingen; Enzo Russo, Berlin (W); Walter und Doris Schröder, Jülich; Peter Schuster, Berlin (W); Peter Starlinger, Köln; Josef Straub, Köln; Thomas Trautner, Berlin (W); Victor Weisskopf, Cambridge; Carl Friedrich von Weizsäcker, Starnberg.

Meine größte Belohnung für die Arbeit an diesem Buch ist die Freundschaft der Familie Delbrück. Die Selbstverständlichkeit, mit der man ein Teil ihres Lebens wird, ist bewundernswert.

Emmi Bonhoeffer, die ein Jahr ältere Schwester Max Delbrücks, beschrieb mir ihre gemeinsame Jugend im Berlin der zwanziger Jahre. Die Kinder von Max – Jonathan, Nicola, Tobias und Ludina – erzählten von ihrem Vater, wie gern er seine Familie hatte, und wie er sich in ihr geborgen fühlte.

Meine tiefste Dankbarkeit gilt Manny Delbrück, der Frau von Max Delbrück. Sie unterstützte meine Arbeit nicht nur finanziell. Sie war auch eine grandiose Gastgeberin während der Zeit, die ich in Pasadena verbrachte. Ich bewundere ihren Mut und ihre Art zu leben.

Die neue Physik in der Alten Welt

Der Student und die Sterne

Die Familie Delbrück

Alle Delbrücks sind miteinander verwandt, und jeder von ihnen hat seine Zahl. Die von Max lautete 2.517. Dies bedeutet, er war das siebente Kind des ältesten Sohnes des fünften Kindes von Gottlieb Delbrück, der von 1777 bis 1842 in Halle lebte und im Familienbuch der Delbrücks als Nummer 2 aufgeführt ist. Die Nummer 1 nimmt hier sein älterer Bruder Johann Friedrich ein.

Die Welt, in die Max geboren wurde, war durch berühmte Vorfahren geprägt: »Der Name ›Delbrück‹ war ziemlich gut bekannt; eigentlich zu gut für das Wohlergehen eines Knaben, der sich zwiespältig fühlte, weil er zwar sofort als Mitglied dieses Klans erkannt und identifiziert wurde, der aber keine Anerkennung für sich selbst fand« (A).

Der bekannteste Delbrück hieß Rudolf. Eine bedeutende Rolle spielte er im Preußischen Zollverein. In dieser Organisation setzte er sich für Zollsenkungen und freien Handel ein. Er hatte starken Anteil an der Bildung des Norddeutschen Bundes, der von seiner Warte aus als Schritt auf dem Weg zu dem Deutschen Reich gedacht war, das 1871 durch Bismarck in den Sattel gehoben werden konnte. Der spätere Rudolf von Delbrück wurde dabei zum Leiter der Reichskanzlei ernannt. Auf den ersten Blick war Rudolf ein typisch preußischer Bürokrat der alten Schule. Zwar widmete er im Sinne der von Hegel entworfenen Ethik seine Person der Allgemeinheit, die im Staat vorhanden war, aber neben seiner Zuverlässigkeit und ausdauernden Geschicklichkeit in Verhandlungen zeichnete ihn eine große Leidenschaft für die Durchsetzung freier Handelsmöglichkeiten aus.

Der Familie Delbrück entstammen noch andere bedeutende Männer. Heinrich Delbrück zum Beispiel wurde Präsident des Reichsgerichtshofs, und Berthold Delbrück gilt als einer der Begründer des Studiums indogermanischer Sprachen (B. Delbrück, 1904). Max erhielt seinen Namen nach einem Bruder seines Vaters. Dieser erste Max Delbrück war ein bekannter Chemiker. Er gründete und leitete ein großes Forschungsinstitut in Berlin, welches die Industrie finanzierte.

Heute noch unter deutschen Intellektuellen gut bekannt ist Hans Delbrück, der Vater von Max. Er wurde in Bergen auf Rügen geboren und wuchs in einer norddeutschen Familie mit langer protestantischer Tradition auf. Im Hauptberuf war er Professor für Geschichte an der Universität von Berlin. Daneben gab er noch die monatlich erscheinende Zeitschrift »Preußische Jahrbücher« heraus, die Aufsätze aus Politik und Kultur veröffentlichte. In jeder Ausgabe erschien ein sechzehn Seiten langer Kommentar zur politischen Lage, der jahrzehntelang von Hans Delbrück verfaßt wurde. Er schrieb diese kritischen Artikel für die aufgeschlosseneren Intellektuellen. Eine Auswahl aus diesen Essays wurde 1918 in drei Bänden mit dem Titel »Krieg und Politik« veröffentlicht (H. Delbrück, 1918).

Hans Delbrück war ein liberaler Preuße mit produktiver Schreibkraft. Die Vorlesungen, die er bis 1920 in Berlin hielt, wurden als »Weltgeschichte« publiziert (H. Delbrück, 1924–28). Sein zentrales Interesse als Historiker galt dem Krieg, und diesem Thema widmete Hans Delbrück sein siebenbändiges Hauptwerk mit dem Titel »Die Geschichte der Kriegskunst im Rahmen der politischen Geschichte« (H. Delbrück, 1900–1936).

In seiner Analyse der Kriegskunst überprüfte Hans Delbrück kritisch die antiken Quellen auf ihre sachlichen Bedingungen hin, und er bedachte die technischen Möglichkeiten der beschriebenen Ereignisse. Seine Methode wurde als »Sachkritik« berühmt, ein Begriff, der heute zur allgemeinen wissenschaftlichen Terminologie gehört. Hans Delbrück sah in den Quellen korrupte Schlachtbeschreibungen. Er untersuchte an Beispielen im Detail die verfügbare Logistik und das umkämpfte Gebiet, und er tat dies für alle Perioden der Geschichte. Dabei gelang ihm unter anderem der Nachweis, daß die großen Heereszahlen, die für Caesars Schlachten überliefert wurden, nicht zutreffen können.

An der antiken Geschichte reizte Hans Delbrück besonders der Peloponnesische Krieg, dessen Beschreibung durch Thukydides berühmt geworden ist. Er kam zu dem Schluß, daß die Glaubwürdigkeit der Darstellung und damit die Beurteilungen des Perikles und des Thukydides von »der richtigen Feststellung dieser trockenen Zahlen« abhängt, nämlich von der Größe der Bevölkerung Athens zu Beginn des Peloponnesischen Krieges. Im ersten Band seiner Kriegsgeschichte stellte er folgendes fest: »Die Autorität des größten aller Historikers ist unrettbar zerstört, eine Säule der griechischen Literatur ist umgestürzt – wenn jemand nachweist, daß Athen im Jahre 431 60.000 Bürger gehabt hatte.«

Hans Delbrück war zusätzlich politisch aktiv und nicht ohne Einfluß. Fünf Jahre lang hatte er als Erzieher des jüngsten Sohnes der Kaiserin Friedrich am Hof gelebt. Später war er einige Jahre Mitglied des preußischen Parlaments, und für eine Legislaturperiode saß er auch im Reichstag (1884–1890). Er hatte sich zur Wahl gestellt, um so herauszufinden, wie ein parlamentarisches System funktioniert. Eine Rede hat er im Parlament nie gehalten. Dabei war »Hans Delbrück als Kritiker der Wilhelminischen Epoche« bekannt, und er wird auch so in einem Buch beschrieben (Thimme, 1955). Seine wiederholt scharfe Kritik an der kaiserlichen Regierung brachte einige Unannehmlichkeiten mit sich. Sie bedrohten seine Stellung in der Universität aber nicht.

1884 heiratete Hans Delbrück Lina Thiersch, deren Vater der Geheime Medizinalrat Karl Thiersch war. Er fungierte im Krieg gegen Frankreich 1870/71 als beratender Chirurg der sächsischen Armee. Lina war in Erlangen geboren worden und wuchs in Leipzig auf, wo ihr Vater Professor für Chirurgie geworden war. In Linas Familie hatte man sich darauf geeinigt, ohne es wirklich ernst zu meinen, Jungen evangelisch und Mädchen katholisch zu unterweisen.

Der Großvater von Lina Delbrück war Justus von Liebig (1803–1873), ein bedeutender Chemiker. Er wurde im Alter von 21 Jahren zum Professor für Chemie in Gießen ernannt und sorgte in den kommenden Jahren dafür, daß diese Stadt in der Mitte des neunzehnten Jahrhunderts ein Zentrum seiner Wissenschaft wurde. Justus von Liebig führte die künstliche Düngung ein, er entwickelte die Chemie als landwirtschaftlichen Zweig und in ihrem theoretischen Bereich. Er half entscheidend mit, aus der Chemie eine exakte Wissenschaft zu machen. Seine Analysen ermöglichten es, Kohlenstoff als allen organischen Verbindungen gemeinsames Element zu identifizieren.

Frühe Jugend in Berlin

Hans und Lina Delbrück hatten sieben Kinder, von denen Max das jüngste war. Als er als dritter Sohn am 4. September 1906 geboren wurde, dauerte es nicht mehr lange, bis die ganze Familie in den Grunewald ziehen konnte. In der Kunz-Buntschuh-Straße war ein Haus gebaut worden, das einer Schar von neun Leuten genügend Platz bot. Grunewald war ein reicher Vorort von Berlin, in dem viele Professoren mit ihren Familien wohnten. Max beschrieb den Neubau 1964 in einem Bericht, den er aus Anlaß des einhundertsten Geburtstags seiner Mutter anfertigte: »Meine Eltern ließen unser Haus nach eigenen Entwürfen anfertigen. [...] Es war ein großes Haus ... mit achtzehn Zimmern. Als wir einzogen, beherbergte es außer den Eltern und sieben Kindern: die Köchin, zwei Dienstmädchen, eine Kinderfrau sowie im Souterrain in einer kleinen abgetrennten Vier-Zimmerwohnung den Polizisten Lewandowsky und seine Familie. Sich durch den Einbau eines Polizisten vor Einbrechern zu schützen, war eine Idee, die mein Vater und der Baumeister Franzen gemeinsam erdacht hatten.«

Hans Delbrück war beinahe sechzig Jahre alt, als Max geboren wurde. Der Sohn kannte seinen Vater nur als berühmten und anerkannten Historiker und nicht als jemanden, der noch Schwierigkeiten zu überwinden hatte. Max war hin und her gerissen zwischen einer Mischung aus unbewußtem Haß und Neid einerseits und äußerster Bewunderung und Respekt andererseits. Max litt außerdem unter der Verehrung, die seine vier Schwestern ihrem Vater entgegenbrachten. So suchte er oft Streit mit ihm, was aber durch die tolerante Grundhaltung von Hans Delbrück nicht gelingen konnte.

Als Max verheiratet war und in Nashville lebte (1940–1946), wurde er einmal auf einer Party gefragt, warum er eigentlich so hart arbeite. Noch bevor Max antworten konnte, reagierte einer seiner Freunde und sagte: »Er arbeitet für die Frau, die er liebt.« Rückblickend fand Max dann, daß diese Antwort mehr Wahrheit enthielt, als der Freund ahnen konnte. Für Max bezog sich der Satz nämlich nicht auf seine Frau, sondern auf seine Mutter. Er arbeitete für sie, um seinen Vater zu übertreffen.

Mit seiner Mutter verband Max immer ein herzliches Verhältnis. Er war ihr vor allem sehr dankbar, weil sie den Umzug in den Grunewald betrieben hatte. Ihre Aktivität in späteren Jahren hat in diesem Haus die Art des Familienlebens ermöglicht, die Max sein Leben lang geliebt und gesucht hat. Viel hat ihm damals der große Garten bedeutet, in dem er ungestört träumen und spielen konnte. Hier fand er »immer ein Paradies«.

Ein Paradies, das im August 1914 verlorenging, als der Erste Weltkrieg ausbrach. Max war knapp acht Jahre alt, »als der Damm brach . . . und vier Jahrzehnte des Friedens weggerissen wurden. Das verlogene Gleichgewicht der Macht stürzte wie ein Kartenhaus zusammen. Der Krieg wurde zuerst mit hysterischem Optimismus und Selbstgerechtigkeit begrüßt, bald aber verwandelte seine Wut Europa in einen Alptraum aus Tod und Verwüstung. Obwohl der Übergang, den der August 1914 markiert, letzten Endes doch nicht derart radikal war, ist er mir immer wie der vollständigste Bruch erschienen, der jemals in der Geschichte vorgekommen ist. Nebelhaft erinnere ich mich an Soldaten, die in diesen Augusttagen durch die Straßen marschierten. Wir Kinder rannten zu ihnen hin und gaben ihnen Johannisbeeren, die wir im Garten gepflückt hatten, während sie weiterzogen« (A).

Die Auswirkungen des Krieges

»Meine Erinnerungen beginnen mit den Kriegsjahren: Hunger, Kälte, Ersatzlehrer und der soziale Druck . . . sich an entsetzlich patriotischen Kriegsspielen zu beteiligen . . .« (A). Der Krieg drang rasch bis in die Wohnhäuser vor. Jeder Familie wurde nur eine bestimmte Zahl von Zimmern erlaubt, und so mußten die Delbrücks einige ihrer Räume vermieten. Dabei konnte man sich die Mieter nicht aussuchen, sie wurden zugewiesen. Bei Delbrücks zog ein »Ökonom« (Schwarzhändler) ein, der zwar gelegentlich ein Pfund Butter organisierte, ansonsten aber einen illegalen Spielklub im Keller betrieb. Eines Nachts flog die ganze Geschichte auf. Es war zu Streitereien gekommen, in deren Verlauf Schüsse fielen. Und um fünf Uhr morgens quollen vierzig Leute aus dem Keller des Hauses. Trotzdem dauerte es noch mehrere Monate, bis man diesen Mieter loswerden konnte.

Diese persönlich bedrückenden Änderungen im täglichen Leben standen in ziemlichem Kontrast zur allgemeinen Stimmung in Europa. Als der Krieg ausbrach, herrschte hier »eine seltsame Mischung aus unkompliziertem Patriotismus, aus der romantischen Freude, an einem großen Abenteuer teilzunehmen, und aus der naiven Annahme, daß der Konflikt auf die eine oder andere Weise all die Probleme lösen würde, die sich im Laufe der Jahre angesammelt hatten« (Craig, 1981). In Deutschland etablierte sich eine Pangermanische Liga, die zum Beispiel offen für die Annektierung von Belgien eintrat und Druck ausübte, um auch Polen in einen Satelliten zu verwandeln. Die Führer dieser Liga arbeiteten mit aller Macht daran, die deutschen Intellektuellen und besonders die Hochschullehrer für ihre Sache zu gewinnen. Hans Delbrück übernahm es, eine Gegenbewegung zu organisieren. Er betonte den defensiven Charakter des Krieges und verfaßte eine Petition, in der er zum Ausdruck brachte, daß der einzige Sinn eines siegreichen Krieges darin besteht, der Welt zu beweisen, daß man keinen Feind zu fürchten hat. Es käme nur darauf an, anderen Völkern die Stärke Deutschlands vor Augen zu führen.

Diese Auffassung unterlag jedoch dem Programm der Annektierung, und mit dieser Niederlage festigten sich die irrationalen militärischen Erwartungen der Deutschen, die von einem großen Reich träumten. Diese Phantasie kollabierte im Oktober 1918, als der

Krieg zu Ende ging und Deutschland geschlagen war. Der Tag des Waffenstillstands fiel genau mit dem siebzigsten Geburtstag von Hans Delbrück zusammen. Für ihn war es »der traurigste Tag seines Lebens. In den ihm noch verbleibenden zehn Jahren verbrachte er viel Zeit in zwei parlamentarischen Kommissionen, von denen eine die Ursache des Krieges und die andere den Grund für den Zusammenbruch untersuchte« (A).

Max erinnerte sich 1964 an den Schreibtisch seiner Mutter: »Unter den [. . .] Photographien ragte das traurige Bild von Waldemar hervor, ihrem ältesten Sohn, der am 5. Mai 1917 in Mazedonien gefallen war. Dieses Bild war umkränzt von etwa 15 anderen; junge Freunde des Hauses, großenteils Neffen, alle Opfer des gräßlichen Krieges.«

Die Nachbarn in Berlin

In dieser Unruhe der Kriegsjahre fand Max seinen starken Halt in der Geborgenheit der Familie. In Grunewald trugen dazu auch die Nachbarn der Delbrücks bei. Unmittelbar neben ihnen lebte die achtköpfige Familie des Theologen Adolf Harnack, der zudem Lina Delbrücks Schwager war. An Sonntagabenden trafen diese beiden Familien mit den Bonhoeffers zusammen, die einen Block entfernt wohnten. Die Väter – alle drei Professoren der Berliner Universität – besprachen dann gemeinsam die allgemeine politische Lage, wobei Max und mindestens zehn weitere Kinder zuhörten. Diese Zusammenkünfte während der Zeit des Weltkrieges schafften so einen sicheren Halt in diesem eher taumelnden Abschnitt der deutschen Geschichte. Max fühlte sich hier bei aller äußeren Bedrohung sicher und geborgen. Er war glücklich, in einer Familie zu leben, auf die er sich verlassen konnte. Nie wollte er anders leben. Sein privates und sein wissenschaftliches Leben spielte sich später in Familien ab.

Schwierigkeiten bereitete Max nur die Tatsache, daß die zentralen Positionen der Berliner Familien so überaus mächtig besetzt waren. Adolf von Harnack war ebenso angesehen wie sein Vater. Sein dreibändiges »Lehrbuch der Dogmengeschichte« (1886–1890) und seine Untersuchung über »Das Wesen des Christentums« (Harnack, 1905) gelten noch heute als klassische Studien zur Kirchengeschichte und drücken die Ansichten einer »liberalen protestantischen Theologie« aus (Pauck, 1968). Max hat nie ein positives Wort über einen der beiden Männer über seine Lippen kommen lassen.

1906 wurde Harnack zum Direktor der Preußischen Staatsbibliothek ernannt, der größten und bedeutendsten deutschen Bibliothek. Ein bleibendes Verdienst erwarb er sich mit der Gründung der Kaiser-Wilhelm-Gesellschaft. Diese Konstruktion war seine Idee, und er setzte sie in die Tat um. 1911 wurde er der erste Präsident dieser Gesellschaft. Er blieb in dieser Position bis zum Ende seines Lebens im Jahre 1930.

Es scheint fast, daß Max diesen übermächtigen Harnack nie los wurde. So konnte er nie Gefallen an der Max-Planck-Gesellschaft finden, die nach dem Zweiten Weltkrieg aus der Kaiser-Wilhelm-Gesellschaft hervorgegangen war. Als Max eines Tages in den Wissenschaftlichen Rat der Max-Planck-Gesellschaft gewählt wurde, wollte er zunächst einmal wissen, ob dieses Gremium überhaupt irgendwelche Möglichkeiten habe und zum Beispiel beschließen könne, die Gesellschaft aufzulösen.

Es ist ein amüsanter Zufall, daß Max Planck, der große Physiker, in unmittelbarer Nachbarschaft der Harnacks und Delbrücks wohnte – nämlich den Bonhoeffers gegenüber –, als Max ein kleiner Junge war. Max und Emmi wurden zwar zum Kirschenpflücken in den Planckschen Garten gerufen, aber sonst gab es keinen Kontakt zu dem Entdecker der Quantentheorie. In den Familien der Theologen und Historiker blieb unbekannt, daß Planck zu Beginn des Jahrhunderts die größte Umwälzung der Physik eingeleitet hatte, die später einmal unmittelbar Auswirkungen auf das menschliche Erkenntnisvermögen zeigen sollte.

Die Delbrücks und die Harnacks wußten nichts von dieser Entwicklung, die in ihrer Nachbarschaft ihren Anfang genommen hatte, und die Max sein Leben lang beschäftigen sollte. Sie wußten kaum, womit Planck sich beschäftigte. Das Hauptinteresse in diesen Familien galt neben geisteswissenschaftlichen Strömungen vor allem dem politischen Geschehen. Nur hierüber wurde diskutiert, wenn man sich am Sonntagabend traf. Die Väter besprachen mögliche Sozialreformen und beklagten die heraufziehende Gefahr eines aggressiven Nationalismus. Diese fortlaufenden Kommentare schafften für die Familienmitglieder die notwendige Kontinuität in einer Welt, in der die Zeiten des kleinen Reichtums und der lebhaften Gastfreundschaft abgelöst wurden durch die Jahre des Krieges, denen nach 1918 die Revolution, die Inflation und Verarmung folgten.

Der junge Mann Max

Als der Krieg zu Ende ging, war Max zwölf Jahre alt. Er besuchte nun ein Gymnasium – die heutige Walter-Rathenau-Schule –, und damit begann für ihn eine großartige Zeit. Die jüngeren Lehrer kehrten aus dem Krieg zurück, und es machte ihm Spaß, bei ihnen Griechisch, Latein und Mathematik zu lernen. Die Zeit des Raufens war vorbei, und Max atmete erleichtert auf.

Er wurde in einem Klima politisch erwachsen, das durch ein tiefes Mißtrauen gegenüber dem Staat und seinen Repräsentanten bestimmt war. Schließlich hatte sich der Kaiser, dem man noch vor vier Jahren auf preußische Tugenden vertrauend in die Schlacht gefolgt war, einfach ins Nachbarland abgesetzt. Max lernte, daß er mit dem Staat vorsichtig wie mit einem Raubtier umgehen mußte, um die auf allen Ebenen mit ihm möglichen Enttäuschungen zu vermeiden.

Der unwürdigen Abdankung des letzten der Hohenzollern folgte in Deutschland die Weimarer Republik. Das geistige Leben dieser zwanziger Jahre entwickelte eine eigentümliche Dynamik. Wer in dieser Zeit zur Weimarer Kultur beitrug, glaubte, alles neu erfinden zu müssen. Die Republik gab Künstlern und Intellektuellen die Freiheiten, die sie brauchten.

In der Weimarer Zeit entstanden die frühen Dramen von Bert Brecht, die späten Sonette und Elegien von Rainer Maria Rilke, die Gedichte von Gottfried Benn, die Romane von Hermann Hesse und den Gebrüdern Mann; in der Kunst wurde der Expressionismus geboren, und die Bauhausarchitektur entwickelte sich; die Weimarer Republik sah die Erschaffung der atonalen Musik, der Psychoanalyse und den Beweis für die Relativitätstheorie. Zwar lagen die Ursprünge dieser Bewegungen und Durchbrüche in den Jahren vor dem Krieg, aber in den zwanziger Jahren erhielt das Wort Relativität seine kosmische Bedeutung, und ganz normale Leute sprachen über Frustration, über Inferiorität und den Ödipuskomplex.

Als die Weimarer Republik begann, befand sich Max in dem Lebensabschnitt, »in dem jeder Jugendliche aus dem, was noch von der Kindheit her in ihm wirksam ist, und aus der Hoffnung, die er auf das vorgeahnte Erwachsensein setzt, eine zentrale Ausrichtung für sich finden muß«, wie Erik Erikson die »Identitätskrise« dieses Alters in seinem berühmten Buch »Der junge Mann Luther« beschrieben hat (Erikson, 1972). Max suchte seine Identität, indem er sich auf ein Feld begab, über das niemand unter seinen Bekannten, Freunden und Nachbarn auch nur irgend etwas wußte. Er wählte Astronomie. Hier und auf dem Gebiet der Mathematik – auf der Schule war Max der mit Abstand schnellste Rechner – fand er seine Eigenständigkeit. Sein romantischer Held war Johannes Kepler, dessen Bild groß über seinem Bett hing. Am Vorabend seiner Konfirmation schwor sich Max, den Sternen immer treu zu bleiben.

Die astronomischen Interessen blieben nicht unbemerkt, und Max gewann seinen ersten Mentor in Karl Friedrich Bonhoeffer, dem ältesten der Bonhoefferschen Söhne. Er war der einzige Naturwissenschaftler, den Max damals kannte. Karl Friedrich Bonhoeffer wurde ein herausragender physikalischer Chemiker, der nach dem Zweiten Weltkrieg ein Max-Planck-Institut in Göttingen leitete. Als er sich um 1920 das von Max vorgegebene wissenschaftliche Interesse an der Astronomie einmal genauer ansah, bemerkte er rasch, daß noch wenig dahintersteckte. Er fand in Max einen lernwilligen Schüler, der schon bald den Unterschied zwischen vagem Daherreden und genauem Hinsehen begriff.

Die Freundschaft zwischen Karl Friedrich Bonhoeffer und Max hatte noch weitere Folgen, die über die Behandlung der Astronomie hinausgingen. Max hat sie so beschrieben: »Diese Anleitung ergänzte die übrigen erzieherischen Einflüsse, von denen besonders die Prinzipien einer protestantischen Moral wichtig waren, über die man zwar nicht sprach, auf die aber in der Familie geachtet wurde. In mir konsolidierte sich damals ein Gefühl, das am besten mit dem Satz ›Die Wahrheit wird euch frei machen‹ beschrieben ist. Dies ist zufällig auch das Motto des California Institute of Technology (›The truth shall set you free‹). Ein seltsam vieldeutiges Motto. Es stammt aus dem Evangelium des Johannes [Johannes 8, Vers 32], und Jesus sagt es während einer erhitzten Debatte mit den Pharisäern. Die Wahrheit, auf die Jesus sich bezieht, ist sein Anspruch, der Sohn Gottes zu sein. Dies ist zwar Lichtjahre entfernt von wissenschaftlicher Wahrheit, und doch hängen – in der Tiefe – beide zusammen. Für mich bedeutet das Motto, daß die Suche (›pursuit‹) nach wissenschaftlicher Wahrheit, nach poetischer Wahrheit oder nach mystischer Wahrheit letzten Endes sehr viel wichtiger ist und auf das Schicksal des Menschen einen viel größeren Einfluß ausübt, als es das Spiel mit der Macht vermag, welches von denen gespielt wird, die politische Ambitionen haben und die die Welt unmittelbar ändern wollen« (A).

Das Bibelzitat kann nicht darüber hinwegtäuschen, daß die christliche Religion für Max keine große Rolle in seinem Leben gespielt hat. Bei den Delbrücks wurde nur angenommen, daß jeder an Gott glaubte. Ansonsten war man protestantisch. Max entwickelte eine ausgesprochene Vorliebe für geistliche Musik, aber religiöse Neigungen stellten sich nicht ein. Für ihn war Religion eine Phantasie, die sich um einen wahren Kern spannte – so beschrieb es seine Schwester Emmi –, wobei die innere Wahrheit zu der Stärke verhalf, die man im Leben brauchte. In der Religion war man auf Gott angewiesen, in der Wissenschaft auf sich selbst. Max bevorzugte diesen Weg.

Zwei astronomische Vorlesungen

1924 machte Max sein Abitur. Er war noch keine 18 Jahre alt. Sein Lehrer für Griechisch bat ihn, die Abschlußrede zu halten. Max entschied sich dafür, etwas über Kepler zu sagen. Als er während der Vorbereitungen zu dieser Ansprache auch in der Bibliothek seines Vaters einige Bände durchblätterte, stieß er auf eine Sammlung von Reden des ehemaligen Direktors des Berliner Astronomischen Observatoriums mit Namen Archenhold. Eine davon war Johannes Kepler gewidmet, Max schrieb einige Passagen daraus ab und trug sie vor, ohne seine Quelle anzugeben. Noch am Ende seines Lebens machte es ihn verlegen, wenn er daran dachte, wie gut seine Rede 1924 aufgenommen worden war.

Der Lehrer hatte Max geraten, zur Vorbereitung seiner Rede in die Universitätsbibliothek zu gehen. Dort lagen die Werke von Kepler in ihren ursprünglichen Ausgaben, und sie waren interessierten Lesern zugänglich, auch einem siebzehnjährigen Abiturienten. Max konnte die Bücher sogar mit in den Leseraum nehmen: »Solche dreihundert Jahre alten Bücher zu sehen und in der Hand zu halten, das war eine ungewöhnliche Erfahrung, die noch verstärkt wurde, als ich in einem dieser Bände Spekulationen über die himmlischen Harmonien fand, die mit Hilfe musikalischer Noten beschrieben waren. Da wurde ganz deutlich, daß Kepler in seiner Zeit buchstäblich an ein himmlisches Geläute (›heavenly dingdong‹) dachte, und keine abstrakte Mathematik im Sinn hatte. Er folgte Pythagoräischen Wegen« (A).

Der Vorschlag, selbst einen Blick auf die Quellen zu werfen, fiel auf fruchtbaren Boden. Max lernte, wie wichtig dieser Rückgriff auf die Originale ist, und welchen Gewinn man daraus ziehen kann. Fast fünfzig Jahre nach seiner Berliner Rede zum Abitur wurde Max eingeladen, eine Vorlesung über Kopernikus zu halten. Wieder besuchte er zur Vorbereitung eine Bibliothek, die seltene Originale aufbewahrte. Diesmal an der Medizinischen Hochschule der Universität von Kalifornien in Los Angeles. Max wollte herausfinden, warum Kopernikus, der Astronom, auf einem berühmten Portrait mit einem Maiglöckchen in der Hand dargestellt ist. Als wahrscheinlichste Erklärung kommt offenbar in Frage, daß sich Kopernikus als Arzt zeigen wollte. Und so stellte Max ihn dann vor, als einen »Arzt der Renaissance«.

In diesem Vortrag berichtete Max, wie er von den Sternen fasziniert war. Die klaren Nächte in den Wüsten Kaliforniens boten die Möglichkeit, dieser Leidenschaft problemlos nachzugehen. Während ihrer Jahre in Pasadena unternahmen die (amerikanischen) Delbrücks ziemlich regelmäßig Campingausflüge in unwegsame Wüstenregionen. Max trug oft eine abgegriffene Kladde bei sich, in die er seine Sternbeobachtungen eintrug. Er

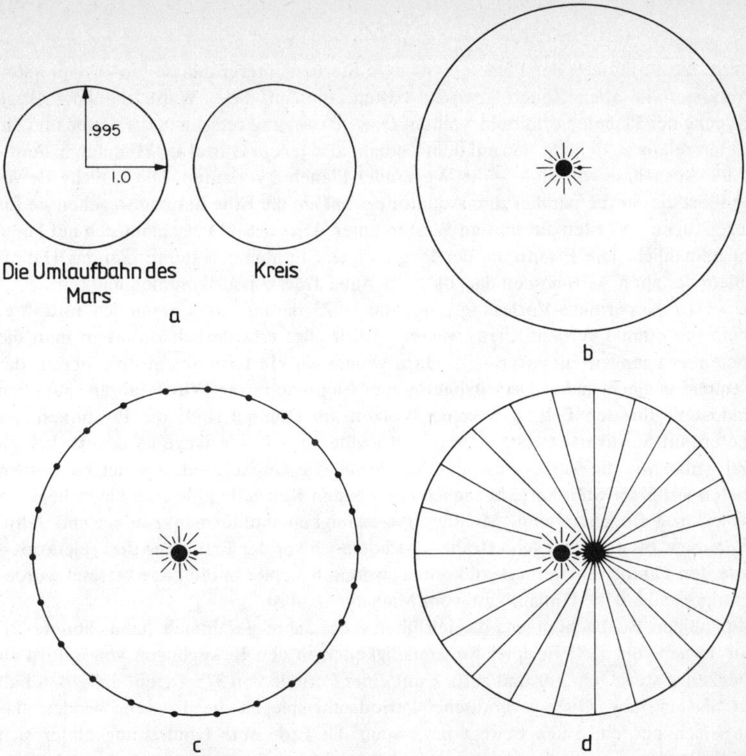

1973 hielt Max in Kalifornien eine Vorlesung über Kopernikus. In ihr erläuterte er, wie schwierig die erst Kepler gelungene Entdeckung der ellipsenförmigen Planetenbahnen war: »Die Planeten umrunden die Sonne nicht auf einer Kreisbahn, sondern in einer Ellipse. Dabei steht die Sonne nicht im Zentrum der Ellipse, sondern in einem ihrer Brennpunkte, und der Planet bewegt sich nicht mit gleichförmiger Geschwindigkeit. Er ist schnell in der Nähe der Sonne und langsam, wenn er weit weg von ihr ist. Diese elliptischen Bahnen sehen Kreisen quälend ähnlich. Schauen wir uns die Umlaufbahn vom Mars an, die noch am stärksten elliptisch verändert ist (a). Können Sie allein beim Hinsehen erkennen, daß es kein Kreis ist? Ich bezweifle das, denn der größte und der kleinste Durchmesser unterscheiden sich nur um die Hälfte eines Prozents. Die Umlaufbahn verbirgt ihre Elliptizität noch durch zwei weitere gröbere Kriterien (b): Die Sonne ist . . . zehn Prozent vom Zentrum weg, und die Geschwindigkeit der Bewegung ist ziemlich ungleichförmig, die Extreme liegen 10 % über und unter dem Durchschnitt. Die nächste Abbildung (c) macht die Ungleichförmigkeit der Bewegung durch 24 Positionen des Planeten deutlich, zwischen denen gleiche Zeitintervalle liegen. Man sieht, wie sie auseinanderrücken in der Nähe der Sonne und enger zusammenrükken weit weg von ihr. Es stellt sich heraus, daß man sich dieser Ungleichförmigkeit nähern kann, wenn man sagt, die Bewegung der Planeten *sieht gleichförmig aus*, wenn man sie nicht von der Sonne und nicht vom Zentrum aus ansieht, sondern vom *gegenüberliegenden* Brennpunkt (dem leeren) (d).«

notierte die Positionen der Planeten vor dem Sternenhintergrund, so wie es die ersten Astronomen in alten Zeiten gemacht hatten, die auf diese Weise die langfristige Bewegung der Planeten ermitteln wollten. Diese Bewegung verschiebt die Sonne und die Planeten relativ zu den Sternen auf dem Zodiak, also jenem Gürtel am Himmel, in dem – mit der Ausnahme von Pluto – die Wege aller Planeten verlaufen. Die tägliche Bewegung führt die Sterne parallel zum Äquator einmal um die Erde herum. So gehen sie für unsere Augen im Osten auf und im Westen unter. Dieses Bild verschiebt sich auf lange Sicht allmählich. Die Ermittlung der langfristigen Sternbahnen stellte nun das Hauptproblem der alten Astronomen dar, die noch ohne Teleskop auskommen mußten.

In seiner Kopernikus-Vorlesung ging Max 1973 darauf ein: »Bevor ich fortfahre, möchte ich einmal verdeutlichen, was eigentlich alles erforderlich ist, wenn man die Planetenbewegungen entwirren will. Dazu wollen wir ein Experiment diskutieren, das ich einmal gemacht habe. Da wir häufig zum Camping in die Wüste fahren, habe ich beschlossen, für den Fall, daß keine Wolken am Himmel sind, die Positionen der Planeten auf Sternkarten festzuhalten. Ich wollte wissen, wie lange es dauert, bis ich soviel wußte wie die astronomischen Vorfahren. Die Genauigkeit, mit der man einen Planeten auf einer Sternkarte bezüglich einer festen Konstellation orten kann, liegt bei etwa zwanzig Bogenminuten. Mit dieser Genauigkeit mußte man zweitausend Jahre auskommen, bis endlich Tycho Brahe – gerade noch vor der Erfindung des Teleskops – sie um den Faktor fünf verbessern konnte, wodurch Kepler in die Lage versetzt wurde, zu entdecken, daß die Umlaufbahn vom Mars ein Oval ist.

Mit meinen Beobachtungen, die ich über sechs Jahre gesammelt habe, konnte ich genug lernen, um zum Beispiel Regelmäßigkeiten in den Bewegungen von Saturn zu entdecken. Saturn geht vor und zurück mit einer Periode von 375 Tagen, auf jeden Fall mehr als ein Jahr. Diese ›synodische‹ Periodizität spiegelt die Tatsache wieder, das Saturn sich nur ein Stück bewegt hat, wenn die Erde eine Umdrehung hinter sich gebracht hat.«

Max beendete seine Vorlesung mit einem Hinweis auf ein anderes Motiv für seine Messungen: »Es macht Spaß, diese gelegentlichen Beobachtungen über die Jahre zu notieren. Dabei entwickelt man ein Gefühl für die verwirrende Mischung aus Regularität und bizarrer Komplexität, die man dabei findet.« An diesen nächtlichen Sternbeobachtungen ist für seinen Arbeitsstil charakteristisch, wie er durch einfache, direkte und zugängliche Verfahren persönlich angesprochen wurde, und wie gerade dadurch sein Sinn fürs Staunen herausgefordert wurde. Auf diese Weise kam er zu seinen besten Ergebnissen.

Der Student der Astronomie

Die ersten Sternbeobachtungen waren schwieriger, sowohl für Max als auch für seine Eltern. In Berlin konnte Max nicht in die Wüste ausweichen. Er mußte sein Teleskop auf dem einzigen Balkon des Hauses aufbauen, und zu dem konnte er nur durch das elterliche Schlafzimmer gelangen. Zwar hatte niemand etwas dagegen, wenn er um zwei

Uhr in der Frühe nach draußen schlich, man störte sich nur daran, daß er der letzte war, der seinen riesigen Wecker hörte. Doch die Eltern tolerierten die nächtlichen Aktivitäten – seine Mutter fertigte eigens einen dicken blauen Umhang an, der Max bei seinen Messungen warm hielt –, und nach dem Abitur wollte er Astronomie studieren.

Zu dieser Zeit (1924) betrat man nach dem Abgang von der Schule mit der Universität eine neue Welt. Plötzlich wurde man nicht mehr einem harten Drill in festen Strukturen mit unaufhörlichen Prüfungen unterworfen. Plötzlich war man ungebunden. Nach der letzten Schulhürde wartete eine scheinbar grenzenlose akademische Freiheit. Es gab keine Klausuren, keine Noten, keine Zwischenprüfungen. Das einzige Examen, das Max zu bestehen hatte, war die Doktorprüfung. Und hier fiel er im ersten Versuch durch.

Im Sommer 1924 – kurz vor seinem 18. Geburtstag immatrikulierte sich Max in Tübingen. Der Weg nach Süddeutschland war ihm von seinen vier Schwestern geebnet worden, die seinem Vater die Zustimmung dazu abringen konnten. Hans Delbrück bestand zunächst darauf, daß sein Sohn in Berlin bliebe, konnte er doch hier als Professorensohn die Studiengebühren sparen. In Tübingen belegte Max den Einführungskurs in die moderne Astronomie bei Hans Rosenberg, der sich zu dieser Zeit bemühte, die damals aufkeimende Wissenschaft der Astrophysik in Deutschland bekannt zu machen. Ein Astrophysiker kümmert sich nicht so sehr um die Positionen der Sterne, ihn interessiert das Licht, welches ein Himmelskörper aussendet. Er nimmt sein Spektrum auf und versucht, die Zusammensetzung eines Sterns zu erschließen.

Während seiner Studentenzeit lernte Max am meisten, wenn er mit älteren Studenten über wissenschaftliche Fragen sprach. Hier entwickelte sich diese Fähigkeit, mit der er später den Gang der Wissenschaft mitbestimmte. Max nahm redend Einfluß, er überredete seine Freunde und Mitarbeiter ganz einfach, bestimmte Experimente auszuführen. Es war seine Stärke, mit Menschen über wissenschaftliche Fragen zu reden, wobei ihn beides interessierte, die Menschen und die Wissenschaft.

Diese Eigenschaft hing mit seiner enormen Fähigkeit zusammen, zuhören zu können. Auch dieses genaue Hinhören hat Max schon früh geübt: »In meinen ersten Vorlesungen gewöhnte ich es mir ab, mitzuschreiben. Ich hörte dem Professor nur zu, versuchte aber genau, dem vorgeführten mathematischen Argument zu folgen. Ich wollte es verstehen. Wenn der Professor dann einen kleinen Fehler machte, er verwechselte ein Vorzeichen oder vergaß einen Faktor 2, dann habe ich nicht sofort darauf hingewiesen, sondern noch zehn Minuten gewartet, bis daraus einige Verwirrung entstanden war. Dann wies ich auf den Fehler hin, und der Professor konnte erleichtert den Knoten auflösen« (A).

Die ersten Schwierigkeiten

Als Max Astronomie wählte, wollte er ein Gebiet ganz für sich allein. Er wollte in jeder Hinsicht hervorragend sein. Dies gelang ohne Zweifel im Rahmen der Familie, es funktionierte aber nicht im Rahmen der Wissenschaft. Die deutsche Astronomie kam in den zwanziger Jahren zu wenig von der Stelle. Ihr Stern sank gerade zu der Zeit, als die neue Physik am Himmel der Wissenschaften auftauchte, der sich Max schließlich anschloß. Worin bestanden nun die Schwierigkeiten der Astronomie damals in Deutschland?

Für Max lag ein Grund in dem allzu großen Ehrgeiz der Generation von Astronomen, die in der zweiten Hälfte des neunzehnten Jahrhunderts gelebt hatten. Sie standen noch ganz unter dem Einfluß des außerordentlichen Triumphes, den Friedrich Wilhelm Bessel feiern konnte, als ihm 1837 zum ersten Mal gelungen war, die Parallaxe eines Sterns zu messen. Damit ist der Unterschied in der Position gemeint, der sich ergibt, wenn man einen Himmelskörper von zwei unterschiedlichen Stellen der Erde aus betrachtet. Um ihn messen zu können, mußte man in der Lage sein, einen Winkel mit einer Genauigkeit von etwa einem Prozent eines Grades zu bestimmen (ein Zehntel einer Bogensekunde). Dies gelang Bessel im 19. Jahrhundert. Dieser technische Durchbruch hat auch wissenschaftlich eine große Bedeutung. Eine ganz elementare Folge der kopernikanischen Hypothese besteht darin, daß man die Sterne hin- und herwackeln sehen sollte, wenn sich die Erde um die Sonne bewegt. So unmittelbar dies auch einleuchtet, man konnte den Effekt nicht messen. Bald dreihundert Jahre mußte man warten, bevor Bessel 1837 bestätigen konnte, was Kopernikus im Jahre 1543 vermutet hatte, als er seine »Revolutionen« veröffentlichte.

»Die Konsequenz dieses Erfolges bestand darin, daß die deutschen Astronomen voller Stolz alle Positionsmessungen verfeinerten. . . . Bald begann man voller Stolz damit, Kataloge [hiervon] anzufertigen. Der erste hieß ›Bonner Durchmusterung‹. Er wurde nach 1850 fertiggestellt. In den achtziger Jahren des neunzehnten Jahrhunderts begann man mit dem Katalog der Astronomischen Gesellschaft, und dieses Unternehmen war noch ehrgeiziger. . . . Man erhoffte sich, wenn man dies jetzt und fünfzig Jahre später noch einmal unternahm, eine solche Fülle von Daten über die eigentlichen Bewegungen der Sterne, daß man daraus die Struktur und Dynamik des galaktischen Systems würde ableiten können.

Als ich mit dem Studium anfing, . . . hatte man bemerkt, daß die Genauigkeit überschätzt worden war, mit der man 30 Jahre zuvor die Positionen aufgenommen hatte. Jetzt war die Frage, sollte man . . . alle früheren Daten wegwerfen, um frisch mit den besseren Methoden neu ans Werk zu gehen. Ich glaube, zum Schluß wurde entschieden, alle alten Daten wegzuwerfen und neu anzufangen. Dies ruinierte natürlich die deutsche Astronomie. Denn das einzige, worin die Studenten ausgebildet wurden, bestand darin, jede Nacht stundenlang Sterndurchläufe zu messen. Dies wurde zusätzlich erschwert, da man das Gebäude nicht heizen durfte, weil sonst die Luft nicht ruhig genug war. All dies hatte katastrophale Auswirkungen auf die intellektuelle Qualität der deutschen Astronomie« (I).

Die astronomische Lehre

Einer der Wissenschaftler, die in Deutschland versuchten, die Methoden der Physik in die Astronomie einzuführen, war Hans Kienle in Göttingen. 1926 ging Max zu ihm, um sich an einer Doktorarbeit zu versuchen. Sein selbstgestelltes Thema bestand in dem

Versuch, eine Theorie zu entwerfen, die die Geburt eines Sternes (Nova) erklären konnte. Was geht in einem Himmelskörper vor, der auf einmal hundertmal heller leuchtet als vorher?

Diese Frage gehört zum Zweig der theoretischen Astrophysik, der damals in englischer Sprache aufblühte. In Amerika wurden große Observatorien gebaut, und die theoretischen Grundlagen dieser Sternbetrachtung entstanden in England. Eine Sterndynamik konnte Max nur dann auf die Beine stellen, wenn er zuvor die Arbeiten von A. S. Eddington und E. A. Milne gelesen und verstanden hatte, die die beiden über das Innere von Sternen und deren Atmosphäre geschrieben hatten. Aber Max konnte kein Englisch. Weder er noch sein Professor konnten diese Abhandlungen lesen. Dabei waren beide sicher, daß in diesen Arbeiten die Zukunft lag. Max blieb schließlich in seinen Rechnungen stecken und gab auf. Er verließ die Astronomie in Richtung Quantenphysik, deren Sprache definitiv Deutsch war. Er tauschte die Sterne gegen die Atome ein.

Obwohl Max ohne astrophysikalischen Lorbeer blieb, hat dieser Griff nach den Sternen Spuren in ihm hinterlassen. Aus seiner Beschäftigung mit der Astronomie hat Max eine Lehre gezogen, von der er 1973 in seiner Vorlesung über Kopernikus erzählt hat. Als Kopernikus vor fast 500 Jahren die Sonne in die Mitte unseres Planetensystems setzte, löste er damit eine Kette von Ereignissen aus, in deren Verlauf die Erde von ihrer anfangs zentralen Stellung in eine immer unbedeutendere Randposition gedrängt wurde. Dies ging unabhängig davon vor sich, daß die heliozentrische Idee zunächst einmal gar nicht half, mit der Komplexität der Sternbewegungen fertig zu werden, »was für Kopernikus äußerst ärgerlich war . . ., warum nur hatte der Herr solch ein verdammt komplexes himmlisches Uhrwerk entworfen (›a confoundedly complex celestial clockwork‹)? Ist dies wirklich derart sinnlos kompliziert oder ist die menschliche Intelligenz so unterlegen, daß wir die wahre Einfachheit hinter den Erscheinungen nicht erkennen? Dies sind Fragen, die auch heute noch mit uns sind, wenn sie nun auch ihres theologischen Drumrums entkleidet sind. So ist die Bruderschaft der Physiker, die sich den Elementarteilchen widmet, immer noch mit einer Komplexität konfrontiert, die trotz . . . der Quarks ziemlich unvernünftig aussieht. Sie alle leben und arbeiten in dem Glauben, der in den letzten Jahrhunderten so oft belohnt worden ist, daß hinter all dieser Konfusion eine höhere Einfachheit verborgen liegt. Ganz analog dazu kann man die Lage der Genetik und der Biochemie vor dreißig Jahren charakterisieren [gemeint ist 1940]. Damals war es auf der einen Seite ziemlich klar, daß die Synthese kleiner Moleküle in lebenden Zellen durch große Proteine gesteuert wurde, die Enzyme hießen. Wie wurden aber die Enzyme selbst hergestellt? Nahm man dazu den Ptolemäischen Blickwinkel ein, mußte man annehmen, daß dies einem Superenzym gelingt, woraus aber keine Lösung, sondern nur ein Problem mit immer weiter ansteigender Komplexität entsteht. Die zur Sicht des Kopernikus analoge Betrachtung würde annehmen, die Enzyme können sich selbst vermehren, sie sind ›selbstverdoppelnd‹. Die ersten Versuche, diese fundamental gesehen richtige Konzeption durch chemische Mechanismen zu realisieren, mußten scheitern. Denn die eigentliche Lösung, die Doppelhelix aus DNS, die das Analogon zu Keplers Ellipse ist, fehlte noch ganz.«

Es dauerte noch etwas mehr als zehn Jahre, bevor die Geschichte der DNS begann.

Und auch sie wurde nur möglich durch den beschriebenen festen Glauben an eine einfache Auflösung aller Komplikationen, der am Ende reichhaltig belohnt wurde (Watson, 1968).

Später, in seinen Jahren am Caltech, faßte Max gern Seminare, Bücher oder auch kompliziertere Belehrungen in einem Satz zusammen – seiner »take home lesson« –, den er sich merken wollte. Seine astronomische »take home lesson« bestand darin, daß das Vertrauen auf Einfachheit in der Erklärung der Natur belohnt wird.

Max in der Weimarer Politik

Als Max Student war, unternahm man in Deutschland ein erstes republikanisches Experiment. Seit 1919 gab es die Weimarer Republik, die von Anfang an mit Krisen zu kämpfen hatte. Dem politischen Schock der Niederlage im Ersten Weltkrieg war der erniedrigende Friedensschluß von Versailles im Jahre 1919 gefolgt. Als die Deutschen dann noch die Erfahrung einer schlimmen Inflation machen mußten, verloren viele von denen, die zunächst problemlos den Übergang vom Kaiserreich zur Republik mitgemacht hatten, ihr Vertrauen in demokratische Prozesse. Das politische Klima der Weimarer Republik wird mit zwei Vorfällen faßbar, an denen Max beteiligt war.

Ein Vorfall ereignete sich 1925. »Der erste Präsident der Republik, der Sozialdemokrat Ebert, war überraschend gestorben und ein neuer mußte gewählt werden. Die Konservativen und die Nationalisten stellten Hindenburg auf, der zur nationalen Legende geworden war, weil er zufällig das Heer zu Beginn des Weltkrieges geleitet hatte, als man an der Ostfront so erfolgreich war. 1925 wußte jeder, der auch nur die geringste Ahnung von der wahren Geschichte dieser Phase des Kampfes hatte, daß Hindenburg nichts dazu beigetragen hatte. Auch mein Vater glaubte, daß die Kandidatur von Hindenburg schrecklich war« (A).

In der Wahl besiegte Hindenburg seinen Konkurrenten, den früheren Kanzler Wilhelm Marx. Allerdings nur sehr knapp. Die Differenz der Stimmen, die auf beide entfielen, war kleiner als die Zahl, die der dritte Bewerber, der ins Rennen gegangen war, für sich verbuchen konnte. Dies war Ernst Thälmann, der Kandidat der Kommunisten.

Die Geschichte, an die sich Max im Zusammenhang mit dieser Wahl erinnert hat, stimmt nicht ganz mit diesen historischen Fakten überein. Sie ist aber dennoch wert, erzählt zu werden:

»Die zwei Kandidaten, die gegen Hindenburg antraten, hießen nun gerade Marx und Luther. Beide waren für liberale Leute annehmbar. In dieser Zeit war Kurt Hahn ein guter Freund meines Vaters. Ihre Freundschaft hatte im letzten Kriegsjahr begonnen. Kurt Hahn wurde damals gerade der Privatsekretär von Prinz Max von Baden, dessen Reden er auch schrieb. . . . Hahn war ein hochinteressanter Mann, der . . . glaubte und dann auch bewies, daß eine einzelne Person allein, ohne Amt, ohne Partei und auch ohne akademischen Grad, etwas in der Geschichte bewegen kann. . . . Er war etwa vierzig Jahre jünger als mein Vater und kam oft zu Besuch, meistens noch nach elf Uhr abends. Er kam ohne Anmeldung und las meinem Vater aus den Memoiren des Prinzen vor, die Hahn als Ghostwriter schrieb. 1925 überredete Kurt Hahn meinen Vater, daß Hindenburg nur dann besiegt werden könne, wenn entweder Marx oder Luther auf eine Kandidatur verzichteten, und daß mein Vater einen persönlichen Appell in Form eines Briefes an beide richten sollte. Diese Briefe müßten persöhnlich übergeben werden in den Hauptquartieren der Kandidaten, und ich sollte den Boten spielen. Mein Vater stimmte zu. Die Briefe wurden entworfen und von einer meiner Schwestern getippt. Dann zogen Hahn und sein Fahrer mit mir los. Beide Kandidaten waren mit Konferenzen beschäftigt, als wir eintrafen, so daß ich meine Zustellung nur indirekt machen konnte. Natürlich trat keiner der beiden zurück. Und so las ich eines morgens – ich war damals für ein Semester in Bonn – die schockierende Überschrift: ›Hindenburg zum Reichspräsidenten gewählt‹« (A). (Zur Erklärung: Der parteilose Hans Luther war damals Reichskanzler. Vermutlich glaubte Kurt Hahn, daß Luther größere Chancen als Marx haben würde. Also sollte erst Marx auf seine Kandidatur und Luther auf sein Amt verzichten und dann Luther gegen Hindenburg antreten.)

Ein zweiter Vorfall ereignete sich im Winter desselben Jahres: »Ich war Student an der Universität von Berlin und hatte daneben einen unbezahlten Job als Forschungsassistent an einem Teleskop übernommen, das der Einstein-Stiftung gehörte und auf dem Gelände des Potsdamer Observatoriums lag. Das Teleskop, das in einem Turm lag, war von Erwin Freundlich erdacht worden. Er war ein großer Enthusiast von Einstein und der Allgemeinen Relativitätstheorie. . . . Freundlich hatte auch Geld organisiert, um den Einstein-Turm mit dem Teleskop bauen zu können. . . . Am ersten Tag meines Jobs dachte Freundlich, es sei höflich, mich dem Direktor des Observatoriums vorzustellen, . . . dies war damals Professor Hans Ludendorff« (A), ein Bruder des Generals Erich Ludendorff, der als Erfinder der Dolchstoßlegende berühmt geworden ist. Als Hans Ludendorff den Namen Delbrück hörte, zog er sofort seine Hand zurück und fragte, ob Max der Sohn des Historikers sei. Als Max dies bejahte, drehte sich Ludendorff auf dem Absatz um und verschwand hinter der zuknallenden Tür seines Arbeitszimmers. Später beschuldigte er Freundlich, ihn absichtlich beleidigt zu haben, indem er den Sohn des Mannes eingestellt habe, der seinen Bruder in einer Weise beleidigt hatte, die nicht mehr zu tolerieren sei.

Der Vater von Max hatte einige Bücher von Erich Ludendorff besprochen und sie völlig verrissen. Hans Delbrück wies dem General »flaches theoretisches Denken« und »unglaubliche Unkenntnisse« nach. So würde Ludendorff zum Beispiel den von Hans Delbrück vorgeschlagenen Begriff der »Ermattungsstrategie« nicht verstehen. Darüber hinaus warf Hans Delbrück dem General vor, bei seiner Kriegführung versagt zu haben. »Den Weltkrieg zu verhindern, waren wir außerstande, [. . .] wir . . . hätten aber, wenn Ludendorff ein anderer Mann gewesen wäre, den Krieg anders beenden können« (H. Delbrück, 1920). Diese Kritik erschien als ein kleines Büchlein, das auch an Zeitungsständen verkauft wurde. Es dauerte mehrere Wochen, bis sich der Bruder des Generals im Observatorium beruhigte.

Berlin 1927, Hans und Lina Delbrück mit vier ihrer sieben Kinder (von links nach rechts): Emmi (Bonhoeffer), Max, Justus, Lore (Schmid) .

Familienleben

Berlin war damals Schauplatz vieler politischer Stürme, und Max versuchte oft, vor ihnen zu entkommen. Es gab auch einen Ort, an den er sich zurückziehen konnte. Dies war ein kleines Nest an der Ostsee, nicht weit entfernt von Lübeck: »Zu den entscheidenden Einflüssen während meiner Pubertät gehört Stawedder. Dort lebte ein älterer Cousin von mir. Sein Name war Paul Carrière, er war ein Komponist und spielte Geige. Zusammen mit seiner Frau Lotta, einer Pianistin, hatte er ein Landhaus gekauft und es reizvoll und gemütlich eingerichtet. . . . Paul und Lotta nahmen auch Gäste auf, unter anderem meine Schwester Emmi und mich. Wir kamen oft in den Ferien. Die Reise von Berlin nach Stawedder war eine ziemliche Herausforderung, man mußte oft den Zug wechseln und am Ende auch noch zu Fuß marschieren. Häufig schleppte ich dabei mein zwanzig Pfund schweres Teleskop mit. Wir waren mit Bummelzügen unterwegs und fuhren vierter Klasse. [. . .]

Wir genossen das Leben mit den Carrières in dieser idyllischen Landschaft sehr, das

Häuschen mit einer Kuh und einem Schwein, eine Großmutter mit drei Kindern, ein riesiger Flügel, Schachpartien mit Paul unter einem blühenden Birnbaum und die Abende mit unterschiedlichster Musik im Wohnzimmer. Diese Bindung an die Carrières hat sich über die Jahrzehnte gehalten und ist heute nicht weniger intensiv als damals, als sie anfing« (A).

Was Max vor allem hier gefiel, war die selbstverständliche Harmonie einer Familie. Er war immer glücklich, wenn er eine Familie um sich hatte, auf die er sich verlassen konnte, und die ihn vor der Welt abschirmte. Natürlich verließ sich Max im wesentlichen auf sich selbst, und er vertraute seinen eigenen Gedanken, aber er brauchte eine Familie um sich, und sei es nur, um ihr Mittelpunkt zu sein. Dieses Motiv spielt auch in seiner wissenschaftlichen Entwicklung eine große Rolle. So schuf er sich in den vierziger Jahren die Phagengruppe und in den sechziger und siebziger Jahren die Phycomycesgruppe. Von diesen zwei wissenschaftlichen Familien verließ er die erste, als sie zu groß wurde. Nach 1953 wurde die Phagengruppe so groß, daß sie nicht mehr in einem Haus untergebracht werden konnte. Sie war also keine Familie mehr, und Max gründete eine neue.

Die neue Welt der Physik

Der Durchbruch in der Physik

Die Revolution der Physik begann genau mit diesem Jahrhundert. Sie wurde von zwei Männern ausgelöst, die in Berlin lebten, als Max dort studierte. Einer von ihnen wohnte in seiner Nachbarschaft, Max Planck. Im November 1900 erkannte er, daß mit den Mitteln der klassischen Physik nicht zu verstehen ist, welches Licht von einem schwarzen Körper ausgeht, der erwärmt wird und schließlich zu glühen anfängt. Die Fundamente der bekannten Physik boten keinen Platz für das Gleichgewicht von Strahlung und Materie.

Fünf Jahre später deuteten Überlegungen von Albert Einstein in dieselbe Richtung. Der damalige Angestellte am Schweizer Patentamt in Bern machte mit einer Abhandlung klar, daß Licht, wenn es mit Materie wechselwirkt, nicht mit dem intuitiven Bild einer Welle verstanden werden kann, welches gebraucht wird, um seine Ausbreitung zu beschreiben. Dem festen Gebäude der klassischen Physik wurde so mehr und mehr der Boden entzogen. Zunächst fanden diese ersten Ansätze zu einer neuen Theorie nur wenig Aufmerksamkeit, doch in der Mitte der zwanziger Jahre wurde der Umsturz im Weltbild der Physik für alle offensichtlich, an dessen Ende die Quantenmechanik geboren wurde.

Max arbeitete im Winter des Jahres 1925 im Einstein-Turm in Berlin, als Gerüchte zu ihm drangen, daß die Physiker den Durchbruch zu einem Verständnis des Lichtes und der Materie geschafft hätten. Das »Quantending« sei gelöst, hörte er, es gäbe jetzt eine Mechanik der Atome. Der entscheidende Schritt war im Frühjahr 1925 auf Helgoland gelungen. Hier erholte sich der vierundzwanzigjährige Werner Heisenberg von seinem Heuschnupfen. Ohne die Pflichten eines Semesters gelang es ihm innerhalb kürzester Zeit, die grundlegenden Gleichungen aufzustellen (Heisenberg, 1969). Im folgenden Sommer gelang es ihm weiter, in Zusammenarbeit mit Max Born und Pascual Jordan in Göttingen eine vollständige mathematische Theorie über das Verhalten der Atome zu entwickeln, die heute als Matrixmechanik in den Lehrbüchern der Physik vorgestellt wird.

Im Frühling 1926 wurde Heisenberg eingeladen, seine Theorie im physikalischen Kolloquium in Berlin vorzutragen. Zur Berliner Physik gehörten damals neben Planck und Einstein auch Walter Nernst und Max von Laue. Sie galt als die Hochburg in Deutschland. »Hier hatte Planck die Quantentheorie entdeckt . . ., und hier hatte Einstein die allgemeine Relativitätstheorie und die Theorie der Gravitation formuliert. Im Zentrum des wissenschaftlichen Lebens stand das physikalische Kolloquium, das wohl noch auf eine Tradition aus der Zeit von Helmholtz zurückging und zu dem die Professoren der Physik meist vollzählig erschienen« (Heisenberg, 1969).

Als Max die Ankündigung des Vortrags von Heisenberg sah, machte er sich auf den Weg zur Berliner Innenstadt, wo damals das Physikgebäude stand. Während er sich dem Institut näherte, sah er, wie von links Einstein und von rechts Nernst dem Eingang zustrebten. Sie trafen genau mit Max zusammen, der ihnen die Tür aufhielt und dabei hörte, was sie sich zuflüsterten. Nernst hatte Heisenbergs Arbeit (Heisenberg, 1925) gelesen und fragte: »Ist da irgend etwas dran?« Max wartete gespannt auf die Antwort, und Einstein sagte: »Ja, ja, eine sehr gute Arbeit, glaube ich. Sehr wichtig.«

Offenbar war Heisenberg ein entscheidender Durchbruch gelungen, und Max fühlte sich glücklich, dies unmittelbar mitzubekommen und von Anfang an dabei zu sein. In ziemlicher Erregung erreichte er den Hörsaal, der randvoll war. Max mußte stehen und konnte so zunächst einmal die hierarchische Sitzordnung bewundern. In der ersten Reihe saßen die Nobelpreisträger Einstein, Planck und von Laue. Ihnen folgten die übrigen Professoren, denen sich die Assistenten und weiter hinten die Studenten anschlossen.

Die entscheidende Neuerung in der Darstellung der Atome bestand bei Heisenberg darin, daß er darauf verzichtete, Größen in die Theorie aufzunehmen, die im Experiment nicht beobachtet werden konnten. So hatte man vorher immer von den Bahnen atomarer Bausteine gesprochen, im Experiment aber die Frequenzen der Strahlung bestimmt, die ein Atom aussendet. Heisenberg kam zur richtigen Theorie, indem er sich auf die meßbaren Parameter konzentrierte und sie als »Repräsentanten der Elektronenbahnen« betrachtete. In seinen Gleichungen traten nur Frequenzen und Amplituden auf.

Der neunzehnjährige Max verstand kaum ein Wort von dem, was Heisenberg sagte, dennoch machte der Vortrag ungeheuren Eindruck auf ihn. (Es war vermutlich das letzte Mal, daß Max etwas bewunderte, was er nicht fassen konnte.) Ihm fiel vor allem ein wichtiger Punkt auf, der mit der Schaffung dieser revolutionären Theorie zu tun hat. Obwohl noch viele ungelöste Probleme der atomaren Welt vor ihm lagen, und bekannte Physiker an seinem Ansatz zweifelten, war Heisenberg vollständig von der Richtigkeit des eingeschlagenen Weges überzeugt. Diese Sicherheit beruhte darauf, daß die gefundenen Gleichungen »von großer Einfachheit und Schönheit« waren. Für Heisenberg stand fest, »daß die Einfachheit der Naturgesetze einen objektiven Charakter hat. . . . Wenn man durch die Natur auf mathematische Formen geführt wird«, die die beiden Kriterien erfüllen, »so kann man nicht umhin zu glauben, daß sie ›wahr‹ sind, das heißt, daß sie einen echten Zug der Natur darstellen« (Heisenberg, 1969).

In der Physik stellte sich in den Jahren nach Heisenbergs Vortrag heraus, daß seine Theorie tatsächlich in der Lage war, die Vorgänge im Atom zu verstehen. Wieder einmal – diesmal vor Maxens Augen – wurde das Vertrauen in eine höhere Einfachheit belohnt.

Max in Göttingen

In der Mitte der zwanziger Jahre gab es für Naturwissenschaftler nichts Spannenderes als die neue Physik, und wer in Göttingen studierte, stand in einem der Zentren der aufregenden Entwicklung. Göttingen war durch Max Born (1882–1970) und seine beiden jungen Assistenten Wolfgang Pauli (1900–1958) und Werner Heisenberg (1901–1976) groß und berühmt geworden. Als Max hier im Sommer 1926 eintraf, hielt es ihn nicht mehr lange in der Astronomie. Der endgültige Wechsel in die theoretische Physik erfolgte 1928, als Max nicht mit seiner geplanten Dissertation in der Astrophysik zurechtkam.

Der Übergang vom Kosmos zu den Atomen wurde beschleunigt durch eine intensive Freundschaft mit Victor Weisskopf. Sie begann damals in Göttingen und hielt ein Leben lang. Weisskopf, zwei Jahre jünger als Max, stammte aus Wien. Beide standen vor demselben Problem. Sie wollten gründlich die Quantenphysik lernen, die sich damals rasant entwickelte und folglich kaum in Vorlesungen zu erfahren war. Max und Weisskopf beschlossen, sich zusammenzutun. Sie organisierten »eine kleine Nachtphysik«, bei der allabendlich die neuesten Entwicklungen diskutiert wurden.

Nach Weisskopfs Erinnerungen war Max in Göttingen ein eher schüchterner Mensch, der sich als Mann von Welt mit Erfahrung und Bildung präsentierte. Er war immer lernbereit und auch ein unermüdlicher Produzent von Witzen, die im Rahmen einer Sondervorlesung über »Komische Physik« angeboten wurden. Neben Weisskopf traf sich Max in Göttingen auch mit Maria Mayer und Edward Teller, und er sah Robert Oppenheimer und Norbert Wiener. Mit den beiden letztgenannten verband Max ganz bestimmte Erinnerungen. Der Winter 1928 war schwierig für die deutsche Wirtschaft. Die Studenten hatten wenig Geld und nicht sehr viel zu essen. Max mußte mittags mit einem belegten Brot auskommen. Ihm blieb daher in Erinnerung, daß der mit einem amerikanischen Guggenheim-Stipendium ausgestattete Wiener regelmäßig zwei Brötchen kaufte, nur um ein doppelt belegtes Brötchen essen zu können. Das andere warf er weg.

Die Erinnerung an Robert Oppenheimer kennzeichnet ein wenig die Einstellung, die Max zum Verhältnis von Wissenschaft und Gesellschaft einnahm. Als er 1972 gefragt wurde: »Warum haben Sie sich Wissenschaft als Lebensarbeit gewählt?«, antwortete er mit einem Beispiel aus der Göttinger Zeit (D 81): »Ich habe in jungen Jahren herausgefunden, daß die Wissenschaft ein Hafen für Schüchterne, für Abnorme, für Mißratene ist. Das trifft vielleicht mehr für die Vergangenheit als für die Gegenwart zu. Aber wer in den zwanziger Jahren Student in Göttingen war und ins Seminar ›Struktur der Materie‹ ging, das unter der vereinten Leitung von David Hilbert und Max Born lief, – wer da hineinging, der konnte tatsächlich glauben, in einem Irrenhaus zu sein. Jeder einzelne der Teilnehmer war offensichtlich so etwas wie ein ›ernster Fall‹. Das wenigste, was man tun konnte, war, eine Art von Stotterer zu spielen. Robert Oppenheimer als Student höheren Semesters fand es vorteilhaft, eine besonders elegante Form des Stotterns zu entwickeln, die ›njum-njum-njum‹-Technik. Wer Außenseiter (›oddball‹) war, hier fühlte er sich zu Hause.«

In Göttingen öffnete sich aber für Max nicht nur die Tür zu der aufregenden neuen Welt der Quanten, sondern er wurde auch angeleitet, einen Weg in das Reich der Philosophie und Poesie zu finden. Dabei führte ihn Werner Brock, den Max als seinen – neben Niels Bohr – »zweitwichtigsten Mentor« beschrieben hat. Brock, der sechs Jahre älter war als Max, hatte sich an der Universität als Student der Philosophie immatrikuliert. Der Hauptgrund für seinen Aufenthalt in Göttingen bestand aus seinem Plan, eine Nietzsche-Monographie zu schreiben.

Brock hatte bei Karl Jaspers in Heidelberg studiert und war danach Assistent bei Martin Heidegger in Freiburg gewesen. Daneben interessierte er sich nach einem Medizinstudium besonders für die Erkenntnisse der Psychiatrie. Brock äußerte deutliche Ansichten zu allen Gebieten, von denen er etwas verstand. So lockte und lenkte er die Lesetätigkeit von Max, der sehr beeinflußbar war.

Die nachhaltigste Wirkung entfaltete dabei Brocks wiederholte Empfehlung, die Sonette von William Shakespeare und die Duineser Elegien von Rainer Maria Rilke zu lesen. Zuerst war Max durch die Elegien geschockt. Dann setzte ein fünfzig Jahre währendes träumerisches Nachdenken über diese Wortgebilde ein. Kurz vor dem Ende seines Lebens nahm Max eine Einladung an, die Achte Duineser Elegie aus der Sicht eines Wissenschaftlers zu erläutern. Er begann mit der Niederschrift eines Manuskriptes, das unvollendet blieb.

Der Einfluß von Werner Brock, so bedeutend er auch war, hielt nur eine begrenzte Zeit an. Wegen seiner zum Teil jüdischen Herkunft mußte Brock 1933 nach England emigrieren. Dies wurde für ihn zu einer Katastrophe. Er konnte sich nie an die englische Sprache gewöhnen und lernte nicht, in ihr zu schreiben und zu sprechen. Zwar versuchte er, Vorlesungen über Jaspers und Heidegger zu halten und daraus Bücher zu machen, aber sein Stil blieb dem Deutschen verhaftet, und so fand er keinen Anklang.

Die Welt der Atome

Die Theorie der Atome, die in Göttingen erarbeitet und diskutiert wurde, konnte alle Verhaltensweisen beschreiben und aus einfachen Prinzipien ableiten, die in der Welt dieser Größenordnung dem Experiment zugänglich geworden waren. Den Einstieg in diese Region hatten die Physiker im letzten Jahrzehnt des neunzehnten Jahrhunderts gefunden. Damals begann die Geschichte der Atomphysik mit der Entdeckung der

Röntgenstrahlen, der Radioaktivität und des Elektrons. In der Folge gelang es, die Eigenschaften der Materie von der neu erschlossenen Ebene aus besser zu verstehen.

In den Jahren zuvor hatte die klassische Physik eine allgemeine Beschreibung mit Materialkonstanten wie der spezifischen Wärme gegeben. Sie waren zunächst keiner weiteren Interpretation und Auflösung zugänglich. Natürlich kannte man die Vorstellungen der Chemiker über Atome und Moleküle, aber vor 1890 schien es so, als ob diesen Ideen keine materielle Realität entsprach. Dies änderte sich schlagartig an der Wende des Jahrhunderts, als mit den oben erwähnten Entdeckungen der Vorhang vor der atomaren Bühne weggezogen wurde. Plötzlich gab es die Atome wirklich, sie hatten eine bestimmte Größe, man kannte ihr Gewicht und begann, ihre Struktur zu erkunden. Als Untereinheiten fand man Elektronen mit negativer Ladung. Noch blieb unklar, wo und wie im Atom die ausgleichenden positiven Ladungen verteilt waren; dies schien über ein Studium des radioaktiven Zerfalls ermittelbar zu sein, bei dem sich diese Ladung änderte. Die Physiker erzielten erste Erfolge bei der Deutung des Periodensystems der Elemente, und sie waren sicher, in kurzer Zeit genau angeben zu können, wie ein Atom aussieht, wie sich in ihm die Elektronen bewegen, und wo die positive Ladung zu finden ist.

Es gab aber schon die ersten dunklen Wolken am Himmel der klassischen Physik. Wie konnten Elektronen zum Beispiel wirklich existieren? Falls sie Punktladungen waren und somit keine Ausdehnung besaßen, mußte die Energie an der Stelle, an der es die Elektronen gab (ihre Feldenergie), unendlich groß sein. Erlaubte man ihnen ein wenig Raum, tauchte die Frage auf, wer oder was sie überhaupt so klein halten konnte. Wenn sie so groß waren wie die Wellenlänge von Licht, dann stimmte nichts mehr, denn es gelang der klassischen Physik nicht, die Wechselwirkung von Strahlung und Materie zu begreifen – das hatten Planck und Einstein gezeigt. Sowohl die Mechanik als auch die Theorie der elektromagnetischen Strahlung (Elektrodynamik) griffen zu kurz.

Planck hatte 1900 einen ersten Weg zur Lösung aufgezeigt. Ihm war es gelungen, die Strahlung, die von einem schwarzen Körper bei dessen Erwärmung ausgeht, dadurch richtig vorauszusagen, daß er annahm, die Energie der Strahlung verläßt den Körper nicht kontinuierlich, sondern in Form einzelner Pakete. Diese nannte er Quanten. Ihre Größe liegt fest in einer Konstanten der Natur, die heute als Plancksches Wirkungsquantum bekannt ist. Einstein stieß 1905 in die gleiche Richtung vor, als er mit seiner Erklärung des photoelektrischen Effektes mehr Physiker davon überzeugen konnte, daß Licht in der Tat aus solchen Quanten besteht, die er Photonen nannte. Das Problem, das dabei auftrat, bestand in der Frage, wie konnte Licht, von dem man immer angenommen hatte, es breite sich wellenförmig aus, gleichzeitig aus solchen Partikeln bestehen? Einstein erkannte schon damals die Schwere der Herausforderung. Er fühlte sich so, als wäre der Grund unter seinen Füßen weggezogen worden und kein neues Fundament in Sicht (Schilpp, 1949 und 1982).

Die Krise der Physik wurde im Jahre 1911 weithin sichtbar. In diesem Jahr konnte Paul Ehrenfest zeigen, daß der von Planck und Einstein gewiesene Weg die einzige Möglichkeit war, Widersprüchlichkeiten in einer Beschreibung der Natur zu vermeiden. Es gab keine Alternative zum Quantum der Wirkung. Im selben Jahr entdeckte Lord Ernest

Rutherford in Manchester den Atomkern. Ausgehend von Versuchen seiner Mitarbeiter E. Geiger und H. Marsden untersuchte Rutherford im Detail, wie ein Strom geladener Teilchen von atomarer Größe durch Zusammenstöße mit Atomen der Materie aus ihren geradlinigen Bahnen geworfen wird. Genauer gesagt, analysierte er die Streuung von Alpha-Teilchen an sehr dünnen Goldfolien. Beim Versuch, eine 0,00004 cm dicke Folie zu durchqueren, waren einige dieser positiv geladenen Teilchen um mehr als einen rechten Winkel abgelenkt worden, daß heißt, sie waren zurückgeschleudert worden. Rutherford mußte schließen, »daß das Atom aus einer zentralen, in einem Punkt konzentrierten Ladung besteht«, die positiv sein mußte und in sich die Hauptmasse des Atoms vereinigte (Rutherford, 1911).

Zunächst mehr als Scherz schlug Rutherford als Atommodell ein Planetensystem im Kleinformat vor, und er sprach vom »Saturn-Atom«. Der schwere positive Kern des Atoms würde von den negativen leichten Elektronen auf wohldefinierten Bahnen umkreist. Der Radius einer elektronischen Umlaufbahn (Orbit) wurde als zehntausendmal größer abgeschätzt als der Radius des Kerns. Mit anderen Worten, das Elektron umrundete den Kern so wie Neptun die Sonne. (Der Radius der Erdumlaufbahn ist einhundertmal zu klein, um als Vergleich in Frage zu kommen.)

Der Vorschlag, den Rutherford unterbreitete, bedeutete zum Beispiel für ein Wasserstoffatom, daß ein Elektron einsam seine Bahn um ein einfach positiv geladenes Kernteilchen zieht. Man spricht dabei von einem Proton. Mit diesem einfachsten aller Atome schien das Modell schon nicht zurechtzukommen, denn gemäß der klassischen Physik gibt eine beschleunigt bewegte Ladung – in dem Fall das Elektron – Energie in Form von Strahlung ab. Im Rutherfordschen Modell müßte das Elektron folglich an Geschwindigkeit verlieren und zum Schluß in den Kern stürzen. Mit anderen Worten, die Idee eines atomaren Planetensystems erklärte zwar die Streuexperimente, es konnte aber nicht die wesentlichste Eigenschaft eines Atoms begreifbar machen, nämlich seine Stabilität. Da die Materie dauerhaft existierte, schien das Modell falsch.

Es konnte aber auch sein, daß die klassische Physik falsch war. Von der Einfachheit und Schönheit des Modells angetan und durch seine offensichtliche Fähigkeit überzeugt, die Experimente richtig zu beschreiben, faßte sich damals Niels Bohr ein Herz und wagte einen ungeheuer kühnen Schritt. Er schlug vor, nicht das Modell von Rutherford, sondern die herkömmliche Physik zu ändern. Für Bohr lag die Hilflosigkeit der Physiker gegenüber der Stabilität der Atome an »der Unzulänglichkeit der klassischen Elektrodynamik bei der Beschreibung des Verhaltens von Systemen atomarer Größe«. Ihm schien es notwendig, »in die vorliegenden Gesetze eine Größe einzuführen, die der klassischen Elektrodynamik fremd ist, und zwar die Plancksche Konstante, oft auch das elementare Wirkungsquantum genannt« (Bohr, 1913).

Bohr erweiterte die alte Physik, um die neuen Beobachtungen begreifbar zu machen. Was er »Über den Aufbau der Atome und Moleküle« dann vorschlug, hat Max später die Theorie einer gespaltenen Persönlichkeit genannt. Ein Bohr bestimmte zunächst die Bahnen eines Elektrons im Wasserstoffatom in klassischer Weise, so wie man die Umlaufbahnen eines Satelliten berechnet. Dann trat ein anderer Bohr auf, suchte sich einige dieser Orbitale aus und erklärte, daß die Elektronen in solchen Bahnen stabil seien. In diesen so definierten Quantenzuständen schützte und stützte sie die Plancksche Konstante. In diesen Positionen würden die Elektronen keine Energie durch Strahlung verlieren. Nur wenn sie von einer stabilen Bahn auf eine andere springen, würde das Atom gemäß Bohr Licht aussenden. Als Bohr zeigen konnte, daß diese Beschreibung der Elektronenbewegung nicht nur qualitativ die bekannten Spektrallinien der Atome vorhersagte, sondern auch quantitativ richtig ihre Abstände zu berechnen erlaubte, war der erste Triumph der Quantentheorie perfekt.

Wie sich herausstellte, mußte die kommende Generation der Physiker mit dieser schizophrenen Haltung leben. Die Spaltung, die Bohr 1913 vorschlug, blieb der Physik erhalten. Richtig verstanden wurde sie erst mehr als zehn Jahre später, als die umfassende Formulierung einer Quantenmechanik gelang. Zunächst stellte Heisenberg 1925 seine mathematische Fassung einer Matrizenmechanik auf; dem folgte ein Jahr später die Wellenmechanik von Erwin Schrödinger. Es dauerte noch ein weiteres Jahr, bevor Bohr zu einem tieferen Verständnis für die Notwendigkeit der neuen Theorien gelangte. Diese Interpretation – man kann sie auch als Philosophie bezeichnen – ist das Komplementaritätsargument (Bohr, 1928). Es gibt keine wissenschaftliche Idee, die Max stärker und länger beschäftigt und beeinflußt hat. Sie wurde sein Motiv in der Biologie.

Quantenphänomene

Bevor diese Idee erläutert werden kann, muß verdeutlicht werden, auf welche seltsamen Erscheinungen derjenige treffen kann, der sich in die Welt der Quanten begibt. Die klassischen Wege brechen bei diesem Ausflug plötzlich ab. Was sich im Quantenbereich abspielt, ist sehr verschieden von den Vorgängen in der täglichen Welt der Anschauung. Atomare Teilchen bewegen sich zwar auch fort und stoßen zusammen, aber anders als Bälle oder rollende Kugeln dies tun. Um die besonderen Züge der mikrokosmischen Wirklichkeit deutlich zu machen, hat Niels Bohr ein Gedankenexperiment durchgespielt. Max hat diese Einführung in die atomare Realität selbst häufig benutzt, um in Vorlesungen die Besonderheit der Quantenphänomene vorzuführen. Dabei trug er die Bohrschen Überlegungen in der Art vor, wie sie sein Freund Richard Feynman in seinen Physikvorlesungen am Caltech präsentierte (Feynman, 1963).

Gedankenexperimente haben ihre große Bedeutung durch Albert Einstein bekommen, der sich so in den Kosmos vortastete. Es handelt sich dabei nicht um Versuche, die man wirklich ausführt, sondern um solche, über die man gut nachdenken kann. Das Ergebnis so eines Gedankenexperimentes kennt man a priori, also vor der Erfahrung. Geleitet wird dieses Wissen durch viele Meßergebnisse, die an Systemen gewonnen wurden, die dem ähneln, mit dem man sich in Gedanken beschäftigt.

Bohrs Argument entfaltet sich in vier Schritten, die alle an einer grundsätzlich gleichen Anordnung entlangführen. In deren Mitte trennt eine Wand mit zwei kleinen Öffnungen eine Quelle, aus der Partikeln oder Wellen entspringen, die von einem Aufzeichnungsgerät gemessen werden, das an einer Rückwand angebracht ist. Der Weg von der Quelle zur Registrierung führt durch die Löcher.

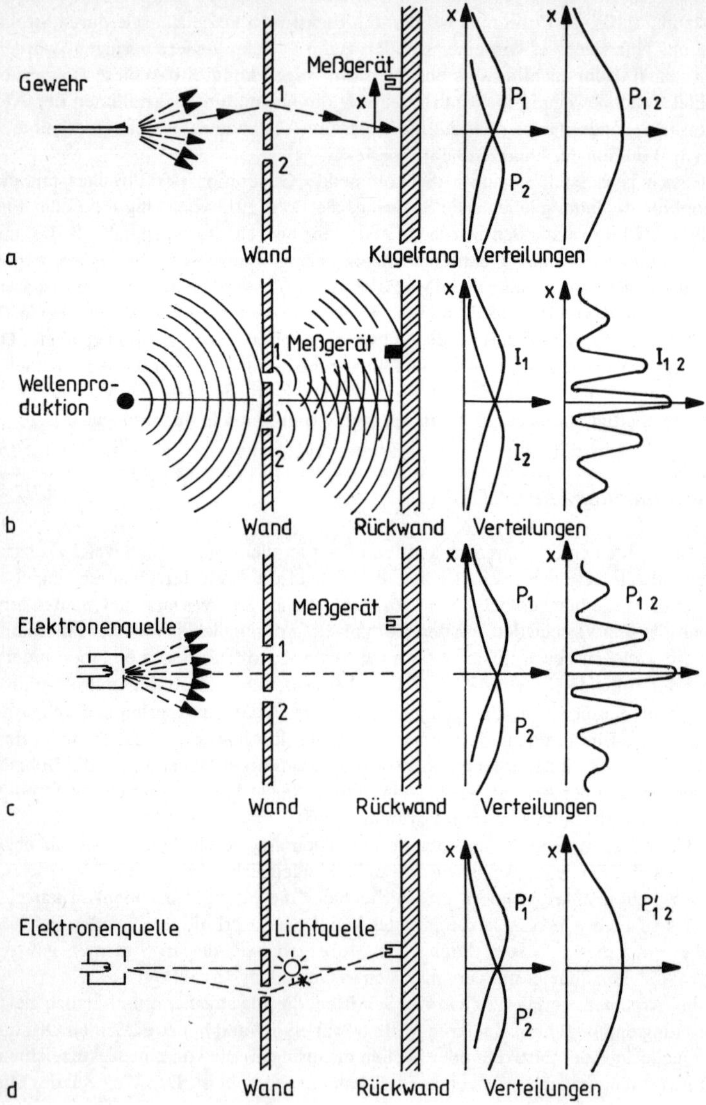
a
Gewehr
Meßgerät
1
2
x
P1
P2
P12
Wand
Kugelfang
Verteilungen
b
Wellenproduktion
Meßgerät
I1
I2
I12
Wand
Rückwand
Verteilungen
c
Elektronenquelle
Meßgerät
P1
P2
P12
Wand
Rückwand
Verteilungen
d
Elektronenquelle
Lichtquelle
P'1
P'2
P'12
Wand
Rückwand
Verteilungen

Im ersten Schritt denkt man sich die Quelle als Gewehr, aus dem Kugeln geschossen werden. An der Rückwand zählt man dann die Einschlagslöcher. Jedes Experiment mit dieser Vorrichtung ist problemlos durchschaubar. Hält man eines der Löcher offen, während geschossen wird, findet man die bekannte Glockenkurve als Verteilung der Kugeln. Stehen den Kugeln beide Schlitze in der Wand zur Verfügung, addieren sich die beiden Ergebnisse für jedes einzelne Loch zu einer neuen Verteilung. Im zweiten Schritt geht es um Wasserwellen, die durch einen einfachen Mechanismus erzeugt werden. Der Detektor an der Rückwand stellt die Intensität des Wellenschlags fest, indem er die Amplituden aufzeichnet. Mit nur einem durchlässigen Schlitz ergibt sich im Prinzip das gleiche Ergebnis wie bei den Kugeln. Werden aber beide Klappen geöffnet, offenbart sich der Wellencharakter des beobachteten Objekts, und man beobachtet die Erscheinung der Interferenz. Die verschiedenen Wellenzüge, die durch die Löcher gelangen, kommen sich gegenseitig ins Gehege, sie interferieren miteinander. Dieses alles ist aus der klassischen Physik geläufig. In einem dritten Schritt ersetzt man das Gewehr aus dem ersten Versuch durch eine Elektronenkanone, das heißt durch eine Apparatur, die einen Elektronenstrahl erzeugt. An der Rückwand hat man einen Detektor installiert, der auf Elektronen anspricht. Er ist mit einem Lautsprecher verbunden, der jedes einlaufende Elektron durch einen Klick ankündigt. Bei hinreichend schwacher Intensität des Elektronenstrahls hört man einzelne Geräusche, die die Ankunft individueller Teilchen melden. An der Rückwand treten die Elektronen also als Partikeln in Erscheinung. Bei nur einem

---

◁ Die Besonderheit der Quantenwelt wird in vier Gedankenexperimenten beschrieben, deren Prinzip Niels Bohr vorgeschlagen hat. Sie werden auch im Text erläutert. Im ersten Versuch feuert man mit einem Gewehr Kugeln durch eine Wand mit ein oder zwei Löchern und zählt die Einschläge an einer Rückwand. Mit jeweils einem geöffneten Loch wird die jeweilige Glockenkurve P_1 bzw. P_2 registriert. Sind beide Löcher durchlässig, findet man als neue Verteilung der Kugeln die Summe der alten: $P_{12} = P_1 + P_2$ (a). Im zweiten Versuch mit Wasserwellen wird die Intensität der Wellenbewegung gemessen. Ist eine Öffnung geschlossen, werden die Intensitäten I_1 bzw. I_2 registriert. Sind beide Schlitze durchlässig, kommt es zur Interferenz der Wellen: $I_{12} = I_1 + I_2 +$ Interferenzterm (b). Im dritten Versuch schließlich werden Elektronen durch die Wand mit den Schlitzen geschossen und weiter hinten mit Hilfe eines Verstärkers registriert, der an einen Lautsprecher angeschlossen ist. Das Eintreffen eines Elektrons wird als Klick gemeldet. Mit anderen Worten, die Elektronen treffen als individuelle Teilchen ein. Läßt man nur einen Schlitz offen, findet man eine Verteilung wie bei den Gewehrkugeln. Öffnet man beide Durchgänge, kommt es zur Interferenz der Teilchen. Die Elektronen treffen somit zwar als Teilchen bei ihrem Meßgerät ein, sie schlüpfen aber wie Wellen durch beide Schlitze. Die Interferenz bleibt selbst dann bestehen, wenn so wenig Elektronen abgefeuert werden, daß nur jeweils ein »einzelner« dieser Bausteine der atomaren Welt die Schlitze passiert (c). Um in einem vierten Versuch die Elektronen beim Passieren der Schlitze zu beobachten, wird zwischen den Öffnungen eine Lampe angebracht. Damit kann man das Loch ermitteln, durch das ein Elektron gekommen ist. Dabei verschwindet die Interferenz, und die Elektronen sind wie Kugeln: $P'_{12} = P'_1 + P'_2$. Mit anderen Worten, unbeobachtete Elektronen verhalten sich anders als beobachtete Elektronen. Sie sind Objekte aus der Quantenwelt und nicht aus dem Alltag. Sie sind sowohl Welle als auch Teilchen (d).

geöffneten Loch sieht die Verteilung dieser mikroskopisch kleinen Kugeln genauso wie die der Gewehrkugeln aus. Dies ist noch immer keine Überraschung. Sie kommt erst, wenn man beide Schlitze öffnet. Jetzt kommt es wieder zur Interferenz, und zwar auch dann, wenn die Elektronen die Wand mit den Löchern einzeln passieren!

So demonstrieren diese atomaren Objekte ihre Quantennatur, die im Alltag unserer Anschauung keine Entsprechung hat. Die beobachtete Interferenz deutet an, daß die Elektronen sozusagen als Wellen durch die Schlitze geschlüpft sind, obwohl sie als Teilchen an der Rückwand registriert werden. Mit anderen Worten, ein unbeobachtetes atomares Objekt verhält sich wie eine Welle, ein beobachtetes wie ein Teilchen. Was eine atomare Erscheinung ist, hängt nicht mehr allein vom Objekt ab; vielmehr übernimmt der Beobachter (Subjekt) eine entscheidende Rolle.

In der zuletzt beschriebenen Situation kann man die Frage, durch welches Loch ein Elektron gelaufen ist, nicht beantworten. Aber nicht nur, weil niemand nachgesehen hat, sondern weil die Frage sinnlos ist. Sie ist sinnlos wegen der beobachteten Interferenz. Man kann auch von der Wasserwelle nicht sagen, durch welche Öffnung sie gekommen ist.

Was passiert aber nun, wenn man an den beiden Schlitzen einmal nachsieht? Wenn zum Beispiel eine Lichtquelle zwischen den Schlitzen installiert wird, dann müßte damit das Elektron gesehen werden können, während es die Wand passiert. Dies gelingt auch, aber im gleichen Moment verschwindet die Interferenz. Der Beobachter hat das Objekt nun darauf festgelegt, als Partikel die Wand zu durchqueren. Und man kann noch mehr aussagen. Da die Interferenzstreifen es ermöglichen, die Geschwindigkeit der Elektronen zu bestimmen, zeigt dieses letzte Gedankenexperiment, daß die Position eines atomaren Objekts unbestimmt bleiben muß, wenn sein Impuls ermittelt wird. Und umgekehrt kann man an dem Ort nicht gleichzeitig die Geschwindigkeit messen. Dies ist der Inhalt der Unbestimmtheitsrelationen, die Werner Heisenberg zum Verständnis der Quantentheorie vorschlug. Er stellte sie in demselben Jahr vor, in dem Niels Bohr seinen Begriff der Komplementarität einführte (Heisenberg, 1927). Beide zusammen sind seither als die Kopenhagener Deutung der Quantenmechanik bekannt.

Die Idee der Komplementarität

In der Quantenwelt tat sich den Physikern eine Wirklichkeit auf, die zu paradoxen Situationen führte und scheinbar unaufhebbare Widersprüche produzierte. Der Dualismus von Welle und Teilchen hat dabei die größte Popularität erlangt. Niels Bohr wollte die Gegensätze versöhnen und auf einer höheren Ebene vereinigen. Dazu erfand er 1927 den Begriff der Komplementarität. Er sollte die Abweichungen der Gesetze der Quantenmechanik von denen der klassischen Physik beschreiben, in der jedes physikalische Objekt entweder ein Teilchen oder eine Welle, aber nicht beides ist. Bohr sprach damals davon, daß die Wirlichkeit, die die Quantentheorie erfaßt, prinzipiell nicht mehr vorstellbar ist, sondern durch zwei zueinander komplementäre Bilder beschrieben werden muß. Damit meinte er zwei Bilder, die sich gegenseitig ausschließen – wenn das eine angewandt wird, kann man nicht zugleich das andere benutzen –, die sich aber auch gegenseitig bedingen – keines der beiden genügt für sich allein.

Bohr trug diesen Gedanken zum erstenmal öffentlich im September 1927 auf dem Internationalen Kongreß für Physik in Como vor, der anläßlich des einhundertsten Todestages von Alessandro Volta stattfand. Die Idee war ihm zu Beginn jenes Jahres gekommen, als er sich beim Skifahren in Norwegen von den anstrengenden Diskussionen mit Heisenberg erholte, in denen sich beide um die Kopenhagener Deutung der Quantenmechanik bemüht hatten (Moore, 1974).

Nach 1927 versuchte Bohr, seine Idee zu verallgemeinern und sie unabhängig von ihrer physikalischen Herkunft zu fassen. Ihm war klar geworden, daß die mit dem Namen Komplementarität bezeichnete Denkfigur mehr umfassen mußte als das Modell der Physik, für das sie galt. Bohr bemühte sich, diese erkenntnistheoretische Lektion der Atome so zu lernen, daß dieser Unterricht für andere Wissenschaften von Nutzen sein konnte.

Als Max 1931 nach Kopenhagen kam, dachte Bohr besonders über die Konsequenzen seiner Idee für die Biologie nach. Er diskutierte mit Max über diese Thematik und weckte so dessen Interesse an der Frage, was Leben ist. Würde man auch bei dem Versuch, das Rätsel des Lebens zu lösen, auf eine Unbestimmtheit treffen?

Das Spiel mit der Physik

Als Max in Kopenhagen war, wollte er sich eigentlich um Probleme des Atomkerns kümmern. Auf diesem Feld bot sich trotz der Erfolge der Quantenmechanik bei der Erklärung der Atome noch eine Fülle ungelöster Probleme an. Wie konnten zum Beispiel in einem Heliumkern zwei positiv geladene Teilchen dicht aufeinandersitzen? Niemand verstand, warum sie sich nicht gegenseitig abstießen, und wie ein Kern überhaupt bestehen konnte.

Interesse am Atomkern hatte Max erst nach seiner Dissertation bekommen. Zunächst faszinierte ihn in der Physik ein neues Konzept, das Eugene Wigner 1928 eingebracht hatte. Wigner war es mit dem mathematischen Gerüst der Gruppentheorie gelungen, die spektralen Linien von Systemen mit vielen Elektronen zu charakterisieren (Wigner, 1928). Dies war völlig neu, nicht nur für Max. Und hier bot sich ihm plötzlich eine Chance, mit den anderen Physikstudenten gleichzuziehen oder sie sogar zu überholen. Dazu brauchte er nur rasch die Gruppentheorie zu lernen, und dies traute er sich ohne weiteres zu. Er wußte auch schon, wie das gehen sollte.

Als Max seinen Einstieg in die theoretische Physik suchte, erschien die berühmte Abhandlung über »Die Methoden der Mathematischen Physik«, die die beiden großen Göttinger Mathematiker Richard Courant und David Hilbert verfaßt hatten. Die beiden Bände wurden rasch zur »Bibel der Theoretischen Physik«. In ihnen fand sich kein Wort über die Gruppentheorie, wie Max sofort feststellte. Dieses Thema wurde in einem anderen Buch behandelt, das zufällig zur gleichen Zeit und in derselben berühmten gelben Reihe des Springer-Verlags erschien. In einem ziemlich dünnen Buch beschrieb

Andreas Speiser »Die Theorie der Gruppen von endlicher Ordnung«, ohne auf physikalische Fragen einzugehen.

»Man konnte nun durch die Lektüre der elementaren Abschnitte in Speisers Buch die Arbeit von Wigner verstehen und somit allen anderen, die auch mit der Physik spielten, voraus sein. Als ich dies machte, fiel mir auf, daß Wigner in seiner Arbeit ein oder zwei Beweise ausgelassen hatte, die er besser gebracht hätte. Eines Tages traf ich ihn in der Badeanstalt und fragte ihn danach. Er antwortete ohne zu zögern, ›Da haben Sie völlig recht. Warum publizieren Sie die Beweise nicht?‹ Ich fragte, ›Wieso machen Sie das nicht selbst?‹ und er erwiderte, er könne das nicht tun, für ihn sei das nicht genug, ›aber ich helfe Ihnen, diese kleine Arbeit zu schreiben‹. Und so geschah es auch. Es war eine großartige Sache, und ich lernte, wie man die Wellenfunktionen von Systemen mit vielen Elektronen handhabt, wie man mit Gruppen umgeht und wie man eine Veröffentlichung schreibt.

Wenn ich mir heute [1981] diese Arbeit wieder ansehe, die den Titel ›Ergänzung zur Gruppentheorie der Terme‹ (D 1) trägt, so stelle ich fest, daß es mich Mühe kostet, sie überhaupt noch zu verstehen. Da steckt eine Menge Algebra drin, die sich mit der Darstellung von Permutationsgruppen durch Matrizen abplagt und versucht, diese Darstellungen in besonderen Fällen zu reduzieren. Eigentlich steckt keine einzige neue Idee darin. Und dennoch hatte es ungeheure Konsequenzen für mich persönlich. Es machte auf einen jungen Studenten aufmerksam, der von der Astronomie kommend in ein neues Gebiet gesprungen war. Vor allem weckte es das Interesse von Walter Heitler, der gerade nach Göttingen gekommen war und als Assistent von Max Born arbeitete, wodurch auch Born davon erfuhr. Dadurch erhielt ich eine kleine Anstellung als Vorlesungsassistent bei Born. Es war mein erster bezahlter Job. Zwar bedeutete dies bei den wenigen Pflichten auch nur wenig Geld, doch stieg nun mein Selbstvertrauen ganz gewaltig« (A).

Und damit wird aus dem 1928 in Göttingen vollzogenen Wechsel zur Physik eine scharfe Bruchstelle in der Entwicklung von Max. Er trennt sich nahezu vollständig von seiner Vergangenheit. Aus dem Stumpfsinn der konservativen Astronomie flieht Max in die Eleganz der revolutionären Physik. Mit dem ersten Erfolg wird aus dem Studenten ein Assistent, der sich entschieden und endgültig von der Politik abwendet. Max hält von nun an das politische Geschäft oberhalb der lokalen Ebene für sinnlos und dieses Betreiben für dumm oder korrupt. Diese Einstellung ändert er in seinem Leben nicht mehr.

In dieser Situation begann Max einen neuen Anlauf zu einer Doktorarbeit, die von Heitler vorgeschlagen wurde. Die Aufgabe bestand darin, einen quantitativ untermauerten Grund zu finden, warum die (kovalente) Bindung von zwei Lithiumatomen so viel schwächer ist als die homologe Bindung, die zwischen zwei Wasserstoffatomen besteht. Im Jahr zuvor hatte Heitler zusammen mit Fritz London erfolgreich die Bildung eines Wasserstoffmoleküls im Rahmen der Quantentheorie erklären können (Heitler und London, 1927). Ihre quantenmechanische Behandlung beschrieb die starke Bindung zweier Wasserstoffatome in der Form eines Austauschintegrals. Die Heitler-London-Bindung fällt aus der Quantenmechanik heraus. Sie ist keine zusätzliche Erfindung, um chemische Bindungen zu erklären. Die Möglichkeit, Moleküle zu bilden, steckt somit schon in den grundlegenden Gleichungen der Quantenphysik. Da die Theorie von Heitler und London mit allen experimentellen Daten übereinstimmte, festigte sich bei den Physikern damals die Überzeugung, daß alle Molekülaggregate aus ersten Prinzipien heraus verstanden und berechnet werden können.

Max wollte damals vom Wasserstoffmolekül ausgehend langsam die Leiter zu höherer Komplexität aufsteigen, und er versuchte in seiner Doktorarbeit, das Lithiummolekül berechenbar zu machen. In diesem nächsthöheren Element des Periodensystems rotiert ähnlich wie beim Wasserstoff ein einzelnes Elektron ohne Partner um den Kern in seinem Orbital. Warum – so lautete Maxens Problem – schaffen es hier zwei Elektronen nicht, eine ebenso feste Bindung herzustellen wie beim Wasserstoffmolekül?

Es war klar, daß »in diesem Problem eigentlich keine neue Idee stecken würde« (A), aber Max hoffte, er bekäme mehr Erfahrung im Umgang mit Wellenfunktionen und gelange auf diese Weise »schnell zu einer Doktorarbeit«.

Es kam aber ganz anders. Das Problem wurde zu einem Alptraum voll schrecklicher sechsdimensionaler Integrale, die auf Polarkoordinaten um zwei Zentren herum berechnet werden mußten, wobei alles ohne Computer allein mit dem Bleistift zu machen war. Schließlich lieferte Max 1929 seine Doktorarbeit über das Lithiummolekül ab (D 2). Sie wurde zwar angenommen, aber Max war unzufrieden, er hielt sein Ergebnis für »ziemlich stumpfsinnig« (»rather dull«) (A).

Diese rückblickende Beurteilung wird verständlich, wenn man sich klarmacht, was Max eigentlich in der Physik suchte, einen Platz für »neue Ideen«. Einfach nur Anwendungen im Detail auszurechnen, dafür war er nicht zur Atomtheorie gekommen. Max wollte Konzepte entwerfen und mit Ideen spielen, er wollte denken und nicht nur rechnen. Dies war in der Physik nach Bohr, Heisenberg, Schrödinger und vielen anderen gar nicht mehr so einfach. 1929 befand sich ein Physiker in der paradoxen Lage, daß es in der aufregendsten Wissenschaft die langweiligsten Probleme geben konnte. Nach der grandiosen Eroberung der Quantenwelt blieb für Max die Aufräumarbeit zu tun. Alle großen Ideen schienen schon formuliert zu sein, als Max auf dem Schauplatz erschien. Eine Hoffnung auf einen weiteren revolutionären Schub war geblieben. So wie mit dem Übergang von der makroskopischen Welt der Anschauung zur mikroskopischen Welt der Atome eine neuartige Theorie erforderlich geworden war, so könnte auch der nächste Schritt in eine noch zehntausendmal kleinere Welt – in den Kern des Atoms – nur mit ähnlich revolutionärem Schwung möglich sein. Bohr und Heisenberg glaubten daran, sie hofften sogar darauf (Weizsäcker, 1983).

Aus diesem Traum erwachte die Physik 1932, als durch elementare Entdeckungen klar wurde, daß man den Kern ohne neuen Quantensprung erreichen kann. Für Max war damit das Signal in der Physik auf Halt gestellt. Neue Ideen kamen seinem damaligen Verständnis nach zunächst nur noch in der Biologie in Frage, und er orientierte sich um.

Der erste Aufenthalt im Ausland

Im Sommer 1929 war John E. Lennard-Jones aus Bristol zu Gast in Göttingen. Er wollte die neue Quantenmechanik und Deutsch lernen. Als es Herbst wurde, hatte er erst die Hälfte seines Programms erledigt, da alle im Institut versuchten, von ihm Englisch zu lernen. Lennard-Jones bat daraufhin Born, ihm einen Physiker vorzuschlagen, den er mit nach England nehmen könne, um das Versäumte nachzuholen. Er hatte eine Stelle für einen promovierten Theoretiker anzubieten. Born empfahl Max, und noch bevor er seine mündliche Prüfung absolviert hatte, verließ Max Göttingen im September 1929 in Richtung Bristol. Er sprach keine zehn Worte Englisch, als er ankam.

Max nutzte diese Situation und die unbefriedigend ausgefallene Analyse seiner bisherigen Leistungen, um sich drei Monate lang ausschließlich mit der englischen Sprache zu beschäftigen. Dabei bemühte er sich nicht so sehr um Grammatik oder Syntax, vielmehr konzentrierte er sich auf die Aussprache. Max lernte Englisch mit den Ohren. Dies hat sich bezahlt gemacht, denn so vermied er von vornherein, den schweren deutschen Akzent mit sich herumzuschleppen, den die Mehrzahl seiner Landsleute nie richtig los wird. Max war sein ganzes Leben lang stolz auf seine (fast) akzentfreie Aussprache, und er genoß es, seinen deutschen, spanischen, japanischen und chinesischen Studenten, Freunden und Mitarbeitern deutlich zu machen, wie man etwas richtig betont.

Während der ersten drei Monate in England wohnte er bei Pfarrersleuten, mit denen er regelmäßig beim Essen zusammensaß. Ausflüge machte er nur, um im Institut einige Seminare über Quantenmechanik zu geben: »In Bristol gab es niemanden, der Deutsch sprach, und so war mein Sprachtraining ziemlich intensiv. Ich verstärkte dies noch bewußt dadurch, daß ich kein Englisch-Deutsch Lexikon anschaffte, sondern nur ein Oxford Dictionary. Jedesmal wenn ich darin ein Wort nachschlagen wollte, endete das damit, daß ich fünf andere suchen mußte. Es war immer ein erhebendes Gefühl, wenn sich die Wortsuche unendlich auffächerte« (A).

Im Dezember 1929 mußte Max nach Göttingen zurückkehren, um seine mündliche Doktorprüfung zu absolvieren. Zu seiner völligen Überraschung fiel er durch, was ihm den milden Spott seiner Freunde eintrug. Die Pleite hatte Max sich selbst zuzuschreiben, und zwar seiner »idiotischen Naivität und Arroganz« (A). Seine Freunde hatten ihm gesagt, daß man in solchen Prüfungen nur vor einfache und elementare Probleme gestellt würde und jede Vorbereitung überflüssig sei. Während sie selbst sich gehörig streckten, nahm Max – beeinflußbar wie immer – ihren Rat für bare Münze und erschien »fröhlich zum Examen, ohne in ein Buch geschaut zu haben. Es gab vier Prüfer, in meinem Fall waren das der Astronom Kienle, der Mathematiker Courant, als Theoretischer Physiker war Born und als Experimentalphysiker war Pohl da. [Robert W.] Pohl hat nie viel von reinen Theoretikern gehalten, und in der Tat hatte ich in seinem Fach keine Ahnung. . . . Als Pohl mich dann examinierte, konnte ich keine seiner Fragen beantworten. Ich blieb dabei ganz ruhig und sagte nur ›Weiß ich nicht‹« (A).

Pohl wurde schließlich wütend und brach die Prüfung ab. Max war durchgefallen. Bei seiner Rückkehr nach Bristol wurde er mit großer Verwunderung empfangen. Es war schon komisch, daß der so hochgelobte junge Deutsche in der Prüfung versagt hatte. Die

Bristol 1932, Max mit seinem Zimmernachbarn C. F. Powell, beide waren gerade zum Einkaufen auf dem Markt; diese Aufnahme schickte Max als Postkarte an Ellen Twiel in Kopenhagen, die später Victor Weisskopf geheiratet hat.

folgenden drei Wintermonate waren dann schrecklich für Max. Nicht nur wegen des verpatzten Examens und nicht nur wegen des trüben Wetters. Max realisierte auf einmal, »daß die englische Kultur so vollständig verschieden von der deutschen Kultur war. Ich sah überhaupt keine Überlappung, weder bei den Büchern, die gelesen wurden, noch bei den . . . Themen, über die man sprach, noch bei den Aktivitäten, die von Interesse waren; die Art der persönlichen Bindungen war anders und auch die Art, mit der Geschichte umzugehen« (A).

Max fand England und die Engländer schrecklich. Von seinem deutschen Standpunkt aus waren sie »so unglaublich naiv und unintellektuell« (A). Doch im Frühling kippte dies alles um, und als es langsam Sommer wurde – Max hatte inzwischen seine Doktorprüfung bestanden –, merkte er auf einmal, daß die Engländer doch eine sehr gute Art zu leben haben: »Ich wurde äußerst anglophil und fühlte mich wie neugeboren« (I). »Ich begann auf einmal den radikalen Unterschied zwischen den Kulturen zu schätzen. Seit dieser Zeit fühlte ich, daß die England Erfahrung bezüglich Sprache und Kultur die größte Bereicherung meines Lebens war« (A).

Max fühlte sich nun sehr wohl in Bristol, obwohl seine Beziehung zu Lennard-Jones ohne Leben blieb (»uninspired to say the least«). Das Physik Department hatte gerade viel Geld erhalten und sich damit vergrößert. Junge Experimentalphysiker, die aus Cambridge gekommen waren, arbeiteten mit großem Schwung an ihren Problemen. Einer von ihnen teilte später ein Doppelzimmer mit Max. Es war C. F. Powell, der als Entdecker des Pi-Mesons in der Höhenstrahlung berühmt wurde. Dafür erhielt er 1950 den Nobelpreis für Physik. Damals kam auf der Insel auch das private Kraftfahrzeug in Mode, und Max war viel mit Freunden in der herrlichen englischen Landschaft unterwegs. Am Ende des Sommers wurde dann eine große europäische Reise unternommen, die durch Frankreich, die Schweiz, Österreich und nach Ungarn und über die Tschechoslowakei und Polen wieder zurück nach Deutschland führte.

Das erste Rockefeller-Stipendium

Nach seinem Aufenthalt in Bristol spürte Max das dringende Verlangen, sich einem Institut anzuschließen, in dem es mehr theoretische Physik zu lernen gab. Max Born riet ihm, sich um ein Stipendium der Rockefeller-Stiftung zu bemühen. Mit den Empfehlungen seines Lehrers Born und seines Freundes aus Berliner Tagen, Karl Friedrich Bonhoeffer, war ein entsprechender Antrag erfolgreich, und Max konnte sich im Winter 1930/31 überlegen, wo er ein Jahr lang als Rockefeller Fellow arbeiten wollte. Er entschied sich, den gewährten Zeitraum in zwei Hälften zu teilen. Das erste halbe Jahr wollte Max bei Niels Bohr in Kopenhagen verbringen und anschließend die verbleibende Zeit bei Wolfgang Pauli in Zürich.

Im Februar 1931 traf Max in Kopenhagen ein. Hier wurde er sofort von einem blonden Russen in Beschlag genommen. Es war Georg Gamow, der aus Leningrad stammte und zwei Jahre älter war als Max. Seit der russischen Oktoberrevolution im Jahre 1917 hatten nur wenige russische Wissenschaftler den Weg nach Deutschland gefunden, und so war

Gamow für Max »eine leicht sensationelle Erscheinung« (D 84). Beide wurden Freunde und wohnten für eine Weile auf einer gemeinsamen Bude.

Im Institut für Theoretische Physik am Blegdamsvej 17 in Kopenhagen – es trägt heute den Namen Niels-Bohr-Institut – wurde in den zwanziger und dreißiger Jahren der Kopenhagener Geist der Wissenschaft geboren. Hier entstand »das erste große Modell für Teamarbeit auf freier Basis«, wie Max es später einmal beschrieben hat. In diesem internationalen Rahmen waren es vor allem die Russen, die mit ihrer fröhlichen Respektlosigkeit den freien Stil menschlicher Beziehungen ermöglichten, durch den der Kopenhagener Geist seine Wirkung entfalten konnte.

Als Max in Kopenhagen ankam, schlug ihm Gamow vor, sie könnten doch etwas gemeinsam versuchen, und er unterwies Max in theoretischer Kernphysik. Auf diesem Gebiet hatte Gamow mit einigem Erfolg eine quantenmechanische Deutung des radioaktiven Alpha-Zerfalls geben können (Gamow, 1930), bei dem ganze Bruchstücke aus dem Kern herausgeschleudert werden. Als fernes Ziel visierte Gamow eine Theorie des Atomkerns an. In einer ersten Näherung hatte er vorgeschlagen, sich das Ganze wie einen Wassertropfen vorzustellen. Die Grundidee dieses Tröpfchenmodells bestand darin, als Bindungskräfte im Kern nur solche zuzulassen, die von extrem kurzer Reichweite waren und nur zwischen zwei benachbarten Kernbausteinen wirkten. Gamow schlug Max vor, mit seiner Hilfe zu prüfen, ob die Daten ausreichten, um sein Modell zu stützen, und ob man noch mehr daraus über die Struktur des Atomkerns lernen könnte.

Dies war im Sommer 1931, also noch in der Zeit vor der Entdeckung eines dritten Teilchens neben Elektron und Proton, des Neutrons, ohne das – wie man heute weiß – keine Theorie des Atomkerns gelingen konnte. Nichtsdestoweniger unternahmen Max und Gamow »einen heroischen Versuch« (I), um die Stabilitäten verschiedenster Kernzustände zu berechnen oder zumindest eine obere und untere Grenze abzuschätzen (D 4). Dabei lernte Max neben den Schwierigkeiten auch die Möglichkeiten der theoretischen Kernphysik kennen. Dies ermöglichte ihm, ein Jahr später mit einer (langersehnten) spekulativen Idee aufzuwarten, die als originell verstanden werden konnte.

Frühling in Kopenhagen

Max hat den herrlichen Frühling und Sommer des Jahres 1931, der durch Georg Gamow und seine unbändige Freude an praktischen Witzen so einmalig wurde, in einem Beitrag für ein Buch beschrieben, das dem Andenken dieses Kopenhagener Teamgefährten gewidmet ist (D 84). Die Mischung aus Fröhlichkeit und Intensität schien für Max »nicht von dieser Welt zu sein« (»out of this world«). Den eigentlichen und weitreichenden Effekt bekam der Sommer in Kopenhagen aber durch Niels Bohr, der als Wissenschaftler und Mensch beeindruckend war.

Der dänische Physiker führte sein Institut so ganz anders, als Max Born es in Göttingen getan hatte. Bohr betrieb auch die Wissenschaft in völlig unterschiedlicher Weise. Während Born alle Antworten geben konnte, wußte Bohr die entscheidenden

Kopenhagen 1934, Niels Bohr, Max Born und Max Delbrück in einer Pause der Frühjahrstagung (von links nach rechts).

Fragen zu stellen. Während sich bei Born, der ein herausragender Lehrer war, kaum ein persönliches Verhältnis entwickelte – es blieb vornehm distanziert –, trat Bohr wie ein Vater auf, der sein Institut als Platz einer Familie auffaßte, und seine Schüler liebten ihn (Weizsäcker, 1983).

Die Kopenhagener Familie der Physiker hatte einen internationalen Charakter. Als Max eintraf, gab es elf promovierte Mitarbeiter aus acht Ländern. Alle steckten voller Ideen und wetteiferten darin, langwierige Rechnungen, die jeder rasch auszuführen in der Lage war, durch elegante Argumente zu vermeiden. Bezüglich der Sprache gab es eine hilfreiche Regelung. Wer im Seminar vortrug, mußte eine andere Sprache als die seines Heimatlandes benutzen. Bohr selbst redete in einer besonderen Mischung aus Dänisch, Deutsch und Englisch. Max lernte dabei genügend von der Landessprache, so daß er zum Beispiel die Schriften von Sören Kierkegaard im Original lesen konnte, was er mit großem Vergnügen und Gewinn auch tat. Auch schrieb er später Briefe in Dänisch an Bohr, und noch 1954 gab Max ein Seminar in Kopenhagen in der Sprache Hans Christian Andersens.

Kurz vor dem Ende seines ersten Aufenthalts in Kopenhagen traf Max im Sommer 1931 Victor Weisskopf wieder, der für ein halbes Jahr zu Niels Bohr kam. Max holte seinen Freund aus Göttinger Tagen am Bahnhof ab und informierte ihn unverzüglich über die Schönheiten der Stadt und der Frauen, die in ihr wohnten. Gleich am Abend könne Weisskopf einige kennenlernen, denn Max hatte ein kleines Fest vorbereitet und dazu einige Freundinnen eingeladen. Weisskopf zögerte. Er war doch der Physik wegen hierhergekommen. Zuletzt gab er dem Drängen von Max nach und erschien auf der Party. Es war sein Glück, denn an diesem Abend lernte er seine zukünftige Frau Ellen kennen.

Max nutzte später jede Gelegenheit, um nach Kopenhagen zu fahren. Zwischen 1932 und 1937 verbrachte er in jedem Jahr einige Tage oder Wochen bei Niels Bohr. Vor allen Dingen kam er gern zu den Frühjahrstagungen, auf denen sich immer viele frühere Mitarbeiter trafen. Am Ende der 1932er Konferenz führten Max und einige Freunde eine Satire auf, die berühmt wurde.

Anlaß war der einhundertste Todestag Goethes, der überall unübersehbar gefeiert wurde. Max beschloß, den »Faust« als Parodie auf die Physik umzuschreiben. Dabei hat ihm vor allem der damals kaum zwanzigjährige Carl Friedrich von Weizsäcker geholfen, der als Student von Heisenberg in Kopenhagen mit dabei war. Im »Faust« läßt sich Gott auf eine Wette mit dem Teufel Mephistopheles ein. Es geht dabei um Faust, der bei allem Bemühen mit dem, was er weiß und kann, nicht zufrieden ist. Mephistopheles behauptet nun, er könne Abhilfe schaffen.

In der Kopenhagener Version ist mit Gott Niels Bohr gemeint, und der Teufel parodiert Wolfgang Pauli. Als Faust nahm sich Max Paul Ehrenfest ins Visier. Diese Rollen wurden von jüngeren Physikern gespielt. So trat Léon Rosenfeld als Bohr auf, der Gott war, und Felix Bloch spielte den Teufel, der so aussah wie Pauli. Max selbst trat nicht als Faust auf. Dies wäre ihm zu ernst gewesen. Er erschien zwischen den Szenen

Kopenhagen 1936, als Mitglieder der Frühjahrstagung sitzen in der ersten Reihe von links nach rechts: Niels Bohr, Paul Dirac, Werner Heisenberg, Paul Ehrenfest, Max Delbrück und Lise Meitner; hinter Bohr sitzen in der zweiten Reihe Carl Friedrich von Weizsäcker und rechts neben ihm Edward Teller.

und erläuterte – auf englisch und dänisch –, worum es eigentlich ging, im »Faust« und in der Parodie. Nur einmal mußte Max in das Geschehen eingreifen, und zwar in der klassischen Walpurgisnacht, in der sich die Hexen auf dem Blocksberg treffen. Während es in Goethes Original in dieser Szene drunter und drüber geht, passiert bei Max nichts. Faust alias Ehrenfest beschwert sich, er erwarte ein großes Schauspiel. Max erklärt ihm, daß es eine klassische Walpurgisnacht sei, und dabei gäbe es keine Wechselwirkung mit dem Zuschauer. Man käme natürlich noch zur quantentheoretischen Walpurgisnacht, aber erst müsse der klassische Fall exerziert werden. Schließlich bittet Faust, die klassische Walpurgisnacht durch Einwirkung des Publikums auf dieselbe zu entfernen. Es wird akzeptiert.

Der Auftritt des Neutrons

Im quantenmechanischen Faust versucht der Teufel, den Herrn davon zu überzeugen, daß die Physiker, nachdem sie schon die klassischen Konzepte wie Bahn und Identität eines Teilchens aufgegeben haben, nun auch noch auf dessen Masse und Ladung verzichten. So würden sich die Probleme der Physik mit Gewißheit (auf)lösen. Bohr widerspricht, dann bliebe doch nichts mehr übrig. Doch, antwortet Pauli, das Neutron. Am Ende des Theaters kommt es zur »Apotheose des wahren Neutrons«, »der ideale Experimentator« in Wagners Gestalt erscheint mit einer schwarzen Kugel:

»Neutron, es schwankt heran,
Masse, sie lastet dran,
Ladung, sie ist vertan,
Pauli, er glaubt daran!«

Das Neutron stellt sozusagen den Kompromiß zwischen dem Herrn und dem Teufel dar. Es war wenige Monate zuvor von James Chadwick entdeckt worden, und mit ihm änderten sich alle Vorstellungen über den Atomkern. Nukleare Protonen und Neutronen – Teilchen mit gleicher Masse, eins positiv, eins ungeladen – konnten der Quantenmechanik genügen. Statt mit einer neuen Revolution schienen die anstehenden Fragen mit einem neuen Modell im nun schon alten Rahmen gelöst werden zu können. Noch war aber nicht klar, wie Proton und Neutron im Kern miteinander verbunden blieben.

Max kam damals auf die Idee, die Kernteilchen mit gleicher Masse als verschiedene Zustände eines Teilchens aufzufassen, die durch ihre Ladung charakterisiert werden. Er konnte zeigen, daß diese Zustände mit höherer Ladung, wenn sie zum Beispiel in einem Alpha-Teilchen realisiert wären, die hohen Bindungskräfte, die man im Kern vermuten mußte, gut erklären konnten. Max notierte diese Spekulationen und zeigte sie Bohr und Rutherford, als er wieder einmal in Kopenhagen war. Beide empfahlen ihm, seinen Vorschlag an die renommierte Zeitschrift »Nature« zu schicken, worin er auch publiziert wurde (D 5) und so lange ziemliches Interesse erregte, bis eine neue Gruppe elementarer Teilchen entdeckt wurde: die Mesonen. Sie erlaubten eine bessere Erklärung der starken Kernkraft (Yukawa, 1935). Sie wurde bis in unsere Zeit für richtig gehalten. Doch ist heute klar, daß nur eine Theorie, die auf die Stufe der Quarks zurückgeht (Quantenchromodynamik), in der Lage sein wird, die Kernkräfte richtig zu beschreiben (Fritzsch, 1984).

Als seine Spekulation über die Kernkräfte veröffentlicht wurde, war Max wieder in Bristol, nachdem er einen Winter bei Wolfgang Pauli in Zürich verbracht hatte. Diese zweite Hälfte seines Rockefeller-Stipendiums blieb wissenschaftlich ergebnislos. Pauli behandelte Max nicht in seiner sonst eher gnadenlosen Art, es entwickelte sich eine enge Freundschaft zwischen beiden, und so war der Schweizer Aufenthalt persönlich ein Gewinn. Im Grunde motivierte Pauli Max, weiter in die Richtung zu gehen, die er bei Bohr eingeschlagen hatte. Allerdings kam der Anstoß aus einer ganz anderen Richtung, da er aber ein negatives Vorzeichen hatte, bewirkte er dasselbe, nämlich den Rückzug aus der Physik und die Hinwendung zur Biologie.

Georg Gamow hat einmal darüber berichtet, daß Pauli, während man in einer Bar in Zürich saß, Max vorwarf, zu viel mit seltsamen Ideen herumzuhantieren, daß er kaum rechnete und entsprechend wenig herausbrachte. Max bekam das sichere Gefühl, daß die Physik endgültig zu schwer für ihn würde (»too complicated«), jetzt, da sie sich immer verwickelteren Details zuwendete (von Meyènn, 1982). Max konnte mit Pauli und Weisskopf nicht mithalten, wenn es darum ging, eine Seite zu rechnen, also mit mathematischen Formeln zu füllen. Nie gelang ihm dies, ohne mehrere Fehler zu machen. Und als er im Sommer 1932 wieder in Bristol war, begann er ernsthaft, Biologie zu lernen.

Die Rückkehr nach Berlin

Mit dem zweiten Aufenthalt in Bristol bis zum Herbst 1932 gingen für Max drei Jahre im Ausland zu Ende, die seinen Horizont enorm erweitert hatten. Nun brauchte er eine Position in Deutschland, um zur Ruhe zu kommen. Neben der einmal von Pauli angedeuteten Möglichkeit, Assistent in Zürich zu werden, hatte Max ein Angebot aus Berlin bekommen, Mitarbeiter von Lise Meitner am Kaiser-Wilhelm-Institut für Chemie in Dahlem zu werden. Seine Entscheidung für Berlin erläuterte Max in einem Brief an Niels Bohr, den er im Juni 1932 aus Bristol schickte: »Ich habe Lise Meitners Angebot angenommen, ab Oktober ihr ›Familien-Theoretiker‹ in Dahlem zu werden. Und zwar hauptsächlich wegen der Nachbarschaft zum ausgezeichneten Kaiser-Wilhelm-Institut für Biologie, mit dem ich gute Kontakte unterhalte. Hier in Bristol habe ich übrigens meine biologischen Bemühungen fortgesetzt, vor allem im Reich der Botanik. Ich bin sogar soweit gegangen, an einer botanischen Exkursion teilzunehmen, die an die Südküste führte. Ein Professor aus Bristol und seine Studenten waren mit von der Partie. Dies war vor allem deshalb sehr lehrreich, weil der Professor ein leidenschaftlicher Lehrer war.«

Seit 1932 lernte Max Biologie, und er informierte Bohr über jeden Fortschritt auf diesem Gebiet. Der Brief aus Bristol deutet an, daß Max sich dabei zunächst mit Pflanzen beschäftigt hat. Vermutlich hat dies seinen tieferen Grund darin, daß die

Bedeutung des Lichts in der Biologie hier am stärksten ist. Pflanzen nehmen die Energie des Sonnenlichts auf und speichern sie mit Hilfe des Traubenzuckers, von dem sie leben. Mit ihrer Hilfe sollte man am besten verstehen können, wie Licht und Leben zusammenhängen. Die Verlockung dieses Gebiets war für Max sicher auch die Analogie zur Physik. Diese Wissenschaft war zur Quantenrevolution gezwungen worden, als sie genauer untersuchte, wie Licht und Materie sich begegnen.

Von nun an laufen mehrere Fäden durch das Leben von Max. Offiziell arbeitete er als Physiker, bezahlt wurde er als Haus-Theoretiker am Kaiser-Wilhelm-Institut für Chemie. Aber er nahm sich schon alle Zeit, die er brauchte, um Bohrs Herausforderung begegnen zu können und seinen Fuß in der Tür zur Biologie zu halten. Die kommenden fünf Jahre – 1932 bis 1937 – müssen auf zwei Wegen durchschritten werden. Davon handeln die beiden folgenden Kapitel, von denen das erste der Physik gehört.

Die Jahre in Berlin

Wieder im Hause

Max war 1929 ins Ausland gegangen, dem Jahr, in dem sein Vater gestorben war. Drei Jahre später kehrte er wieder in das Haus seiner Kindheit zurück. Seine Mutter war 68 Jahre alt und trotz erster Herzbeschwerden in erträglicher Gesundheit. Sie hatte das Haus so weit umorganisiert, daß Max im ehemaligen Arbeitszimmer seines Vaters wohnen konnte: »Ein sehr schönes, großes Zimmer, ungewöhnlich hell durch drei große Fenster, . . . [es war wie sein] Vorzimmer vom Boden bis zur Decke mit Bücherregalen bedeckt.« Hier verbrachte Max seine letzten europäischen Jahre. In dieser »Onkelzeit« wandelte er sich zum Biologen.

Der größte Teil der Bibliothek von Hans Delbrück befindet sich heute im historischen Seminar der Universität Bochum. Ein bestimmter kleiner Teil wurde nach dem Zweiten Weltkrieg von Max übernommen. Es handelt sich um die große Ausgabe sämtlicher Werke von Goethe, die ab 1902 bei Cotta erschienen war. Max hat darin immer gern gelesen und sich nach der Zerstörung seines elterlichen Hauses (1944) darum bemüht, sie nach Pasadena zu holen. Da die Umschläge ein wenig in Mitleidenschaft gezogen waren, hat Max sorgfältig alle Titel auf Aufklebern mit der Hand nachgetragen. Anschließend hat er Goethes Werken einen Platz auf der Toilette eingeräumt, und dort stehen sie heute noch.

Diese Plazierung verdeutlicht ein wenig von der unkonventionellen Art und Weise, in der Max sich verhielt. Mit der Goethe-Ausgabe war nämlich eine kleine Herausforderung oder Provokation verbunden. Wer zur Toilette ging, mußte diese Bücher sehen. Es gab oft auch Zeit genug, darin zu blättern. Max wartete dann auf die Reaktion seiner Besucher. Daneben gab es noch einen handfesten Grund für den Ort der Aufbewahrung. Bei Delbrücks (in Amerika) gab es keine Bücher im Wohnzimmer (und ein Arbeitszim-

Berlin 1933, Max während seiner »Onkelzeit« mit seiner Mutter im Elternhaus in der Kuntz-Buntschuh-Straße.

mer hatte Max nicht). Er fand, daß Bücher zum Lesen und nicht zum Aufstellen da seien. Was er gelesen hatte, verschenkte er (mit Kommentar). Nur die Goethe-Ausgabe wurde behalten, am beschriebenen Ort.

Kehren wir in das Berlin von 1932 zurück. Seine Mutter hatte sich im Erdgeschoß eingerichtet, wo sie einen eigenen Haushalt mit ihrer Köchin Ida führte. Max schätzte Ida sehr, »man könnte über sie so viele Geschichten erzählen wie es Proust über seine Françoise getan hat«. Lina Delbrück hatte angefangen, den ungeheuren brieflichen Nachlaß ihres Mannes durchzusehen und in Auszügen zu gewichtigen Bänden zusammenzustellen, von denen jedes der Kinder ein Exemplar zu Weihnachten erhielt. Sie führte diese Arbeit bis zu ihrem Tod weiter.

In seinem Beitrag zum einhundertsten Geburtstag seiner Mutter hat Max beschrieben, wie er sich 1932 wieder in Berlin einlebte: »Ich kam 1932 zurück nach Berlin, weil ich eine Assistentenstelle am Kaiser-Wilhelm-Institut für Chemie in Lise Meitners Abteilung ›Physik der Radioaktiven Substanzen‹ angenommen hatte. Das Institut war in Dahlem, von unserem Haus in einer Stunde zu Fuß, oder in 20 Minuten mit dem Autobus zu erreichen. Im letzten Jahr in Berlin hatte ich ein Auto, das ich mir an meinem 30. Geburtstag aus eigenen Rücklagen gekauft hatte. Es war ein uralter Fiat, der bei kaltem Wetter nur startete, wenn vier oder fünf starke Männer ihn anschoben. Einmal als ich Lore [seine Schwester] und Agnes von Zahn zu einem Sonntagsausflug an die Havel fuhr, hatten wir gleich zwei Reifenpannen und mußten im Taxi zurückkommen. Trotzdem war dieses Auto sehr beliebt, besonders bei den Neffen und Nichten, denn es war geräumig genug um einer enormen Anzahl von Kindern den Anmarschweg für einen Sonntagsspaziergang, zum Beispiel am Grunewald See, zu ersparen.«

Die letzten Jahre, die Max in Berlin lebte, sind äußerlich durch die Machtübernahme der Nationalsozialisten gekennzeichnet. Diese Zeit führte zu politischen Kämpfen, die viele Familien zerrissen. Im Haus der Familie Delbrück kam es zu »fürchterlichen Auseinandersetzungen« zwischen Max und einem Schwager, der seit 1927 das Obergeschoß bewohnte und lautstark für Hitler plädierte. Max verglich diese familiären Streitereien, in denen persönliche Gegensätze durch die politischen Tagesereignisse zur Entladung gebracht wurden, mit den Verhältnissen, die Goethe aus seiner Familie berichtet (»Dichtung und Wahrheit«), als sich die eine Hälfte zu Preußen und die andere zu Österreich bekannte. Wie Max dem Tagebuch des Arztes Senckenberg entnehmen konnte, war es bei einem Festmahl so weit gekommen, daß der Rat Goethe seinen Schwiegervater als bestochenen Verräter verfluchte, worauf dieser mit einem Messer geworfen habe. Max schrieb dazu 1964: »Sehr ähnlich ging es auch bei uns zu.«

Die Delbrück-Streuung

Max hat sich über die Nationalsozialisten vor allem deshalb geärgert, weil sie es immer schwieriger machten, sich auf die Wissenschaft zu konzentrieren, die seine ganze Aufmerksamkeit erforderte. Während er mehr Biologie lernen wollte und ein einfaches System suchte, das für seine Pläne geeignet war, stellte ihn die Physik vor komplizierte Aufgaben. Er wollte nicht nur die experimentellen Streudaten von Lise Meitner und ihren Mitarbeitern theoretisch interpretieren, sondern darüber hinaus versuchen, im Rahmen der Quantenmechanik fundamentale Fragen zu klären.

In seiner Berliner Zeit bis 1937 publizierte Max zwei physikalische Arbeiten, die in einem fast komplementären Verhältnis zueinander stehen. Die erste ist kaum eine Seite lang, enthält keine einzige Rechnung, machte seinen Namen aber bekannt. Die zweite ist fast fünfzig Seiten lang, steckt voller Formeln und blieb im wesentlichen unbeachtet.

Wir beschreiben zuerst die Arbeit von knapp einer Seite. Sie erschien 1933 als »Zusatz bei der Korrektur« der Druckfahnen einer Arbeit von Lise Meitner und Heinz Köster (D 6). Beide hatten die Streuung kurzwelliger Gamma-Strahlen an Eisen und Blei untersucht und dabei neben einer schon bekannten Streukomponente »einen [weiteren] Anteil Strahlung unveränderter Intensität« gefunden. Den galt es nun zu deuten.

Meitner und Köster verwendeten als Strahlenquelle ein Element (Thorium C″), das sehr energiereiche (»harte«) Strahlen produziert. Solche Strahlen treffen als Photonen zunächst einmal auf die Elektronen, die in ihren entsprechenden Orbitalen unterwegs sind. Bei diesen Zusammenstößen – dies war den Physikern bekannt – entsteht eine Komponente, deren Strahlen abgeschwächt sind (Compton-Streuung). Sie wurde auch gefunden. Was war nun mit dem zweiten Anteil, der die gleiche Intensität wie die einlaufenden Strahlen besaß? Meitner und Köster schlugen in ihrer Arbeit vor, die Gamma-Strahlen seien am Kern selbst gestreut worden (»Kernstreustrahlung«). Das heißt genauer, sie vermuteten eine Auswirkung des elektromagnetischen Feldes, das den Kern umgibt und als Coulombfeld bezeichnet wird.

Die Frage war nur, wie Licht überhaupt an einem elektromagnetischen Feld gestreut werden kann. Klassisch war das nicht zu verstehen. Max schlug daher in dem erwähnten Zusatz vor, zur Erklärung der neuen Streukomponente von einer Entdeckung auszugehen, die Paul Dirac einige Jahre zuvor gemacht hatte, als es ihm gelungen war, die Wellengleichung eines Elektrons so zu erweitern, so daß auch die Forderungen der Relativitätstheorie erfüllt wurden (Dirac, 1928; Dirac, 1930). Seine dazu aufgestellte Dirac-Gleichung sagte zwanglos die Existenz des Eigendrehimpulses (Spin) voraus, der bis dahin rätselhaft geblieben war. Dies allein war ein großer Triumph. Die Gleichung lieferte sogar noch mehr, als Dirac bestellt hatte. Sie lieferte doppelt so viele Lösungen wie erforderlich waren. Zu jedem Elektron mit positiver Energie – so sagt die Gleichung aus – gibt es ein Elektron mit negativer Energie. Dirac nahm die Mathematik ernst. Wenn es diese Teilchen in der Theorie gibt, so argumentierte er, dann gibt es sie auch in der Quantenwirklichkeit. Klassisch gedacht machte das alles keinen Sinn, aber die Quantentheorie kannte unstetige Übergänge, und so mußten die Physiker mit den negativen Elektronen rechnen. Heute ist durch viele experimentelle Beweise klargestellt, daß Dirac recht damit hatte, aus der Mathematik heraus die Wirklichkeit zu erschließen.

1931 hat der von Max bewunderte Dirac einen Schluß dieser Art noch einmal gezogen. Ihm war folgender Zusammenhang aufgefallen: Wenn es im Universum ein einziges isoliertes magnetisches Monopol gibt – Magneten liegen gewöhnlich nur als untrennbare Einheiten von Nord- und Südpol vor –, dann kann man damit erklären, daß elektrische Ladungen nur als ganzzahlige Vielfache einer Elementarladung auftreten (was bekanntlich der Fall ist). Seine entsprechende Arbeit (Dirac, 1931) beendete er mit einem Satz, der Max sein Leben lang begleitete und dessen Logik er sanft, aber sicher in die Biologie einschleuste. Dirac schrieb: »Unter diesen Umständen wären wir überrascht, wenn die Natur nicht von dieser Möglichkeit Gebrauch gemacht hätte.« Immer wenn Max davon erzählte, erwähnte er, daß in dem Manuskript, das Dirac vor der Publikation an Bohr geschickt hatte, das Wörtchen »no« vergessen worden war, woraufhin Bohr die Bescheidenheit Diracs lobte und einer Veröffentlichung zustimmte.

Max nahm 1933 die Elektronen mit negativer Energie (Antimaterie) ernst und schlug vor, den von Meitner und Köster zusätzlich beschriebenen Anteil als Streuung der Gamma-Strahlen an diesen Teilchen aus der Quantenunterwelt zu deuten. Das Besondere bestand darin, daß dieser Vorschlag sofort klarmachte, warum in diesem Fall die gestreute und die einfallende Strahlung von gleicher Intensität waren. Freie Elektronen können nach den Gesetzen der Impuls- und Energieerhaltung bei Zusammenstößen in andere Zustände übergehen. Die Dirac-Elektronen können dies nicht, denn – so die anerkannte Hypothese – alle Zustände negativer Energie sind bereits besetzt. In Diracs Theorie war das Vakuum um den Atomkern herum ein See aus Elektronen mit negativer Energie, die nur dann sichtbar würden, wenn sie durch Gamma-Quanten hinreichend großer Energie in den Bereich positiver Energie gehoben würden. Solch ein Elektron könnte nun zusammen mit dem im See verbliebenen Loch gesehen werden.

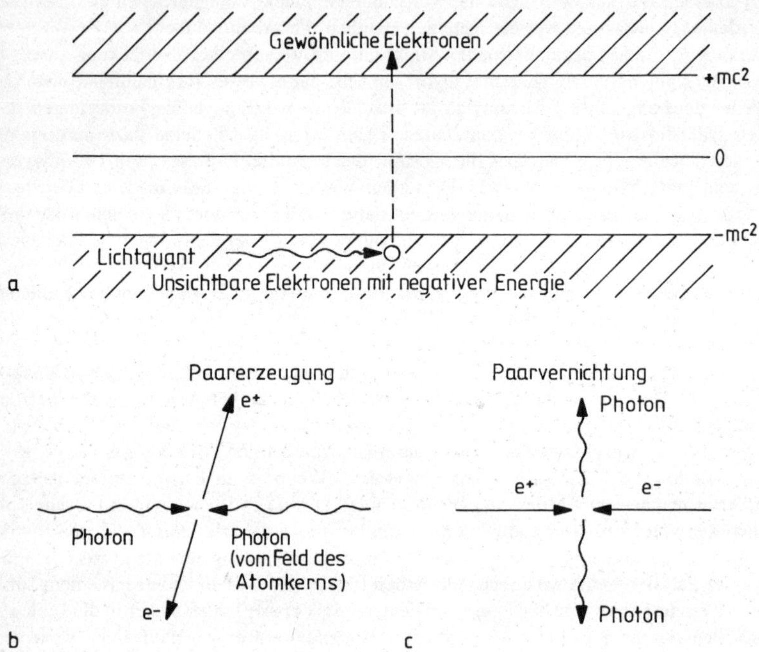

1928 leitete Paul Dirac eine Gleichung für ein freies Elektron ab, die den Bedingungen der Quanten- *und* der Relativitätstheorie genügte. Diese Gleichung sagte neben den (bekannten) Zuständen mit positiver Energie auch solche mit negativer Energie voraus, die Dirac als Antimaterie interpretierte. Beide Bereiche sind durch einen Graben der Größe $2 \cdot mc^2$ getrennt (m ist die Masse des Elektrons und c die Geschwindigkeit des Lichtes). Die negativen Elektronen (e^-) bilden – so schlug Dirac vor – einen unendlichen See, in dem alle Plätze besetzt sind, und den man nicht sehen kann (a). Trifft nun ein Lichtquant (Photon) mit einer Energie ein, die ausreicht, die Lücke in die positive Welt zu überspringen, dann beobachtet man die Erschaffung eines Teilchens (Materie) und gleichzeitig die Entstehung eines Loches im Dirac-See, das sich wie ein Positron (e^+) benimmt (Antimaterie). Ein Photon mit hinreichend großer Energie kann ein solches Paar erzeugen. Zu diesem Vorgang der Paarerzeugung gehören zwei Photonen (b), wie man der Tatsache entnehmen kann, daß beim umgekehrten Vorgang (Paarvernichtung) zwei Lichtquanten freigesetzt werden (c). Bei der Paarerzeugung stammt das erste Photon aus dem einfallenden Röntgenstrahl und das zweite aus der Nachbarschaft des Kerns, dessen Coulombfeld in Form von besonderen (virtuellen) Photonen beschrieben werden kann. Das einlaufende Photon tritt mit dem Photon des Kernfeldes in Wechselwirkung und verschwindet, während ein Paar entsteht. Dieser Vorgang schafft die Voraussetzung für die Delbrück-Streuung, also der Streuung von Licht an einem Kernfeld.

Dieser Vorgang ist heute als Paarerzeugung bekannt und nachgewiesen. Er funktioniert nur mit Hilfe des Kerns, genauer seines Coulombfeldes. Zwar reicht die Energie des einfallenden Lichtquants zur Erzeugung eines Paares aus, aber sein Impuls nicht, und für beide gilt ein Erhaltungssatz. Um den Beitrag des Kerns zu verstehen, stellen sich die Physiker vor, daß auch das Coulombfeld um den Kern aus Photonen besteht. Hiermit geht schließlich die Delbrück-Streuung über die subatomare Bühne. Die einfallenden Strahlen treffen auf die Bestandteile des Kernfeldes und produzieren dabei ein Elektronenpaar. Dieses verschwindet nach kurzer Zeit wieder, übrig bleiben Photonen, die mit der ursprünglichen Frequenz in anderer Richtung weiterfliegen. Das Licht ist kohärent gestreut worden.

Als Max seine Deutung vorschlug, dachte er nicht an Tricks dieser Art, und mathematisch handhaben konnte er den Effekt auch nicht. Dies wurde etwa fünfzehn Jahre später möglich (Rohrlich und Gluckstern, 1952). Daraufhin erhielt die Ablenkung von Licht durch ein starkes Coulombfeld auch die Bezeichnung Delbrück-Streuung. Die zwei Physiker, die den Namen einführten, waren damals Mitarbeiter von Hans Bethe an der Cornell Universität in Ithaca (New York). Bethe hatte in den dreißiger Jahren in Berlin gelebt und Max ein wenig dabei geholfen, seinen Effekt wenigstens richtig abzuschätzen.

Leben unter den Nationalsozialisten

Wenige Monate nachdem Max nach Berlin zurückgekehrt war, kam es in Deutschland zu wichtigen politischen Änderungen. Die Weimarer Republik scheiterte, und die Nationalsozialisten kamen an die Macht. Sie hatten die letzten noch freien Wahlen 1932 gewonnen. Hindenburg beauftragte daraufhin Adolf Hitler mit der Bildung einer Regierung. Damit entsprach der Reichspräsident der allgemeinen Stimmung. Selbst der große Max Planck, der inzwischen Präsident der Kaiser-Wilhelm-Gesellschaft geworden war, gratulierte Hitler herzlich und sagte volle Unterstützung der »Arbeiter der Stirn« zu.

Als Hitler 1933 Reichskanzler wurde, reagierte die ausländische Presse nur mit mildem Interesse. Niemand erwartete bedeutsame Änderungen. Doch die Nationalsozialisten handelten rasch und entschlossen. Sie beschwatzten Hindenburg, daß Deutschland eine kommunistische Revolution drohe und daher Notverordnungen erforderlich seien, um diese abzuwenden. Man müsse, um wirksam vorgehen zu können, die bürgerlichen Grundrechte im Notfall einschränken können. Als Hindenburg zustimmte, gab er den regierenden Nationalsozialisten die Möglichkeit, jede ihnen verdächtig erscheinende Person ohne Verhandlung zu inhaftieren. So begann sich recht bald der Schrecken auszubreiten, der mit den Konzentrationslagern endete. Die Nationalsozialisten nutzten die Notverordnungen im Wahlkampf im März 1933 kräftig aus. Sie trugen einen klaren Sieg davon, der sie in die Lage versetzte, das Ermächtigungsgesetz durchzubringen, mit dem das Parlament sich in die Ferien schickte. Hitler war nun der Diktator Deutschlands. Im April schon begann die legislative Einkreisung der jüdischen Bürger. Das »Gesetz zur Wiederherstellung des Berufsbeamtentums« enthielt einen Paragraphen, der die Entlassung von Beamten vorsah, die nicht von arischer Abstammung waren.

Damit begann die Vertreibung oder zumindest Ausschaltung jüdischer Wissenschaftler aus dem offiziellen akademischen Betrieb. Max kam das alles wie ein überflüssiger Spuk vor. Er war in dieser Situation ungefährdet, aber seine Chefin, Lise Meitner, blickte plötzlich in eine düstere Zukunft. Sie war zur einen Hälfte jüdischer Abstammung. Noch schützte sie ihre österreichische Staatsbürgerschaft, außerdem war das Kaiser-Wilhelm-Institut nominell eine private Einrichtung, und Max Planck tat alles, was in seiner Macht stand, jüdischen Kollegen zu helfen. Als Hitler 1938 aber den Anschluß Österreichs vollzog, mußte Lise Meitner nach Stockholm fliehen.

Als der Geist Nationalsozialisten in die Institute einzog, kam Max auf den Gedanken, privat die Kontakte fortzusetzen, die offiziell nicht mehr möglich waren. In seinem Haus gab es genug Platz für einen Diskussionskreis. Max berichtete darüber 1964: »Unter diesen Umständen schlossen sich einige von uns zu einem kleinen Privatseminar zusammen. . . . Anfänglich war dieses Seminar rein auf die theoretische Physik abgestellt, und es gehörten ihm an: *Fritz Reiche*, ein in Breslau hinausgeworfener Professor der theoretischen Physik; *Ernst Lamla;* ein höherer Beamter im Schuldienst, der aus politischem Protest seinen Dienst quittiert hatte. Er wurde nach dem Kriege Gymnasialdirektor in Göttingen, und ist jetzt [1964] noch Herausgeber der ›Naturwissenschaften‹; *Werner Bloch*, ebenfalls ein Schuldirektor und politisch sehr tätiger Sozialdemokrat. Er hatte bei Einstein Vorlesungen gehört (einer der sehr wenigen!) und hatte Diracs Buch über Quantenmechanik ins Deutsche übersetzt; [. . .] *Herbert Jehle*, von dem wir alle damals viel über die Grundlagen der Wahrscheinlichkeitsrechnung lernten. Ein ganz unglaublich selbstaufopfernder Mensch, besonders damals und in den folgenden Jahren der Emigration; *Gert Molière*, ein zeitlebens von schwerer Arthritis verkrüppelter und gequälter Mann, dabei von sehr heiterem und gleichmäßigem Temperament. Mit ihm schrieb ich eine gemeinsame Arbeit über ›Statistische Quantenmechanik und Thermodynamik‹, die aus diesem Seminar hervorwuchs. . . . Ich habe sie nie wieder gesehen, bis zum vorigen Jahr [1963], wo Wigner sie lobend ausgrub und Bernd Mühlschlegel mir eine Kopie zeigte. Molière habe ich 1962 in Tübingen wiedergesehen. Er starb im Juli 1964; *Werner Kofink*, damals, wie Molière, Doktorand von [Max von] Laue, nach dem Krieg ein Jahr post-doctoral Fellow hier [am Caltech] bei [Richard] Feynman, und damals oft bei uns im Hause [in Pasadena]. Sehr bald hatte unsere Gruppe ihre Möglichkeiten zu fruchtbarer gegenseitiger Belehrung in theoretischer Physik erschöpft und ich schlug vor, unseren Kreis durch Hinzuziehung von Biologen neu zu beleben.«

Während sich Max innerlich zur Biologie entwickelte, wurde das äußere Leben im Deutschland der Nationalsozialisten immer unerträglicher. Wie die Atmosphäre aufgeheizt wurde, verdeutlicht die Behandlung von Fritz Haber, dem berühmten Direktor des Kaiser-Wilhelm-Instituts für Physikalische Chemie, das dem Institut, in dem Max arbeitete, gegenüber lag. Haber hatte das Haber-Bosch-Verfahren zur Herstellung von Ammoniak ersonnen, das in der Zeit des Ersten Weltkriegs auch große wirtschaftliche und politische Bedeutung erlangte. Als deutscher Patriot hatte Haber 1915 zur chemischen Kriegführung geraten und sie auch ermöglicht. Er war Jude und beschäftigte viele jüdische Mitarbeiter, die sich nun starke Sorgen um ihre Zukunft machten, wie Max von Karl Friedrich Bonhoeffer erfuhr, der auch bei Haber arbeitete.

Die Nationalsozialisten rührten Haber zunächst nicht an, aber allmählich erschienen Angriffe gegen ihn in den Zeitungen. Sie nahmen an Heftigkeit zu, bis der bedeutende Chemiker außer Landes ging. 1934 starb er als gebrochener Mann. Niemand in Berlin wagte damals, seiner öffentlich zu gedenken und eine entsprechende Veranstaltung zu organisieren. Aber ein Jahr später beschloß man in der Kaiser-Wilhelm-Gesellschaft, dies nachzuholen und sich aus Anlaß des ersten Todestages in Dahlem zu treffen. Hierüber entbrannte nun ein heftiger Streit. Die Regierung wollte diese Gedenkveranstaltung unter allen Umständen verhindern und verbot jedem Beamten die Teilnahme. Als Hauptredner war Karl Friedrich Bonhoeffer vorgesehen, der inzwischen Professor in Leipzig geworden war. Er war bereits in Berlin, als er die strikte Anweisung seines Dienstherrn erhielt, dem Festakt fernzubleiben. Was war zu tun? Nach eingehender Beratung bot sich Otto Hahn an, Bonhoeffers Rede zu verlesen. Hahn leitete zusammen mit Lise Meitner das Institut, an dem Max arbeitete.

Bonhoeffer brauchte nun zwar nicht zu reden, doch sollte er auch ganz wegbleiben? Max und er schlichen um das Gebäude herum und diskutierten diese Frage, ohne zu einem befriedigenden Entschluß zu kommen. Zuletzt blieb Bonhoeffer draußen, und Max ging allein hinein. Er saß in der letzten Reihe und sah, wie Max Planck persönlich Otto Hahn ans Rednerpult führte und ihn bat, die Rede zu verlesen.

So demontierten die Nationalsozialisten systematisch die alten Strukturen und erzwangen neue Loyalitäten. Sie setzten jede Form des Terrors ein, um zu ihren Zielen zu gelangen. Max ertrug dies nur durch sein reichhaltiges inneres Leben, das ihn in den dreißiger Jahren nicht zur Ruhe kommen ließ. Auf die Mitglieder des Delbrück-Klans machte er einen seltsamen Eindruck, und bei einer Familienfeier 1934 sprach man – wenn man Max meinte – von einer Kerze, die an zwei Enden brennt.

Statistische Physik

In diesen frühen dreißiger Jahren half Max Lise Meitner, ein Buch über natürliche und künstliche Kernumwandlungen zu schreiben. »Der Aufbau der Atomkerne« erschien 1935 bei Julius Springer in Berlin. Max hat sich nie so recht mit diesem Buch identifizieren können. Bücher zu schreiben war nicht seine Sache.

Gedanklich nahm ihn damals die Problematik der Verbindung von Quantenmechanik und statistischer Thermodynamik mehr in Anspruch. Max wollte mit der neuen Theorie alte Probleme lösen. Dies schien schon allein deswegen aussichtsreich, weil diese beiden Zweige der Physik auf ein und denselben Begriff hinauslaufen, den der Wahrscheinlichkeit. Der abstrakte Formalismus der Quantenmechanik erlaubt nur statistische Voraussagen, und die Thermodynamik betrachtet Systeme in so vielen Einzelteilen, daß es allein deshalb sinnvoll ist, nur über Wahrscheinlichkeiten zu reden.

Max versuchte 1934 mit Gert Molière herauszubekommen, ob die Paradoxien, mit denen sich die klassische statistische Physik abplagen mußte, durch die Quantentheorie und ihre Unbestimmtheitsrelationen gemildert würden. Es geht dabei um das bekannte Phänomen, daß die meisten physikalischen Vorgänge nur in einer Richtung ablaufen können. Sie sind – wie man sagt – irreversibel. Wer Tinte in einen Becher tropfen läßt, kann zwar deren Ausbreitung verfolgen, er wird aber nicht erleben, daß die Tinte wieder zu einem Tropfen zusammenfließt. Dies ist den Gesetzen, denen einzelne Partikel unterliegen, nicht anzusehen. Die Bewegungsgleichungen individueller Teilchen – zum Beispiel der Tintenmoleküle – enthalten nicht den Pfeil der Zeit, dem alle zusammen so offensichtlich unterworfen sind.

Um diese Gerichtetheit physikalischer Vorgänge beschreibbar zu machen, hatte im 19. Jahrhundert Rudolf Clausius den Begriff der Entropie eingeführt. Diese Größe ist mit der Unordnung verwandt, die ein System kennzeichnet. Das Problem der statistischen Mechanik bestand nun darin, die Zunahme der Unordnung (Entropie) zu erklären, wie sie sich zum Beispiel in dem zerfließenden Tintentropfen zeigt. Offenbar bekommt die physikalische Zeit in dem Moment eine Richtung, in dem ein untersuchtes System mit dem Begriff der Wahrscheinlichkeit erfaßt werden muß. Waren die Gleichungen auf der Ebene einzelner Teilchen noch symmetrisch bezüglich der Zeitrichtung – alles konnte vorwärts wie rückwärts ablaufen –, so verschwand diese schöne Eigenschaft, wenn man ganze Ensembles von Partikeln beschreiben wollte und das einzelne Teilchen zwangsläufig aus den Augen verlor.

Max wollte 1934 mit Molière prüfen, ob dieses klassisch hoffnungslose Paradoxon in einer quantentheoretischen Formulierung freundlicher aussah. Sie hofften, daß sich dieses Problem ganz anders darbieten würde, wenn man den Vorgang der Beobachtung mitberücksichtigt, der in der Quantenmechanik so wichtig geworden war. Ihr Argument war, daß ein Meßvorgang die Symmetrie der Zeit bricht. Hierbei beeinflußt man nur die Zukunft, nicht aber die Vergangenheit des Systems. Vom Moment der Beobachtung an hat die Zeit eine Richtung, und ihr Pfeil fliegt nur nach vorn. So überzeugend sich dieses Argument an der Oberfläche auch anhört, in der Tiefe des Problems bleibt es zuletzt stecken, und die Schwierigkeiten der statistischen Physik bestehen weiter.

Kein Wunder also, daß Max sich seine Faszination für Fragen in diesem Bereich ähnlich bewahrte wie in der Astronomie. Noch in den späten siebziger Jahren dachte er darüber nach, wie »Der Pfeil der Zeit« zu verstehen sei (D 103). Max hielt damals am Caltech eine Rede mit diesem Titel zum Ende des Studienjahres 1978. Hierin betonte er, welche Bedeutung die eingeschlagene Richtung in der Biologie habe, einer Wissenschaft, in der nichts einen Sinn ergäbe, wenn man nicht immer Geburt und Tod mit ins Auge fasse.

Zu Beginn der achtziger Jahre gelang Max noch die elegante Lösung eines Rätsels der Wissenschaftsgeschichte (D 109), bei dem es um Quanten und Statistik ging. Eine der seltsamen Wahrheiten aus der Quantenwelt ist die Tatsache, daß eine Sorte ihrer Bewohner individuell auftritt, das heißt, nicht zwei von ihnen können gleich sein. Die Physiker nennen sie Fermionen – nach dem Italiener Enrico Fermi –, und ihre Einzigartigkeit verdanken sie dem Pauli-Prinzip. Es schließt gleiche Zustände zum Beispiel von Elektronen aus und erklärt so – gemeinsam mit der Theorie von Heitler und London – die chemische Bindung. Diesen Individualisten stehen die Teilchen gegenüber, die alle gleich sein können. Sie heißen Bosonen nach dem indischen Physiker S. N. Bose. Die Quanten des Lichts, die Photonen, gehören in diese Gruppe.

Nur wer diese Quanteneigenschaften kennt, kann die möglichen Zustände richtig abzählen, die die Teilchen eines betrachteten Systems annehmen können. In der klassischen Physik treten die erwähnten Besonderheiten nicht auf. Das von Max gelöste Rätsel besteht nun in der eigenartigen Tatsache, daß Bose seine Quantenstatistik schon ein Jahr *vor* Erfindung der Quantenmechanik einführte. Wie konnte dies geschehen?

Bose wollte aus elementaren Überlegungen die Formel ableiten, mit der Planck das Quantum der Wirkung in die Physik eingeschleust hatte, und die die Strahlung eines erhitzten (schwarzen) Körpers beschreibt. Dies gelang Bose auch, weil er es sich einfach machte. Er tat so, als ob die Teilchen seiner Strahlung nicht unterscheidbar seien. Dies ist aber vom Standpunkt der klassischen Physik aus gesehen ein Fehler. Deren Objekte sind genau auseinanderzuhalten, und jede mögliche Vertauschung muß mitgezählt werden. Diesen »elementaren Fehler, den Bose in der Statistik machte«, »übernahm Einstein . . ., ohne sich darüber große Gedanken zu machen. Dann aber bemerkte er ihn, und gleichzeitig fiel ihm auf, daß hinter allem eine tiefe Bedeutung stecken mußte, denn der Fehler führte zu einer richtigen Antwort« (D 108).

Bose hatte eine alte Formel gesucht und dabei (ohne es zu wollen) einen neuen Weg in der Physik gefunden, nämlich die Tatsache, daß man im atomaren Bereich die Kategorie der Identität aufgeben muß. Dies war es vor allem, was Max 1980 beschäftigte, als er zu den Anfängen der Quantenphysik zurückkehrte. Ein Thema für Psychologen und Philosophen, das – wie er meinte – unbearbeitet vor ihnen liegt.

Biophysikalische Anfänge

Die private wissenschaftliche Diskussionsrunde, die Max in seinem Haus organisierte und bald um Biologen erweiterte, lenkte einen Teil ihrer Aufmerksamkeit auf Fragen, in denen sich beide Fächer unmittelbar helfen konnten, zum Beispiel bei der Wirkung des Lichts auf das Leben. Man besprach den Mechanismus der Photosynthese in Pflanzen und versuchte ganz allgemein zu verstehen, was Licht zum Leben beitragen kann (Photophysiologie). Die Fachleute für diese Fragen waren in der Delbrück-Runde Hans Gaffron und Kurt Wohl.

Beide publizierten gemeinsam eine Anzahl Arbeiten über die Kinetik der Photosynthese, also über den zeitlichen Verlauf einiger Größen (Parameter), die die Umwandlung von Kohlendioxyd und Wasser in Zucker charakterisieren, die einer Pflanze mit Hilfe des Sonnenlichts gelingt (Assimilation). Diese Arbeiten wurden nicht unwesentlich durch Diskussionen in der Delbrück-Runde beeinflußt. Hier entfaltete Max schon sehr früh sein Talent, das ihn berühmt machte. Er konnte sich scheinbar problemlos in wissenschaftliche Fragen vertiefen und sofort Richtungen erkennen, in die man weitergehen müßte. Seine Konzentrationsfähigkeit auf interessante Themen aus der Physik oder der Biologie wurde nur von seiner Hartnäckigkeit übertroffen, mit der Max Leute drängte, weitere Experimente zu unternehmen.

Was er damals mit Gaffron und Wohl diskutierte, kann man schon als »Molekularbiologie« der Photosynthese interpretieren. Es ging dabei um folgenden Punkt: Nachdem eine Pflanze das Sonnenlicht mit ihrem Blattgrün aufgenommen hat, das als Molekül Chlorophyll heißt, setzt sie einen chemischen Apparat in Bewegung, der den Zucker aufbaut. Das Licht liefert also die Energie für die molekularen Vorgänge. Dabei müssen *mehrere* Quanten eingesetzt werden, um *ein* Molekül Kohlendioxyd umzuformen (zu reduzieren). Vier Photonen – so konnte man damals abschätzen – waren hierfür erforderlich.

Als Gaffron und Wohl dann bei ihren Experimenten feststellten, daß aber acht bis zehn Lichtquanten zu diesem Zweck aufgewendet werden (Gaffron und Wohl, 1936), deuteten sie diesen Befund als Hinweis darauf, daß die Pflanze in der Lage sein müsse, das empfangene Licht erst einmal zu sammeln. Aufgrund weiterer Versuche kamen sie schließlich sogar zu dem Schluß, daß die Empfänger des Lichts zusammenarbeiten. Viele Chlorophyllmoleküle sind danach in einer Einheit, einer Art Antenne zusammengefaßt. Alle Quanten, die diese Anordnung eingefangen hat, werden in deren Mitte gelenkt, in der ein Reaktionszentrum die Kohlendioxydmoleküle in Schwung bringt und die Synthese des Zuckers einleitet. Solche photosynthetischen Einheiten und Reaktionszentren sind heute nachgewiesen und Gegenstand aktiver Forschung (Clayton, 1973).

In ihrer Arbeit weisen Gaffron und Wohl 1936 darauf hin, daß sie schon früher mit der Idee gespielt hätten, daß Antennen aus Chlorophyll die erforderlichen Quanten sammeln, »aber erst aus Diskussionen in einem von M. Delbrück veranlaßten Kolloquium ergab sich, daß man genötigt ist, diese Vorstellung einer Theorie der Assimilation zugrunde zu legen«. So hat Max sein Leben lang Einfluß genommen.

Berliner Bindungen

Als Max mit Gaffron und Wohl über die Mechanismen der Photosynthese diskutierte, machte er mit ihrer Hilfe eine seiner wichtigsten Bekanntschaften. Er lernte die Berliner Malerin Jeanne Mammen (1890–1976) kennen. Es wurde eine lebenslange Verbindung, über deren Anfang Max in einem Buch berichtet hat, das 1978 von der Berliner Jeanne-Mammen-Gesellschaft herausgegeben wurde. Hier ist sein Bericht:

»Meine Freundschaft mit Jeanne Mammen begann in den dreißiger Jahren, zwei Jahre vor meiner Auswanderung. Jeanne war Mitte vierzig, hatte ihre intensive künstlerische Schaffensphase der zwanziger Jahre hinter sich und begann das bittere Leben der inneren Emigration. Ich war Ende zwanzig, war noch gar nichts und stand vor der Emigration in die USA. Die Bekanntschaft kam im Hause von Kurt und Grete Wohl am Schlachtensee zustande. Genauer: Das Haus, eine schöne Villa mit Garten, gehörte Hans Gaffron. Er und Klara wohnten unten, die obere Etage hatten sie an Wohls vermietet. Gaffron und Wohl waren Naturwissenschaftler, und als ebensolcher war ich mit beiden kollegial befreundet. Kurt Wohl und besonders seine Frau Klara waren Pianisten von bedeutender Könnerschaft. Sie hatten zwei Konzertflügel in ihrem Wohnzimmer und besaßen fast die gesamte klassische Konzertliteratur in Arrangements für zwei Klaviere. Bei Wohls gab es musikalische Abende, etwa einmal im Monat. Meist waren es aber nicht die Wohls, sondern ein sehr gutes Streichquartett von Freunden, das spielte, und ein halbes

Dutzend anderer Freunde, die zuhörten, darunter eben auch Jeanne und später ich. Ich weiß nicht, wie Jeanne in diesen Kreis kam. [. . .] Sie war unscheinbar: klein, unschön, unauffällig, sagte kaum ein Wort. Gelegentlich fuhren einige von uns mit ihr zusammen in der Stadtbahn nach Hause, redeten belangloses Zeug. Ich hatte gehört, daß Jeanne malte, auch Bilder von ihr bei Wohls gesehen, aber ein Verhältnis zur Malerei, insbesondere zur zeitgenössischen, hatte ich absolut nicht. Ein leibhaftiger malender Künstler war bis dahin mir noch nicht über den Weg gelaufen. Sofern ich Bilder in Ausstellungen gesehen hatte, wunderte ich mich, worin der Sinn zu finden sei, die Wirklichkeit so zu verzerren.

Einmal in der Stadtbahn zeigte Jeanne ein Bild, in dem der dargestellte Mensch statt Augen zwei schwarze Flecke hatte. Ich fragte Jeanne, warum sie die Natur so verkürze, verzerre, verfälsche. Sie guckte kurz auf, zeigte auf die Person auf der Bank gegenüber! Schaun Sie doch hin, die Augen sind schwarze Flecke! Und sie waren es, überraschender und überzeugender Weise. Meistens war die Unterhaltung weniger intellektuell: eine beliebte Beschäftigung war, die Enten im Tiergarten nachts zu füttern, mit Resten der schönen belegten Brote, die Wohls serviert hatten. Das freudige und vertrauliche Quaken der Enten war sehr beruhigend.

Einige Male bin ich dann in ihrer ›Bude‹ gewesen. Die Bude, eine Zwei-Zimmerchen-Atelier-Wohnung, lag im vierten Stock des Hinterhauses (euphemistisch Gartenhaus) der Mietskaserne Kurfürstendamm 29. Um diese Bude zu finden, auf der Nordseite des Ku-damms, in der eleganten Ladenstrecke zwischen Uhland und Joachimstaler, mußte man sich zwischen Schaufenstern durchschleusen, über den Hof, und steile Treppen hinauf. Ganz oben dann, auf ein Klopfsignal, kam man hinein.«

Man kommt auch heute noch hinein. Aber nicht mehr, indem man klopft. Heute klingelt man. Die Tür öffnet sich zu dem im wesentlichen unveränderten Atelier Jeanne Mammens, wenn man sich zuvor telefonisch bei der Gesellschaft, die ihren Namen trägt, angemeldet hat. »Schaut euch die Bilder an, Berliner, und lernt einen herrlichen Schatz kennen!« schrieb Max im November 1970, als der Neue Berliner Kunstverein zu Jeanne Mammens achtzigstem Geburtstag eine umfangreiche Ausstellung veranstaltete. Heute sieht man diesen Schatz am besten in ihrem Atelier. Man findet da auch eine Sammlung von etwa zweihundert Dias, in denen das greifbare Œuvre Jeanne Mammens fixiert wurde. Max hatte dies angeregt und durchführen lassen. Für ihn gab es »keine elegantere Weise, einen großen Künstler im ganzen zu sehen, und sieht man ihn nicht im ganzen, so sieht man ihn schwerlich im einzelnen«.

Der letzte Besuch, den Max 1937 noch in Berlin machte (bevor er »Ami von Hitlers Gnaden« wurde), galt Jeanne Mammen. Er durfte sich einige Bilder mitnehmen, Ölbilder und Aquarelle, die er in einer großen Mappe unter seinen Arm klemmte und bis nach Kalifornien mitschleppte. Man ermutigte ihn, sie am Caltech auszustellen, was 1938 geschah. So kommt es, daß Jeanne Mammen heute vielleicht in Südkalifornien und Florida bekannter ist als in Berlin.

Die Verbindung zwischen Max und Jeanne wurde in einem Briefwechsel fortgesetzt, der durch die Kriegsjahre eine Lücke bis 1946 hat. Dann meldete sie im Sommer, daß die Bude alles überlebt habe. Nun sei sie aber neugierig zu erfahren, ob Max schon das

»Rätsel des Lebens« gelöst habe. Die »Terrorjahre« hätten ihrer Erinnerung nichts anhaben können, sie habe »alles recht gut behalten, was uns so passiert ist, natürlich auch den Duineser-Elegien-Abend . . .«.

Gefährliche Sympathien

Später hat Max versucht, Jeanne Mammen für einige Zeit in die USA zu holen, mußte dies aber wegen ihrer kommunistischen Sympathien in den dreißiger Jahren als hoffnungslos aufgeben. Seine eigenen politischen Ansichten, sofern man bei Max davon sprechen kann, verschwinden immer hinter den beteiligten Menschen. Max interessierte sich nur für die humane Dimension der Politik. Dies wird auch deutlich an einer anderen Freundschaft, über die Max 1964 berichtete. Sie fällt in die Zeit, als er Jeanne Mammen kennenlernte: »Eine gesellige Tätigkeit ganz anderer Art aus diesen Jahren kam durch meine nahe Freundschaft mit Arvid Harnack zustande. Arvid Harnack war ein Nationalökonom, ein hoher Beamter im Wirtschaftsministerium, und insbesondere auch während der Nazi-Zeit, und ein überzeugter aber geheimer Marxist. Seinen nächsten Freunden war das natürlich bekannt, obwohl er seine illegalen Tätigkeiten mit äußerster Vorsicht geheim hielt. Er veranstaltete auch eine Art Seminar, oder freie Zusammenkünfte, wo jemand über irgend einen historischen, sozialen oder geopolitischen Gegenstand referierte, und wo dann diskutiert wurde. Der übliche marxistische Kindergarten auf hohem Niveau. Diese Gruppe tagte . . . auch gelegentlich bei uns, an Sommerabenden sogar auf der Veranda. Allerdings guckte Arvid dann sorgfältig herum, ob nicht unerwünschte Horcher im Garten versteckt waren. Sechs Jahre nach meiner Emigration [1943] erhielt ich die erste Nachricht von oder über Arvid, in einer kleinen Zeitungsnotiz im Nashville Banner, im März 1943, die ich nachmittags, nach der Heimkehr von der Arbeit, auf dem Bette liegend las: ›Die Entdeckung eines wohlorganisierten prosowjetischen Spionagerings in . . . der Wilhelmstraße [wo die Ministerien lagen] durch die Gestapo wurde gerade unserem Korrespondenten mitgeteilt. . . . Zwei Hinrichtungen deutscher Diplomaten hat es neben mehreren Festnahmen schon gegeben. [. . .] Bei den beiden Exekutierten handelt es sich um den Botschaftssekretär Schelia [er war ein Freund von Max Delbrücks Bruder Justus], . . . und um Harnack, ein Beamter der Wilhelmstraße.‹

Die außerordentliche Geschichte, von der diese Zeitungsnotiz eine Andeutung gibt, ist, da sie zur kommunistischen Widerstandsbewegung gehört, auch jetzt im Westen noch sehr unvollständig bekannt.«

Es muß hier genügen, das Stichwort »Rote Kapelle« anzugeben, deren Chef Arvid Harnack war. Der zitierte Bericht von Max macht deutlich, wie verschlossen er in persönlichen Dingen war. Zwar redete er viel, aber nur über wissenschaftliche Fragen und nicht über Freunde und Familie. Hierüber sprach er wenig und wenn, dann nur, um etwas mitzuteilen.

Im Lager der Dozenten

Während Max sich für Malerei interessierte, Musik hörte, über Biophysik diskutierte, arbeitete er weiter bei Lise Meitner und bemühte sich um Details der theoretischen Physik. Er versuchte, das hier Erreichte in einer Habilitationsschrift zusammenzustellen. Er kümmerte sich immer noch um seine Streuung am Kernfeld und schrieb eine Arbeit über seine »Beiträge zu Diracs Theorie des positiven Elektrons«. Dieses Opus schickte er im Sommer 1934 an den entsprechenden Dekan der Friedrich-Wilhelm-Universität und beantragte seine Habilitation. Max rechnete fest damit, bald Privatdozent zu werden.

Sein Antrag wurde postwendend und ohne Erklärung abgelehnt. Diese konnte Max sich selbst denken. Die Nationalsozialisten hatten damals das Verfahren zur Habilitation um eine politische Komponente erweitert. Wer sich um eine Professur bewerben wollte, mußte nicht nur seine wissenschaftliche Qualifikation nachweisen, er brauchte auch ein politisches Leumundszeugnis. Dieses wurde den prospektiven Dozenten in einem Lager ausgestellt (oder nicht), zu dem man sie herzlich einlud. Diese Taktik der Nationalsozialisten, mit Terror und Hinterlist im Privatleben herumzuschnüffeln, und die große Bereitschaft vieler Deutscher, dabei mitzuhelfen, führten bald dazu, daß Max etwa ab 1936 auch innerlich bereit war, sein Land zu verlassen.

Zwei Jahre vorher war er noch guter Dinge, und optimistisch zog er in eine Dozentenakademie in der Nähe von Kiel ein, die ihn politisch unterweisen sollte. Hier trafen sich etwa dreißig Kollegen von der Universität, die in »freien« Diskussionen ihren Standort erkennen lassen sollten. Dazu gab es Vorträge über die Vorzüge der neuen Politik. Max langweilte sich, und er beschloß, ein wenig Leben in die Veranstaltung zu bringen und die Nationalsozialisten zu provozieren. So bestand er darauf, vom Singen des Horst-Wessel-Liedes ausgeschlossen zu werden. Er verstünde da zwei Zeilen nicht:

> »Kameraden, die Rot Front und Reaktion erschossen
> Marschieren im Geist in unseren Reihen mit.«

Wer, so wollte Max wissen, hat denn da wen erschossen? Es war also kein Wunder, daß die Nationalsozialisten den Habilitationsantrag zurückschickten. 1935 probierte Max es noch einmal. Diesmal trat er wegen Einstein ins Fettnäpfchen, dessen Theorie er nicht deswegen ablehnen wollte, weil ein Jude sie aufgestellt hatte.

Nach seinem zweiten Scheitern in der Dozentenakademie erhielt Max zwar im August 1936 den Titel Dr. phil. habil., aber ihm wurde keine Lehrbefähigung erteilt. Ihm wurde gestattet, weiter in Dahlem am Kaiser-Wilhelm-Institut zu arbeiten, aber die Universitätslaufbahn blieb ihm verschlossen. Dabei hatte sich Max die größte Mühe gegeben, um zu beweisen, daß bis hinauf zu den Urgroßeltern kein jüdischer Ast am Stammbaum der Delbrücks auszumachen ist. Er haßte es, alle gewünschten Zertifikate heranzuschleppen und soviel Mühe in unwichtige Details zu stecken. Aber was sollte Max tun, wenn er als Hochschullehrer an die Universität wollte. So sah seine Zukunft 1936/37 plötzlich dunkel aus. Max hatte keinen Weg vor Augen, den zu gehen sich lohnte. Bis jemand von der Rockefeller-Stiftung bei ihm hereinschaute und fragte, was er denn so mache. Dies brachte Max im Herbst 1937 auf den Weg in die Neue Welt.

Kein Grund zur Teilung

Bevor wir ihn dabei begleiten, müssen wir noch einen Blick auf das Kaiser-Wilhelm-Institut für Chemie in Dahlem werfen, das Max gegen das California Institute in Pasadena eintauschte. Durch diesen Wechsel verpaßte er die Gelegenheit, bei einem Meilenstein in der Geschichte der Wissenschaften anwesend zu sein. Gemeint ist die Entdeckung der Kernspaltung, die Otto Hahn und Fritz Straßmann 1938 gelungen ist.

Max hat sich darüber nicht geärgert. Er betonte im Gegenteil immer, daß seine Abreise geradezu eine notwendige Voraussetzung für die Entdeckung gewesen sei. Max glaubte bis zuletzt, Hahn und Meitner sozusagen daran gehindert zu haben, die Spaltung zu erkennen. Er hätte sich nicht genügend auf seine Arbeit konzentriert und es sich mit der Interpretation einiger ihrer Experimente zu leicht gemacht.

Damals versuchten Hahn und Meitner, eine Entdeckung von Enrico Fermi besser nutzen zu können. Der Italiener hatte beobachtet, daß man radioaktive Substanzen durch Beschuß bestimmter chemischer Elemente mit Neutronen herstellen kann. Dies gelang vor allem mit Uran. Fermi spekulierte, daß er dabei Elemente produzieren würde, die schwerer als Uran sind. Bei solchen Transuranen hätten sich die Neutronen zusätzlich im Kern eingefunden. Als die Entdeckung von Fermi in Berlin bekannt wurde, und Hahn und Meitner sie bestätigen konnten, geriet Max fast aus dem Häuschen. Otto Hahn beschreibt in seinen Erinnerungen, daß Max ihn fragte, wieso er und Lise Meitner nun überhaupt noch schlafen könnten (Hahn, 1968).

Bald verlor Max sein Interesse an der Kernspaltung wieder, denn die Situation wurde unübersichtlicher. Dauernd kamen neue »Elemente« zum Vorschein, die ebenso als Transurane eingeschätzt wurden. Dies war ohne Reiz und auch kein »richtiges« Problem für einen theoretischen Physiker. Max erledigte es nebenbei und interpretierte die Produkte wie jedermann, also ganz wie man es erwartete. So sah ein Physiker keinen Grund für eine Teilung, dies taten erst die Chemiker, als Max ein Jahr weg war.

Überhaupt schätzte Max die Bedeutung der Kernphysik falsch ein. Im Frühjahr 1937 sprach er in Stettin (in Vertretung Otto Hahns) über neue Entwicklungen beim Uran. In der Diskussion wurde er gefragt, ob die Kernphysik jemals wirtschaftliche Bedeutung erlangen könne. Max antwortete, er glaube nicht daran. Dies sei so, als ob man sein Geschirr mit Champagner abwaschen wolle. Das ginge zwar, lohne sich aber nicht. Es sei teurer und schlechter.

Die Freisetzung der Kernenergie stand zwar bei Max nicht hoch im Kurs, wohl aber bei einer jungen Dame, die sich damals auffällig in seiner Nähe aufhielt. Es war Martha Dodd, die Tochter des amerikanischen Botschafters in Berlin. Sie bändelte zuerst mit den Nationalsozialisten an, entdeckte dann aber ihre Sympathien für die kommunistische Bewegung. Sie soll für die Sowjetunion gearbeitet und in diesem Zusammenhang auch die Verbindung, auf die sich Max mit ihr eingelassen hatte, ausgenutzt haben. Max hat das nie geglaubt, da damals noch kein Krieg abzusehen war. Außerdem konnte niemand wissen, daß man in Dahlem einmal den Atomkern spalten würde. Dennoch wurde Martha Dodd noch 1957 als »Rote Spionin« in den USA beschrieben, und es dauerte immerhin bis 1979, bevor die Anklage gegen sie fallengelassen wurde.

Als Max und Martha sich kennenlernten, war in der Tat noch kein Weg zur Spaltung zu sehen. Es dauerte noch ein Jahr, bevor Irene Curie aus Paris berichtete, daß sie beim Beschuß von Uran mit Neutronen unter den Zerfallsprodukten auch Thorium gefunden habe (Frisch, 1970). Mit anderen Worten, der Urankern hatte nach dem Einfangen eines Neutrons einen Heliumkern herausgeschleudert (Alpha-Teilchen). Dies schien unwahrscheinlich und veranlaßte Hahn und Straßmann, das Pariser Experiment zu wiederholen. Dabei fanden sie zu ihrer ersten Überraschung Elemente, die sich chemisch wie Radium verhielten, die also kleiner als Uran waren.

Sie berichteten Lise Meitner über ihre Beobachtung, die sich inzwischen in Schweden aufhielt. Als sie die Berliner Ergebnisse von Hahn und Straßmann sah, verlangte sie überzeugendere Beweise. In einer nun folgenden Reihe sehr präziser Messungen erlebten Hahn und Straßmann eine zweite, noch größere Überraschung. Zu ihrer äußersten Verwunderung fanden sie statt Radium die noch kleineren Elemente Barium und Krypton. Nach einigem Zögern deuteten sie (in ihrer zweiten Publikation) ihre Ergebnisse als Spaltung des Urankerns (Hahn und Straßmann, 1939).

Otto Hahn faßte die Tatsachen in einem Brief an Lise Meitner zusammen, den sie erhielt, als sie gerade von ihrem Neffen Otto Frisch besucht wurde, der aus Kopenhagen gekommen war. Als beide überlegten, wo die Energie zur Spaltung wohl hergekommen sein könnte, fiel ihnen auf, daß die Masse der produzierten Kerne etwas kleiner war als die Masse des Ausgangskerns im Uran. Dieser Massenunterschied war zwar klein, aber die berühmte Formel von Einstein, $E = m \cdot c^2$, machte daraus genügend Energie, um den Kern platzen zu lassen. Die Energiequelle steckte in seiner eigenen Masse.

Otto Frisch suchte nach seiner Rückkehr nach Kopenhagen einen geeigneten englischen Namen für die Kernspaltung und fragte einen amerikanischen Biologen, wie man die Teilung von Zellen nennt. »Fission« war die Antwort, und in ihrer gemeinsamen Publikation beschrieben Frisch und Meitner die Kernspaltung als »nuclear fission« (Frisch und Meitner, 1939).

Dieser Name ist ein kurzer und einprägsamer Beitrag der Biologie zur Physik. Er stammt aus Kopenhagen, derselben Stadt, in der einige Jahre zuvor ein lebenslanger und prägender Beitrag der Physik zur Biologie vorbereitet worden war. 1932 hatte Niels Bohr über »Licht und Leben« vorgetragen und mit seinen Argumenten Max zum Biologen gewendet.

Licht und Leben – die große Herausforderung

Eine Vorlesung im Sommer

Das Leben von Max erhielt seine entscheidende Wendung durch eine Vorlesung, die Niels Bohr am 15. August 1932 um 10 Uhr in Kopenhagen hielt. Mit seiner Rede sollte Bohr eine internationale Konferenz für Lichttherapie eröffnen. Der dänische Kronprinz war erschienen und in seinem Gefolge der Ministerpräsident des Landes und die üblichen Honoratioren. Max saß in der letzten Reihe. Er war erst kurz vor Beginn der Veranstaltung mit dem Nachtzug aus Berlin in Kopenhagen angekommen. Am Bahnhof hatte ihn Léon Rosenfeld abgeholt, der Max anspornte, denn Bohr wollte unbedingt, daß Max seinen Vortrag über »Licht und Leben« hört (Bohr, 1933).

Kopenhagen war damals häufig Gastgeberin großer Kongresse, und oft wurde Bohr gefragt, ob er mit einer Einführungsrede die Bedeutung der entsprechenden Veranstaltung etwas (hervor-)heben könne. Bohr tat dies sehr gern. Er wollte jede Gelegenheit benutzen, die Konsequenzen der Quantentheorie für andere Wissenschaften und das menschliche Erkennen zu diskutieren. Dabei sprach er ohne Manuskript oder irgendwelche Notizen, er trug in einem geflüsterten Englisch vor, das stark dänisch eingefärbt war.

Am 15. August sprach Bohr über das Thema »Licht und Leben«, und die Vorlesung begeisterte Max so, daß sie seinen weiteren wissenschaftlichen Lebensweg bestimmte. In seinem Vortrag trat Bohr mit dem mutigen Vorschlag hervor, daß zwischen Leben und Atomphysik ein ähnlich komplementäres Verhältnis bestehe wie zwischen den beiden Aspekten Welle und Teilchen in der Physik. Als Folge davon prophezeite er, daß es eine Art Unbestimmtheit für das Leben analog zu Heisenbergs entsprechenden physikalischen Relationen gebe.

Wie immer bei Bohr wich die publizierte Version der Vorlesung sehr stark von der tatsächlich gehaltenen ab. »Die endgültige Bearbeitung eines Vortragsmanuskripts war bei Bohr ein Vorgang, der Monate, wenn nicht Jahre dauerte. Manche von uns stritten mit ihm darüber voller Leidenschaft, manche auch ohne. Wie lang sollte oder durfte ein Satz sein? Wie lang auf Englisch und wie lang auf Deutsch? Es war zum Verzweifeln. Ich glaube, daß diese Agonien im extremen Sinn von gegenteiliger Wirkung waren. Zahllose Leser wurden durch seinen Stil abgeschreckt. Nur eine Handvoll Leute kämpfte mit seinen Texten, um herauszuholen, was er ›reingesteckt hatte‹« (A).

Normalerweise bemühte sich Bohr, sorgfältig alle Sätze zu vermeiden, die sich einmal als falsch herausstellen könnten. Er warnte seine Zuhörer und Leser gerne, daß alles, was er sage, nicht affirmativ, sondern als Frage verstanden werden müsse. Doch in dieser Vorlesung im Sommer 1932 legte sich Bohr fest, und er kam definitiv zu dem Schluß, daß die Vorgänge des Lebens komplementär zu Physik und Chemie sind. Von nun an fühlte Max sich herausgefordert, den Vorschlag ernst zu nehmen und ihm nachzugehen. Dies würde ihn für den Rest seines Lebens beschäftigen.

Die Denkfigur der Komplementarität

Komplementarität ist keine Münze, mit der Einsichten gekauft werden können. Es ist eine Erfahrung, die man beim Denken machen kann. Bohrs Argument erkennt die Tatsache an, daß sich experimentelle Anordnungen, die Beobachtungen definieren, gegenseitig ausschließen können, und daß die ganze Wirklichkeit nur in komplementären Bildern zu fassen ist.

Komplementarität sollte die dualistische Natur der atomaren Realität, die die Physiker erfahren mußten, versöhnend überwinden. Bohr wollte die unterschiedlichen Standpunkte tolerierbar machen. Dies führte ihn zwangsläufig in die Biologie, wo sich scheinbar unversöhnlich die Physikalisten und die Vitalisten gegenüberstanden. Die einen behaupteten, daß es in einem lebenden Wesen immer und nur nach den Gesetzen der Physik zuginge; die anderen entgegneten, damit könne man doch das Besondere des Lebens nicht verstehen. Bohr dachte nun, daß auch zwischen diesen Standpunkten eine komplementäre Mitte liegen müsse, und zwar in dem Sinne, daß beide wahr sind, aber jede schließe, wenn man sie ganz ernst nimmt, die Anwendung der anderen aus.

Diese Idee trug Bohr 1932 in Kopenhagen vor. Die entscheidende Passage seiner Vorlesung über »Licht und Leben« lautet wie folgt: »So würden wir zweifellos ein Tier töten, wenn wir versuchten, eine Untersuchung seiner Organe so weit durchzuführen, daß wir den Anteil der einzelnen Atome an den Lebensfunktionen angeben könnten. In jedem Versuch an lebenden Organismen muß daher eine gewisse Unsicherheit in bezug auf die physikalischen Bedingungen, denen sie unterworfen sind, bestehen bleiben; und es drängt sich der Gedanke auf, daß die geringste Freiheit, die wir in dieser Hinsicht den Organismen zugestehen müssen, gerade groß genug ist, um ihnen zu ermöglichen, ihre letzten Geheimnisse gewissermaßen vor uns zu verbergen« (Bohr, 1933).

So steht es in »Nature« (auf englisch) und in den »Naturwissenschaften« (auf deutsch). Max erinnerte sich aber, daß das, was Bohr gesagt hat, viel handfester gewesen war. Vor allem eine Überlegung ließ Max nicht mehr los: Bohr entwarf (Max zufolge) folgende Analogie: In der Physik kennt man das einfachste Atom, den Wasserstoff. Ein Elektron umkreist ein Proton. Man kann nun bis zum Ende aller Tage damit klassische Physik betreiben, es wird doch niemals ein stabiles Atom werden. Erst wenn man das Quantum der Wirkung einführt und komplementär denkt, versteht man die Wirklichkeit in diesem Bereich. In der Biologie stelle man sich die einfachste Form des Lebens vor, zum Beispiel eine Zelle. Man weiß, sie besteht aus den Molekülen und anderen Elementen der organischen Chemie. Man kann nun wieder das Zusammenwirken aller dieser Komponenten bis in alle Ewigkeit analysieren und beschreiben, es kommt nichts Lebendes dabei heraus, es sei denn, man denkt komplementär und fügt etwas hinzu, was analog zum Wirkungsquantum der Atome ist.

Licht und Leben – dreißig Jahre später

Dreißig Jahre nach dem Kopenhagener Vortrag ergab sich für Max die Gelegenheit, Bohr zu bitten, seine Überlegungen im Lichte der molekularbiologischen Revolution neu zu fassen.

Max arbeitete damals am Institut für Genetik in Köln, bei dessen Gründung er geholfen hatte. Er bat Bohr, dem Institut »die spirituelle Weihe« zu geben und über »Licht und Leben – noch einmal« vorzutragen (Bohr, 1963). Bohr nahm die Herausforderung an und kam nach Köln. In seiner Einführung zu Bohrs Vortrag wies Max darauf hin, daß »wir in das Zeitalter der Molekularbiologie eingetreten [sind], das heißt, in das Zeitalter, in dem die Frage nach der Interpretierbarkeit der Lebensphänomene nicht mehr nur ein Unterhaltungsgegenstand, sondern eine tägliche wissenschaftliche Frage darstellt. Die Bohrsche Frage, ob wir damit gegen eine neue Art von Komplementarität anrennen, ist also akut.«

Bohr knüpfte an seine erste Vorlesung an und formulierte seine Vorstellungen in folgender Weise um: »Ungeachtet solcher allgemeinen Betrachtungen schien es eine Zeitlang so, als ob die regulierenden Funktionen in lebenden Organismen, die besonders durch zellphysiologische und embryologische Untersuchungen enthüllt wurden, eine bei allgemeinen physikalischen und chemischen Experimenten ganz unbekannte Feinheit offenbarten, indem sie auf das Vorhandensein biologischer Grundgesetze hinwiesen, die kein Gegenstück in den Eigenschaften der unter einfachen reproduzierbaren Versuchsbedingungen untersuchten leblosen Materie finden. Indem ich die Schwierigkeiten betonte, die damit verbunden sind, Organismen unter Bedingungen, die eine vollständige atomare Beschreibung anstreben, am Leben zu halten, schlug ich daher vor, daß das Vorhandensein von Leben an sich als eine Grundtatsache in der Biologie angenommen werden müsse, im gleichen Sinne wie das Wirkungsquantum in der Atomphysik als ein Grundelement betrachtet werden muß, das nicht auf klassische physikalische Begriffe zurückgeführt werden kann« (Bohr, 1963).

Die bleibende Aufgabe

Die Idee der Komplementarität nimmt hier einen so großen Raum ein, weil »es kein Gefüge wissenschaftlicher Ideen gibt, das mich tiefer beeinflußt hat und das in allen diesen Jahren das einzige Motiv für meine Arbeit war«, wie Max an Bohr schrieb, als er den Vorschlag machte, »Licht und Leben« zu überdenken. Wie Bohr versuchte sich Max in immer neuen Formulierungen des Arguments, und nie gab er seine Hoffnung auf, daß Komplementarität in der Biologie hinter der nächsten Ecke lauern könnte.

1932 war diese Einstellung sehr verständlich: »Die Geheimnisse des Lebens waren damals vom Standpunkt der Physik aus wirklich groß. Zellphysiologen hatten unzählige Wege entdeckt, auf denen Zellen ›intelligent‹ auf Reize aus ihrer Umgebung reagierten. Und Embryologen brachten solche Kunststücke fertig, wie aus einem geteilten Embryo ein vollständiges Tier heranwachsen zu lassen. Dies erinnerte ganz von fern an die ›Ganzheit‹ der Atome und die Stabilität stationärer Zustände« (A). Was damals wirklich faszinierend war und Max mit Leib und Seele fesselte, bestand darin, daß »die Stabilität der Gene und die Algebra der Genetik auf eine Verwandtschaft mit der Quantenmechanik hinwiesen« (A).

Wenn man einen Ausdruck benutzen will, den es 1932 noch nicht gab, dann kann man sagen: Max hoffte, bei der Konstruktion einer Molekularbiologie eine Situation anzutreffen, aus der es nur den Ausweg der Komplementarität gab. Er hoffte, an dessen Ende hoch genug zu stehen, um die Lösung des Lebensrätsels sehen zu können. Mit »Molekularbiologie« ist der Versuch gemeint, elementare biologische Vorgänge wie zum Beispiel Nervenleitung, Verdopplung des genetischen Materials oder die Erregung von Sinneszellen mit molekularen Bildern und Vorstellungen in Einklang zu bringen.

Dieser Traum hat sich bislang nicht erfüllt. Darauf hat Max selbst 1981 kurz vor seinem Tod hingewiesen: »Wir können in der Tat heute sagen, daß die Entdeckung der Doppelhelix in der Biologie erreicht hat, wonach man sich in der Physik so gesehnt hatte. Nämlich die Auflösung aller Wunder in Form von klassisch mechanischen Modellen, und keinerlei Verzicht auf unsere gewohnten intuitiven Erwartungen ist erforderlich. Wahrlich, die Doppelhelix! Mit einem Schlag wird das Geheimnis der Genverdopplung als lächerlich einfacher Trick entlarvt, und wer tiefe Lösungen erwartet hatte, fühlte sich so blamiert wie jemand, der stundenlang mit einem Schachproblem gerungen hatte und dem man dann die blamabel einfache Lösung zeigte. Die Doppelhelix, fürwahr! Es spielt auch keine Rolle, daß der Mechanismus der Verdopplung unendlich viel komplizierter ist, als eingangs im ersten Siegesrausch angenommen wurde, und daß sogar auf diesem fundamentalsten Gebiet der Biologie noch die größten Unklarheiten bestehen. Keine Sorge! Wir verstehen heute Organismen erfolgreich als molekulare Systeme« (A).

Die Enttäuschung, auf die Max hier anspielt, besteht darin, daß eine der Eigenschaften des Lebens, auf die er sich lange konzentriert hat, die Replikation, ihren molekularen Grund gefunden hat. Es gibt Moleküle, die sich verdoppeln (replizieren) können. Die Kategorie Verdopplung ist also keine neue Kategorie, die erst auf der Ebene der Zellen auftaucht. Man findet sie schon auf einer tieferen Stufe bei den Molekülen. Daher kann man die Eigenschaft, sich zu vermehren, im reduzierenden Verfahren vollständig erfassen und braucht keine ungewohnten Formen des Denkens zu bemühen. In diesem Fall und in diesem Sinn besteht kein Grund zur Komplementarität.

Ist dieser Gedanke aber deswegen in der Biologie gestorben (»a dead issue«)? Möglicherweise in der molekularen Genetik (obwohl auch hier für kein Phänomen eine durchgehende, kohärente Erklärung aller Details vorliegt). Aber auf keinen Fall für die Probleme der Sinnes*wahr*nehmung und der Neurologie, und erst recht nicht bei Fragen nach dem Bewußtsein. Hier bleibt Komplementarität eine Aufgabe, von der es schwierig ist, sie definitiv und auf konkrete Weise zu fassen.

Was Max neben der Auflösung eines Paradoxons an der Komplementarität reizte, war die Hoffnung, damit hinter der offensichtlich zunehmenden Komplexität der Lebewesen eine höhere Einfachheit zu finden. Und diese Einfachheit würde man wie in der Physik beim Studium des komplizierten Verhaltens einfacher Systeme finden.

Eine eigene Formulierung

Max war nicht der einzige Bohr-Schüler, der die Idee der Komplementarität ernst nahm. Auch Pascual Jordan versuchte, ihre Bedeutung für biologische Fragestellungen zu verstehen. Im Gegensatz zu Max, der sich auch experimentell auf die neue Wissenschaft einließ, blieb Jordan im philosophisch-theoretischen Rahmen. Max war mit dem, was Jordan aus Bohrs Idee machte, überhaupt nicht einverstanden, und er beschwerte sich in Briefen an Bohr, daß Jordans Vorlesungen zu diesem Thema die Zuhörer nur verwirren würden. Es sei dringend erforderlich, wie Max schrieb, eine Version des Komplementaritätsarguments zu entwerfen, die für Biologen verständlich sei und Jordan zuvorkomme.

In ziemlich abschätziger Weise schrieb Max am 30. November 1934 an Bohr, daß Biologen die Tendenz hätten, umfangreiche Arbeiten zu überfliegen. Auf diese Weise würden sie nie in der Lage sein, eine neue Idee aufzunehmen, es sei denn, man präsentiert sie ihnen kurz und knapp. Max fügte dem Brief eine eigene Fassung der Konzeption bei, die man sozusagen mit Komplementarität für Biologen überschreiben könnte. Bohr war völlig einverstanden mit dieser Version:

»*Behauptung*: Die zur kausalen Ordnung der biologischen Phänomene zu machenden Annahmen dürfen zum Teil in formalem Widerspruch zu den Gesetzen der Physik und Chemie stehen, weil die Experimente am lebenden Wesen mit *Sicherheit* komplementär sind zu solchen, die die physikalischen und chemischen Vorgänge mit atomarer Genauigkeit festlegen.

Erläuterung:

1. Es wird *nicht* behauptet, daß die Gesetze der Atomtheorie *spezifische* Lebenserscheinungen erklären können. Im Gegenteil

a) die Gesetze der *Atomtheorie* sind die gemeinsame Wurzel von *Physik* und *Chemie*. Früher glaubte man, daß die Chemie sich auf klassische Physik zurückführen lassen müsse. Es hat sich aber gezeigt, daß man in der Physik und Chemie einander formal widersprechende Annahmen einführen darf und muß, weil die gemeinsame Wurzel gerade im atomaren liegt und deshalb die Experimente dieser Forschungszweige z. T. komplementärer Natur sind.

Z. B. ist das Experiment der Herstellung einer chemischen Verbindung (makroskopisches Experiment!!) komplementär zu dem Experiment: Messung der Bahnen der die Bindung erzeugenden Elektronen. Die nachträgliche Rechtfertigung zu den formalen Widersprüchen (Quantensprünge) ergab sich aus der Erkenntnis, daß eine *atomar* genaue Beschreibung sich nur auf atomare Experimente beziehen kann, bei solchen aber das Experiment, wie man sagt, den Vorgang stört, genauer, bei solchen sich Objekt und Beobachtung nicht eindeutig trennen lassen. Dadurch entfällt die Möglichkeit zu kausaler Beschreibung.

b) Gerade *weil* . . . im lebenden Organismus physikalische und chemische Erscheinungen bis ins atomare Detail hinein verwoben sind, *muß* die gemeinsame Wurzel von Biologie *und* Physik *und* Chemie im *atomaren* liegen. Gerade deshalb *kann* aber eine *kausale* Zusammenhangsbeschreibung *nicht* mit *physikalischen und chemischen Begriffen allein* arbeiten. Denn im atomaren lassen *Physik* und *Chemie* keine gemeinsame kausale Beschreibung zu.

2. Es wird *nicht* behauptet, daß der Biologe bei seinen Experimenten das Leben tötet, oder gar töten müsse. Im Gegenteil: Für die Genetik *und* die Entwicklungsmechanik *und* die Physiologie *und* die Biochemie *und* die Biophysik ist charakteristisch und wesentlich, daß sie die Vorgänge am *lebenden* Organismus untersuchen. Eben deshalb können diese Forschungsmethoden nicht zur Erforschung der *individuellen atomaren* Elementarprozesse vordringen, wovon sie auch weit entfernt sind, worüber volle Einigkeit besteht. Sie müssen auch weit von diesem Gebiet entfernt bleiben, wenn ihre Beschreibungen *streng*

kausal bleiben sollen. Und eben deshalb sind diese Gebiete nicht kausal aufeinander reduzierbar, wie Physik und Chemie nicht kausal aufeinander reduzierbar sind.«

Max hatte zunächst Bohr darum gebeten, selbst eine Fassung für Biologen zu schreiben und dabei auf jede Erwähnung der Unbestimmtheitsrelationen zu verzichten. Aber seine Hoffnungen waren gering. Zu lange quälte sich Bohr mit letzten Entwürfen herum, und dabei wurden seine Sätze immer länger. Max focht manches Sträußchen mit Bohr um Prägnanz und Kürze von Formulierungen aus. In einem Fall hatte Bohr einen dänischen Text ins Deutsche übertragen und bat Max um Durchsicht des Manuskripts. Max fand den Stil zwar ausgezeichnet, dennoch schlug er kleine Änderungen vor. Aus zwei Bandwurmsätzen konstruierte Max vier von normaler Länge. Bohr bedankte sich brieflich, teilte dabei aber mit, daß ihm die alte Fassung lieber sei. Max explodierte. Deutsch, das war seine Sprache. Er warf Bohr »ein Verbrechen am Lesepublikum« vor und bedauerte dabei, ihn nicht »von der Mangelhaftigkeit Ihres Gebrauchs der deutschen Sprache« überzeugen zu können (Postkarte vom 20. März 1936). Als Bohr sich erkundigte, was denn los sei, antwortete Max, eigentlich nichts, aber es hätte schon lange keine vernünftige Streiterei mehr gegeben, und die Wissenschaft sei so leblos ohne zündende Dispute.

Die Natur des Gens

Die Quantentheorie war entdeckt worden, als man Strahlung und Materie ins Gleichgewicht bringen wollte und die Stabilität atomarer Erscheinungen nicht fassen konnte. Was lag für Max näher, als den Einfluß von (ionisierender) Strahlung auf das Erbmaterial zu untersuchen, wenn er die Biologie in die Sackgasse eines Paradoxons führen wollte, aus der es nur den Ausweg über die Brücke der Komplementaritätsidee gab! Die Erbanlagen – soviel war bekannt – bestanden aus Genen. Von diesen Einheiten wußte man zwar nicht viel, aber sie waren stabil und konnten von einer Generation zur nächsten weitergegeben werden. Ihr besonderes Charakteristikum bestand in ihrer Fähigkeit, durch eventuell vorkommende Änderungen in eine neue Form überzugehen, die wieder stabil war und vererbt wurde. Man sprach dann von Genmutationen.

Max hatte aus den Bemühungen der Biologen um die Genstruktur und ihre möglichen Mutationen in den privaten Seminaren in der Kuntz-Buntschuh-Straße gelernt. Er hatte schon früh vorgeschlagen, zu den Sitzungen neben Physikern auch Wissenschaftler einzuladen, die sich mit dem Leben befaßten. Darüber berichtete er 1964: »Das wurde ein großer Erfolg! Als erster kam zu uns [Nicolai] Timoféeff-Ressovsky, ein russischer Genetiker, der an einem K.W.I. [Kaiser-Wilhelm-Institut] in Buch, im Nordosten Berlins arbeitete und die Erzeugung von Mutationen durch ionisierende Strahlen experimentell untersuchte. Da dies damals einen interessanten Zugang zu der Struktur der Gene zu eröffnen schien, hatte ich ihn gebeten, uns einmal darüber etwas zu erzählen. Er nahm die Einladung an und sprach zunächst nicht *einmal eine* Stunde, sondern *dreimal vier* Stunden lang! Dazu kamen noch einige Vorträge seines physikalischen Mitarbeiters, K. G. Zimmer, [. . .].

Bezüglich der vierstündigen Sitzungen muß ich erläutern, daß diese Sitzungen sehr gemütlich waren. Sie fanden in Papas großem Arbeitszimmer statt, in das ich damals schon eingezogen war. Wir hatten ein altes Schneiderbrett schwarz bemalt und an zwei Garderobenständern als Wandtafel aufgehängt. Wir saßen in sehr bequemen Stühlen und Sofas und trafen uns etwa um vier Uhr nachmittags. Gegen fünf oder halb sechs klopfte es schüchtern und herein kam Billy, damals etwa sieben, gefolgt von der Köchin Ida, mit einer Menge Tee und Plätzchen. Wenn die meisten dann so um halb acht oder acht gegangen waren, blieb noch der eine oder andere zum Abendbrot mit meiner Mutter [. . .].

Aus diesen [genetischen] Vorträgen und Diskussionen ergab sich eine gemeinsame Arbeit von T.-R. [Timoféeff-Ressovsky], Zimmer und mir, die wir in den ›Nachrichten der gelehrten Gesellschaft in Göttingen‹ veröffentlichten. An und für sich ein Begräbnis erster Klasse. Diese Arbeit erregte aber sofort sehr viel Interesse. Unter anderem verschaffte sie mir ein Jahr später ein zweites Rockefeller-Stipendium . . ., mit dem ich nach Pasadena ging.«

Bevor beschrieben werden kann, was »erster Klasse« beerdigt worden ist, muß mehr über Gene berichtet werden. Gene gehören ganz sicher zur Biologie, aber immer waren es Physiker, die sich von diesen Einheiten im Lebendigen angezogen fühlten. Sie wurden sogar von einem Physiker entdeckt, wenn man diesen Satz cum grano salis versteht. Gregor Mendel (1822–1884) sollte der Physiklehrer seines Augustinerklosters in Brünn werden. Aber wie Max fiel er durch die Prüfung. Er wurde statt dessen Gärtner, und so kam es, daß er Zeit fand, sich um die Eigenschaften von Erbsen und deren Vererbung zu kümmern. Seine Beobachtungen erlaubten ihm, die Hypothese aufzustellen, daß es im Inneren der Pflanzen »Erbelemente« geben müsse, die äußerlich beobachtbare Merkmale bewirken und die an die Nachkommen weitergegeben werden. Diese Vererbung folgt bestimmten Regeln, die heute als die Mendelschen Regeln bekannt sind.

Die Natur dieser Erbelemente blieb unzugänglich. Sie ruhten unteilbar und unangreifbar in Inneren der Körper. Gene waren so etwas wie die Atome der Biologie, denn wie die Atome bildeten diese Erbelemente die Grundlage für das, was man sieht.

Mendels Entdeckung hatte es im 19. Jahrhundert schwer, sich durchzusetzen. (Damals führten die Atome selbst nur eine spukhafte Existenz.) Erst nachdem Max Planck das Wirkungsquantum entdeckt und so der Natur einen unsteten Zug verliehen hatte, tauchten die Mendelschen Einheiten wieder auf. Und dies gleich dreifach. Am überzeugendsten gelang der Nachweis Hugo de Vries, der sprunghafte Variationen an Pflanzen und deren Vererbung untersuchte (de Vries, 1901). Da solche Mutationen in keiner Zwischenform auftraten, ließen sie sich in Analogie zum Quantensprung sehen, der Teil der Wissenschaft geworden war.

Zu Beginn dieses Jahrhunderts werden also erste Zusammenhänge in der Entwicklung von Physik und Genetik deutlich. Beide Bereiche entwickelten sich dann knapp dreißig Jahre getrennt, bevor sie wieder zueinanderfinden und ihre Kombination die Molekularbiologie auf die Welt bringt. Die Quantenphysik kümmerte sich zunächst um die Stabilität der Atome, die Möglichkeit chemischer Bindungen, die Struktur der Materie und die Natur des Lichts. Die Genetik entdeckte in den ersten Jahrzehnten dieses

Jahrhunderts die Chromosomen als Basis der Vererbung. Damit meinte man »farbige Körper«, die in den Zellen von *Drosophila* oder Mais – dies waren die bevorzugten Objekte der Genetiker – mit dem Lichtmikroskop sichtbar wurden. Sie bewegten sich so durch den Zyklus der Zellen, wie es die Mendelschen Erbelemente erwarten ließen. In den dreißiger Jahren steuerte die klassische Genetik ihrem Höhepunkt zu (Dunn, 1965). Die Chromosomen waren erfaßt und analysiert, aber die gesuchten Gene blieben im Mikroskop unsichtbar. Wo und was waren sie? Sie mußten auf den Chromosomen wie Perlen auf einer Kette liegen. Was war ihre Natur, und wie konnten sie sich verändern?

Der Durchbruch zur Erforschung dieser Fragen war 1927 gelungen, als Hermann J. Muller ankündigte, daß in Fliegen Mutationen mit Röntgenstrahlen kontrolliert hergestellt (induziert) werden können (Muller, 1927, 1928). 1946 erhielt er für diese Entdekkung den Nobelpreis für Medizin. Muller hielt die Gene von Anfang an für »die Basis des Lebens«, und er erkannte rasch, daß nur eine vereinigte Anstrengung aller wissenschaftlichen Disziplinen hier weiterhelfen würde, denn »der Genetiker allein ist hilflos, wenn er die Eigenschaft [eines Gens] analysieren soll« (Muller, 1936).

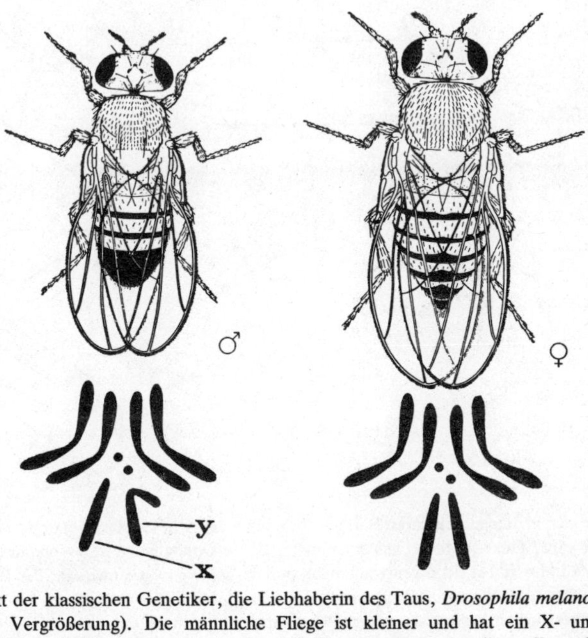

Das Starobjekt der klassischen Genetiker, die Liebhaberin des Taus, *Drosophila melanogaster* (in zwanzigfacher Vergrößerung). Die männliche Fliege ist kleiner und hat ein X- und ein Y-Chromosom. Die weibliche Drosophila hat zwei X-Chromosomen. An dieser Form haben die Biophysiker den Einfluß der Strahlen auf die Gene untersuchen können. Drosophila hat Max geholfen, 1935 der Natur des Gens auf die Spur zu kommen (aus Johansson, 1980).

1932 kam er von Amerika nach Berlin, um seine vergleichenden Studien zur Erzeugung von Mutationen (Mutagenese) mit einem russischen Emigranten fortzusetzen. Dies war Nicolai Timoféeff-Ressovsky, der das Laboratorium für Genetik im Kaiser-Wilhelm-Institut für Hirnforschung in Berlin-Buch leitete. Sie bemühten sich gemeinsam um einen sicheren Beweis dafür, daß nicht nur Röntgenstrahlen mutagen wirkten, sondern auch ultraviolettes Licht. Mit Hilfe ihrer Daten wagten sie sich schließlich an die Frage nach dem Mechanismus, durch den die physikalische Größe Licht auf die biologische Einheit Gen (oder Chromosom) wirkt. Wie konnten Strahlen Chromosomen brechen und Gene ändern? Muller betonte, man müsse Physiker fragen. Er ermutigte Timoféeff-Ressovsky, auch in dieser Richtung zu suchen. Nur ein interdisziplinärer Einstieg in die Genetik würde es erlauben, sich der Natur des Gens und des Lebens zu nähern.

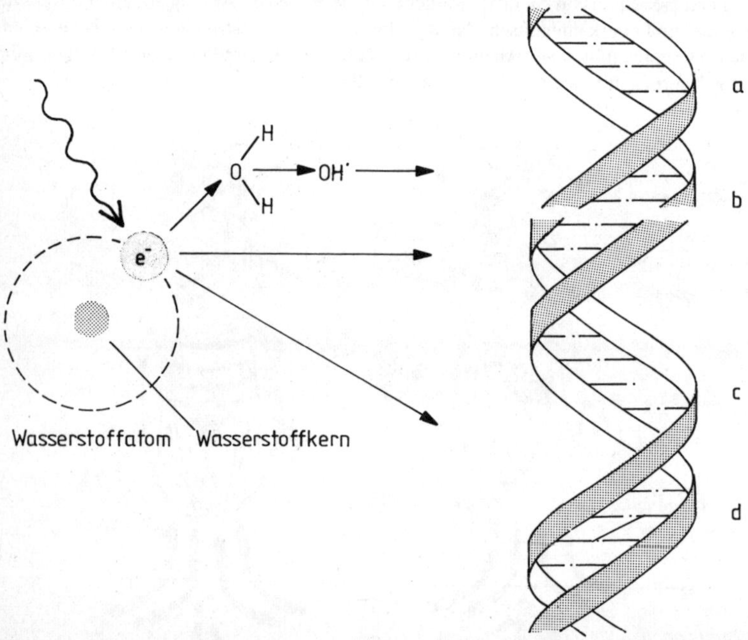

Was spielt sich in dem molekularen Bereich ab, wenn genetisches Material energiereicher Strahlung ausgesetzt wird? Gene bestehen aus einer molekularen Doppelhelix, deren chemischer Name mit DNS abgekürzt wird (a). Röntgenstrahlen können darauf wie folgt einwirken: Ein Photon trifft ein Wasserstoffatom im Wassermolekül und schlägt ein Elektron (e^-) frei. Dieses kann nun direkt an die DNS herantreten oder ein anderes Wassermolekül treffen und die Bildung eines Radikals bewirken, das zuletzt auf die DNS wirkt. Dabei kann man drei Arten von Schäden (Mutationen) unterscheiden. Ein Bruch (b) ist möglich, die Änderung einer Untereinheit (Base) (c) oder die Verbindung zweier benachbarter Bausteine (d).

So kam es, daß Max bei Timoféeff-Ressovsky offene Türen einrannte, als er ihn zu einem Vortrag in sein Haus einlud. Hier fand T.-R. – so nannte ihn Max manchmal – genau die Teamarbeit, die allein Aussicht hatte, einen Weg zum Gen zu finden. So hielt ihn auch nicht die Tatsache ab, daß sein Institut am anderen Ende von Berlin lag, und er fast zwei Stunden unterwegs war, um sich mit Max zu treffen.

Die Zusammenarbeit zwischen Max und Timoféeff führte unter wesentlicher Mitarbeit von K. G. Zimmer zu einer berühmten Publikation, die als »Dreimännerarbeit« oder als »grünes Pamphlet« – so sah der Einband der Sonderdrucke aus – bekannt ist. 1935 erschienen unter dem Titel »Über die Natur der Genmutation und der Genstruktur« ihre quantenmechanisch orientierten Überlegungen zur Stabilität der Gene. Der Genetiker Peter Starlinger hat in einer Gedenkfeier für Max am 10. März 1982 im Institut für Genetik in Köln die Bedeutung dieser Analyse wie folgt beschrieben:

»In der Arbeit wurde klar dargelegt, daß das Gen – bis dahin abstrakte Einheit ohne Zusammenhang mit dem physikalischen Maßsystem – eine materielle Natur haben müsse, und daß die Daten es nahelegten, jedes Gen als ein Makromolekül anzusehen. Das war, wenn man so will, eine wissenschaftliche Revolution im Sinne von Thomas Kuhn: Aus dem Zusammentreffen von ganz verschiedenen Wissenschaftsgebieten ergab sich etwas, das für den Physiker fast selbstverständlich, für den Genetiker dagegen überraschend und sicherlich nicht einmal auf Anhieb zwingend war. Liest man diese Arbeit heute, so erscheint einem vieles außerordentlich modern. Es findet sich darin sogar der Satz ›Vielleicht bildet sogar das ganze Chromosom (selbstverständlich der genhaltige Teil) eine Einheit, einen ganzen Atomverband mit vielen einzelnen, weitgehend autonomen Untergruppen‹.

So würde man es auch heute beschreiben. An anderer Stelle liest man, diese Vorstellungen ›führen zu einer bewußten oder unbewußten Kritik der Zelltheorie: Die als Lebenseinheit sich bisher so glänzend bewährende Zelle wird in letzte Lebenseinheiten, in Gene aufgelöst‹. Die Analyse und bewußte Manipulation von lebendigen Organismen auf der Ebene der Gene ist hier im Grunde vorweggenommen.«

Wie wenig damals die Gene in einen physikalischen Rahmen zu passen schienen, wird deutlich aus einem Zitat aus dem Jahre 1939. Zwei berühmte Genetiker – A. H. Sturtevandt und G. W. Beadle aus Pasadena – veröffentlichten zu dieser Zeit ihre »Introduction to Genetics«. Im Vorwort beschreiben sie ihre isolierte Lage: »Physik, Chemie, Astronomie und Physiologie haben mit Atomen, Molekülen, Elektronen, Zentimetern, Sekunden, Gramm zu tun – alles was sie messen, kann auf diese gemeinsamen Einheiten zurückgeführt werden. In der Genetik findet man nichts davon als erkennbare Komponente fundamentaler Einheiten. Und doch ist sie ein mathematisch formulierbarer Gegenstand, der logisch vollständig und in sich selbst abgeschlossen ist.«

Das wesentliche Ergebnis der Berliner Bemühungen bestand darin, daß von nun an das Gen an physikalische und chemische Maßsysteme angeschlossen war. Aus einer abstrakten Einheit ohne Dimension wurde ein zugängliches Makromolekül. Ausgangspunkt der Überlegungen war die Tatsache, daß Gene von Röntgenstrahlen getroffen werden können. Gene waren Zielscheiben für Lichtquanten. Die mathematische Analyse dieses Zusammenhangs ist als »Treffertheorie« bekannt.

Wir wollen diese Ausarbeitung hier nicht genauer vorstellen. Wichtig ist nur, daß Max im Rahmen der Treffertheorie die Länge eines bestimmten Fliegengens berechnen konnte. Er kam dabei auf rund neun Mikrometer. Heute kann die Ausdehnung eines »Gens« aus der Struktur des genetischen Materials, der Kenntnis des genetischen Codes und der durchschnittlichen Größe eines Proteins abgeschätzt werden. Danach enthält ein Mikrometer DNS etwa sechs Gene. Die Treffertheorie tippte also ziemlich daneben.

Wichtig daran ist aber, daß sich Max in den dreißiger Jahren Gene als relativ große Strukturen vorstellte. Dies führte ihn dann dazu, die bakteriellen Viren, die er in Amerika kennenlernte, für Gene zu halten, und er glaubte, mit ihrer Analyse den Vererbungsmechanismen auf der Spur zu sein.

Trotz ihrer beschriebenen Bedeutung liefert die Dreimännerarbeit nicht nur Grund zum Feiern. Auf lange Sicht stellte sich heraus, daß die angewandte Methode nur in die richtige Richtung, nicht aber zum Gen selbst führte. Da in ihrem Gefolge der Zugang frei wurde, spricht man vom erfolgreichen Scheitern der Berliner Gruppe (Carlson, 1966). Ihr Ansatz war einer der ersten, der Molekularbiologie im Sinn hatte. Das von Max ersehnte Paradoxon tauchte nicht auf. Ein Komplementaritätsgedanke wurde nicht erforderlich. Gene waren ohne neue Denkfiguren zugänglich. Vielleicht, weil sie uns näher sind als die Atome. Gene sind ein Teil von uns.

»Delbrücks Modell«

Das Gen, das – wie Max schrieb – »ursprünglich einfach ein symbolischer Repräsentant für eine mendelnde Einheit war«, sich dann zu einer räumlich lokalisierbaren und in seinen Bewegungen verfolgbaren Größe mauserte, wurde durch die Dreimännerarbeit in seinen Ausmaßen mit bekannten und strukturierten Molekülen vergleichbar. Damit mußte der Versuch unternommen werden, die Genetik als quantitative Wissenschaft auf dem Boden stabiler Gene zu errichten, so wie die Physik und die Chemie aufgrund der Existenz stabiler Atome in ihrer exakten Form aufgebaut worden waren.

Dazu entwarf Max ein »Atomphysikalisches Modell der Genmutation«. Er versuchte, die Stabilität der Gene aus der entsprechenden Eigenschaft chemischer Moleküle zu begründen. Ein Gen wurde als wohldefinierter »Atomverband« beschrieben, dessen Identität dadurch festgelegt wurde, »daß in ihnen die gleichen Atome in der gleichen unveränderlichen Weise stabil angeordnet sind« (D 8).

Dieses Genmodell ließ Veränderungen nur sprungweise zu und koppelte so die Genetik direkt an die Quantenphysik an. Auch Atome wechselten zwischen möglichen Zuständen durch Sprünge. Die Aufenthaltsdauer in einer stabilen Position hing von der energetischen Entfernung des Nachbarzustands ab. Je mehr Energie aufgebracht werden mußte, um eine neue stabile Lage zu erreichen, desto unwahrscheinlicher war eine Veränderung. Dies galt nicht nur für Atome, sondern, wie Heitler und London gezeigt hatten, auch für Moleküle. Also, so Max, auch für Gene. Eine Mutation war ein Quantensprung, bei dem sich die Atome des Verbandes umlagern und eine andere Gleichgewichtslage einnehmen.

Dieses Modell nannte Erwin Schrödinger später »das Delbrück-Modell« des Gens, und er betonte, daß man alle weiteren Versuche einer atomaren Begründung der Erbsubstanzen aufgeben müsse, falls dieser Entwurf falsch ist (Schrödinger, 1944).

Der Vorschlag von Max erlaubte eine quantitative Abschätzung der Genstabilität. Er konnte ausrechnen, daß die physikalischen Vorstellungen ohne Probleme den Genen erlaubten, Tausende von Jahren stabil zu sein oder auch sich nach wenigen Sekunden zu verändern. So erklärte er auch die spontanen Mutationen, die immer wieder beobachtet wurden. Als er in der Arbeit auch noch zeigen konnte, daß in diesem Modell die stabilen Gene mit steigender Temperatur labiler werden, während die ursprünglich leicht anfälligen Gene dadurch unbeeinflußt bleiben – genau dies beobachtete man im Experiment –, da konnte Max die Gene endgültig dem Bereich klassischer physikalischer Chemie zuordnen. Die Gene waren entzaubert worden und nun den exakten Wissenschaften zugänglich. Die Biologie konnte damit aus den deskriptiven Anfängen in die konzeptionellen Ebenen aufsteigen. Seit das »grüne Pamphlet« 1935 erschienen war, »wurde die ganze Aussicht einer theoretischen Genetik von einem physikalischen Geschmack durchtränkt. Von nun an mußte die Genetik der Physik . . . für ihre Ideen wesentlichen Tribut zollen« (Pontecorvo, 1958).

Die Wirkung der Treffertheorie

Während die Argumentation zum Gen längst den historischen Test bestanden hatte, erwies sich die Treffertheorie (»target theory«) nicht als Weg zum Erfolg. Sie verschwand nach und nach als Methode, die Größe genetischer Moleküle abzuschätzen. Ein Grund dafür liegt sicher darin, daß die Wirkung der Röntgenstrahlen erst durch andere Moleküle vermittelt werden muß (Radikalbildung).

Zunächst aber schien die Treffertheorie nicht so schlecht zu sein. Sie gab die Möglichkeit, einmal genau nachzuprüfen, ob die kosmische Strahlung Mutationsraten produzieren könnte, die genügend hoch sind, um damit die beobachteten »spontanen« Mutationen quantitativ zu erklären. Max versuchte, damit herauszufinden, ob »Die Kosmische Strahlung und der Ursprung der Arten« etwas miteinander zu tun haben (D 10). Er konnte keinen Zusammenhang finden. Die Strahlen, die aus dem Weltall bis in unsere Niederungen vordringen, schaffen es bestenfalls, so rechnete Max aus, für ein Promille der spontanen Mutationen zu sorgen. Wenn der Ursprung der Arten sich ausschließlich aus der Mutationsrate ableiten lassen soll, dann haben kosmische Energien nichts mit ihm zu tun.

Während dieses Resultat in *Nature* erschien und überall gelesen wurde, verschwand die große Arbeit in den »Nachrichten von der Gesellschaft der Wissenschaften zu Göttingen«, einer Zeitschrift, »die überhaupt niemand liest; es sei denn, man verschickt Sonderdrucke« (I). Damit war man in Göttingen großzügig, und dies war auch der Grund, warum die drei Männer ihre Arbeit hier publizierten. Fleißig verschickten sie den grün eingefaßten Reprint in der Hoffnung, Interesse für diese Art der Genetik zu finden. Und einer dieser Sonderdrucke machte Max zehn Jahre später berühmt.

Dieses Exemplar war in den Händen von Erwin Schrödinger. Max meinte zwar, Timoféeff hätte persönlich einen Sonderdruck an den berühmten Physiker geschickt, doch Nachforschungen deuten an, daß Schrödinger erst Anfang der vierziger Jahre diese Arbeit zu sehen bekam. Er hatte Österreich 1938 verlassen und lebte und lehrte nun in Dublin. Hier zeigte ihm der Belfaster Kristallograph P. P. Ewald ein grünes Pamphlet (Yoxen, 1979). Und als Schrödinger 1943 am Trinity College in Dublin Vorlesungen über physikalische Aspekte der Zelle hielt, stellte er die Berliner Ideen zum Gen als »Delbrücks Modell« der Erbsubstanz vor. Schrödingers Ausführungen erschienen 1944 als Buch mit dem attraktiven Titel »What is Life?«, »Was ist Leben?« (Schrödinger, 1944). Als im Jahr danach die Physiker aus dem Krieg heimkehrten, suchten sie friedvolle Beschäftigungen. Viele lasen Schrödingers Buch, und für sie stieg Max zu einer Autorität auf, die wußte, wie man mit Genen umzugehen hat.

Ein anderer Sonderdruck hatte den Weg nach Rom zu einem Mitarbeiter von Enrico Fermi gefunden. Sein Name war Franco Rasetti. Er zeigte diese Arbeit 1937 einem anderen jungen Mitarbeiter, der zunächst Medizin studiert hatte, aber mehr biophysikalischen Problemen zuneigte. Ihn interessierten die Wirkungen von Strahlen. Nachdem er einige radiologische Erfahrungen gesammelt hatte, wollte er bei Fermi noch mehr Physik lernen. Hier sah er auch die Berliner Überlegungen zur Genstabilität. Nachdem er diese Arbeit gelesen hatte, war er sicher, daß der hierin aufgezeigte Weg zum Verständnis der Gene führt, und er beschloß, Wege zu finden, um mit Max zusammenarbeiten zu können. 1938 stellte Salvador Luria, so war sein Name, einen Antrag an seine Regierung, sich Max in Pasadena anschließen zu dürfen. Italien und Europa waren instabil geworden, und für solche Pläne gab es weder Verständnis noch Geld. Es dauerte noch mehr als zwei Jahre, bevor sich Luria und Max in New York treffen konnten.

Das zweite Rockefeller-Stipendium

Spätestens seit 1936 konzentrierte sich Max stärker auf die Biologie als auf die Physik. Er arbeitete enthusiastisch mit Timoféeff über die möglichen Mechanismen der Genänderungen und vergaß darüber etwas die beruflichen Probleme in Berlin. Zweimal hatte er politisch seine Unreife gezeigt und somit kaum noch Aussichten, an einer deutschen Universität unterkommen zu können.

In dieser Situation erhielt Max Besuch von H. M. Miller, dem stellvertretenden Direktor im Pariser Büro der Rockefeller-Stiftung. Offiziell kam Miller, um zu sehen, woran frühere Stipendiaten arbeiteten. Er wollte aber herausfinden, ob Max bereit war, Deutschland zu verlassen. Seit 1933 hatte man in der Rockefeller-Stiftung darüber nachgedacht, wie man europäischen Gelehrten helfen konnte, die politisch bedroht waren. Im selben Jahr hatte Warren Weaver die Leitung der naturwissenschaftlichen Abteilung übernommen und Richtlinien entworfen, nach denen solche Bemühungen in Mathematik, Physik und Chemie gefördert werden sollten, die Fortschritte in der Biologie ermöglichen würden. Ab 1938 benutzte Weaver den Ausdruck »Molekularbiologie«, um sein Programm zu benennen.

So lag Max genau auf der Interessenslinie der Rockefeller-Stiftung, als Miller ihn in Berlin besuchte. Er kam auch gleich zur Sache »und drängte mir . . . unaufgefordert einen mehrmonatigen Aufenthalt in London auf, um bei R. A. Fisher über natürliche Selektion zu arbeiten, wozu ich gar nicht besonders große Lust habe . . .«, wie Max am 24. November 1936 an Niels Bohr schrieb. Max erkannte aber seine Chance, denn, wie es weiter in dem Brief heißt, die Leute von Rockefeller »wollen nur noch ›quantitative, exakte‹ Biologie und jeder, der danach aussieht, steht bei ihnen hoch im Kurs« und »wenn man verhindern kann, daß zu viel Betrüger auf diese Weise Unterstützung bekommen, läßt sich vielleicht einiges Gute aus solch einer Manie machen«.

Lust hatte Max auf ein anderes Projekt, und nach brieflicher Beratung mit Bohr schrieb er am 17. Dezember 1936 an Miller in Paris: »Ich dachte, wenn ich weiter über Mutationen arbeiten will, dann sollte ich gleich nach Amerika gehen, wo die Hauptarbeit geleistet wird. Vor allem würde es mir sehr helfen, wenn ich einige Zeit in *Pasadena* sein könnte, um von T. H. Morgan und seinen Mitarbeitern etwas zu lernen. Ich ginge auch gern . . . nach *Cold Spring Harbour*, um mit [M.] Demerec über dessen Arbeit mit mutierbaren Genen zu reden, die sehr von Interesse bezüglich der Mutationstheorie ist, die Timofieff [!] und ich entwickelt haben.«

Miller reagierte im Januar 1937 sehr freundlich. Dies wäre von ihrer Seite kein Problem, nur Max müsse vorher einiges erledigen. Einmal benötige die Stiftung »die übliche Wiedereinstellgarantie«, die ihm Lise Meitner geben solle (die sicher gefährdeter war als Max). Dann sei eine medizinische Untersuchung und die Bitte um ein Ausreisevisum (!) fällig. Im übrigen solle er Kontakt zu den Wissenschaftlern, die er besuchen wolle, aufnehmen.

Am 8. Februar 1937 schrieb Max an Morgan in Pasadena, Demerec in Cold Spring Harbor und den Erziehungsminister in Berlin. In seinem Brief ans Caltech stellte Max sich wie folgt vor: »Ich bin als theoretischer Physiker ausgebildet worden, habe aber in den letzten fünf Jahren, einer Anregung von Professor N. Bohr folgend, so viel über Genetik und Biochemie gelernt, daß ich in solchen Diskussionen helfen könnte, die eine gute Kenntnis der Atomtheorie verlangt. . . . Meine Arbeit . . . wird rein theoretisch sein und keine besondere Ausrüstung erfordern.«

Als Lise Meitner und Otto Hahn eine Garantie unterschrieben hatten, Max als gesund eingestuft worden war, und auch der Minister kein Hindernis in den Weg gelegt hatte, konnte er formal am 13. Juni 1937 das Angebot eines Rockefeller-Stipendiums annehmen, das Miller ihm am 27. April hatte zukommen lassen. Es sah vor, daß Max auf dem Gebiet »Theoretische Genetik« arbeiten und diese Möglichkeit nutzen sollte, »um die Theorie der Mutationen zu studieren, vor allem ihren Ursprung durch physikalische Einwirkungen«. Er würde 150 Dollar im Monat bekommen, und man würde seine Reisen zwischen Berlin und Pasadena bezahlen, die auch nach Princeton, Woods Hole und an andere Forschungsstätten führen sollten.

Max war glücklich. Dieses Stipendium der Rockefeller-Stiftung gab ihm die Chance, weiter in dem Gebiet voranzukommen, das ihn interessierte. Als er nach Amerika ging, dachte Max kaum an die Nationalsozialisten. (Es steckt kein politisches Verdienst darin, daß er gegangen ist.) Er hätte auch in Deutschland bleiben können, wenn man ihm eine

Ecke zum Arbeiten gegeben hätte. Man konnte sich damals für beide Richtungen mit guten Gründen entscheiden. Max hat nie den bissigen Kommentaren zustimmen können, mit denen diejenigen bedacht wurden, die ihr von den Nationalsozialisten regiertes Land verlassen konnten, es aber nicht taten. Der bekannteste Fall betrifft Werner Heisenberg, den Max immer »patriotisch« verteidigt hat. Es war nach seiner Überzeugung wichtig, daß auch sehr gute Leute in Deutschland blieben.

Max bewunderte Bonhoeffers und Harnacks, die alle in Deutschland blieben und sich verschiedenen Widerstandsbewegungen anschlossen. Er konnte sich nicht dazu entschließen, auch nicht für die liberal-konservative Seite, auf der die Bonhoeffers kämpften. Zwar einte der Widerstand gegen Hitler viele Deutsche, aber er teilte seine Freunde. Diese Spaltung, unter der Max sehr gelitten hat, da sie seine Freunde teilte, sieht man in Deutschland heute noch – auf Briefmarken. Die Deutsche Demokratische Republik ehrt dort Arvid Harnack und seine amerikanische Frau, die beide 1943 exekutiert wurden. Die Bundesrepublik erinnert auf diese Weise an Dietrich Bonhoeffer, der 1945 hingerichtet wurde.

Ein lebendes Molekül

Das Stipendium der Rockefeller-Stiftung bot Max die erwünschte Möglichkeit, sich der Herausforderung von Niels Bohr zu stellen. Die Frage, wie dies gelingen könnte, schien durch »eine quälende Entdeckung« (»a tantalizing discovery«) (D 104) beantwortet zu werden. Dem Amerikaner Wendell Stanley war es gelungen, einen Virus, der in Tabakpflanzen wachsen und sich dort vermehren konnte, in Form eines Kristalls herzustellen. Moleküle konnte man kristallisieren, und so lag der Verdacht nahe, daß Stanley »ein lebendes Molekül« (D 104) in Händen hielt (Stanley, 1936). Dies mußte Max »quälen«, denn er sah seine Hoffnung auf Komplementarität unmittelbar bedroht. Wäre ein Virus ein lebendes Molekül, hätte man Leben auf Chemie reduziert, und es bliebe kein Platz für seine Konzeption. Max beschloß, Stanley in Princeton zu besuchen.

Herrman Muller begrüßte die Kristallisation des Tabakmosaikvirus, für ihn waren Gen und Virus nun dasselbe, und er prophezeite, mit den Viren sei nun das lange gesuchte, einfache System gefunden, welches ein quantitatives Studium der Vermehrung (Replikation) erlaube (Muller, 1936). So ein System suchte auch Max, der nach seinen Bemühungen um das, was ein Gen *ist*, sich nun dem zuwenden wollte, was ein Gen *macht*. Bevor er in die Neue Welt aufbrach, stattete Max Kopenhagen einen Abschiedsbesuch ab. Er diskutierte im August 1937 mit Bohr über die Konsequenzen der Entdeckung Stanleys. Bohr unterstützte Mullers Idee und hoffte wie Max, daß das Virus zum Wasserstoff der Biologie werden könne, also zum Ausgangspunkt einer neuen Genetik. Als Max wieder in Berlin war, setzte er sich hin, um die Lektionen der Virusforschung für die Lösung des Rätsels Leben zusammenzufassen und an Bohr zu schicken. Hier ist (auszugsweise) seine

»Vorläufige Niederschrift über das Thema: ›Riddle of Life‹

Wir fragen uns, welche Bedeutung die neuen Ergebnisse der Virusforschung für eine allgemeine Beurteilung der Besonderheiten der Lebenserscheinungen haben mögen.

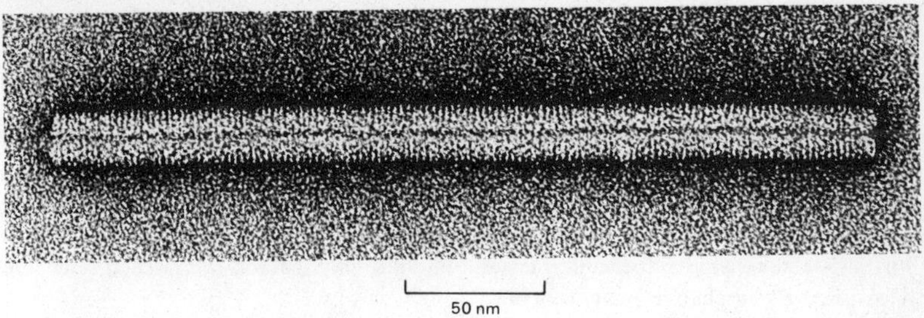

a

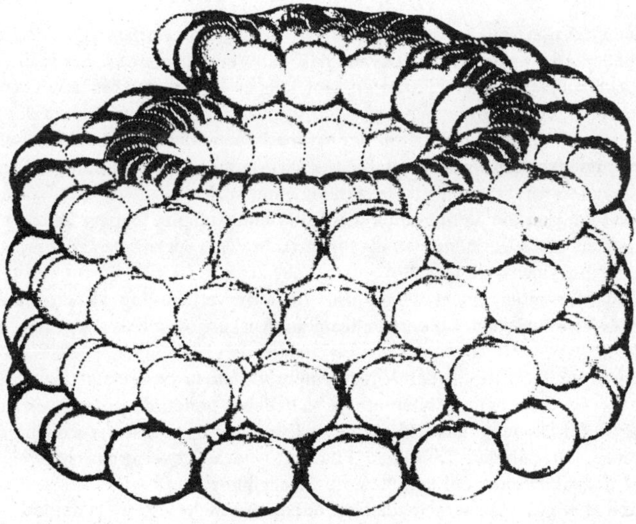

b

Das Tabakmosaikvirus (TMV) ist das berühmte »lebende Molekül«, das Wendell Stanley 1936 kristallisieren konnte. In einem modernen Elektronenmikroskop erkennt man als Struktur eine helikale Anordnung von Untereinheiten (a). Biochemische Evidenz erlaubt neben anderen kristallographischen Daten folgendes Diagramm des Virus: Proteineinheiten (außen), die radial angeordnet sind, winden sich an einem einzelnen RNS-Molekül (innen) spiralenförmig entlang (b).

Die . . . Ergebnisse zeigen übereinstimmend eine außerordentliche Einheitlichkeit des Verhaltens der verschiedenen Individuen einer Virusart bei vorsichtigster physikalischer oder chemischer Behandlung, die ihre infektiöse Spezifität nicht beeinträchtigt. [. . .]

Die Gesamtheit dieser Ergebnisse drängt dazu, in den Virussen Gebilde zu sehen, von deren atomarer Konstitution wir mit ähnlicher Bestimmtheit reden können, wie bei den größeren Molekülen der organischen Chemie. . . . Ganz besonders deutlich wird diese Verwandtschaft zwischen Virus und Molekül unterstrichen durch die Tatsache, daß sich Viruskristalle beliebig aufbewahren lassen ohne ihre physikalisch-chemischen oder ihre infektiösen Eigenschaften zu verändern.

Nach dem Gesagten möchten wir also von Virussen als von Molekülen sprechen.

Wenn wir uns nun *der* Eigenschaft des Virus zuwenden, die ihn als Lebewesen definiert, nämlich seiner Fähigkeit, sich in lebenden Pflanzen zu vermehren, so fragen wir zunächst, ob diese Leistung wohl dem Wirtsorganismus qua Lebewesen zuzuschreiben ist, oder ob der Wirt nur der Ernährer und Beschützer des Virus ist, indem er ihm die passenden Nahrungsmittel unter passenden physikalischen und chemischen Bedingungen darbietet. [. . .]

Es scheint mir nun, daß bei näherer Betrachtung die erste Auffassung schlechterdings auszuschließen ist. Wenn wir bedenken, daß die Vermehrung des Virus die genaue Synthese eines ungeheuer komplizierten Moleküls erfordert, welches dem Organismus wenn auch nicht dem allgemeinen Typ nach so doch in allen Einzelheiten des Anordnungsmusters seiner Teile und damit der synthetischen Schritte unbekannt ist, . . . so scheint es unmöglich anzunehmen, daß das Enzymsystem des Wirts durch die Injektion des Virus einer so weitverzweigten Umstellung unterworfen werden sollte. Es kann nicht zweifelhaft sein, daß die Vermehrung des Virus unter unmittelbarster Beteiligung des Originalmusters und sogar ohne Beteiligung irgendwelcher spezifischer zu diesem Zweck entstandener Enzyme stattfindet.

Nach dem Gesagten möchten wir also die Virusvermehrung als eine autonome Leistung des Virus ansehen, für deren allgemeine Diskussion wir von dem Wirt absehen können.

Wir fragen nun, ob wir in der Virusvermehrung einen besonders reinen Fall von Vermehrung vor uns haben, oder ob es sich dabei genetisch gesprochen um eine komplizierte Erscheinung handelt. Dabei müssen wir zunächst feststellen, daß die Vermehrung aller höheren Tiere und Pflanzen, die auf zweigeschlechtlichem Wege stattfindet, jedenfalls eine sehr komplizierte Erscheinung ist. [. . .]

Nun kann aber kein Zweifel sein, daß [schon] die Vermehrung eines Genoms . . . eine höchst komplexe Angelegenheit ist, die in mannigfacher Weise in Einzelheiten gestört sein kann, ohne daß dadurch doch die Vermehrung einzelner Chromosomenstücke oder Gene beeinträchtigt zu sein braucht. Sicher liegt das wesentliche Element der Zellvermehrung in der Koordination der Vermehrung eines ganzen Satzes von Genen mit gleichzeitiger Teilung der Zelle; aber ebenso sicher ist dieses Element nicht ein primitives Phänomen, vielmehr stellt sie diejenige Abwandlung der einfachen Genvermehrung dar, die es fertig bringt, ihren eigenen Nährboden ständig bei sich zu führen und paarend zu ergänzen. Durch diese Abwandlung gelang es den Genen, die Kette derjenigen Entwicklung einzuleiten, die man bisher unter dem Namen ›Leben‹ zusammengefaßt hat.

Nach dem Gesagten möchten wir also die Virusvermehrung als eine besondere Form der primitiven Genvermehrung ansehen, deren Ablösung von der Ernährung durch den Wirt im Prinzip möglich sein sollte. In diesem Sinne sollte man das Prinzip der Vermehrung nicht als komplementär zur Atomphysik, sondern als einen besonderen Trick der organischen Chemie auffassen.«

Diesem Text, in dem er stilistisch Bohr nacheiferte, fügte Max noch einige Tage vor seiner Abfahrt einen kleinen Abschnitt hinzu, in dem er seine Diskussionen mit Otto Warburg, dem großen Biochemiker, zusammenfaßte. Es hatte Max überrascht, daß für Warburg »Wachstum« ein elementares Phänomen ist, das nicht einer molekularen Biologie zugängig sein würde:

»*Warburg* sah das besondere der neuen Virusarbeiten in folgendem: Wir betrachten Wachstum und Vermehrung als eine Grundeigenschaft des Lebens. In diesen Prozeß werden zellfremde Stoffe sonst niemals direkt eingeschaltet, im Gegenteil werden hochmolekulare Fremdmoleküle sonst ausnahmslos abgebaut, sei es auch mit Hilfe der Antikörper, die spezifisch darauf eingestellt sind, diesen Abbau durch Präzipitation usw. einzuleiten. In den Virussen haben wir jetzt Stoffe erkannt, die diesem Abbau nicht unterliegen, vielmehr in den Wachstumsprozeß direkt mit aufgenommen werden, zum Schaden des Wirtes.

In dieser Erkenntnis liegt, vom Standpunkt der Medizin, der große Fortschritt gegenüber *Pasteur*. Bisher kannten wir nur infektiöse Krankheiten, bei denen *Zellen* im Wirt leben können, zum Schaden des Wirts. Jetzt sehen [wir], daß auch dicke Moleküle dieser Art gastlichen Empfangs von Seiten des Wirts gewürdigt werden können.

Da die Virusse im allgemeinen sich nur in ganz bestimmten Wirten vermehren, kann man annehmen, daß sie in besonderer Beziehung zu diesem Wirt stehen, vielleicht ein ehemals eigenes, aber entartetes Eiweiß darstellen.«

Max hatte sein Interesse von der Genstruktur auf die Genvermehrung verlagert, und er plante, in Amerika ein System zu suchen, das ihm einen »reinen Fall« von Vermehrung zu analysieren erlaubte. Als er Bohr das »Rätsel des Lebens« schickte, merkte Max an, daß er hoffe, bald »genügend Gelehrsamkeit« zu entwickeln, um den nur ganz vorläufigen Wissensstand bezüglich der Genvermehrung zu erweitern. Er hätte sich dazu als Motto die Verse gewählt, mit denen Theodor Fontane Adolf Menzel charakterisiert hat:

»Gaben, wer hätte sie nicht.
Talente, Spielzeug für Kinder,
Erst der Ernst macht den Mann,
Erst der Fleiß das Genie.«

Das »Rätsel des Lebens« blieb in Europa, als Max in bester Stimmung nach New York abfuhr. Für ihn ging damit nichts zu Ende, für ihn fing etwas Neues an. Max hat sein Leben lang die Freiheit eines Anfangs als attraktive Herausforderung verstanden. Er fühlte sich in solchen Situationen am besten, wenn es galt, Konzeptionen und Ideen zu entwickeln. Für ihn war aller Anfang ein Spaß. Ernst ist er nie geworden.

Als europäischen Anker nahm Max einige Bilder von Jeanne Mammen mit auf die Reise. Ihre Berliner Bilder wurden zum »krönenden Glanz« (»crowning glory«) seines amerikanischen Hauses.

Die molekulare Biologie in der Neuen Welt

Das Atom der Biologie

Ankunft in Amerika

Ein gutaussehender Mann, elegant mit feinen Stoffen gekleidet, auf denen Bäume und Gesichter sich abwechseln. Er hat ein Bein verloren, das abgetrennt neben ihm steht. Mächtige Flügel wachsen aus seinem Rücken. Sie sind so groß wie sein Körper und lassen die Beine winzig erscheinen. Der Mann blickt nach oben, er scheint aufsteigen zu wollen. Diese Zeichnung aus einem äthiopischen Gebetbuch wurde im frühen 18. Jahrhundert angefertigt und zweihundert Jahre später in New Yorks Public Library ausgestellt. Max kaufte eine Postkarte mit dem Porträt des hübschen Mannes und trug sie fast ein Jahr mit sich herum, bevor er sie schließlich nach Berlin abschickte. Ihm ginge es gut in der Neuen Welt, schrieb er an Jeanne Mammen, im übrigen empfehle er einen genauen Blick auf die Zeichnung. Vielleicht fühlte sich Max, nachdem er Europa verlassen hatte, wie der dargestellte Abessinier. Beflügelt von einem Stipendium der Rockefeller-Stiftung, brauchte er zwar sein deutsches Bein nicht mehr, um die Neue Welt und eine neue Wissenschaft in Angriff zu nehmen, er behielt es aber bei sich – Jeanne Mammens Bilder zum Beispiel.

Im September 1937 kam Max mit dem Schiff in New York an. Sein erster Besuch galt den Büros der Rockefeller-Stiftung, die im 52. Stock des RCA-Gebäudes in Manhattan untergebracht waren. Von hier oben hatte er einen herrlichen Blick auf die Midtown New Yorks. Deutlich sah er die geradlinigen Straßen, die parallel verliefen oder sich im rechten Winkel schnitten. Max war begeistert. Die Neue Welt machte auf ihn einen vernünftig organisierten Eindruck. Als er ein wenig später Victor Weisskopf im New Yorker Hafen abholte (so wie er es fünf Jahre zuvor am Bahnhof in Kopenhagen getan hatte), da schwärmte Max voller Enthusiasmus von Amerika. Er lobte die Anordnung und Numerierung der Straßen, die das Leben so einfach mache. Max war beeindruckt von der Freundlichkeit der Menschen, und er aß begeistert ihren Apple Pie.

Bald verließ er die große Stadt und brach zu seiner geplanten Reise auf, die ihn durch mehrere genetisch orientierte Forschungslaboratorien führen sollte. Max hoffte, auf dieser Tour das System zu finden, mit dessen Hilfe er sich Bohrs Herausforderung stellen konnte. Als er merkte, wie viele Hindernisse noch auf diesem Weg lagen, wich die Überschwenglichkeit des Anfangs einer Phase der Niedergeschlagenheit.

Seine ersten Informationen versuchte Max in Cold Spring Harbor zu bekommen, wo er sich etwa einen Monat aufhielt und mit Milislav Demerec zusammentraf. Cold Spring Harbor heißt ein winziges Nest auf Long Island, heute in etwas mehr als einer Stunde von

Manhattan aus zu erreichen. In dessen Nähe betrieb die Carnegie Institution eine Abteilung für Genetik, das Cold Spring Harbor Laboratorium. Max traf außerhalb der Saison (gemeint ist der Sommer) hier ein, und es war nichts los. Nur wenige Leute gingen ihren Arbeiten nach, und alles war sehr still. »Man sprach auch kaum miteinander und wenn dann die Laboratorien geschlossen wurden, blieb nichts zu tun, außer in den Wäldern spazieren zu gehen« (I). Max wurde depressiv, und dieser negative Eindruck hielt lange vor. Es mußte schon etwas Besonderes passieren, um ihn nach Cold Spring Harbor zurückzuholen.

Max fand auch nicht, daß die Arbeiten, die hier mit der Fruchtfliege Drosophila unternommen wurden, ihm irgendwie erlauben würden, seine physikalisch orientierten Ideen einzusetzen. Dabei produzierten die Larven von Drosophila so herrliche Riesenchromosomen. Sie waren 1933 entdeckt worden. Demerec zeigte ihm, wie sie zu präparieren sind. Max mußte alles selbst machen, das heißt, er mußte sich Larven besorgen, sie auseinandernehmen und quetschen, die Speicheldrüsen herausfischen, anfärben und unter ein Mikroskop legen. Es war sein erstes Experiment – bis dahin hatte er theoretisch gearbeitet – und der Erfolg dabei hinterließ bleibende Spuren. Er hat später immer wieder interessierte Besucher seines Laboratoriums dazu verleitet, Standardmethoden mit lohnenden Ergebnissen nachzuvollziehen. Max wollte ihnen nicht nur ein kleines Erfolgserlebnis bereiten, er wollte auch sehen, ob sie die Freude darüber mit ihm teilten. »Zufrieden?«, fragte er, wenn man seine »Versuche« beendet hatte.

Max verließ Cold Spring Harbor im November 1937 in Richtung Rochester, um hier mit dem Genetiker Curt Stern zu sprechen, den er aus Berlin kannte. Doch das, was Stern über Drosophila zu berichten wußte, schien Max ebensowenig in seinen physikalischen Rahmen zu passen wie das, was er anschließend an der Johns-Hopkins-Universität in Baltimore kennenlernte. Die ihm gezeigten Experimente zielten immer noch auf die Struktur der Gene ab, sie wurden mit komplizierten Methoden gewonnen und waren nicht für eine streng analytische Behandlung geeignet. Max interessierte sich damals schon nicht mehr so sehr für die Natur des Gens, ihn beschäftigte mehr dessen grundlegende Fähigkeit, für die es viele Namen gab: sich zu vervielfältigen, vermehren, verdoppeln, vervielfachen, replizieren, reproduzieren. Welches biologische System bot hier den geeigneten Einstieg?

Die Antwort auf diese Frage hoffte Max spätestens mit Hilfe von Wendell Stanley in Princeton zu finden, der »ein lebendes Molekül« kristallisiert hatte. Aber gerade hier wurde Max enttäuscht, als er sah, wie kompliziert der Umgang mit Pflanzenviren war. Der Widerspruch zwischen seinen theoretischen Konzepten und der Wirklichkeit eines Laboratoriums bedrückte ihn. Es störte ihn, daß man gar nicht richtig in der Lage war, quantitativ das Wachsen eines Virus zu erfassen. Um die Vermehrung des Tabakmosaikvirus zu analysieren, mußte man ihn in eine Tabakpflanze schleusen. Dazu war es erforderlich, eine ihrer Zellen aufzubrechen. Dies durfte nicht zu weit gehen, denn anschließend mußte die Zelle wieder heilen und wachsen können. Solche Versuche dauerten endlos und brachten nur wenige und oftmals auch nur unbrauchbare Daten, mit denen jede mathematische Analyse vertane Zeit war. Erst Monate später und Tausende von Kilometern weiter westlich fand Max, was er suchte.

Im Westen

Von Princeton aus ging es nach Westen. Bevor Max nach Kalifornien kam, besuchte er Louis Stadler und Barbara McClintock, die in Columbia im Staate Missouri arbeiteten. Sie machten Versuche zur Genetik von Drosophila und analysierten die vererbbaren Eigenschaften von Mais. Stadler untersuchte die mutagene Wirkung ultravioletter Strahlung (Stadler, 1939). Er war (wie Max sich ausdrückte) »sozusagen das Gegenstück« zu Timoféeff, und Max kam gut mit ihm zurecht.

Bei Barbara McClintock traf eher das Gegenteil zu. Zwischen ihr und Max stellte sich ein Kontakt nur mühsam her. Noch fünfundvierzig Jahre später (1982) erinnerte sie sich an die gegenseitige Verständnislosigkeit. Barbara McClintock schien der Ansatz des Physikers in die falsche Richtung zu gehen. Ihr Ziel bestand darin, eine »innere Kenntnis« des Lebewesens, mit dem man sich befaßte, zu gewinnen. Nur dann »kann es einen nicht zum Narren halten und man versteht seine Antworten«. Sie bemühte sich, »ein Gefühl für den Organismus« (Fox-Keller, 1983) zu entwickeln und warf dem Physiker vor, dies nie erreicht zu haben. Barbara McClintock war mit ihrer methodischen Einfühlsamkeit sehr erfolgreich. Ihr gelang die große Entdeckung beweglicher Teile im Erbmaterial. 1983 erhielt sie dafür den Nobelpreis.

Vom mittleren Westen aus fuhr Max mit dem Zug weiter nach Pasadena, und am Abend des 15. Oktober 1937 kam er an. Der Genetiker Georg Gottschewski holte ihn vom Bahnhof ab, und während beide zum Gästehaus des California Institute of Technology gingen, brachte Gottschewski Max ganz durcheinander. Er erzählte, daß der große T. H. Morgan es für Blödsinn hielt, daß sich ein Physiker um Genetik kümmert. Dieser Empfang nach 8 000 Meilen voll enttäuschender Eindrücke hatte Max gerade noch gefehlt. Gottschewski verwirrte Max derart, daß er auf dem Weg zum Athenaeum die Orientierung verlor und immer wieder Norden und Süden verwechselte. Dies sollte sich nicht mehr ändern. Jedesmal wenn Max in Pasadena versuchte, instinktiv in eine dieser Richtungen zu gehen oder zu fahren, entschied er sich für die falsche Richtung.

Zum Glück stimmte die Information nicht. Als Max Morgan am nächsten Tag besuchte, wurde er sehr herzlich begrüßt. Morgan zeigte sich stark an einer Mitarbeit des Physikers interessiert. Er empfahl, mit Alfred Sturtevandt zusammenzuarbeiten. Auch von ihm wurde Max freundlich willkommen geheißen. Sturtevandt schlug vor, Max solle sich um einige Unklarheiten kümmern, die bei Kopplungen auf dem vierten Chromosom von Drosophila auftraten. Er gab Max einige seiner Arbeiten zu lesen, damit er seine Versuche sinnvoll planen könne.

Max verstand kein Wort. 1937 war die Terminologie der Drosophilagenetiker bereits »derart spezialisiert und esoterisch, daß ein Neuankömmling . . . Wochen gebraucht hätte, um sie zu verstehen« (I). Da das Stipendium Max nur ein Jahr Zeit gab, sah er nicht, wie er unter diesen Umständen etwas anderes als ein triviales Problem in den theoretischen Griff bekommen könnte. So saß Max in seinem Zimmer und »starrte ziemlich unzufrieden auf diese Arbeiten«; beim Lesen »dieser verboten aussehenden Publikationen kam [er] nicht voran; jeder Genotyp war etwa eine Meile lang, schrecklich!« (I).

Die detaillierte Kenntnis der Gene auf den Chromosomen von Drosophila war durch eine damals schon mehr als zwanzig Jahre alte Entdeckung von Sturtevandt ermöglicht worden. Ihm war der unmittelbare zytologische Nachweis gelungen, daß Gene auf Chromosomen liegen und dort hintereinander angeordnet sind (Sturtevandt, 1913). Einen weiteren Beweis für den Zusammenhang von Genen und Chromosomen brachte die Doktorarbeit von Calvin Bridges, die als erster Beitrag in der neugegründeten Zeitschrift »Genetics« erschien und als endgültiger Beweis der Chromosomentheorie gefeiert wurde (Bridges, 1916). »Genetics« war das erste Fachblatt seiner Art in den Vereinigten Staaten. 1943 würde Max mit seinem ersten Beitrag in »Genetics« die Tür zu einem neuen Feld öffnen, der Bakteriengenetik.

Am Caltech saß Max in einem Zimmer, das dem Arbeitsraum von Bridges gegenüberlag. Obwohl Max keine Sympathie für die Genetik von Drosophila empfand, wurden Bridges und er gute Freunde. Er bewunderte Bridges, der »a hippie type of life« lebte, weil er »extrem unprätentiös« war und so bescheiden (»low key«) auftrat. Dies war eine neue Erfahrung für Max, nur ein Amerikaner konnte als herausragender Wissenschaftler so zugänglich, offen und liebenswürdig bleiben. In Europa benahm man sich auf dieser Ebene anders.

Max ging regelmäßig mit Bridges zum Mittagessen. Sie schlenderten vom Caltech aus auf dem California Boulevard einen Block nach Westen zur Lake Avenue und kauften einige Erdnüsse (10 cents) und eine Tüte Milch (5 cents). Auf der Bank einer Bushaltestelle nahmen sie für eine Weile Platz und sprachen über wissenschaftliche und menschliche Fragen. Beide waren noch gute Freunde, als Bridges, »der so großartige Genetiker«, 1938 viel zu früh an einem Herzversagen starb. Er war noch nicht fünfzig Jahre alt.

Die Genetik im Jahr 1937

Max hätte sich keinen besseren als Calvin Bridges suchen können, um in die Welt der Drosophilachromosomen eingelassen zu werden. Bridges galt »als einer der führenden Genetiker seiner Zeit« (Morgan, 1940). Vor allem hatte er die riesigen Chromosomen aus den Fliegenlarven dazu benutzt, um auf ihnen die genauen Positionen (Loci) einzelner Gene zu markieren (Genkartierung).

Bridges war ebenso wie Sturtevandt seit 1910 Mitglied der berühmten »Morgan-Schule«, der zunächst im »Fliegenraum« der Columbia Universität in New York und ab 1928 am Caltech in Pasadena rasche Fortschritte in der Kenntnis der strukturellen Grundlagen der Vererbung gelungen waren. Sie ist nach Thomas H. Morgan benannt, der schon früh alle Bemühungen um die Genetik auf die Fliege mit dem Namen *Drosophila melanogaster* konzentrierte (Allen, 1978; Johannsen, 1980). Dieses Lebewesen hat nicht nur einen hübschen Namen – Liebhaberin des Taus –, »es hat sich [auch] bemerkenswert auf die Bedürfnisse der Menschen eingestellt, die es ausnutzen« (Dunn, 1965). Mit seiner Hilfe trieb die »Morgan-Schule« die klassische Genetik voran. Sie war nahezu perfekt, als Max in Pasadena eintraf. »Die Dekade, die dem Ausbruch des Zweiten Weltkriegs vorausging, sah den Höhepunkt der klassischen Genetik. Deutlich waren die zukünftigen Aufgaben zu sehen: Der Mechanismus der Weitergabe und die Natur des Gens, die Ursachen für Mutationen und in der Evolution, die Art, wie Gene die Vorgänge des Stoffwechsels regulieren« (Dunn, 1965).

Diese Fragen konnten nur von einer molekular orientierten Biologie beantwortet werden. Max half mit, sie in den kommenden Jahren auf die Beine zu stellen. Dazu brauchte er aber ein anderes System als Drosophila, und noch hatte er es nicht entdeckt.

Die Tatsache, daß die Genetik 1937 vor einem Wendepunkt stand, hatte Morgan deutlich erkannt. Nachdem er in den zwanziger Jahren seine »Theorie des Gens« (Morgan, 1924) entworfen hatte – sie stellte Mendels Regeln auf eine chromosomale Grundlage –, versuchte er in den dreißiger Jahren, die Genetik um eine molekulare Dimension auszuweiten. Entsprechend wurden seine Bemühungen wesentlich von der Rockefeller-Stiftung gefördert. Ab 1933 betonte Morgan in Übereinstimmung mit seinen Geldgebern, »daß der Erfolg dieser Anstrengungen wesentlich von der Beteiligung fortschrittlicher und nachdenklicher Männer abhängt, die mit den neuesten Fortschritten der Physiologie vertraut sind. Die Genetiker halten sich zur Zusammenarbeit bereit« (Kay, 1985).

Als Max bei Morgan eintraf, waren die Genetiker bereit, auf sein quantenmechanisches Genmodell einzugehen und ihm zuzuhören. Bald schon bat ihn Sturtevandt, einmal über »Die Natur der Genmutation« vorzutragen, und im Winter 1937 gab Max sein erstes Seminar am Caltech. Es fand im Raum 101 des Kerckhoff-Gebäudes statt. Auch heute werden hier noch Seminare veranstaltet. Den benachbarten Raum 103 hat Caltech inzwischen vom Laboratorium zum Teestübchen mit Namen Delbrück-Lounge verwandelt. Max hätte diese Änderung herzlich begrüßt. Er hat immer betont, daß Wissenschaftler den größten Teil ihrer aktiven Zeit in einem Institut zubringen und folglich Platz zur Muße brauchen. Damit meinte er die Gelegenheit zur Diskussion in gemütlicher Lage. Diese Gespräche bildeten für ihn einen ebenso wichtigen Teil der wissenschaftlichen Arbeit wie die Experimente oder die Seminare.

Einer der Zuhörer im Winter 1937 war Norman Horowitz, der damals an seiner Doktorarbeit saß, die sich mit Fragen der Embryologie beschäftigte. Er erinnerte sich 1982 noch genau an den Beginn des Vortrags. Trotz der grundsätzlichen Bereitschaft der Genetiker zur Zusammenarbeit mit Physikern beanspruchten sie zunächst einmal das Gen für sich, und es kam ihnen komisch vor, daß ein Wissenschaftler, der nie in seinem Leben ein Experiment gemacht hatte, beschreiben wollte, was ein Gen ist, und wie man es verändern kann. Obwohl Max den Titel seines Vortrags in »Die Treffertheorie« abwandelte, blieb eine gewisse Spannung bestehen, als »diese seltsame Kreatur« (N. Horowitz) mit ihrem Vortrag begann. Das Seminar fand nach dem Abendessen statt, bei dem Morgan einen Drink zu nehmen pflegte (oder zwei). Ein Teil des Interesses für die Zuhörer bestand nun darin, festzustellen, ob das Vorgetragene Morgan wachhalten konnte. Bei Max verflog diese Sorge gleich mit seinem ersten Satz. »Wir wollen«, sagte er zu Beginn, »die Zelle als homogene Kugel ansehen«, und alles platzte vor Lachen.

Max erklärte, daß jede Theorie einfach beginnen müsse, und trug dann die mit Zimmer und Timoféeff ausgearbeiteten Daten und Modelle vor. Am Ende dankte ihm Sturtevandt für den Vortrag, nun wüßten sie alles, was sie wissen wollten. Es gab aber keine Fragen. Zu tief war der Graben, der Theorie und Experiment noch trennte. Max wollte den Genetikern klarmachen, daß Gene als Moleküle zugänglich sein müßten. Die hatten aber ganz andere Probleme. Sie sahen vielfach in eine andere Richtung. Am Ende der dreißiger Jahre hatte der Begriff »Gen« einen sehr allgemeinen Charakter bekommen, er war ein Ausdruck geworden, der Kontinuität, Funktion und Evolution beschreiben sollte und konnte. Und dies war erreicht worden, ohne die biologische Einheit, die mit diesem Wort gemeint war, aus den Augen zu verlieren. Die Untersuchungen an Drosophila sollten immer genauer die Wirkungen der Gene erkunden, sie waren nicht dafür gedacht, auf elementarer und mechanistischer Ebene weiterzuhelfen.

Max sah bald ein, daß die Studie der Kopplungsgruppen, die man ihm aufgetragen hatte, seinen Plänen nicht förderlich war. Er wollte einfach mehr über die Fähigkeit von Genen wissen, sich zu vermehren, und bei diesem fundamentalen Problem half Drosophila überhaupt nicht. Max teilte Anfang 1938 der Rockefeller-Stiftung seine in diesem Sinn unglückliche Lage mit. Hier notierte man die Schwierigkeit in einer Aktennotiz: »D. hat drei bis vier Monate lang nach Daten gesucht, die er quantitativ behandeln kann. Er hat keine gefunden.«

Das Virus im Keller

Am Ende seines Lebens hat Max gemeint, wenn er das ganze Rockefeller-Jahr mit der überladenen und esoterischen Drosophila-Terminologie hätte verbringen müssen, »wäre ich ein Versager geworden« (»I would have been a failure«) (I). Kein Problem war in Sicht, das eine Chance geboten hätte, sich der Herausforderung Bohrs zu stellen, und es schien auch nichts zu geben, das Max in der ihm verbliebenen Zeit mit seinen Mitteln klären konnte. Er dachte so langsam wieder an Deutschland und die Physik, als ihm der Pflanzenphysiologe Frits Went Mut zusprach, seine Hoffnungen nicht aufzugeben und weiter nach einem System zu suchen, an dem sein mathematisch-physikalischer Hebel angreifen könnte. Um alles einmal in Ruhe zu besprechen, lud er Max ein, ihn auf einem Camping-Trip durch Arizona und Neu-Mexiko zu begleiten. Dies war Anfang 1938.

Als Max zurückkam, stellte er zu seinem großen Verdruß fest, daß er ein Seminar über Viren verpaßt hatte. Emory Ellis hatte über seine Experimente mit bakteriellen Viren berichtet. Max wußte weder, daß es Viren gab, die keine Pflanzen- oder Tierzellen (dafür aber Bakterien) angriffen, noch hatte er bemerkt, daß jemand am Caltech damit beschäftigt war. Er beschloß, Ellis aufzusuchen, der sich ein Laboratorium im Kellergeschoß (»basement«) eingerichtet hatte.

Ellis untersuchte Viren, die Bakterien befielen und sie zerstörten. Man nannte diese biologischen Konstruktionen Bakterienfresser oder vornehmer Bakteriophagen. Als Max in das Untergeschoß hinabstieg, machte er sich wenig Hoffnung, mit diesen Phagen weiterzukommen. Man hatte ihm erzählt, daß Ellis eigentlich Biochemiker sei. Die Mikrobiologie, die er nun betrieb, habe er ohne Vorkenntnisse angefangen und allein aufgebaut. Wenn jemand zu Max gesagt hätte, er würde bei Ellis im Keller den Fund seines Lebens machen, er hätte kein Wort davon geglaubt.

Ellis begrüßte Max freundlich und zeigte ihm, welche Gerätschaften vorhanden waren. Obwohl alles sehr einfach aussah, blieb er nicht unbeeindruckt, immerhin hatte Ellis bei Null angefangen. Als er dann zeigte, mit welchem Test man Daten über Phagen sammeln konnte, reagierte Max fassungslos: »Ich war absolut überwältigt, daß es so einfache Verfahren gab, mit denen man Viren sichtbar machen konnte. Also, man bringt sie auf eine Platte, auf der sich ein Rasen von Bakterien breit gemacht hat. Am nächsten Morgen hat jedes einzelne Virus ein makroskopisches Loch von etwa einem Millimeter Durchmesser in den Rasen gefressen. Man hielt die Platte einfach gegen das Licht und zählte die Löcher (Plaques). Dies ging selbst über meine wildesten Träume hinaus. Man konnte die einfachsten Experimente mit so etwas wie den Atomen der Biologie machen« (I).

Ohne zu zögern fragte Max, ob er sich Ellis anschließen dürfe. Als der zustimmte, begab er sich sofort zu Morgan, um seinen Abschied von Drosophila bekanntzugeben. Die nächsten zehn Jahre, so will Max gesagt haben, sei er nun voll beschäftigt mit dem Wachstum der Phagen. Morgan ermutigte ihn, in diese Richtung zu gehen, er würde ihm keine Hindernisse in den Weg legen. Für Morgan war es wichtig, daß ein Physiker in der Genetik blieb. Nicht so wichtig war, ob er sich um Drosophila kümmerte oder Versuche mit Phagen unternahm.

Morgan hatte unmittelbar den Enthusiasmus gespürt, mit dem Max in die Welt der Phagen drängte. Nur dieser Schwung schien Aussicht zu bieten, das Feld voranzubringen. Vielleicht teilte Morgan die Ansicht, die der Philosoph Karl Popper einmal so beschrieben hat: »Es gibt nur eine Art, Wissenschaft zu betreiben. . . .: Man trifft auf ein Problem, sieht seine Schönheit und verliebt sich glücklich darin, bis daß der Tod Euch scheidet – es sei denn, man findet ein anderes und noch faszinierenderes Problem, oder man findet eine Lösung. Und selbst wenn man eine Lösung findet, wird man doch, zur eigenen großen Freude, das Vorhandensein einer ganzen Familie von reizenden und vielleicht auch schwierigen Problemkindern bemerken, zu deren Wohlergehen man mit einem Ziel bis zum Ende seiner Tage arbeitet« (Popper, 1983).

Max verliebte sich in den Bakteriophagen aus zwei Gründen. Einmal konnte er endlich die Daten sammeln, die für eine quantitative Analyse erforderlich waren. An einem Tag konnte man der Natur eine Frage stellen, und die Antwort gab es am nächsten Morgen. Zum anderen war er glücklich, weil er die Arbeiten mit seinen eigenen Händen ausführen konnte. Nur einfache Techniken waren erforderlich. Ein paar Petrischalen, einige Pipetten, ein Autoklav, das war alles. Bald beherrschte Max die erforderlichen Handgriffe, und kurz darauf konnten er und Ellis schon an Experimente denken, die niemand zuvor gemacht hatte.

Dabei untersuchte Ellis mit den Phagen ein ganz anderes Thema, als Max es im Sinn hatte. Ellis hatte ein Stipendium bekommen, das Seeley Mudd eingerichtet hatte, um die Krebsforschung voranzubringen. Als er sich in die Literatur einarbeitete, fiel Ellis auf, daß es »formale Ähnlichkeiten zwischen den Vorgängen gab, die ablaufen, wenn Phagen auf Bakterien treffen, wenn eine Samenzelle ein Ei befruchtet, und wenn ein Virus eine Erkrankung verursacht«. Er überlegte sich, »falls es da tatsächlich einen gemeinsamen Aspekt gibt, obwohl die Vorgänge in so unterschiedlichen Substraten wie Mensch und

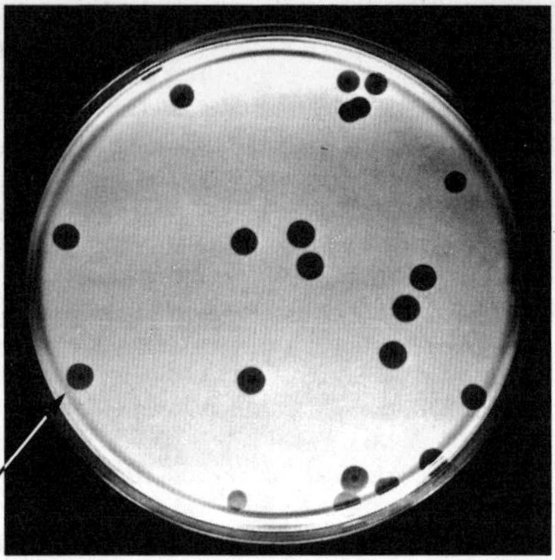

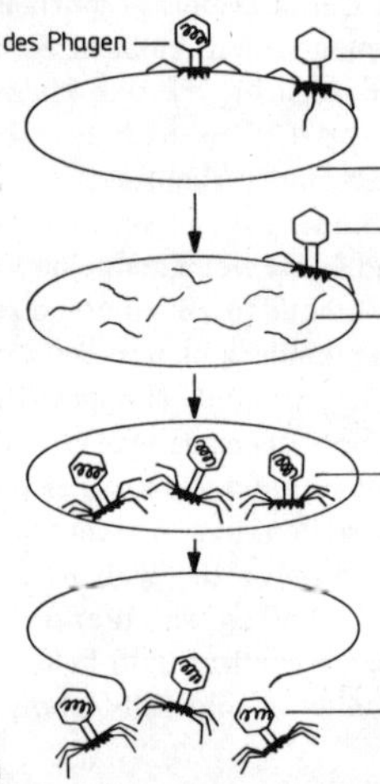

So sehen die Atome der Biologie aus. Im Test (Essay) zeigen sie sich als Löcher (Plaques, Phage T7; a). Um sie zu produzieren, wird eine Lösung mit Phagen einem bakteriellen Rasen zugegeben, der sich in einer Schale mit Nährmedium befindet. Ein einzelner Phage wird ein Bakterium treffen, sich anhaften, eindringen und im Innern der Zelle vermehren. Zuletzt zerstört er seinen Wirt und entläßt die Nachkommen (b) auf benachbarte Bakterien, wo alles wieder von vorn anfängt. So wird über Nacht der Platz um ein anfänglich getroffenes Bakterium gereinigt, und man sieht ein Loch (Plaque) im Rasen.

Bakterien ablaufen, dann sollte man sich mit dem System beschäftigen, bei dem man mit höchster Wahrscheinlichkeit mit lohnenden quantitativen Daten rechnen könne« (Ellis, 1966).

1978 hat Max aus Anlaß des fünfzigjährigen Bestehens der biologischen Abteilung am Caltech beschrieben, welche Konsequenzen Ellis aus seinen Überlegungen zog. Nachdem »er viel über Krebs gelesen hatte, fiel ihm auf, daß man sich diesem Problem aus der Ecke der Viren nähern konnte. Und nachdem er viel über Viren gelesen hatte, fiel ihm auf, daß es auch solche gab, . . . die Bakterien angreifen. Er dachte dann, daß sie seinem experimentellen Ansatz leichter zugänglich seien, vor allem seiner Ein-Mann-Gruppe. Also beschaffte er sich die Literatur über Bakteriophagen und überredete Dr. Morgan, ihm zu erlauben, sich seine Ausrüstung zusammensuchen zu dürfen: Einen Autoklaven von der Größe eines Druckkochtopfs, einen kleinen Ofen zur Sterilisation, etwa 40 Pipetten und ebenso viele Petrischalen. Dann ging er zur Universität von Südkalifornien [in Los Angeles], um von seinem alten Freund Carl Lindgren einen Organismus zu holen, von dem am Caltech noch nie jemand etwas gehört hatte, [den Bakterienstamm] *Escherichia coli.* Anschließend fuhr er zu den Kläranlagen in Los Angeles und beschaffte sich dort einen Liter Abwasser, den er durch einen Filter laufen ließ. Aus dem, was durchlief, isolierte er einen Phagen gegen einen Stamm des Darmbakteriums *E. coli.* Ellis brachte sich noch bei, wie man Platten gießt, und wie man darauf die Löcher (Plaques) sichtbar macht.«

Die Colibakterien sind heute natürlich »die Dinger, von denen man schon in der Schule hört« (I). *E. coli* ermöglicht mittlerweile die Gentechnik, deren Produkte (Humaninsulin) inzwischen in Apotheken gekauft werden können.

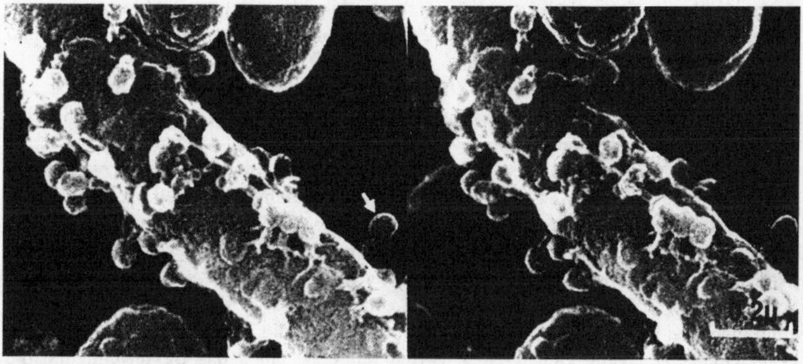

Elektronenmikroskopische Aufnahme *E. coli B* mit Phage T 4.

Bakteriophagen 1937

Als Ellis mit seiner Arbeit anfing, war bekannt, daß es Viren gibt, die jeden verfügbaren Filter passieren, die also sehr klein sind, und die mit Krankheiten in Pflanzen und krebsartigen Auswucherungen in Tieren kausal in Verbindung gebracht werden können. Von der Natur dieser Viren wußte man nichts, bis Stanley den Verursacher einer Erkrankung der Tabakpflanze kristallin zu fassen bekam. Dieses Tabakmosaikvirus bestand aus zwei chemischen Komponenten, aus Proteinen und Nukleinsäuren.

Trotz dieses ersten Erfolges gab es keine einheitliche und überzeugende Vorstellung von der Natur der Viren. Als Max die ersten Löcher im Bakterienrasen sah, stimmten die Experten noch nicht einmal in der Frage überein, ob hier die Wirkung individueller Partikel zu sehen war, oder ob man bloß eine im strukturlosen Inneren der Zelle induzierte Änderung beobachtete. Klar war nur, daß irgend etwas, das kleiner als ein Bakterium war, in so eine Zelle eindringen konnte und sich hierin zu vergrößern oder zu vermehren schien.

Max war beim ersten Blick auf die Löcher im Rasen unmittelbar von einer festumrissenen, definier- und faßbaren Einheit Virus überzeugt, eben von den Atomen der Biologie. Eine solche Auffassung scheint Physikern offensichtlich leicht möglich zu sein. Auch Albert Einstein zweifelte nicht an dem partikulären Charakter, als ihm 1926 die Auflösung von Bakterien durch Viren von Felix d'Herelle, einem der Entdecker dieses Phänomens, demonstriert wurde: »Während meiner Tätigkeit in der Leidener Universität diskutierte ich die Frage [nach der Natur der Phagen] . . . auch mit Professor Einstein. Er sagte mir, daß er als Physiker dieses Experiment als Demonstration der Diskontinuität des Bakteriophagens betrachten würde. Ich war sehr froh, wie dieser zu Recht berühmte Mathematiker meine experimentelle Vorführung einschätzte, denn ich glaube nicht, daß es sehr viele biologische Experimente gibt, deren Art einen Mathematiker zufriedenstellt« (d'Herelle, 1926).

Bakterielle Viren wurden zuerst 1915 von F. W. Twort beschrieben. Ihren Namen Bakteriophagen (phagein heißt fressen) bekamen sie zwei Jahre später von d'Herelle, der die Auflösung der bakteriellen Zelle erkannte. Er erfand auch die Methode, die Phagen durch Löcher (Plaques) in einer Schicht aus Bakterien sichtbar zu machen. Durch systematische Anwendung seines Verfahrens gelangte d'Herelle schon 1926 zu einer Hypothese über den Lebenslauf eines Phagen, die schon ziemlich nah an das detaillierte Bild herankommt, das man in den vierziger Jahren mit den neuen Verfahren der Elektronenmikroskopie und der radioaktiven Spurenanalyse perfektionierte. Drei Schritte schlug d'Herelle zu unterscheiden vor: Zuerst setzt sich das Virus an einem empfänglichen Bakterium fest, anschließend dringt es in die Zelle ein und vermehrt sich; wenn zuletzt genügend viele Phagen vorhanden sind, platzt das Bakterium, und die neuen Viren schwärmen aus.

So gesehen besteht das Leben eines Phagen im wesentlichen darin, sich in einem Bakterium zu vermehren. Genau diesen Vorgang wollte Max studieren. Fast schien es ihm, er könne hier das Gen an sich studieren, weil die Größe des Phagen auch mit der eines Gens übereinstimmte, wie sie sich aus der Treffertheorie ergab. Die linearen

Abmessungen eines bakteriellen Virus hatte M. Schlesinger damals unter Ausnutzung biophysikalischer Eigenschaften wie Viskosität abschätzen können. Für Max gab es keinen Hinweis, der gegen die Gleichsetzung von Gen und Phage sprach.

Schlesinger hatte auch schon erkannt, daß Phagen zwei unterschiedliche molekulare Komponenten besitzen, Proteine und Nukleinsäuren. Aber selbst wenn Max sich für dieses Ergebnis interessiert hätte, wäre es für ihn ohne Bedeutung geblieben. Denn niemand wußte *genau*, was Proteine und was Nukleinsäuren sind. In den dreißiger Jahren waren es keine wohldefinierten Begriffe, darauf mußte noch mindestens zehn Jahre gewartet werden. Phage, Protein und Gen konnte man kaum unterscheiden. Wer biologisch vorankommen wollte, brauchte es auch nicht. Für Max spielte die Unterscheidung keine Rolle. Ihm war gleich, was sich auf dem Bakterienrasen vermehrte, solange es nur kontrollierbar geschah. Die Zunahme der Löcher zeigte, daß sich Phagen selbst vermehren konnten (in bakteriellen Zellen). Dies war eine mysteriöse und paradoxe Eigenschaft des Lebens. Um also Bohrs Herausforderung annehmen zu können, bot sich die Replikation der Phagen geradezu an. Hier war seine Chance, »herauszufinden, ob dieser Vermehrungsvorgang . . . nun wirklich nicht reduzierbar war« (I).

Der große Wurf

»Die ›moderne‹ Phagenforschung beginnt eigentlich erst 1938, als M. Delbrück anfing, mit bakteriellen Viren zu arbeiten.« Damals entwarfen Max und Ellis ein Verfahren, um zu zeigen, daß die Vermehrung des Phagen in einem Schritt erfolgt (»one-step-growth-experiment«). Diese Publikation (D 12) steht »am Anfang der modernen Phagenforschung« (Stent und Calendar, 1978).

Nachdem Max bei Ellis die ersten Löcher im Bakterienrasen gesehen hatte, fragte er, ob es schon Daten über das Wachstum der Phagen gäbe. Ellis zeigte ihm einige Meßkurven, die auf eine stufenweise Zunahme der bakteriellen Viren deuteten. Max reagierte skeptisch: »Davon glaube ich kein Wort!« (»I don't believe a word of it!«) (Ellis, 1966). Er schlug vor, den Verlauf des Wachstums genauer auszuarbeiten.

Dabei produzierten Max und Ellis die »Ein-Schritt-Vermehrungskurve«. Ihre Messung bleibt auch heute noch das grundlegende Experiment, mit dem die Vermehrung von Phagen erfaßt wird. Technisch genauso wichtig ist der Einzelwurfversuch, den Max und Ellis perfektionierten (»single burst«). Er ist sehr einfach zu beschreiben. Man mischt (»infiziert«) Bakterien und Phagen. Dann verdünnt man die Lösung und verteilt kleine Mengen auf einzelne Reagenzgläschen (»austropfen«), bevor die Phagen die Bakterien zerstören (»lysieren«). Nach der Lyse überträgt man den Inhalt der Röhrchen auf Platten mit Bakterien. So gelingt es, die Zahl der Phagen zu erfassen, die aus einer Zelle geschlüpft sind (»Wurf«).

Die Arbeit von Max und Ellis erschien 1939 (D 12). Durch ihr Erscheinen wurde die Phagenforschung mit einem (großen) Wurf attraktiv. Was vorher ein Ahnen und Herumtappen war, konnte nun genau erfaßt werden. Diese Arbeit über »Das Wachstum des Bakteriophagen« »klärte das Durcheinander« (»cleared the mess«) (A. Hershey) auf

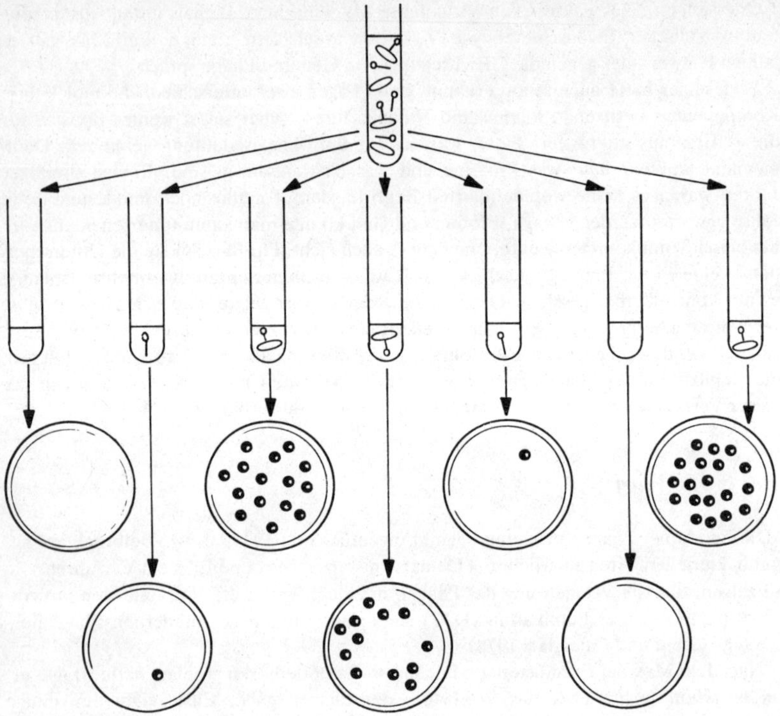

Mit der Einzelwurftechnik, die Max mit Ellis entwickelt hat, kann die Größe des Wurfs eines einzelnen Bakteriums abgeschätzt werden. Phagen und Bakterien werden gemischt und kurz inkubiert, um das Anbinden der Phagen (aber noch keine Lyse) zu erlauben. Dann wird die Lösung stark verdünnt, in kleine Mengen (Tropfen) getrennt und weiter inkubiert (bebrütet), bis die infizierten Bakterien geplatzt sind. Proben dieser Tropfen werden auf den üblichen Bakterienrasen verteilt und ausgewertet. Die Wurfgröße ist danach mit einer statistischen Analyse ableitbar.

diesem Feld und ermutigte weitere Biologen, sich anzuschließen. Thomas F. Anderson hat die durch Max und Ellis eingeleitete Erschließung der Phagenwelt so beschrieben (Anderson, 1966): »Während der drei Jahre (1937–1940), die ich an der Universität von Wisconsin zubrachte, habe ich vermutlich eine Menge wissenschaftlicher Arbeiten gelesen. . . . Aber heute erinnere ich mich nur noch an drei von ihnen – eine . . . von Emory Ellis und Max Delbrück (1939) und zwei von Delbrück [(D 15, D 16)] über die Adsorption und das Wachstum in einem Schritt. Die Experimente waren großartig angelegt und wurden in einem eleganten Stil berichtet, der neu für mich war. Diese drei

Arbeiten mit dem Delbrück-Etikett bildeten eine grünende Insel der Logik im Morast der sich widersprechenden Berichte, der grundlosen Spekulationen und der zwar erhitzten, aber doch unergiebigen Polemiken, die das Twort-d'Herelle-Phänomen umgaben.«

Max und Ellis gelang es, dem Schicksal eines *einzelnen* Phagen auf die Spur zu kommen, indem sie einen Weg fanden, *genau* herauszubekommen, wie viele lebensfähige Phagen sie in einem Reagenzglas hatten. *Ein* Phage attackiert ein Bakterium, aber wie viele kommen heraus? Über die Löcher zählt man die Phagen auf dem Rasen. Wie zählt man die Phagen in einer Lösung? Beide Zahlen müssen bekannt sein, um Vertrauen in die Auswertung der Plaques zu haben und um überhaupt mit Gewißheit experimentieren zu können.

Der Trick besteht darin, mit Hilfe der Statistik den Zufall zu beherrschen. Der

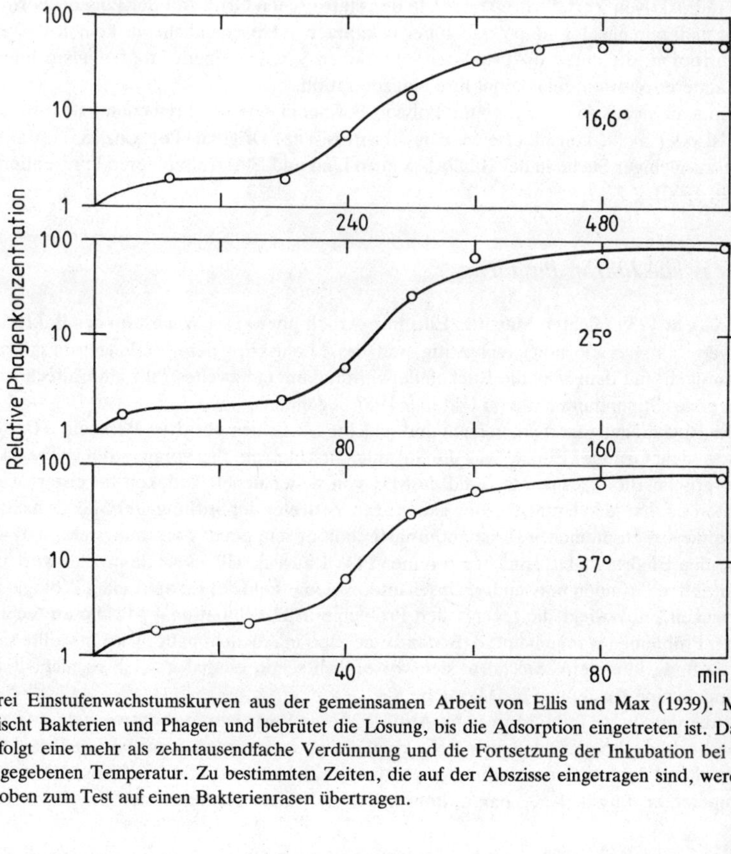

Drei Einstufenwachstumskurven aus der gemeinsamen Arbeit von Ellis und Max (1939). Man mischt Bakterien und Phagen und bebrütet die Lösung, bis die Adsorption eingetreten ist. Dann erfolgt eine mehr als zehntausendfache Verdünnung und die Fortsetzung der Inkubation bei der angegebenen Temperatur. Zu bestimmten Zeiten, die auf der Abszisse eingetragen sind, werden Proben zum Test auf einen Bakterienrasen übertragen.

Versuch selbst ist sehr einfach. Eine Bakteriensuspension sieht trübe aus; fügt man einige Tropfen einer Lösung mit Phagen hinzu, wird nach entsprechender Inkubationszeit – das Virus durcheilt währenddessen seinen Lebenszyklus – mit der Auflösung der Zellen die Mischung durchsichtig und klar. Bei hinreichender Verdünnung der Phagen kann es vorkommen, daß ein Tropfen frei von bakteriellen Viren ist. In diesem Fall bleibt die Trübung der Bakteriensuspension unverändert bestehen. Im Experiment kann problemlos und genau ermittelt werden, wie viele Tropfen *keine* Phagen enthalten haben. Wer nun seine Phagenlösung so verdünnt, daß »kein Phage« die häufigste Beobachtung ist, der kann die Poisson-Formel anwenden. Sie beschreibt die Wahrscheinlichkeit dafür, daß in dem der Suspension beigemischten Tropfen, der Phagen in einer gewissen Konzentration enthält, eine bestimmte Anzahl dieser Partikel vorhanden ist. Max kannte diese Formel als Physiker, mit ihrer Hilfe bekommt man zum Beispiel den radioaktiven Zerfall von Atomen in den statistischen Griff. Mit der Poisson-Formel kann man nun aus der vom Versuch her bekannten Wahrscheinlichkeit, keinen Phagen einzutropfen, die mittlere Anzahl der bakteriellen Viren in einem Tropfen ausrechnen. Mit anderen Worten, man kennt ihre Konzentration.

Um ganz sicher zu wissen, ob die Poisson-Formel in dem beschriebenen Fall anwendbar ist oder nicht, konsultierte Max das (französische) Original (Poisson, 1837), das er nach ausgiebiger Suche in der Bibliothek auch fand und Ellis triumphierend präsentierte (Ellis, 1966).

Das zweite Jahr in Pasadena

Im August 1938 reichten Max und Ellis ihre Arbeit über »Das Wachstum des Bakteriophagen« ein, gerade noch rechtzeitig, um das Manuskript dem Verlängerungsantrag beizufügen, mit dem Max die Rockefeller-Stiftung um ein zweites Jahr am Caltech bat. Sein erstes Stipendium hatte im Oktober 1937 begonnen.

Bei Rockefeller zögerte man nicht und schickte Max einen positiven Bescheid. Hierfür gab es viele Gründe. Einmal war die Stiftung entschlossen, das voranzutreiben, was sie theoretische Biologie nannte. Und da Max von seiner neuen Tätigkeit begeistert war, wollten sie ihm jede Unterstützung geben. Ein Vertreter der Stiftung, der Max besuchte, faßte dies so zusammen: »D. ist enthusiastisch über sein neues Forschungsfeld, und ich habe den Eindruck, daß er nicht zur reinen Physik zurück will, es sei denn, dies wird aus finanziellen Gründen notwendig. Unser Interesse, das Feld der theoretischen Biologie zu entwickeln, überwiegt die technischen Probleme in D.s Situation.« Mit diesen technischen Problemen war gemeint, daß Max keinen Job in Aussicht hatte. Darum wollte sich die Stiftung kümmern. Sie hörte sich vorsorglich schon einmal um, ob es nicht doch irgendwo eine Anstellung für Max gäbe.

Außerdem hatte T. H. Morgan im April 1938 eine Verlängerung befürwortet und nach New York geschrieben, daß »wir mehr als glücklich sein würden, wenn wir ihn [Max] für ein weiteres Jahr mit uns arbeiten lassen könnten. Es kommt nicht so oft vor, daß ein so kompetenter Physiker . . . daran interessiert ist, seine Kenntnis der Physik in der

Biologie anzuwenden. Darüber hinaus bildet er zusammen mit Ellis eine glückliche Kombination, so daß wir uns auf eine gemeinsam zustande gebrachte und wirklich bedeutende Arbeit freuen können.«

Doch als ihre erste Arbeit fertig war, trennten sich die Wege der beiden. Ellis durfte nicht weitermachen. Nachdem sie »ein wunderbares Jahr zusammen verbracht hatten« (I), bestimmten Ellis' Geldgeber, daß er sich konkreter mit Krebs befassen müsse. Man hielt nichts von der Idee, daß diese Art der reinen Grundlagenforschung irgendwann den angestrebten Zielen einer Krebstherapie zuarbeiten würde. Ein grandioses Mißverständnis! Denn es war gerade die konsequent nicht auf direkte Anwendungen zielende Art der Wissenschaft, die aus der Phagenforschung heraus die Verfahren entwickelte, mit denen man die Tumorviren in den Griff bekam, und die dann therapeutisch verwendbar wurden (Dulbecco, 1966).

Ellis sollte sich ab Herbst 1938 wieder direkt mit Krebs befassen. Er wurde für Untersuchungen mit transplantierbaren Tumoren in Mäusen bezahlt. Ihm blieb nur, sich bei Max zu erkundigen, was die Phagen machten. So war Max in seinem zweiten Jahr im wesentlichen allein. Er konnte sich ganz auf die fundamentalen Probleme, die ihn interessierten, konzentrieren. Dabei bekam die Phagenforschung endgültig ihren grundlegenden Charakter. Am Anfang hatte man sich um diese Viren auch nur gekümmert, »um Mittel und Wege zu finden, ihr Wachsen zu frustrieren und dabei vorgehabt, das Gelernte zur Therapie von Infektionskrankheiten . . . anzuwenden«. Max ließ nie einen Zweifel daran aufkommen, daß »solche Motive, so nobel sie auch sind, für unsere Sache im Hintergrund bleiben« (D 32). Er wollte »den eigentlichen Vermehrungsvorgang« studieren, er wollte »dem auf den Grund gehen, was passiert, wenn mehr Viruspartikel gebildet werden, nachdem man ein solches Virus in eine Zelle eingeführt hat«. Hierbei hoffte er, auf ein Paradoxon zu treffen, das nur noch dann eine Beschreibung der Experimente zulassen würde, wenn man komplementär argumentiert. So wie man 1912 die Streuexperimente nicht mehr mit den herkömmlichen Vorstellungen vereinbaren konnte und das Rätsel der Materie quantentheoretisch lösen mußte, so wollte Max auch das Rätsel des Lebens mit analogen Denkfiguren erfassen. Auch und vor allem in diesem Sinn waren die Phagen seine Atome der Biologie.

Max konzentrierte seine Arbeit im zweiten Jahr darauf, den Phagen wie »einen Apparat der Physik« zu modellieren, »as a gadget of physics«, wie sein bevorzugter Ausdruck hieß. Er kalibrierte seinen Apparat »Phage« in drei Arbeiten, die alle 1940 erschienen (D 13, D 15, D 16). Danach brauchte er nicht mehr allein zu arbeiten.

Der Vorgang, der ihn interessierte, fand im Innern der bakteriellen Zellen statt. Um sich auf die Replikation konzentrieren zu können, mußte Max in der Lage sein, die äußeren Vorgänge (Eindringen und Auflösen) einschätzen zu können. Er mußte die Adsorption der Phagen erfassen und die Rolle des bakteriellen Wirts bei der Lyse kennen. Genau dies erkundete Max mit seinen nächsten Experimenten. Damit eichte er die Maschine, mit der er den Vorgang der Vermehrung faßbar machen wollte. Dabei interessierte *E. coli* selbst nicht, nur sein Einfluß auf das Virus. In der Terminologie der Kybernetik kann man auch sagen, Max behandelte die bakterielle Zelle wie einen schwarzen Kasten (black box), dessen innere Struktur nicht von Belang ist, solange man das, was hineingeht (ein Virus), mit dem vergleichen (korrelieren) kann, was wieder herauskommt (viele Viren) (Olby, 1974). Diese Ausdrucksweise wurde erst nach dem Zweiten Weltkrieg populär und weiter verbreitet (Wiener, 1947). Max übernahm diese Denkfigur später in seinen Arbeiten zur Sinnesphysiologie (D 85).

Im Herbst 1939

Als das zweite Jahr im Herbst 1939 zu Ende ging, war der schwarze Kasten *E. coli* funktionsbereit. Max kannte den Input (»Die Adsorption von Bakteriophagen unter verschiedenen . . . Bedingungen«) und den Output (»Das Wachstum des Phagen und die . . . Lyse«). Er faßte seine Ergebnisse für die Rockefeller-Stiftung zusammen. Als er den Bericht über seine Arbeit in Pasadena abschickte, war es Mitte September 1939. Der Zweite Weltkrieg war zwei Wochen alt.

Eigentlich wollte Max nach Deutschland zurückkehren. Als er 1937 in Amerika ankam, war er sicher, ein Problem zu finden, daß er in der verfügbaren Zeit klären könnte. Er hatte der Stiftung von einer Verlobten in Berlin erzählt und auch seine Reisepläne mitgeteilt. Er wollte den Heimweg über Japan machen. Seine Geldgeber waren einverstanden, nur müsse er selbst bezahlen, was über die ihm zustehenden Reisekosten hinausgeht.

Mit der Situation, der er im Herbst 1939 gegenüberstand, hatte Max nicht gerechnet. Er hatte im Grunde die Fragen erst gestreift, die er lösen wollte, und die Rückkehr nach Berlin war ausgeschlossen. Deutschland war in Polen eingefallen, und nun herrschte Krieg in Europa. Die Garantie auf einen Job, die Lise Meitner ausgestellt hatte, war nichts mehr wert. Sie hatte im Sommer 1938 – nach dreißigjähriger Zusammenarbeit mit Otto Hahn – das Institut und Deutschland verlassen und fliehen müssen.

Noch Ende 1938 hatte Max Mitarbeitern der Rockefeller-Stiftung mitgeteilt, er wolle auf jeden Fall nach Deutschland zurück. Erst im Februar 1939 ändert sich seine Einstellung. Nach einem Gespräch mit ihm faßt Warren Weaver in seinem Tagebuch dies so zusammen: »Sein Chef, Meitner, ist gegangen, Europa ist so durcheinander, und er will in der Biologie arbeiten.« Im Juni 1939 bittet Max die Stiftung darum, ihm zu helfen, eine Stelle in Amerika zu finden, weil er seine begonnenen Forschungen nicht abbrechen will. Er fügt ein Schreiben von Morgan bei, in dem dieser bestätigt, daß er »biologische Probleme wirklich versteht«. Im September 1939 stößt Morgan noch einmal nach und geht dabei auch auf die politischen Umstände ein:

». . . er ist nicht vertrieben und kein Jude, wenigstens theoretisch könnte er nach Deutschland zurückkehren. Auf der anderen Seite kann ich aus meiner Verantwortung heraus sagen, daß er überhaupt keine Sympathien für die Nationalsozialisten in Deutschland hat. Mit seiner liberalen und demokratischen Einstellung könnte die Luft unter den gegenwärtigen Umständen in Deutschland sehr dünn für ihn werden. So ist er – im Sinne der Definition – kein vertriebener Gelehrter (›deposed scholar‹), aber ein Wissenschaftler in einer unglücklichen Lage. Während er sich politisch nur sehr vorsichtig geäußert hat, kenne ich ihn doch gut genug, um sagen zu können, daß er sich nie an die gegenwärtige Art der Regierung in Deutschland gewöhnen kann. [. . .] Er würde jedes ernste Angebot prüfen . . . und wäre sofort in der Lage, die entsprechenden Verantwortlichkeiten zu übernehmen, obwohl es am besten wäre, wenn er – ohne die Position zu gefährden – noch einige Monate Zeit hätte, um seine hier begonnenen Arbeiten fertigzustellen.«

Morgan bedrängte die Rockefeller-Stiftung, Max zu helfen, »der sich wirklich in einer kritischen Lage befindet«. Im Oktober 1939 sah es so schlimm aus, daß Morgan erneut an die Stiftung schrieb: ». . . ich fragte ihn [Max], wovon er lebe. Er sagte, sein Stipendium sei zu Ende, aber er habe noch fünfzig Dollar, und er lächelte.«

Morgan selbst konnte Max nicht helfen, da er gerade emeritiert worden war und ihm seine üblichen Mittel als Direktor des Kerkhoff-Laboratoriums nicht mehr zur Verfügung standen. Seine letzten Aussichten, ihm eine Position anzubieten, waren ihm genommen worden, weil auch in den USA nun mehr an militärische Aufgaben als an grundlegende Forschungen gedacht wurde. Amerika bereitete sich auf den Krieg vor.

Die Hilfe durch Rockefeller

Das Problem, eine Position für Max zu finden, bestand natürlich darin, daß er als Physiker nur an einem entsprechenden Institut angestellt werden konnte, an dem es wiederum kaum Einrichtungen gab, mit denen man den Phagen weiter auf der Spur bleiben konnte. Wo konnte man Physik lehren und in der Genetik forschen?

Die Lösung fand sich mit Hilfe der Rockefeller-Stiftung im Dezember 1939. Max lebte damals bereits auf Pump, als ihn ein Telegramm aus Tennessee erreichte. Francis G. Slack, Professor für Physik an der Vanderbilt Universität in Nashville, kabelte am 21. Dezember 1939: »Ich bin autorisiert, Ihnen eine Position im Physik Department der Vanderbilt Universität anzubieten mit 2 500 $ Gehalt; Beginn ist der 2. Januar, oder so früh Sie können.«

Max antwortete in seiner typischen Art – er schrieb eine Postkarte, auf der er mitteilte, daß er zum Neujahr 1940 in Nashville sein werde. Dort wurde er »Physikdozent« (»Instructor of Physics«), und er blieb die Kriegsjahre über in dieser Position.

Der Kontakt zwischen der Vanderbilt Universität und Max war durch die Rockefeller-Stiftung zustande gekommen. Als man in Tennessee nach einem Physiker suchte, der die Sprache der Quantentheorie sprach, wandte man sich nach New York. Mit der Vermittlung erschöpfte sich aber die Rolle der Rockefeller-Stiftung nicht. Sie mußte zusätzlich finanziell eingreifen. Schon im Oktober 1939 hatte O. C. Carmichael, der Kanzler von Vanderbilt, angedeutet, daß man an Max interessiert sei, doch leider »haben wir keine Mittel, um zusätzliches Personal . . . für 1939/40 einzustellen. Falls es der Stiftung möglich wäre, das ganze Gehalt für 1939/40, zwei Drittel für 1940/41 und die Hälfte für 1941/42 zu übernehmen, könnte die Universität von dann ab seine Dienste auf ihre Kosten nehmen, falls er ein zufriedenstellendes Mitglied des Lehrkörpers wird.«

Die Stiftung stimmte zu. Einmal paßte Max seinem Interesse nach geradezu perfekt in ihr Programm. Die naturwissenschaftliche Abteilung unter Warren Weaver konzentrierte ihre Förderung darauf, die quantitativen Techniken der exakten Wissenschaften für die Biologie nutzbar zu machen. Genau das versuchte Max ebenfalls. Daneben fügte er sich noch in das Sonderprogramm der Stiftung ein. 1933 hatte man einen »speziellen Forschungshilfsfond« eingerichtet, um europäischen Wissenschaftlern zu helfen, »deren produktive Karriere durch politische Umstände unterbrochen worden war« (The Rockefeller Foundation Annual Report 1937). Für diesen Zweck standen zum Beispiel 1937 $ 50 000 zur Verfügung. Dem schloß sich ein besonderes Programm für Gelehrte auf der Flucht an (»Refugee Scholars«), das 1940 immer dringlicher wurde. Die Stiftung beschloß damals, von sich aus die Initiative zu ergreifen und herausragende Wissenschaftler in Ländern, die unter der nationalsozialistischen Herrschaft litten, direkt anzusprechen. Sie hat einzelnen Betroffenen großes Leid erspart und sehr wirkungsvoll geholfen. Neben so philanthropischen Gründen verlor man auch nicht die Möglichkeit aus den Augen, daß man mit dieser Hilfe »keinen besseren Beitrag zu unserer [amerikanischen] Kultur liefern könnte, als dadurch, daß man . . . einige der besten Köpfe aus Großbritannien . . . oder anderen Ländern herüberbringt. Wir können viel zu der notwendigen Qualitätsanhebung unserer Universitäten tun, wenn wir diese Einwanderung erleichtern« (Interne Korrespondenz über Refugee Scholars; 3. Juni 1940, J. H. Willits an R. B. Fosdick).

Eine andere Art von Komplementarität

Die naturwissenschaftliche Abteilung der Rockefeller-Stiftung hatte Caltech zwei Zuschüsse zur Forschung gegeben. Einer davon ging an T. H. Morgan, der andere finanzierte die Arbeiten von Linus Pauling, dem großen Chemiker. Auch er orientierte sich zur Biologie hin. Seine Hoffnung war, mit physikalisch-chemischen Methoden mehr und bessere Informationen über die Strukturen solcher Substanzen zu bekommen, die in biologischen Prozessen wesentliche Rollen übernehmen.

Pauling und Max publizierten 1940 gemeinsam eine kleine Arbeit über »Die Natur der intermolekularen Kräfte, die in biologischen Vorgängen operieren« (D 17). Die ungewöhnliche Entstehungsgeschichte dieser Veröffentlichung spielt im Sommer 1940. Max war von Nashville aus nach Kalifornien gekommen, um sich ein neues Visum zu besorgen. Bislang war er als »Besucher« (»visitor«) in den USA. Um länger im Lande bleiben zu können, brauchte er den Status eines Einwanderers (»Immigration status«). Wer dies korrekt ändern lassen wollte, mußte erst einmal die USA verlassen und dann wieder einreisen. Max wollte dies von Pasadena aus machen. Sein Ziel war der kleine Ort Mexicali, eines der mexikanischen Dörfer entlang der Grenze zu Kalifornien. Auf seinem Weg dorthin traf er Pauling auf dem Campus von Caltech. So nebenbei fragte Max, ob Pauling die neuesten Arbeiten von Pascual Jordan gelesen habe, der sich Gedanken über die Anziehung zwischen Genmolekülen gemacht habe. Jordan war ein alter Bekannter aus Göttinger und Kopenhagener Tagen, dessen Mathematik Max bewunderte, dessen philosophische Schriften ihn aber ärgerten. In zwei Arbeiten (Jordan, 1938 und 1939) hatte Jordan zu zeigen versucht (ohne mathematische Hilfen), daß aus der Quantenmechanik heraus eine anziehende Kraft zwischen identischen Makromolekülen begründbar sei (»quantenmechanische Resonanzanziehung«), die zum Verständnis der Genstruktur herangezogen werden könne. Jordan wollte damit das Zusammenhalten der Gene nach der Replikation und die Paarung homologer Chromosomen während der Meiose verständlich und zum Thema der Physik machen.

Wie Max war Jordan von der Idee der Komplementarität fasziniert. Er ist aber anders als Max nie den notwendigen Schritt in die Biologie gegangen. Beide hatten 1938 einige Briefe miteinander gewechselt, in denen sie allgemein das Verhältnis der Physik und der Biologie miteinander diskutierten und auch auf die hypothetischen Paarungskräfte zu sprechen kamen. Max glaubte nicht daran, er sah keinen experimentellen Hinweis. Doch er war sich nicht so ganz sicher, fehlte ihm doch die Erfahrung, was passiert, wenn man die Quantentheorie auf komplizierte chemische Systeme anwendet. Als er Pauling in Pasadena traf, nutzte er die Gelegenheit, um sich Klarheit zu verschaffen.

Als Max von Jordans Hypothese erzählte, schlug Pauling vor, sich die Arbeiten in der Bibliothek kurz genauer anzusehen. Sie suchten die Zeitschriften heraus und besprachen den (deutschen) Text. Nach fünf Minuten sagte Pauling »Quatsch« (»baloney«). Max war von der Sicherheit dieses Urteils beeindruckt, und beruhigt verbrachte er einige Tage in Mexiko. Als er zum Caltech zurückkam, meldete sich Pauling wieder. Er hatte inzwischen eine vernichtende Kritik über die Jordan-Hypothese geschrieben und wollte sie an *Science* schicken. Ob Max sie nicht unterschreiben und Koautor werden wolle? Er las durch, was Pauling entworfen hatte. Er brachte einige mildernde Korrekturen an und unterschrieb.

Vierzig Jahre später verteidigte Max sein Mitwirken mit dem Hinweis, er habe Pauling gegenüber nicht unhöflich sein wollen. Es scheint aber eher so, daß er nichts dagegen hatte, Jordan eins auszuwischen. Als Bohr seine Idee der Komplementarität vortrug, war Max nicht der einzige, der zuhörte. Auch Jordan und Walter Elsasser versuchten, die prinzipiell neue Form des Erkennens von den Atomen in das Leben zu tragen. Sie blieben aber im Rahmen ihrer Theorien und folgten Max nicht auf seinem Weg durch die experimentellen Niederungen. Er fand, daß sie die Bohrsche Idee nicht verstehen. Ihm kam es so vor, als versuchten sie, den Vitalismus quantentheoretisch zu retten. Er beschwerte sich in Briefen an Bohr, daß ihre »Beiträge zur Biologe . . . Null waren (oder negativ, wenn man die Konfusion zählt, die sie in den Köpfen . . . einiger [ihrer] Leser produzierte)«.

Max konnte sehr unhöflich werden, wenn er etwas für schlechte Wissenschaft hielt. Er versuchte erbarmungslos, faules und oberflächliches Denken bloßzulegen. Manchmal nahm er sich zu wenig Zeit, um zu entscheiden, was ergiebig war und was nicht. Viele Leute stieß er so vor den Kopf. Erst als er älter war, reagierte er freundlicher.

Nachdem sie 1940 ihre »gemeinsame« Notiz in *Science* publiziert hatten, behauptete Pauling, Max und er seien der festen Überzeugung, daß die Replikation eines Gens nicht auf die Synthese einer identischen, sondern einer komplementären Struktur hinauslaufe. Diese Argumentation mit komplementären Oberflächen – in der Arbeit (D 17) ist von »Komplementärheit« (»complementaritness«) die Rede – darf nicht mit dem tiefergehenden epistemologischen Argument von Niels Bohr verwechselt werden.

Was Max und Pauling 1940 publizierten, hat niemand als sehr prophetisch beeindruckt. Im Fall der Replikation des genetischen Materials DNS hat man jeden Grund anzunehmen, daß die Idee richtig ist. Eine andere Anwendung, die Pauling wagte, stellte sich als falsch heraus. Er vermutete, ein Antikörper würde von einem Immunsystem um ein entsprechendes Antigen herumgebaut und auf diese Weise seine komplementäre Struktur erhalten. So könnte man verstehen, warum die Oberflächen dieser Moleküle wie Prägestempel und Münze aufeinanderpassen. Dadurch wird der Komplex äußerst stabil. Aber so einfach funktioniert das Immunsystem nicht. Die Erforschung der Mechanismen, die hinter der Herstellung der Antikörper und ihrer möglichen Vielfalt stecken, gehört heute zu den großen Aufgaben der molekularen Biologie.

Das erste Treffen mit Luria

Nach der »Zusammenarbeit« mit Pauling ging Max wieder nach Nashville zurück. Er hatte nun auch die geeigneten Papiere, um seine Einwanderung beantragen zu können. Dies tat er im Dezember 1940. Im Anschluß daran machte er sich auf den Weg zum Treffen der Amerikanischen Vereinigung für die Fortschritte der Wissenschaften, das in Philadelphia stattfand. Hier traf er zum ersten Mal Salvador Luria, der mit ihm zusammenarbeiten wollte, seit er dessen Genanalyse aus dem Jahre 1935 gelesen hatte. Ihr erstes Zusammentreffen war für Luria nicht sehr ergiebig, dennoch verabredete man gleich eine Zusammenarbeit: »Nach einer mehrstündigen Unterhaltung (bei einem Abendessen mit W. Pauli und G. Placzek, bei dem meistens auf Deutsch und meistens über theoretische Physik und meistens über meinen Kopf weg gesprochen wurde) zogen Delbrück und ich uns in mein New Yorker Laboratorium zu einem 48stündigen experimentellen Tänzchen zurück« (Luria, 1966).

Die Versuche waren erfolgreich, und man vereinbarte, die gemeinsamen Bemühungen fortzusetzen. Als Ort schien Cold Spring Harbor in Frage zu kommen. Luria war eingeladen worden, hier an einem Symposium teilzunehmen und auch den Sommer auf Long Island zu verbringen. Dies teilte er Max am 20. Januar 1941 mit. Dieser schlug vor, dort zusammenzuarbeiten. »Falls es in befriedigender Weise arrangiert werden könnte, könnte ich sogar meine Antipathie gegen diesen Platz überwinden.«

Im Laufe der Zusammenarbeit fing Max mehr und mehr Feuer für das kleine Laboratorium auf Long Island. Und nachdem er sogar seine Hochzeitsreise hierher gemacht hatte, wurde Cold Spring Harbor seine zweite amerikanische Heimat. Am Ende seines ersten Sommeraufenthaltes auf Long Island, spät im Juli 1941, kehrte er nicht sofort nach Nashville zurück. Er wollte zuerst nach Kalifornien. Dort wartete ein guter Grund auf ihn. Als er 1940 zwischen Mexiko und Los Angeles pendelte, hatte er eine junge Amerikanerin kennengelernt. Ihr Name war Mary Bruce. Max wollte sie nun heiraten. Denn, wie er seinem Freund Milton Bush aus Nashville sagte, »es geht nicht mehr ohne« (»I can no longer do without«).

Einsichten aus dem Einfachen

Begründende Anziehungen

Mit dem Jahr des Umzugs von Pasadena nach Nashville beginnt für Max ein neuer Lebensabschnitt. Er traf die zwei für ihn wichtigsten Menschen. Als er 1940 nach Kalifornien zurückkehrte, um sein Visum zu ändern, lernte er auf einer Party Mary Bruce kennen. Im Dezember desselben Jahres traf er im amerikanischen Osten Salvador Luria. 1941 heirateten Max und Manny – so wird seine Frau von allen auch heute noch genannt –, und es begann die Zusammenarbeit mit Luria. Zwei neue Familien waren geboren.

Als Max die hübsche Manny Bruce traf, muß es wohl – wie beim Phagen – Liebe auf den ersten Blick gewesen sein. So wie er »gleich wußte«, daß er mit den bakteriellen Viren sein ganzes Forscherleben verbringen würde, so teilte er unmittelbar nach dem ersten Treffen mit Manny »vielleicht etwas voreilig« seiner Mutter im August 1940 die Verlobung mit. Die Postverbindungen funktionierten damals noch, und Lina Delbrück antwortete Ende September 1940. Es wäre wunderbar, schrieb sie, sie sei unendlich glücklich und sicher, daß die Ehe auch so würde, denn »bei den Delbrücks sind die glücklichen Ehen erblich«. Sie hoffte, daß ihr Sohn durch die Heirat in Amerika Boden faßt, und glaubte, »daß eine Ehe von zwei Menschen verschiedener Nationalität glücklicher sich entwickelt, wenn die Frau in ihrem Lande bleibt, besonders bei Dir, da Du schon so lange und gerne im Ausland gelebt hast und sie dort in ihrer anderen Mentalität leichter verstehen lernen wirst. Und wie könntest Du je vergessen oder verlernen, daß Du ein Deutscher bist. Also sehe ich der Gründung der amerikanischen Linie mit größtem Vertrauen entgegen. Ich habe nie einen anderen Ring gehabt als meinen Trauring, aber ich will Deiner Braut meinen schönsten Schmuck schenken: ein Collier aus feinen Goldkettchen und Saphiren. Dein Vater schenkte es mir zu Deiner Geburt . . .«.

Die neuen Verbindungen halfen Max, Amerika nun als Heimat anzusehen. Sie erlaubten es ihm vor allem, sich auf Wissenschaft zu konzentrieren, ohne durch die großen Ereignisse der Zeit abgelenkt zu werden. Mehr als dreißig Jahre später beschrieb Max nach einem Besuch in Tennessee die Jahre im Süden als die Zeit, in der »ich Gelegenheit hatte, mein Talent in der Stille reifen zu lassen, während sich andere um den Krieg kümmerten«.

Die Genetik scheint an ruhigen Plätzen zur Welt zu kommen. Der klassische Teil begann in einem friedlichen Garten in Brünn, und das Tor zum molekularen Bereich wurde im abgeschiedenen Süden der USA geöffnet, als hier Max und Luria zusammenkamen, der seinen ersten Eindruck so beschrieben hat: »Von Anfang an fiel mir Delbrück als eine dominierende Persönlichkeit auf. Er war groß und durch seine extreme Schlankheit sah er sogar noch größer aus. Er bewegte sich, wie er sprach, sparsam und gedämpft, aber mit äußerster Präzision. Er vermittelte den Eindruck, daß alles, was er sagte, sorgfältig überlegt sei. Seine Ernsthaftigkeit wurde gelegentlich durch Ausbrüche des Vergnügens abgelöst, häufig hervorgerufen durch unerwartete Kontraste, vor allem durch die Angeberei anderer« (Luria, 1984).

Auf den ersten Blick scheinen Max und Luria genau das Gegenteil eines erfolgreichen Paares zu sein. Zwischen dem politisch interessierten Römer, der Medizin studiert hatte und seinen Scharfsinn auf Experimente konzentrierte, und dem eher literarisch orientierten Berliner, der aus der Physik kam und seinen Träumen und Theorien nachhing, tun sich so große Welten auf, daß nur besondere Umstände sie schließen konnten, nämlich ihr gemeinsames Interesse an der Natur des Gens und ihre Vorliebe – die Betonung liegt dabei auf Liebe – für die Bakteriophagen, die – in Lurias Worten – »klein genug waren, um wie ein Gen zu sein, und doch leicht genug, um [mit ihnen] arbeiten zu können«. Durch diese Brücke werden aus den beschriebenen Gegensätzen notwendige Ergänzungen, die aus ungleichen – vielleicht komplementären – Individuen eine erfolgreiche Einheit schaffen.

Als Max und Luria sich trafen, waren beide überzeugt, in kurzer Zeit genügend Daten sammeln zu können, um ihr einfaches System vollständig in den Griff zu bekommen, und voller Enthusiasmus machten sie sich an die Arbeit. Ihr Ansatz bei der Erforschung fundamentaler Eigenschaften des Lebens war in der Tat sehr erfolgreich, nur dauerte alles viel länger, als sie angenommen hatten. In seiner Harvey-Vorlesung 1946 (D 32) erinnerte sich Max an die frühe Aufregung und die naiven Erwartungen:

»Die Geschichte der Forschung mit bakteriellen Viren oder Bakteriophagen, die nun 30 Jahre alt ist, steckt voller Kontroversen. Die verwirrende Natur dieser Agentien – leben sie, oder sind sie leblos, sind es Enzyme oder Viren? – und die verlockenden Möglichkeiten, sie nutzbringend in der Medizin anzuwenden, haben in den vergangenen Zeiten große Wissenschaftler angezogen, die mit ihren stärksten Anstrengungen und ihren kühnen Vorstellungen immer neue Ansätze entworfen haben. Diese heroische Zeit scheint nun der Vergangenheit anzugehören, die Leidenschaften sind abgeflacht, und weniger bedeutende Männer (›minor men‹) mit anderen Interessen haben sich in diesem Gebiet niedergelassen. Diese weniger bedeutenden Männer unserer Gegenwart kommen von den weit entfernt liegenden Gebieten der Physik, Genetik und Biochemie. Sie haben das Gefühl, daß heute viele Linien der biologischen Forschung auf ein zentrales Problem zulaufen, der Organisation der Zelle; das Gefühl ist dem ähnlich, welches die Physiker vor 50 Jahren inspirierte, als die Struktur der Materie und der Aufbau der Atome zum Brennpunkt wurden, auf den alle Anstrengungen zielten. Sie haben das Gefühl, daß das Feld der bakteriellen Viren ein wunderbarer Spielplatz ist für ernste Kinder, die ehrgeizige Fragen stellen. Man mag sich vielleicht darüber wundern, wie solche naiven Außenseiter jemals von der Existenz bakterieller Viren gehört haben. Ganz zufällig, wie ich versichern kann! Ich möchte dies durch Hinweis auf einen imaginären theoretischen Physiker illustrieren, der wenig über die Biologie im allgemeinen und nichts über die bakteriellen Viren im besonderen wußte, und der mit diesem Feld zufällig in Kontakt geriet. Wir wollen weiter annehmen, der imaginäre Physiker war ein Student von Niels Bohr, einem Lehrer, dem die fundamentalen Probleme der Biologie aus familiären Gründen tief vertraut waren, da er der Sohn des hervorragenden Physiologen Christian Bohr war.

Cold Spring Harbor 1941, Max (stehend) und Luria (mit einer Petrischale) während der ersten von ihnen verabredeten Zusammenarbeit in den biologischen Laboratorien in Cold Spring Harbor. Das Bild illustriert, was eine Fußnote in ihrer gemeinsamen Arbeit von 1943 aussagt: »Theorie von M. D., Experimente von S. E. L.«

Man stelle sich nun vor, diesem imaginären Physiker . . . zeigt man ein Experiment, bei dem ein Virus eine bakterielle Zelle betritt und bei dem zwanzig Minuten später, sobald die bakterielle Zelle aufgelöst ist, einhundert solcher Viren frei werden. Er wird dann fragen: ›Wie kommt es, daß aus einem Teilchen in zwanzig Minuten einhundert geworden sind? Das ist doch interessant. Laßt uns herausfinden, wie das geht! Wie gelangt das Partikel in die Zelle? Wie vermehrt es sich? Vermehrt es sich wie ein Bakterium durch Wachsen und Teilen, oder benutzt es einen ganz anderen Mechanismus? Muß es innerhalb eines Bakteriums sein, um sich zu vermehren, oder kann man die Bakterien zerquetschen, und die Vermehrung läuft dennoch weiter? Ist diese Vermehrung ein Trick der organischen Chemie, den die Chemiker noch nicht herausgefunden haben? Laßt uns das alles herausfinden. Das ist so ein einfaches Phänomen, daß doch die Antwort nicht schwer zu finden sein wird. In einigen Monaten werden wir sie kennen. Das einzige, das wir tun müssen, besteht darin, die [äußeren] Bedingungen der Vermehrung zu beeinflussen. Wir machen ein paar Versuche bei unterschiedlichen Temperaturen, in unterschiedlichen Medien, mit unterschiedlichen Viren, und dann werden wir es wissen. Vielleicht muß man in das Bakterium zu unterschiedlichen Stadien der Infektion und der Lyse einbrechen, aber alle diese Versuche dauern jeweils nur ein paar Stunden, und es kann nicht lange dauern, bis das Problem gelöst ist.‹

Vielleicht möchten Sie diesen kindlichen jungen Mann nach acht Jahren einmal wiedersehen und ihn so nebenbei fragen, ob er denn nun das Rätsel des Lebens schon gelöst habe. Das wird ihm peinlich sein, denn er ist noch nicht einmal dem nahe gekommen, was er ursprünglich lösen wollte. Er ist aber rasch mit Argumenten zur Hand, um sein Versäumnis zu begründen. Wenn man ihn zu einer Antwort zwingt, wird er sagen: Nun, ich habe da einen kleinen Fehler gemacht. Ich konnte es eben nicht in einigen Monaten tun. Er braucht vielleicht Jahrzehnte und ist auf die Hilfe einiger Dutzend Leute angewiesen. Doch sieh mal, was ich alles gefunden habe, vielleicht bekommst Du dann Interesse und machst mit.«

Ein ernstes Kind

Zwei Begriffe fallen an dieser Darstellung auf, heroisch und kindlich. Max spielte so gern, wie Kinder es tun. Sein Spielplatz war die Wissenschaft. Er war ein ernsthaftes Kind, die Wissenschaft war für ihn das Spiel eines Intellektuellen, der mit Enthusiasmus und voller Freude bei der Sache ist. Das Nachdenken über die Wissenschaft bereitete ihm das gleiche Vergnügen, welches ein Kind bei einem spannenden Spiel erlebt. Er konnte sich auch auf ihn beschäftigende Untersuchungen entsprechend konzentrieren und – wie ein Kind – die Welt vergessen. Spaß am Spiel hatte er auch außerhalb der Wissenschaften. Wenn er nicht arbeitete oder las, spielte er sportlich (Tennis), geistig (Schach) und gesellig (Karten). Auffallend war dabei, daß er sich an allen Spielen gleichermaßen intensiv beteiligte und erfreute. Ihn interessierte nur das Spielen, nie das Ergebnis.

Dieses ernsthafte Kind betrat um 1940 den Spielplatz der Phagen, der in einer

»heroischen« Vergangenheit errichtet worden war. Mit diesem Attribut hatte Robert Oppenheimer einmal die frühen Tage der Quantenmechanik bezeichnet. Es war in der Tat eine »heroische Zeit«, die man in Göttingen, Berlin und Kopenhagen erleben konnte. Oppenheimer beabsichtigte mit seinem Ausdruck, die historische Parallele zu den Leistungen der antiken Heroen zu ziehen, so wie sie in den altertümlichen Sagen beschrieben werden. Max wollte mit dieser Kennzeichnung die Biologie gleichberechtigt neben die Physik stellen. Er hat historisch und konzeptionell die Biologie als Analogie zur Physik gesehen. Dies ist eine der Konstanten in seinem Denken.

Um die Vermehrung zu analysieren, plante Max ganz einfache und systematische Experimente, wie ein Physiker sie machen würde. Er behandelte den Phagen wie ein »gadget«. Aber damit war der Phage nicht zu fassen. Der augenscheinlich so elementare Vorgang seiner Vermehrung beruht auf kompliziert miteinander verwickelten Mechanismen, die zusammenwirken müssen, um ein »einfaches« Ergebnis zustande zu bringen, nämlich die Vervielfältigung. Max traf damit gleich zu Beginn auf die »Zweideutigkeit, die die ganze Biophysik durchzieht« (»an ambiguity that pervades all of biophysics«) (I). Was für einen Beobachter zuerst kommt, kommt noch lange nicht der Sache nach zuerst. Was sich für einen Biologen als ein klares und sinnvoll faßbares Geschehen präsentiert, beruht in Wahrheit auf raffinierten Mechanismen, die sich im Laufe der Evolution *zusammen*gefunden haben. Diese Lektion lernte Max bei seinem Umgang mit den Lebewesen.

Gegenseitige Behinderung

Obwohl Max und Luria mit denselben Techniken (Assay) denselben Viren auf die Spur kommen wollten und auch dieselben Experimente ausführten, hatten beide doch verschiedene Ziele im Auge. Max wollte die Vermehrung »biophysikalisch« fassen, Luria wollte zum Gen gelangen. Max wollte wissen, was ein Gen macht, Luria wollte wissen, was ein Gen ist.

Unabhängig von diesen konzeptionellen Komplikationen vereinte ihn und Luria der Wunsch, dem Geschehen im schwarzen Kasten *E. coli* auf die Spur zu kommen, wenn sich darin Phagen vermehrten. Um in das Bakterium hineinsehen zu können, erfanden sie die Technik der gemischten Infektionen (»mixed infections«). Die Idee war, auf *einen* Bakterienstamm *zwei* Arten von Phagen loszulassen. Die Phagen unterschieden sich im wesentlichen in der Zeit, die sie zur Lyse brauchten. Die eine Sorte schaffte dies schneller als die andere. Wie sie damit den Blick auf die Vermehrung freimachen wollten, beschrieben beide in der Einleitung zu ihrer ersten gemeinsamen Publikation (D 20):

»Vom Wachstum bakterieller Viren (Bakteriophagen), das nur in einer bakteriellen Zelle eintritt, kann man sagen, daß es hinter verschlossenen Türen vor sich geht. Der Experimentator kann einem Virus bis zu dem Moment folgen, in dem es die Zelle betritt, und dann wieder, wenn es aus ihr herauskommt. Es gibt bis heute keine Möglichkeit, zu beschreiben, was in der Zelle passiert, außer man meint die äußeren Umstände wie

Eintritt des Virus in die Zelle, seine Aufenthaltsdauer, sein Verlassen und vielleicht den Stoffwechsel der Wirtszelle. In ihrem Wunsch, mehr direkte Einsicht in die intrazellulären Vorgänge beim Wachsen eines Virus zu bekommen, wurden die beiden Autoren dazu geführt, die gleichzeitige Wirkung zweier verschiedener Viren auf denselben Wirt zu untersuchen. Es bestand die Möglichkeit, daß ein Virus die Zelle schon lysieren könnte, während das andere noch wachsen würde. Dabei träte dann ein Zwischenstadium des Viruswachstums zutage. Diese Erwartung wurde nicht erfüllt.«

Statt dessen entdeckten Max und Luria, daß das schnelle und das langsame Virus sich gegenseitig ins Gehege kamen und nur einer der beiden Phagen Nachkommen produzierte. Man nannte diese Tatsache Interferenz der Viren und sprach von ihrer »gegenseitigen Ausschließung« (»mutual exclusion«). Dieser erste deutliche Hinweis darauf, daß Vermehrung nicht irgendein elementarer Vorgang, sondern mit bakteriellen Lebensvorgängen eng verknüpft ist, störte Max nicht. Für ihn war die Untersuchung gemischter Infektionen sogar »eine glückliche Entscheidung«, denn das Ergebnis »machte schlagartig die fundamentale Ähnlichkeit zwischen den Bakteriophagen und den Tier- und Pflanzenviren deutlich«, wie er der Rockefeller-Stiftung 1945 schrieb.

Max war so angetan von diesem »neuen Phänomen«, daß er der Interferenz immer bedeutendere Namen gab. In einer dritten Arbeit zu diesem Thema, die er ohne Luria publizierte (D 31), schreibt er von einem »Ausschließungseffekt« (»mutual exclusion effect«), und in einem deutschen Aufsatz im Jahr 1947 berichtet er sogar von einem »Ausschließungsprinzip«. Alle diese Begriffe erinnern an physikalische Termini, und dies mag auch erklären, warum er so sehr von dieser Erscheinung gefesselt war. Er war und blieb ein Physiker, der sich in der Biologie umsah. Er fühlte sich sein Leben lang von der Physik an die Biologie ausgeliehen. Die Interferenz schien eine gute Chance zu bieten, die beiden Wissenschaften miteinander zu verknüpfen. So erklärt sich auch, warum Luria diesem Phänomen nicht dieselbe Bedeutung beimaß. Es enthielt keinen Hinweis auf die Natur des Gens, die er analysieren wollte. Die Interferenz war Teil des Phagenwachstums, auf das sich Max mit seinen Mitteln konzentrierte.

Max blieb dem Phänomen der Ausschließung fast zehn Jahre lang treu (D 44). Heute scheint es vergessen zu sein, obwohl es noch nicht voll verstanden vorliegt. Der Grund liegt darin, daß der komplementäre Effekt sehr viel bedeutender ist. Gemeint ist die Rekombination bei Phagen. Einige Jahre nach Entdeckung der Phageninterferenz beobachtete man bei gemischten Infektionen nicht nur die Verletzung des »Ausschließungsprinzips«, die Phagen schafften es auch, gemischte Formen (»Neukombinationen«) hervorzubringen (Hershey, 1946). Diese Entdeckung vergrößerte die bis dahin langsam gewachsene Phagenfamilie explosionsartig.

Die private Familie

Während des ersten Sommers, in dem Max und Luria in Cold Spring Harbor zusammenarbeiteten, erlaubte sich Max eine Woche Ferien von den Experimenten, um zu heiraten. Am 2. August 1941 wurde Mary Adeline (»Manny«) Bruce seine Frau. Sie war die

Tochter des Bergbauingenieurs James Latimer Bruce und seiner Frau Leah Hills. Die Hochzeitsreise dauerte nur eine Woche. Manny erinnert sich, daß ihr Mann »es nicht erwarten konnte, nach Cold Spring Harbor zurückzukehren«. Die Experimente warteten.

Geboren wurde Manny in Butte, Montana. Aufgewachsen ist sie aber mit ihren drei Geschwistern auf Zypern, wo ihr Vater die Kupferminen der Familie Mudd aus Los Angeles leitete. Ihren ersten Unterricht erhielt sie an amerikanischen Schulen in Libanons Hauptstadt Beirut. Als es für sie Zeit war, auf ein College zu gehen, zog die Familie nach Los Angeles, und Manny entschied sich für Scripps. Als sie Max auf der Party ihres Lehrers traf, fiel er ihr dadurch auf, daß er Gedichte von Goethe rezitierte und vorlas. Er setzte damit eine Neigung seiner Kindheit fort. Immer hat er gerne – und gut, wie Zuhörer versicherten – vorgelesen. Dies war auch später seine bevorzugte Art, sich um seine Kinder zu kümmern. Zusätzlich zum Vortrag der Gedichte bot er auch kurze Interpretationen an. Manny war beeindruckt von seinem Verständnis für poetische Feinheiten und gewann irgendwie das Gefühl, daß »ein Leben mit diesem Mann nicht langweilig werden könne«.

Als sie ihn kennenlernte, fand Manny, daß Max ziemlich nervös und unruhig war. Irgendwie wollte er immer noch nach Deutschland zurück, und nur der Krieg hielt ihn in Amerika fest. Erst die Heirat gab ihm wirklich Grund (im doppelten Sinn) zu bleiben. Manny war familienbewußt wie ihr Mann. Sie interessierte sich für die lokale Politik und versuchte auf dieser Ebene, ihre liberalen Einstellungen zur Geltung zu bringen. Während der Jahre in Nashville hat sie als Journalistin gearbeitet und Beiträge für die regionalen Tageszeitungen geschrieben.

Zum ersten Hochzeitstag verfaßte Manny ein »Silly-Dilly« für ihren Mann, in dem sie ihre nun einjährige systematische Beobachtung einer für sie neuen Spezies beschrieb. Es ging um den Homo scientificus. Manny war aufgefallen, daß dieser Zweig der Familie Mensch »einfach und interessant zu beobachten, aber schwierig und verworren zu verstehen ist«. Was ihr besonders auffiel, war die unnötig komplizierte Art, mit der sich der männliche Homo scientificus an weibliche Exemplare heranschleicht. So »flaniert er nicht . . . auf elegante Weise vor dem Weibchen auf und ab, um ihre Aufmerksamkeit zu gewinnen«, vielmehr »bringt er ihr ein kleines Geschenk wie zum Beispiel ein Borstenbündel oder ein leuchtendes Stück Zellophanpapier, das sie gerührt entgegennimmt und so auf ihn 'reinfällt« (»and the trick is done«). Der Homo scientificus ist gemäß dieser einjährigen Studie »eines der am schönsten spielenden Tiere, das man kennt«. Er ist zufrieden, »wenn er den ganzen Tag in der Sonne sitzen und in dem herumwühlen kann, was sich geheimnisvollerweise seiner bemächtigt hat.«

Manny hat aber während der Jahre in Nashville nicht nur geschrieben, sie hat auch halbtags an der Vanderbilt Universität gearbeitet und auf diese Weise viele gute Kontakte zu Einheimischen herstellen können. Einige der »southerners« wurden gute Freunde der Delbrücks, und einer davon half ihnen sogar über finanzielle Engpässe hinweg. Ein jüdischer Geschäftsmann mit Namen Alfred Starr, Besitzer der Bijou Amusement Company, meinte, daß Vanderbilt »sehr . . . von Dr. Max Delbrücks persönlichem Ansehen profitiere«, und er bot dem Präsidenten der Universität an, die

Differenz zu zahlen, die zwischen dem Gehalt von Max und dem eines Professors ($ 4 500) lag.

Auf diese Weise verdoppelte Starr fast das Einkommen, das Max aufgrund der ursprünglichen Vereinbarung zwischen Vanderbilt und Rockefeller bekommen sollte. Diese Absprache lief 1942 aus, was einige Probleme brachte, denn die Universität sah sich Mitte dieses Jahres nicht in der Lage, Max ein Gehalt zu zahlen *und* seine Forschungsausgaben zu finanzieren, denn »diese steigen, da seine Arbeit erfolgreich ist«. So informierte der Kanzler der Universität, O. C. Carmichael, die Rockefeller-Stiftung, und er bat im Mai 1942 um weitere Unterstützung. Rockefeller erklärte sich bereit, die Kosten der Forschung zu tragen, wenn Vanderbilt das ganze Gehalt übernimmt. Die entsprechende Vereinbarung wurde für drei Jahre getroffen. Auf diese Weise konnte Max »fabelhaft friedlich in Nashville den Krieg überwintern«, wie er in einem Brief an Jeanne Mammen schrieb. Während der Erste Weltkrieg ihn tief traf und erschütterte, lief der Zweite fast unbemerkt ab, ohne ihn auch nur an der Oberfläche zu kratzen. Luria erinnert sich an keine einzige ernsthafte Diskussion über die Lage in ihrer europäischen Heimat.

Als »feindlicher Ausländer« (»enemy alien«) kam Max auch nicht für die Kriegsforschung in Frage. Er mußte nur die Armee in den Anfangsgründen der Physik unterweisen, als der amerikanische Enthusiasmus für die Wissenschaft die Idee produzierte, allen Soldaten Physik beizubringen. Und niemand kam in den frühen vierziger Jahren auf den Gedanken, bakterielle Viren könnten für einen Krieg nützlich sein. Heute ist man anderer Meinung, aber damals lebte Max in einem beschützten Dasein.

Natürlich gab es einige Ressentiments gegenüber Max. Francis Slack, der Direktor des Physik Departments in Nashville, erinnert sich, daß man nicht verstand, warum Max immer noch die Staatsbürgerschaft eines Landes besaß, mit dem man Krieg führte. Die meisten Kollegen betrachteten ihn jedoch mehr als Europäer, und daher gab es keine Probleme in der wissenschaftlichen Zusammenarbeit. Mit einem Pharmakologen schloß Max damals eine enge Freundschaft. Milton Busch war wie er ein begeisterter Tennis- und Schachspieler, und daher trafen sie sich häufig tagsüber und auch abends. Bush erinnert sich nicht, mit Max über den Krieg gesprochen zu haben, und er ist ganz sicher, daß Max nichts von dem wußte, was im gar nicht weit entfernt liegenden Oak Ridge vorbereitet wurde.

Ein Blick auf den Phagen

Die Welt der Phagen wurde in den frühen vierziger Jahren auf einmal im Mikroskop sichtbar. Was vorher als elementare, unteilbare und strukturlose Einheit der Replikation konzipiert war, erwies sich plötzlich auf molekularer Ebene als eine raffinierte Konstruktion mit herrlichen Einzelheiten. Die neue Technik der Elektronenmikroskopie offenbarte neben einer völlig unerwarteten Schönheit auch eine überraschende Komplexität dieser so einfach vorgestellten Atome der Biologie.

Das Elektronenmikroskop verwandelte die Phagen. Aus abstrakten Symbolen wurden konkrete Einheiten mit individueller Gestalt. Max schloß sich diesem »Bildermachen« (»picture-taking business«) (I) im Sommer 1942 an, als T. F. Anderson ein entsprechendes Gerät in Woods Hole installierte. Er stellte sein Mikroskop jedem zur Zusammenarbeit zur Verfügung. Er bat um Proben und bot den Einblick. Mit Luria hatte er schon im Frühjahr erste Versuche mit Phagen unternommen. Das Problem bestand darin, die Konzentration der bakteriellen Viren hoch genug zu machen, so daß sie sichtbar werden konnten. Als Luria diese Aufgabe meisterte, wurden im Elektronenmikroskop kaulquappenförmige Strukturen erkennbar, deren »Kopf« etwa 800 Å im Durchmesser maß (Luria und Anderson, 1942). Als sie ihre ersten Bilder dem amerikanischen Bakteriologen J. J. Bronfenbrenner zeigten, »schlug er sich mit der Hand auf die Stirn und rief ›Mein Gott! Die haben ja Schwänze!‹« (Anderson, 1966).

Bronfenbrenner war der erste Amerikaner, der mit Phagen zu arbeiten begonnen hatte, nachdem sie in Europa entdeckt worden waren. In St. Louis untersuchte er unter anderem die Diffusionseigenschaften dieser Partikel, um ihre Größe zu bestimmen. Aus seinen Analysen zog er den Schluß, daß Phagen so klein sein mußten, daß sie unterhalb der Auflösung eines Elektronenmikroskops blieben. Um so mehr überraschten ihn die Schwänze und andere Einzelheiten der Struktur. Er blieb skeptisch und folgte dieser neuen Art der Phagenforschung nicht bedenkenlos.

Die neue Technik bestätigte zunächst, was man zuvor schon aus anderen Experimenten geschlossen hatte. Ein Phage haftet sich an die Wand eines Bakteriums und sorgt in der vorhergesagten Zeit für dessen Auflösung und seine Nachkommenschaft, die aus hundert Phagen bestehen kann. Als Neuigkeit zeigten die Bilder, daß der Phage selbst nie seinen Wirt von innen sieht. Er bleibt außen stecken. Die ganze Bedeutung dieser Beobachtung konnte man nicht unmittelbar abschätzen. Sie zeigte aber klar, daß immer komplizierter wurde, was am Anfang so einfach erschien.

Was Luria und Anderson 1942 sahen, hatte zuvor schon H. Ruska in Deutschland erblickt (Ruska, 1940 und 1941). Der Krieg verhinderte jedoch die Kommunikation über wissenschaftliche Fragen. Was nun aber in Deutschland nicht weiter vorankam, konnte in den USA rasch weiterentwickelt werden. Max versuchte im Sommer 1942, die neue Technik auf das Problem der Interferenz anzuwenden. Worauf es ihm in den Experimenten ankam, war vor allem, den Adsorptionsprozeß präzise zu fassen, um zu prüfen, ob die gegenseitige Ausschließung hier ihren Ursprung hat. Die elektronenmikroskopischen Aufnahmen zeigten danach eindeutig, daß bei einer gemischten Infektion, bei der es zur Interferenz kommt, in der Tat nur eines der Viren Nachkommen produziert. In der folgenden gemeinsamen Publikation legte Max Wert darauf, die damals immer noch kursierende Idee auszurotten, daß es in den Bakterien Vorläufer von Phagen gibt, die bei einer Infektion aktiviert würden. Ihn ärgerte diese Konzeption, weil sie die Vermehrung (das Wachsen) der Phagen zu einem chemischen Vorgang degradierte.

Die Geburt der Bakteriengenetik

Als im Februar 1943 die elektronenmikroskopische Arbeit zur Veröffentlichung eingereicht wurde, hatten Max und Luria die Lösung des Problems gefunden, die beide berühmt machen sollte. Ihnen war der Nachweis gelungen, daß Mutationen in Bakterien spontan und zufällig auftreten und keine Anpassungen dieser Zellen an Bedingungen in ihrer Umgebung sind (D 25). Die Publikation dieser Erkenntnis spielt in der Geschichte der Biologie eine große Rolle: »So wie man der Auffassung ist, daß die Geburt der Genetik 1865 mit dem Erscheinen von Mendels Arbeit stattfand, kann man auch die Geburt der Bakteriengenetik auf 1943 datieren, als S. E. Luria und M. Delbrück eine Arbeit mit dem Titel ›Mutationen in Bakterien von Virussensitivität zu Virusresistenz‹ publizierten« (Stent und Calendar, 1978).

In der Arbeit haben Max und Luria ein Phänomen analysieren und erklären können, das Max schon 1939 aufgefallen war. Am 14. September 1939 hatte er seinem Abschlußbericht an die Rockefeller-Stiftung folgenden letzten Paragraphen angehängt: »In einer anderen Reihe von Experimenten ist versucht worden, den Ursprung des sekundären Wachstums aufzuklären, das immer einige Stunden nach der Lyse einer empfänglichen Kultur von *E. coli* auftritt. Es wurde festgestellt, daß dieses sekundäre Wachstum durch einen resistenten Stamm erfolgt, der durch eine Mutation aus dem empfänglichen Stamm hervorgegangen sein muß. Die Mutationsrate liegt bei eins zu hunderttausend in jeder Generation. Mutationen in die umgekehrte Richtung wurden nicht beobachtet.«

Das sekundäre Wachstum ist sehr einfach zu beobachten. Eine bakterielle Kultur sieht zunächst trübe aus. Nach der Zugabe von Phagen wird die Lösung klar und durchsichtig. Erscheint die Trübung nach einigen Stunden erneut, kann daraus geschlossen werden, daß hierin nun ein resistenter Bakterienstamm herangewachsen ist. Er widersteht dem Angriff der Phagen.

Das tiefe Problem hinter dieser Erscheinung steckte in der Frage, ob diese Mutationen in der bakteriellen Zelle wirklich genetische Änderungen waren, die auch dann eintreten konnten, wenn gar keine Phagen in der Nähe waren, oder ob es sich dabei um Anpassungen der Bakterien an die vorhandenen Viren handelte. Eine Adaptation konnte zum Beispiel mit dem Auftauchen neuer Enzyme erklärt werden, die wiederum durch Komponenten im Kulturmedium induziert worden waren. Die entscheidende Alternative bestand zwischen einer *Mutation* und einer *Adaptation.* Diese Problematik diskutiert man in der Biologie mindestens, seit Charles Darwin die Abstammung der Arten beschrieben hat. Veränderten sich (wie Darwin glaubte) die Lebewesen durch zufällige Mutationen, deren Konsequenzen dann die Individuen in der Welt ausprobieren konnten oder mußten? Oder gab es einen Weg, um das, was ein einzelner Organismus gelernt hat, seinen Genen mitzuteilen und so vererbbar zu machen? Die zweite Auffassung ist als Lamarckismus bekannt und hatte um 1940 vor allem unter Bakteriologen starke Anhänger. Jede beobachtete Veränderung einer physiologischen Eigenschaft konnte rasch als Adaptation erklärt werden, denn anders war sie nicht zu erkennen. Was fehlte, war ein scharfes Kriterium, um beide Möglichkeiten sauber zu unterscheiden.

Schon 1934 hatte I. M. Lewis die Hypothese vorgelegt, daß bakterielle Varianten durch Mutationen entstehen (Lewis, 1934). Er hatte beobachtet, daß Bakterien, die mit Hilfe des Zuckers Glucose herangezogen worden waren, einen anderen Zucker mit Namen Lactose im allgemeinen nicht verwerten (fermentieren) konnten. Höchstens einer Zelle unter einer Million gelang dies. Sein Schluß, dafür sei eine Mutation verantwortlich, war zwar richtig, aber er blieb ohne Beweis. Dieser gelang erst 1943, als sich Max und Luria ernsthaft der Frage zuwandten, wie Bakterien, die von Viren attackiert werden können, resistent gegenüber solchen Angriffen werden.

Nach zweijährigem Schlummer meldete sich das Problem 1941 wieder, als Max im April mit einer Postkarte Luria auf einen verlorengegangenen Brief antwortete: »Ich stimme mit Dir überein, daß das Erscheinen einer sekundären Kultur ein interessantes und angreifbares Problem für eine zukünftige Zusammenarbeit sein könnte.« Sie planten, zunächst in Cold Spring Harbor zusammenzuarbeiten, und dann sollte sich Luria um ein Guggenheim-Stipendium bemühen, um die gemeinsamen Experimente in Nashville fortsetzen zu können. Max hat 1945 die Geschichte ihrer fundamentalen Arbeit in einem Bericht an die Rockefeller-Stiftung beschrieben, den er am 6. Juni abschickte:

»Wir einigten uns darauf, über die Frage des Ursprungs bakterieller Varianten zu arbeiten, die resistent gegenüber der Aktion eines gegebenen Virus sind, und die in praktisch allen empfänglichen Kulturen auftreten. Die Frage, ob diese Varianten als Antwort auf die Wirkung der zugesetzten Phagen produziert werden, oder ob sie spontan erscheinen und dann durch selektiven Einfluß der Viren in den Vordergrund treten, ist nie beantwortet worden.

Dieses Problem stellte sich als härter heraus, als wir angenommen hatten. Während des Aufenthaltes von Dr. Luria hier an der Vanderbilt Universität im Herbst 1942 scheiterten alle Versuche, kritische Experimente zu entwerfen. Dr. Luria setzte jedoch seine Arbeit an diesem Problem an der Universität von Indiana fort, wo er eine Position als Assistent (›Instructor‹) in Bakteriologie angenommen hatte. Und zu Beginn des Jahres 1943 fiel ihm eine befriedigende Methode ein, wie die Frage zu klären sei. Die Methode wurde ausgearbeitet, die Theorie hier in Vanderbilt und die experimentelle Technik von Dr. Luria in Indiana, und die Arbeit konnte zum Abschluß gebracht werden, als Dr. Luria zu einem zweiten Besuch im Frühjahr 1943 nach Nashville kam.«

Luria hat einmal beschrieben, wie er auf diese »befriedigende Methode« gestoßen ist (Luria, 1966): »Die Idee . . . kam mir, während ich die schwankenden Rückzahlungen eines Spielautomaten beobachtete, die einige meiner spielenden Kollegen im Bloomington Country Club erzielten, wo sich einmal im Monat die Fakultät samstags zum Tanz traf.«

Luria hatte in der Woche zuvor mit Experimenten begonnen, durch die er herausfinden wollte, ob die Zahl der resistenten Bakterien zunimmt, wenn die Kolibakterien in ihrer Kultur wachsen (also an Zahl zunehmen). Seine Annahme war, daß der Anteil an resistenten Bakterien *konstant* bleiben sollte, wenn deren Erscheinen durch die Phagen induziert würde. Er sollte nur *zunehmen*, wenn die Resistenz auf einer Mutation beruhte. Denn mit einer genetischen Änderung würde eine neue Abstammungslinie (Klon) beginnen, die sich wie die sensitiven Bakterien in der Kultur vermehrt.

Als er diese Versuche ausführte, stellte er zu seinem Ärger fest, daß die Zahl der

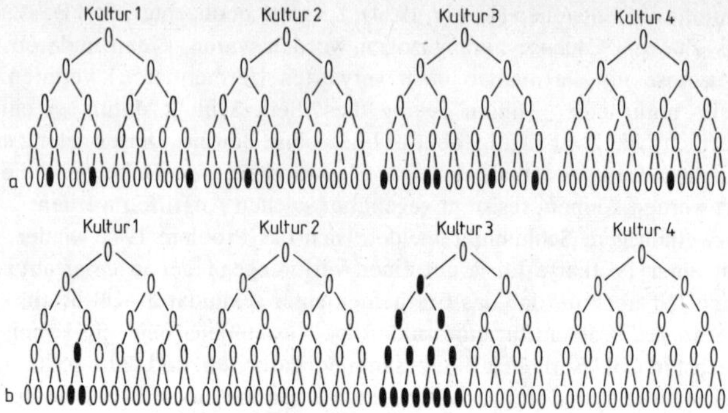

Die Fluktuationsanalyse: Die Änderung, die aus sensitiven Bakterien (weiß) resistente Bakterien macht (schwarz), kann auf zwei Weisen entstanden sein. Die Bakterien können sich mit einer gewissen Chance an die Phagen adaptieren (a). Dann entstehen die resistenten Stämme erst durch Zugabe der Phagen, und man wird in mehreren Kulturen eine normale Verteilung finden, d. h., die Zahl der resistenten Bakterien schwankt ein wenig um einen Mittelwert. Wenn die Resistenz die Folge einer Mutation ist, dann kann diese Mutation irgendwann vor dem Eintreffen der Phagen eingetreten sein oder auch gar nicht (b). Dadurch wird die Zahl der resistenten Bakterien in viel größerem Maße schwanken als im Fall (a). Auf diese Weise kann man durch Analyse von Fluktuationen Auskunft über einen biologischen Mechanismus bekommen.

resistenten Bakterienzellen von Tag zu Tag großen Schwankungen unterworfen war, und er seine Experimente nie richtig planen konnte. Als er nun den Spielautomaten ansah, dämmerte es ihm, daß er die falschen Zahlen analysierte. Statt über die Zahl der resistenten Zellen nachzusinnen, sollte er sich besser auf die Schwankungen konzentrieren. Luria konnte endlich das Pferd vor den Wagen spannen, und schon am Sonntag morgen begann er mit Experimenten, deren Ziel es war, die Fluktuationen zu vergleichen, die zwischen zwei Experimenten auftraten. Noch am selben Tag schrieb er Max, wie seine Versuche aussahen (2. Januar 1943):

»Ich dachte, daß ich mit einem sauberen Experiment herausfinden könnte, wie die Fluktuationen in der Zahl der resistenten [Bakterien] von der Kultur abhängen, aus der sie stammen. Das heißt: Wenn ich Phagen auf zehn Proben [eines Rasens aus *E. coli*-Stamm] B auftrage, die alle aus *derselben* Kultur stammen, dann finde ich, daß die Zahl der resistenten Bakterien so schwankt, wie es die Poissonverteilung angibt. Wenn ich Phagen auf zehn Proben aus zehn *verschiedenen* Kulturen von [*E. coli*-Stamm] B auftrage, dann finde ich viel größere Schwankungen. Wenn die Resistenz auf der Platte entsteht, nach dem Kontakt mit den . . . [Phagen], dann sollten die Fluktuationen in beiden Fällen dieselben sein.«

Max antwortete auf einer Postkarte am 24. Januar 1943. Luria solle sonntags besser in die Kirche gehen, sonst aber »hast Du recht, was die Unterschiede in den Fluktuationen angeht, wenn man Proben von einer Kultur mit denen aus mehreren anderen Kulturen vergleicht. Im zweiten Fall hat die Zahl der *Klone* eine Poissonverteilung. Ich glaube, was diesem Problem fehlt, ist eine ausgearbeitete und niedergeschriebene Theorie, und damit habe ich angefangen.«

Am 3. Februar traf das Manuskript mit der Theorie – der Fluktuationsanalyse – in Indiana ein, und Luria begann mit den entscheidenden Experimenten. Er untersuchte dabei das Auftreten der Resistenz von *E. coli* gegenüber dem Phagen, der heute als T1 bekannt ist.

Nun lief alles wie am Schnürchen und im Mai 1943 reichten Max und Luria den Beweis der spontanen Natur der bakteriellen Mutationen zur Veröffentlichung in der Zeitschrift »Genetics« ein. Sie erschien in der Ausgabe, deren Datum November 1943 lautet. Das entsprechende Heft erschien aber erst zu Beginn des Jahres 1944. Mit dieser Arbeit begann die Wissenschaft von der Bakteriengenetik. Es war die erste Arbeit, die in »Genetics« über Bakterien erschien. Die Genetiker hatten sich bis dahin um Fliegen und Heuschrecken aber nicht um Bakterien gekümmert. Und die Bakteriologen dachten nicht an die Fragen, mit denen Genetiker sich beschäftigten.

Die Bedeutung der Analyse von 1943 beruht darauf, daß die Arbeit von Max und Luria »für die Bakteriengenetik das tat, was Mendel für die allgemeine Genetik getan hatte – nämlich zum ersten Mal vorzumachen, welche experimentelle Anordnung, welche Art der Datenbehandlung und welches Raffinement erforderlich sind, um bedeutungsvolle und eindeutige Ergebnisse zu erhalten. . . . Ihre Arbeit wurde so zum Standard, an dem alle späteren Arbeiten zur Bakteriengenetik gemessen wurden« (G. Stent).

Sie war außerdem die erste Arbeit, die eine »Jahrhundertfrage« der Biologie an einem konkreten Fall exakt beantworten konnte. Max und Luria erstürmten mit ihren Experimenten »die letzte Festung des Lamarckismus«, die man in der Bakteriologie errichtet hatte. Kein Wunder also, daß es Versuche gab – bis in die fünfziger Jahre hinein –, die 1943 erzielten Ergebnisse doch noch in dem Sinn zu deuten, daß erst die Anwesenheit der Phagen die Resistenzmutation der Bakterien auslöse und daher alle vererbbaren Änderungen Reaktionen auf die Außenwelt seien. Zum Beispiel postulierte man eine »Verzögerungsphase« (»lag-phase«), der Bakterien unterworfen sind, wenn ihre Umwelt (Kulturmedium) sich ändert, und während der sie sich nicht weiter vermehren (Hinshelwood, 1950; Jackson und Hinshelwood, 1950). Zwischen beiden Hypothesen zu unterscheiden, ist mit Hilfe der Resistenzmutation allein nicht so leicht möglich (Armitage, 1952). Max hätte hierzu gesagt, daß die Verzögerungsidee unnötig kompliziert ist, die Mutationshypothese sei einfacher und somit wahrscheinlicher. Heute ist klar, daß dies stimmt.

Komplementäre Ansichten

Neben ihrer konzeptionellen Reichweite brachte die Arbeit von Max und Luria einen wesentlichen technischen Fortschritt mit sich. Mit ihrer Methode konnte man die Häufigkeit von Mutationen mit bis dahin unbekannter Genauigkeit messen. In Lurias

Worten: »Der Wert der Fluktuationsmethode besteht ganz genau darin, daß *sie die Fluktuationen selbst zur Basis der Bestimmung von Mutationsraten macht«* (Luria, 1966). Und wieder hilft die erwähnte Formel von Poisson. Sie verknüpft Größen, die man messen kann, mit solchen, die man wissen will.

Dieser Erfolg der Fluktuationsanalyse erlaubte der Bakteriengenetik den großen Schritt nach vorn. Man konnte nun extrem niedrige Mutationsraten messen, die um Größenordnungen von den alten Werten unterschieden waren, und viele Wissenschaftler fühlten sich dadurch angezogen. Als Luria diese Ausweitungen der gemeinsamen Arbeit sah, fühlte er sich wie im siebten Himmel, er dachte, er »schwebe tatsächlich auf Wolken« (Luria, 1984). Die Natur des Gens schien nun zum Greifen nah. Er machte sich sogleich auf die Suche nach Mutanten unter den bakteriellen Viren. Bald hatte er schon Erfolg. Er fand Phagen, die den Bakterienstamm, der gegen die Ausgangsphagen resistent geworden war, wieder lysieren konnten. Diese seltenen Mutanten nannte er Wirtsbereichmutanten (»host-range mutants«) (Luria, 1945).

Max reagierte völlig anders. Nachdem er schon auf komplementäre Weise zur berühmten Arbeit beigetragen hatte – eine Fußnote zum Titel lautet: »Theorie von M. D., Experimente von S. E. L.« –, zog er nun auch die Konsequenzen auf entsprechende Weise. Er sprach 1945 im Zusammenhang mit der historischen Fluktuationsanalyse »von

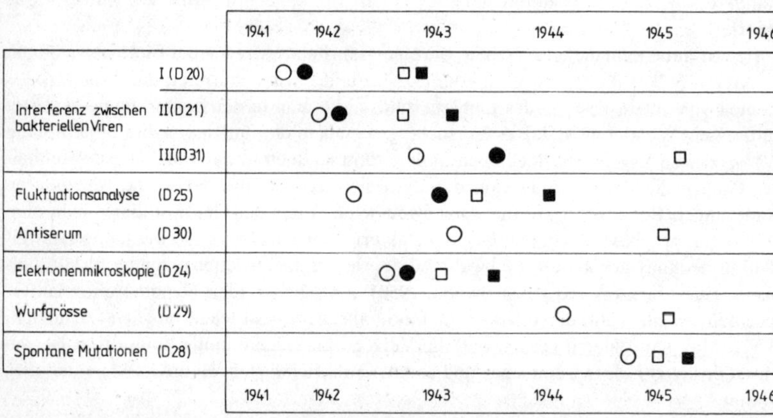

Diese Zusammenfassung seiner Arbeiten aus den Kriegsjahren schickte Max 1945 von Nashville an die Rockefeller-Stiftung in New York. Max gab an, wann er mit den ersten Experimenten begonnen hat, und wann ihm die Entdeckung gelungen ist, die dann publiziert werden konnte. Er betonte in seinem Bericht, daß die Arbeit zur Resistenz sehr explosiven Charakter habe, doch leider von seinem Hauptthema (der Interferenz) abweiche. Die Namen und Nummern in der linken Spalte weisen auf die entsprechenden Arbeiten hin.

○ Beginn der Arbeit; ● Zeitpunkt der Entdeckung; □ Einreichen der Arbeit; ■ Veröffentlichung.

einem Seitenthema (›side issue‹), das die Hauptfrage verdrängt, weil sein explosiver Inhalt die Möglichkeit mit sich bringt, Bakteriengenetik zu betreiben« (D32). Das Hauptthema war die Vermehrung des Phagen, und die bakteriellen Varianten »hatten nichts damit zu tun«. Mutationen waren überhaupt nicht mehr sein Thema, hier gab es keine tiefe Komplementarität mehr zu entdecken. Was mit Genen passierte, konnte er nur am »einfachen« Phagen studieren und hoffen, in eine paradoxe Situation zu lenken. Also konzentrierte er sich weiter auf die Interferenz bei gemischten Infektionen. Er gab gern zu, daß die Fluktuationsanalyse »interessant« war, aber »Spaß machten nur die Interferenzexperimente« (I).

Die Richtung, die Luria einschlug, über die Analyse von Mutationen zum Verständnis einer lebenden Form zu gelangen, Organismen sozusagen genetisch zu zerlegen, wurde der eigentliche Königsweg der Molekularbiologie. Obwohl Max an dessen Gründung stand, ist er ihn kaum und nur zögernd gegangen. Man gewinnt den Eindruck, er wollte von sich aus mit Mutationen nichts mehr zu tun haben. Er fühlte sich einfach nicht als Genetiker, er war und blieb ein Physiker, der versuchte, das Ganze im Auge zu behalten. Er fragte auch nie, was ist das nächste erfolgreiche (also publizierbare) Experiment, das man machen kann. Er hatte seine Hintergedanken, die ihn nach vorne trieben.

Der dritte Mann

Als Max die Theorie ausarbeitete, mit der Luria seine Idee einer Schwankungsanalyse in konkrete und entscheidende Experimente umwandeln konnte, hatte er in Nashville einen Besucher aus St. Louis. Es war Alfred Hershey, der dort an der Washington Universität bei J. J. Bronfenbrenner arbeitete. Als Max seine mathematische Erfassung der Fluktuationen im Februar 1943 an Luria schickte, fügte er eine erste Kennzeichnung Hersheys bei: »Trinkt Whiskey und nicht Tee. Ist einfach und kommt zur Sache. Lebt gerne drei Monate lang auf einem Segelboot, liebt Unabhängigkeit.«

Hershey fühlte sich zu den Phagen hingezogen, seit er 1939 in der Arbeit von Max und Ellis etwas über das Wachstum dieser Viren gelesen hatte. Hershey befand sich damals in einer unglücklichen Lage. Bronfenbrenner hatte ihn engagiert, damit Hershey dessen Hypothesen über die Phagen bestätige. Max sprach in diesem Zusammenhang von der Parteilinie (»party line«) Bronfenbrenners, die bestimmte, daß Phagen kleine Moleküle und so wie normale Proteine aufzufassen seien. Hershey sollte zeigen, daß die Beobachtungen, die auf große Phagen hindeuteten, Artefakte waren und auf Experimenten beruhten, bei denen die kleinen »Phagenmoleküle« von größeren Gebilden adsorbiert worden waren. Die Technik, die Hershey verwendete, stammte aus der Immunologie. Sie bestand darin, Phagen mit Antiseren auszufällen.

In dieser unbefriedigenden Situation lud ihn Max nach Nashville ein. Wie in den dreißiger Jahren in Berlin hatte er auch in Tennessee seinen wissenschaftlichen Klub (»science club«) organisiert. Seine Mitglieder trafen sich in der Universität und luden Sprecher von auswärts ein. Ende 1942 bat Max Hershey, zum Vortrag zu kommen, und er stellte den Klub vor. Etwa ein Dutzend Leute würden sich da regelmäßig treffen, um sich gegenseitig über das »zu informieren, was in den verschiedenen Gebieten der Wissenschaft passiert«. Hershey wollte über »Immunologische Reaktionen bei Bakteriophagen« sprechen und erbat genauere Hinweise auf die Vorkenntnisse der Zuhörer, um sich entsprechend einstellen zu können. Max antwortete auf einer Postkarte am 6. Januar 1943, man wüßte nichts, verstünde aber alles: »Der Vortragende sollte vollständige Ignoranz und unbeschränkte Intelligenz (›complete ignorance and infinite intelligence‹) auf Seiten des Publikums voraussetzen.«

Der Besuch Hersheys wurde ein Erfolg, und Max erhielt eine Rückeinladung für das Frühjahr 1943. In den Monaten, die dieser Reise nach St. Louis vorausgingen, wechselten er und Hershey viele Briefe, in denen sie die Bedeutung der Experimente diskutierten, bei denen Phagen ausgefällt werden. Max sprach in diesem Zusammenhang von Hersheys »Flucht vor der Realität« und ermutigte ihn, Bronfenbrenners Spuren zu verlassen und eigene Pfade zu finden. Die Fluktuationsanalyse erwähnte er im übrigen nicht. Als Max sich schließlich im April 1943 nach St. Louis aufmachte, war er nicht allein. Luria kam mit, und so kam es mitten im Krieg und mitten in Amerika zum allerersten »Phagentreffen« (»phage meeting«). Das Trio, das sich in St. Louis traf, teilte sich ein gutes Vierteljahrhundert später den Nobelpreis für Physiologie und Medizin. Ihre Zusammenkunft konstituierte die Phagengruppe (»phage group«), auf deren Arbeiten sich die Molekularbiologie gründet. Max hat dieses seltsame Trio klassisch einfach als »zwei feindliche Ausländer und ein gesellschaftlicher Außenseiter« beschrieben (»two enemy aliens and a social misfit«).

Max drängte auf Zielstrebigkeit. Vor allem Hershey müsse sich bald dazu durchringen, die Parteilinie seines Chefs zu verlassen, und er arrangierte eine Möglichkeit zur Zusammenarbeit im Herbst in Nashville, die er Hershey am 25. Juli übermittelte: »Ich hoffe, Du kannst im Herbst herkommen und mit mir einige Versuche durchführen. . . . Ich glaube, nach dem Krieg wird es einen Ansturm auf die Phagenforschung geben, daher ist es besser, wir klären die elementaren Probleme jetzt, so daß wir nachher mit Autorität sprechen können.«

Hershey hatte seine Bedenken. Er war nicht der Typ wie Max, der eine große Linie verfolgte und immer zuversichtlich war, daß das Vertrauen in die höhere Einfachheit belohnt würde. Hershey hielt es mehr mit der Theologie der Philologen, für ihn steckte der Teufel in allen Details, und er sah nicht, wie die Experimente weiterhelfen sollten. Max bedrängte ihn, die »deprimierende Atmosphäre . . . der kleinkarierten Bakteriologen« zu verlassen. Und es gelang ihm, Hershey zu überzeugen. Vierzig Jahre später drückte er in einer Rede zur Einweihung des Delbrück-Labors in Cold Spring Harbor seine Dankbarkeit dafür aus, daß Max ihm geholfen habe, bei der »Schöpfung« der sich nun so rasant entwickelnden Molekularbiologie dabeisein zu dürfen. Aus dem Philologen Hershey wurde nun der Künstler, der Luria schon war. Hershey verdeutlichte in seiner Rede vom August 1981 an seinem Beispiel ganz allgemeine Eigenschaften, die Max zum »Begründer und Anwalt der Molekularbiologie« (Stent, 1966) werden ließen. Max »sah die großen Fragen, bevor man sie in Worte fassen konnte. Nur wenige Wissenschaftler sind dazu in der Lage. [Und] . . . er verwandte viel Mühe und Intelligenz darauf, andere zu ermutigen, dies richtig einzuschätzen und sie anzuleiten, auch wenn das auf seine eigenen Kosten ging. Diese Großzügigkeit im Geiste war eines seiner Hauptmerkmale.«

Der Stoff, aus dem die Gene sind

In seiner Rede in Cold Spring Harbor (1981) erinnerte sich Hershey auch an das erste »phage meeting« im April 1943 in St. Louis: »Ich kann das Datum so genau bestimmen, weil die beiden [Max und Luria] die Nachricht von Averys Experiment mitbrachten, in dem es um die Transformation von Pneumokokken ging.«

Damit sind die Versuche gemeint, die Oswald Avery und einige seiner Mitarbeiter in den frühen vierziger Jahren an der Rockefeller Universität in New York durchgeführt hatten, und in denen sie zeigen konnten, daß zumindest ein Teil der genetischen Information in Form von Makromolekülen vorlag, die sie als Nukleinsäuren (DNS) charakterisieren konnten. In dieser Arbeit gibt der Stoff, aus dem die Gene sind, zum ersten Mal seine Identität preis (Avery et al., 1944).

Mit dieser Information konnte man damals nur wenig anfangen, denn die Molekülsorte DNS war kaum charakterisiert, und so blieb unklar, wie dieses Makromolekül Information tragen könnte. Avery hatte seine Entdeckung zu früh gemacht (Stent, 1978). 1943 wußte man von der DNS, daß sie aus vier chemisch unterscheidbaren Bausteinen bestand (Tetranukleotid), und man konnte sich kaum vorstellen, dies ermögliche die Vielseitigkeit, die ein Molekül doch haben müsse, um als Gen in Frage zu kommen. DNS war damals – wie Max sich ausdrückte – »ein dummes Molekül«.

Max hat 1972 in einem Brief an Gunther Stent seine historische Einschätzung der Entdeckung von Avery beschrieben: »In den späten vierziger Jahren haben wir [die Phagengruppe] nicht viel über DNS oder Averys Entdeckung gesprochen, denn das hätte doch nichts geholfen; aber *nicht*, weil wir es nicht glaubten. Warum hätte es nicht geholfen? In der *Anfangsphase* dieser Zeit konnten wir nicht erkennen, wie DNS die *Spezifität* tragen könnte. Wenn man also Averys Ergebnis akzeptierte, konnte man es immer nur damit deuten, daß irgendwie Enzyme angeregt worden seien . . . und nicht durch einen Gentransfer. [. . .] Ich würde . . . sagen, daß Averys Entdeckung . . . *logisch* vorzeitig war, nicht *psychologisch*. Sie erschien ohne Kontext, der mußte erst nachgeliefert werden. Und das wurde er – *sorgfältig und mühsam* – von Chargaff und Hotchkiss. Ich glaube nicht, daß größere Intelligenz oder mehr Offenheit zu der Zeit etwas genutzt hätten, solange die Daten noch fehlten.«

In der eigentlichen Veröffentlichung drückt sich Avery sehr vorsichtig aus. Deutlicher wurde er, was die Rolle der DNS angeht, in einem Brief, den er seinem Bruder Roy schickte, der damals an der mikrobiologischen Abteilung der zur Vanderbilt Universität gehörenden Medizinischen Hochschule arbeitete. Als Roy Avery den siebzehn Seiten langen Brief seines Bruders im Frühjahr 1944 bekam, lief er gerade Max in die Arme, der über den Campus spazierte. Auf diese Weise erfuhr Max, daß Oswald Avery vermutete, den Stoff zu kennen, aus dem die Gene sind.

Doch die Rolle, die die DNS spielte, wurde nur langsam begreifbar. Das entscheidende Experiment gelang 1952, als Hershey in Zusammenarbeit mit Martha Chase zeigen konnte, daß von den beiden Molekülsorten, aus denen Phagen bestanden – Nukleinsäuren und Proteine – nur eine, und zwar die DNS, in das Bakterium gelangt, während das Protein außen haften bleibt. Der entscheidende Trick bestand darin, daß bei geeigneter Behandlung in einem Mixer Bakterien selbst unbeschadet bleiben, die an ihrer Wand klebengebliebenen Phagenhüllen aber abrasiert werden. Anschließend konnte man beide in einer Zentrifuge voneinander trennen. Da Proteine und DNS chemisch unterschiedlich markierbar sind, stellten Hershey und Chase fest, daß nur die DNS der Phagen in die Bakterien eingedrungen war (Hershey und Chase, 1952). Also mußte *alle* genetische Information von der DNS getragen werden.

Man hat Max und der Phagengruppe oft vorgeworfen, zu wenig auf Averys Experimente und die chemischen Bemühungen im allgemeinen eingegangen zu sein, sie sogar mehr oder weniger vernachlässigt zu haben. Es stimmt schon, daß Max immer sehr ungeduldig mit den Ergebnissen der Biochemie umging. Dort entdeckte man unentwegt neue Wege im Stoffwechsel, auf denen entlang kleine Moleküle in andere umgewandelt wurden, aber nirgends tauchte die Einfachheit auf, die Max aus der Physik gewohnt war, und die er in der Biologie suchte. Die Biochemie war ihm zu kompliziert. Abgesehen davon half die Information, daß Gene aus DNS bestehen, um 1944 nicht viel, denn diese Makromoleküle waren noch schlechter beschrieben als die Proteine.

Was Averys Evidenz anging, so sah Max schon dessen Chance, die biochemische Natur der Vererbung aufzuspüren. Im Februar 1944 diskutierte er brieflich mit Hershey die »geheimnisvolle Substanz« (»mystery substance«) aus New York und drückt die Hoffnung aus, »daß die Genetik sich schließlich auflockert und vielleicht erleben wir den Tag noch, an dem man etwas über die Vererbung in Bakterien weiß, obwohl diese armen Dinger keinen Sex haben«.

Das Glück der Tüchtigen

Als Averys Identifizierung des genetischen Materials publiziert wurde, war die Bakteriengenetik noch ein ruhiger Spielplatz, der jedermann offenstand. Da aber alle bisherigen Mitspieler ihre eigenen Spielsachen (sprich Phagen) mitgebracht hatten und ihnen mehr oder weniger zufällige Namen gegeben hatten – Luria machte das von der Tastatur seiner Schreibmaschine abhängig –, herrschte ein gewisses Durcheinander. Die Nomenklatur verwirrte Max, und er schlug eine radikale Kur vor, bevor – wie er erwartete – mit dem Kriegsende noch mehr Leute ihre Phagen suchen und bearbeiten würden. Er arrangierte im Sommer 1944 das »Phagenabkommen« (»phage treaty«), damit Experimente aus verschiedenen Laboratorien wieder verglichen und Informationen systematisch gesammelt werden konnten. Er entschied zunächst, nur noch dem Stamm B des Bakteriums *E. coli* zu benutzen, mit dem er und Luria gearbeitet hatten. Weiter kündigte er an, nur noch Experimente mit einem von *sieben* Phagen zu berücksichtigen, die alle gegen den Stamm B aktiv sind. Die Phagen dieser Gruppe erhielten die Bezeichnungen T1, T2, . . ., T7. Dabei steht T abkürzend für Typ. Als Kriterien, nach denen diese

Menge ausgewählt wurde, wurden die besonders einfach zählbaren Löcher herangezogen, die sie produzieren, und die Tatsache beachtet, daß man die entstehenden resistenten Varianten von *E. coli* B problemlos von den Phagen trennen kann, denen sie widerstehen (Demerec und Fano, 1945). Mit anderen Worten, die ausgewählten Phagen waren dem experimentellen Zugriff bequem zugänglich. Ihrem Aussehen nach paßten die sieben Phagen in vier Gruppen, deren bekannteste aus den drei geradzahligen Typen T2, T4 und T6 besteht.

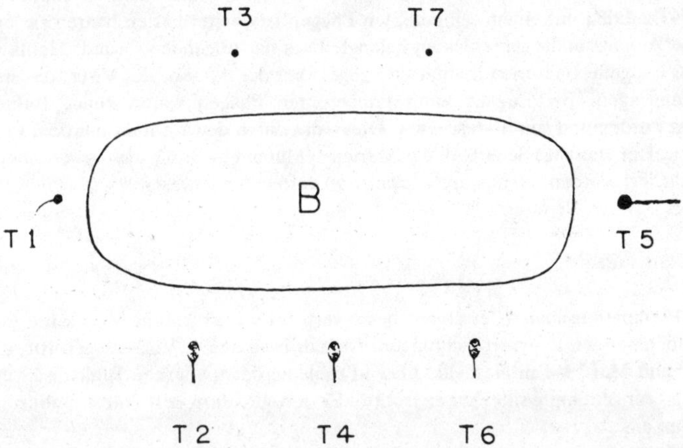

In dem Phagenabkommen von 1944 legte Max fest, sich auf die Untersuchung von sieben Phagen zu beschränken und ihre Wirkung auf einen Stamm von *E. coli* zu analysieren. In dieser Abbildung, die Max für seine Harvey-Vorlesung 1946 anfertigte, sieht man die relative Größe der benutzten Organismen. Einige dieser bakteriellen Viren sind mehr oder weniger miteinander verwandt. In dieser Zeichnung aus dem Jahre 1946 machte Max den Unterschied deutlich. Bei einer gemischten Infektion aus zwei nichtverwandten Phagen kommt es zur Ausschließung eines Phagen. Diese Interferenz hat Max in den vierziger Jahren sehr beschäftigt.

Nachdem die Phagengruppe den Entschluß zu dieser freiwilligen Beschränkung gefaßt hatte, verhielt sich Max konsequent. Er schaute zunächst keine anderen Versuche an als die, die mit dem auserwählten Septett gemacht worden waren. Dies fiel ihm nicht leicht, aber eine seiner Grundhaltungen war die, daß ein guter Forscher lernen muß, seine Neugierde zu zähmen. Neugierig zu sein ist wichtig, aber nicht genug. Man muß sich auch konzentrieren können.

Die sieben Phagen, die im Abkommen von 1944 enthalten sind, führen nach jeder Infektion eines Bakteriums dessen Zerstörung herbei (Lyse). Sie heißen entsprechend virulente Phagen und müssen von den (später entdeckten) bakteriellen Viren unterschieden werden, die sich nicht sofort im Innern der infizierten Zelle vermehren, sondern die Fähigkeit haben, ihr genetisches Material in dem Wirtschromosom einzulagern. Sie heißen temperente Phagen. Sie lysieren ihren Wirt nicht sofort, sondern erlauben ihm, als ihr Träger zu überleben. Bakterien mit einem Phagen im Zellinnern bezeichnet man als lysogen. Exemplare dieser Art wurden schon in den frühen zwanziger Jahren beobachtet, damals aber als verunreinigte (kontaminierte) Stämme mißgedeutet.

Max hat immer mit virulenten Phagen gearbeitet. Bei der Resistenzanalyse zum Beispiel verwendeten er und Luria den Phagen T1. Dies war ihr Glück. Wenn Max und Luria 1943 zufällig mit einem temperenten Phagen gearbeitet hätten, wären sie möglicherweise zu ganz anderen Schlüssen gelangt. Dies hat folgenden Grund: Heute weiß man, daß lysogene Bakterien immun sind gegenüber der Attacke des Virus, das sie mit sich herumtragen. Bei Zugabe eines temperenten Phagen wären einige Bakterien lysogen geworden und somit »resistent«. Dies wäre durch den Kontakt mit dem Phagen geschehen. Der (falsche) Schluß, daß bakterielle »Mutanten« durch die Anwesenheit der Viren induziert worden seien, wäre schwierig zu vermeiden gewesen.

Was ist ein Gen?

Als die Fluktuationsanalyse erschien, beschwerte sich Max häufig über seine immer weiter zunehmenden Lehrverpflichtungen. Damals bereitete er Vorlesungen vor, die er im April und Mai 1944 in Nashville über »Probleme der modernen Biologie in ihrem Verhältnis zur Atomphysik« halten sollte. Er fertigte dazu ein (nicht publiziertes) Manuskript an.

Dieser Text beginnt mit einer kurzen Diskussion der »gewöhnlichen« Biochemie, »was eine Zelle mit Substraten macht, die von außen kommen«. Er leitet dann über zur Genetik. Max vollzieht die Schritte nach, die aus einem Gen ein greifbares Teilchen gemacht haben. Dann faßt er zusammen: Alles, was die Biologen vom Gen wissen, »verdanken wir . . . zwei glücklichen Zufällen, nämlich der Bisexualität der höheren Lebewesen und dem Crossing over bei der Reifeteilung (Meiose). Da unser Wissen vom Gen so eng mit diesen beiden Eigenschaften verbunden ist, stellt sich die Frage, ob es Gene auch in solchen Lebewesen gibt, die keinen Sex und kein Crossing over haben, in den Bakterien. Es bleibt zu beachten, ob nun dieser Mangel an Sex . . . in Bakterien letztlich nur ein Handikap beim Studium der Gene in dieser Gruppe ist.«

Max glaubte schon damals daran, daß es Gene in Bakterien gibt, aber er sah keine Methode, sie zu erfassen. Was der damaligen Genetik spürbar fehlte, war ein biochemischer Zugriff, eine molekulare Linie. Schließlich hätten die Genetiker »drei prachtvolle Probleme« produziert, die auf eine Antwort warteten:

»1. Woraus bestehen Gene?
2. Wie vermehren sie sich?
3. Wie wirken sie?«

Das Vertrauen, das Max möglichen biochemischen Beiträgen zum Gen entgegenbrachte, stützte sich auf einen entscheidenden Durchbruch, der 1941 gelungen war. Bei Arbeiten mit dem Pilz Neurospora war es George Beadle und Earl Tatum in Stanford gelungen, biochemische und genetische Tatsachen miteinander zu verknüpfen. Dazu mußten sie allerdings die herkömmlichen Standardmethoden auf den Kopf stellen.

Den Genetikern standen Organismen mit genetischen Differenzen zur Verfügung, und an ihnen versuchte man, chemische Unterschiede zu ermitteln. Die Idee war, daß sich auf der Ebene der Moleküle die Gene mit dem Ganzen treffen mußten. Beadle und Tatum kehrten die Logik dieses Verfahrens um. Sie suchten nach Mutanten, in denen ihnen zugängliche chemische Reaktionen blockiert waren. Solche Reaktionen werden als Teil der Lebensvorgänge von Proteinen (Enzymen) beschleunigt ermöglicht (katalysiert). Zwischen den Proteinen und den Genen – so fanden Beadle und Tatum – besteht nun ein einfacher, dadurch aber eben sehr enger Zusammenhang. *Ein* Gen, so fanden sie, war für *ein* Protein verantwortlich (Beadle und Tatum, 1941).

Diese Ein-Gen-ein-Protein-Hypothese trugen sie zum ersten Mal 1940 auf einer Tagung in Dallas, Texas, vor. Sie zeigten, daß bei Veränderung eines einzelnen Gens in Neurospora genau eine biochemische Reaktion nicht katalysiert werden konnte, weil das entsprechende Enzym fehlte. Beadle erinnert sich, daß die Kollegen nach seinem Vortrag skeptisch blieben. Das war zu einfach, um wahr zu sein (Beadle, 1966).

Beadle trug die Hypothese erneut im September 1941 am Caltech vor. Einer seiner Zuhörer war ein alter Freund von Max, Norman Horowitz. Er erinnerte sich 1983 an die absolute Stille am Ende der nur dreißig Minuten, die Beadle gesprochen hatte. Alle waren aufs tiefste beeindruckt. Schließlich erhob sich der Physiologe Fritz Went und dankte dem Sprecher für diesen Beweis, daß die Biologie noch kein totes Subjekt sei.

Er sollte mehr als recht behalten. Als der Krieg zu Ende ging, war der Boden bereitet, auf dem das Gebäude der Molekularbiologie errichtet werden konnte, das heute immer noch wächst. Und Max stand mitten in der Flut der Wissenschaftler, die sich nach 1945 auf die Biologie ergoß. Dies lag unter anderem an Schrödingers Buch »Was ist Leben?«. Max wurde populär, die Phagengruppe attraktiv und die Molekularbiologie möglich.

Noch bevor die Phagenwelt bevölkert wurde, war Max amerikanischer Staatsbürger geworden. Im November 1944 konnte er (nicht ohne Schwierigkeiten und Verzögerungen) naturalisiert werden. Die Vanderbilt Universität mußte dazu bestätigen, daß er »in keiner Weise politisch interessiert oder aktivierbar ist und sich ausschließlich um seine wissenschaftliche Forschung kümmert«. Anfang 1945 wurde er gleichzeitig Amerikaner und »Assistenzprofessor für Physik«. Sein Gehalt blieb unverändert.

Die Aufteilung des Ganzen
oder
Der Aufstieg der Molekulargenetik

Sommer in Cold Spring Harbor

»Wir haben fabelhaft friedlich in Nashville den Krieg überwintert. Als ›enemy alien‹ kam ich für die Kriegsforschung nicht in Frage. Ein wenig mußte ich die Armee in den Anfangsgründen der Physik unterweisen, denn für eine Weile sollten hier fast alle 10 Millionen Soldaten Physik lernen. Dieser Enthusiasmus für die Wissenschaft verblaßte aber bald. Als ich in dieses Land kam, war ich in Pasadena zum Experimentiermann geworden, mit sehr niedlichen kleinen Viren, die Bakterien angreifen. Glücklicherweise brauchen diese Experimente wenig Geld, und niemand kam auf die Idee, daß sie für den Krieg nützlich sind. (Für den nächsten Krieg sind die Chancen in dieser Hinsicht nicht so günstig). So lebte ich wirklich ein beschütztes Dasein. Das ist jetzt vorüber. Plötzlich beginnt sich alle Welt für meine Viren zu interessieren. Auch die Familienprobleme sind natürlich nicht zum Lachen. Wir fühlen uns aber noch nicht überwältigt.«

Max schrieb diesen Brief ein Jahr nach dem Ende des Zweiten Weltkriegs an seine alte Berliner Freundin Jeanne Mammen, von der er einige Monate zuvor nach mehrjähriger Pause erstmals wieder gehört hatte. Die Bemerkung über die Familienprobleme verharmlost die Situation der Delbrücks in Deutschland, wo sechzehn vaterlose Nichten und Neffen Hilfe brauchten. Max erwähnt dieses Problem nur nebenbei und dann auch nur von der positiven amerikanischen Seite: »Vorige Woche war nun fünfjähriger Hochzeitstag, und wir sind immer noch sehr vergnügt, besonders meine Frau. Sie ist mit den Jahren nur lebensfroher und unternehmungslustiger geworden. . . . Sie ist jetzt eine große Autorität im Erfüllen spezieller Wünsche von Europäern geworden, besonders Deutschen, und besonders meinen Verwandten und Freunden. Sie ist mein ›Staatssekretär für europäische Angelegenheiten. [. . .] Sie schreiben nichts vom hungern, wahrscheinlich weil es schon zur Gewohnheit geworden ist. Wir bestellen jedenfalls heute ein C.A.R.E.-Paket für Sie. Hoffentlich müssen Sie es nicht selber die vier Treppen hinauftragen, es wiegt 50 Pfund.«

Um das Paket abzuschicken, waren Max und Manny von Cold Spring Harbor nach Manhattan gefahren. Sie verbrachten den Sommer 1946 an der amerikanischen Ostküste, weil Max hier einen Kurs leitete, der interessierten Biologen in knapp zehn Tagen das Tor zur Welt der Phagen öffnen sollte. Der Sommerkurs war im Jahr zuvor in den biologischen Laboratorien auf Long Island installiert worden. Sein Ziel war es, genau die Lawine auszulösen, die dann auch ins Rollen kam.

Die Geschichte des Kurses beginnt mit der Zusammenarbeit zwischen Max und Luria. Beide hatten von Anfang an nach Mitteln und Wegen gesucht, mit denen sie ausreichend Interesse an Bakteriophagen wecken konnten, um so den Schwung ihrer frühen Entdekkungen nicht verlorengehen zu lassen. Seit 1941 hatten sie sich im Sommer in Cold

Spring Harbor zu gemeinsamer Arbeit getroffen, und 1944 meinte Luria, daß man in diesem Laboratorium doch auch einen Phagenkurs veranstalten könnte. Max fand sich bereit, die Organisation und die erste Leitung einer Veranstaltung zu übernehmen. Damit ging er 1945 den entscheidenden Schritt zur Begründung der Molekulargenetik. Der Sommerkurs über Phagen lief 26 Jahre lang und brachte einige der prominentesten Wissenschaftler zur neuen Biologie.

Mit den Kursen in Cold Spring Harbor fängt die Molekularbiologie an, eine exakte Wissenschaft zu werden. Sie wurde endgültig an die Physik und die Chemie angeschlossen. Max hat von da an manche Wissenschaftler damit charakterisiert, daß sie »niemals den Phagenkurs mitgemacht haben«. Er konnte sich auch noch verächtlicher ausdrükken. Für ihn war die alte Biologie nicht viel mehr als Briefmarkensammeln (»stamp collecting«).

Warum wurde ausgerechnet ein kleiner Platz mit mäßigen finanziellen Mitteln an den Ufern der Meerenge von Long Island der Grund, auf dem die Molekulargenetiker heranreiften? Ein Teil der Antwort steckt in der Person von Milislav Demerec, der 1941 Direktor der Biologischen Laboratorien von Cold Spring Harbor wurde und es bis zu seiner Emeritierung 1960 blieb. Als Max ihn 1937 zum ersten Mal traf, arbeitete Demerec noch mit Drosophila. Er wechselte aber rasch zu den Bakterien und Viren, als ihm klar wurde, wieviel leichter damit eine Analyse von Mutationen möglich ist. Es war sein Wunsch, auch andere zu dem Schritt zu bewegen, und als Max und Luria die Idee eines Kurses vorschlugen, half er, ihn möglich zu machen.

Wesentlich ist aber auch, daß Max nach seiner anfänglichen Abneigung eine Wendung um 180 Grad vollzog und sich in Cold Spring Harbor wie zu Hause fühlte. Diese Vorliebe hat viele Gründe. Es ist ein kleines Laboratorium, es bietet gerade Platz für eine wissenschaftliche Familie, und die Anlage erlaubt wie selbstverständlich, persönliches und wissenschaftliches Leben zu integrieren. Man lebt hier als Forscher. Der Schlaftrakt (Motel) und die Laboratorien sind nur durch kurze Waldwege voneinander getrennt, und doch bildet jeder Teil einen Bereich für sich. Eine etwas längere Straße führt aus dem bebauten Teil heraus und durch ein weiteres Wäldchen zum Strand. Ein gemeinsamer Ausflug zum Schwimmen bot Max die Gelegenheit zu ungestörten Gesprächen. Spätestens als seine Frau (nach einer Erbschaft) am Weg zum Strand einen Tennisplatz anlegen ließ, wurde Cold Spring Harbor zu einem Paradies für Max. Er liebte es sehr, Tennis zu spielen, und wenn er Wissenschaftler (oder andere Freunde) nach Cold Spring Harbor einlud, schrieb er ans Ende der Postkarte: »Vergessen Sie den Tennisschläger nicht.« Wer nicht mit ihm Tennis spielen wollte, mußte spätestens bei den Essenszeiten damit rechnen, ausgefragt zu werden. Er ließ diese Gelegenheiten nie verstreichen, um sich über andere zu informieren. Cold Spring Harbor war wie das Wohnzimmer der Phagenfamilie, die Max gegründet hatte.

Kurse in Cold Spring Harbor

Gemessen am amerikanischen Standard hat das Cold Spring Harbor-Laboratorium eine lange Geschichte. Es wurde im letzten Jahrhundert gegründet und 1921 großzügig ausgebaut, als die Carnegie Institution hier eine Abteilung für Genetik einrichtete. Seit 1928 gab es ein Laboratorium für Quantitative Biologie, das der Physiker Hugo Frick eingerichtet hat. Er schuf damit die Tradition der interdisziplinären Forschung, die Max unentwegt ermutigte. Seit 1933 werden in jedem Frühjahr (zuerst mit finanzieller Hilfe der Rockefeller-Stiftung) Symposien veranstaltet, die einem Aspekt der quantitativen Biologie gewidmet sind, und deren Vorträge in Buchform publiziert werden.

Max nahm zum ersten Mal 1941 an dem Symposium über »Gene und Chromosomen« teil, und er war auch bei der berühmtesten aller Veranstaltungen dabei, als im Frühjahr 1946 über »Vererbung und Variation in Mikroorganismen« gesprochen wurde. Auf diesem Symposium feierte die Ein-Gen-ein-Enzym-Hypothese Triumphe, und – wichtiger noch – die Entdeckung der genetischen Rekombination wurde bekanntgegeben.

Als Ort der Lehre floriert Cold Spring Harbor seit 1927. Damals wurde allgemeine Physiologie angeboten. Der Krieg erzwang eine Pause in den vierziger Jahren. Nach seinem Ende begann Max im Sommer mit den Phagenkursen. Er führte sie in demselben Gebäude durch, in dem er zuvor mit Luria gearbeitet hatte. Es war 1925 erbaut worden und als Davenport-Labor bekannt. In den siebziger Jahren veranlaßte der jetzige Direktor, James D. Watson, einen größeren Umbau, und 1980 wurde ein kleiner Anbau hinzugefügt. Nach dessen Fertigstellung wurde dieses Laboratorium in »Delbrück-Labor« umbenannt, um die vierzigjährige Verbindung anzuerkennen, die Max mit Cold Spring Harbor verbindet.

Die Idee des Phagenkurses war missionarisch. Max und Luria wollten, daß sich mehr Wissenschaftler als bisher um Phagen kümmerten oder mindestens »die Literatur mit Verständnis lesen konnten« (I). Den ersten Kurs kündigten sie wie folgt an:

»Bakteriophagen zeigen viele Eigenschaften von Viren und können als Modell dienen, an dem man fundamentale Probleme der Virusforschung studieren kann. Bakteriophagen sind auch nützliche Werkzeuge zum Studium bakterieller Mutationen. [. . .] Während nun diese Arbeit unter Biologen einiges Interesse hervorgerufen hat, ist die Zahl der beteiligten und eng mit den Techniken vertrauten Wissenschaftler extrem begrenzt geblieben. Daher scheint es wichtig und angebracht, einen kurzen aber intensiven Laborkurs zur Einführung in Technik und Problematik anzubieten. [. . .] Der Kurs wird sich aus neun halbtägigen Abschnitten im Labor und neun halbtägigen Abschnitten zur Auswertung und Diskussion der Experimente zusammensetzen. Daneben sollten keine weiteren Arbeiten geplant sein, denn es kann erwartet werden, daß der Kurs die ganze Zeit eines Studenten beansprucht.«

Von den Teilnehmern verlangte Max »die Fähigkeit, große Zahlen multiplizieren und dividieren zu können«, und er prüfte dies in einem Aufnahmetest. Er wollte keine Zeit damit verschwenden müssen, den Studenten beizubringen, wie man die geforderten Verdünnungen ausrechnen muß. Als er 1937 die ersten Phagen sah, hatte er nie zuvor eine Pipette in der Hand gehabt. Dies war – wie er dann merkte – leicht zu lernen. Die

Cold Spring Harbor 1953, Max und Luria in einer Pause beim Sommerkurs über die Genetik des Bakteriophagen; im Frühjahr 1953 war die Entdeckung der Doppelhelix gelungen.

Rechnereien brauchten schon mehr Zeit, und die sollten sich die Studenten schon vorher zu Hause nehmen. Max hatte erkannt, wie hinderlich die mathematischen Schwierigkeiten sind, als er noch in Nashville den ersten Phagenkurs vorbereitete und einen Probelauf mit zwei »Studenten« machte. M. Bush und N. Underwood waren im Frühjahr 1945 die ersten, die von ihm in die Welt der Phagen geleitet wurden.

Max hatte den Phagenkurs so angelegt, daß die Studenten in neun Tagen den Weg zurücklegen konnten, den er in den acht Jahren von 1937 bis 1945 gefunden und ausgebaut hatte. Der erste Kurs über Bakteriophagen fand in Cold Spring Harbor vom 23. Juli bis zum 11. August 1945 statt. Max war der Dozent, seine Assistenten waren A. H. Doermann und J. Reynolds, und alle drei hatten es mit sechs Studenten zu tun, unter anderem mit Rollin Hotchkiss und Hermann Kalckar. Bei sechs Studenten bot sich an, jedem einen anderen der sieben Phagen zu geben, die im Phagenabkommen enthalten waren. Max redete dann manchmal die Studenten mit dem Namen des Phagen an, dessen Eigenschaften sie bestimmten. Wer mit T5 arbeiten mußte (R. Hotchkiss), hatte Pech. Er war der langsamste von allen, und so hieß es dann oft: »Alle außer T5 können eine Schwimmpause machen.«

Cold Spring Harbor 1953, Max trägt im Phagenkurs in diesem Sommer über den Einfluß von ultraviolettem Licht auf die Phagengenetik vor.

Max hat drei Sommer lang den Kurs geleitet. Ab 1947 hat ihm dabei Mark Adams assistiert, der 1948 die alleinige Leitung übernahm. In demselben Jahr wurden zum ersten Mal zusätzlich Seminare angeboten, zu denen Sprecher von außen eingeladen wurden. Den ersten Vortrag hielt Luria.

Max wollte, daß der Kurs Physikern Spaß an der Biologie vermittelt. Wie Aaron

Novick, der 1947 in Cold Spring Harbor war, 1966 schrieb, führte er die Teilnehmer »in eine Biologie, die für solche bequem eingerichtet war, die Physik als Hintergrund hatten. Man bekam klare Definitionen, eine Anzahl experimenteller Techniken und den Mut, etwas zu klären und zu verstehen. Uns schien es, als ob Delbrück beinahe ganz allein einen Bereich geschaffen hatte, in dem er arbeiten konnte, . . . und nach dem Kurs fühlten wir uns in der Lage, ohne weitere Vorbereitung allein aufzubrechen.«

Die Absicht, Physiker und Chemiker dazu zu verlocken, sich ihm in seinen Bemühungen anzuschließen, um den Schleier zu lüften, der über dem Gengeheimnis hing, wurde dadurch begünstigt, daß zur gleichen Zeit Erwin Schrödingers »Was ist Leben?« erschien. Dieses Buch machte Max rasch bekannt, wenn nicht berühmt, und erleichterte die Rekrutierung des Phagennachwuchses. Es traf auf eine historische Situation, die nicht günstiger hätte sein können. In den vierziger Jahren ließen sich die Biologen in ihrer Wissenschaft das Heft aus der Hand nehmen. Die moderne Biologie wurde von Physikern (Max), Chemikern (Pauling) und Ärzten (Luria und Avery) gemacht. Schrödingers theoretischer Zugriff machte den Wechsel des Denkens in der Wissenschaft vom Lebendigen besonders deutlich, bei dem nicht nur neue Fragen gestellt, sondern auch nur bestimmte Antworten akzeptiert wurden. Aus der beschreibenden Biologie wurde im Zweiten Weltkrieg eine exakte Wissenschaft, die Englisch sprach. Auch Schrödingers Buch erschien in dieser Sprache.

Der Einfluß von »Was ist Leben?« ist oft diskutiert worden (Olby, 1974; Yoxen, 1979). Für die Zwecke dieses Berichts sind drei Leser wichtig, die durch Schrödingers Überlegungen kurz nach 1945 hinreichend motiviert wurden, sich den (noch friedlichen) Geheimnissen der Biologie zuzuwenden. Dies waren Seymour Benzer, Gunther Stent und James Watson. Ihre Aufmerksamkeit galt von da an Max Delbrück, der offenbar – nach Schrödinger – wußte, wie man zu den Genen kommt. Max wurde so ganz natürlich zum Gründer und Lenker der wachsenden Phagengruppe.

Die Phagengruppe

Als Max mit dem Phagen zu arbeiten begann, dachte er an ein einfaches System und hoffte auf tiefe Einsichten. Es kam aber ganz anders. Als er sich vom Phagen abwandte, hatte dieser sich als komplizierte Struktur herausgestellt, die mit einfachen Tricks funktionierte, in deren Mitte ein herrlich gebautes Molekül stand (die DNS). Den Weg dahin bereitete die Phagengruppe, womit die Wissenschaftler gemeint sind, die sich ab 1945 den Problemen zuwandten, an denen Max und Luria interessiert waren.

Begonnen hatte diese Gruppenbildung im Frühjahr 1943 in St. Louis, als Max und Luria Hershey besuchten, und eine erste private Phagenkonferenz stattfand. Das erste offizielle Treffen wurde für den März des Jahres 1947 in Nashville organisiert. Acht Biologen nahmen hieran teil. Danach ging es Schlag auf Schlag. Ab 1949 führte Leo Szilard eine monatliche Zusammenkunft im amerikanischen Mittleren Westen durch – hieran nahmen unter anderem Luria und Watson teil –, und von 1950 an fand jedes Jahr in Cold Spring Harbor eine Phagenkonferenz statt, die so viele Wissenschaftler anzog,

Pasadena 1949, die Phagengruppe am California Institute of Technology, von links nach rechts sieht man Jean Weigle, Ole Maaloe, Elie Wollman, Gunther Stent, Max, G. Solti.

daß »die Wachstumsrate der Molekularbiologen . . . viel größer als die der Menschheit wurde« (Luria, 1966).

Der große Beitrag, den Max zur Geschichte der Molekularbiologie geliefert hat, besteht darin, die Phagengruppe ermöglicht zu haben (Mullins, 1972; Beese, 1980). Ohne ihn hätte sie nicht funktioniert. Durch sie wurde er einer »der einflußreichsten Biologen unserer Zeit. [. . .] Die Basis für Delbrücks Einfluß und die Art, wie er verehrt wurde, ist Fremden nicht so ohne weiteres zu erklären, denn er hat keine spektakulären Durchbrüche erzielt, mit denen normalerweise die Namen sehr großer Wissenschaftler verbunden sind. Vielmehr sorgte Delbrück – von der Mitte der dreißiger Jahre bis zu der Mitte der fünfziger Jahre – kraft seines überragenden Intellekts, seiner weitreichenden Sicht und seines Charismas für die ideologische und geistige Quelle, der die Wissenschaft entsprang, die am Ende zur Molekulargenetik wurde. Um die besondere Weise von Delbrücks Beitrag herauszustellen, publizierten seine Freunde und Kollegen aus Anlaß seines sechzigsten Geburtstags eine Sammlung autobiographischer Aufsätze, ›Der Phage und der Ursprung der Molekularbiologie‹ [Cold Spring Harbor, N. Y. 1966]. Diese Aufsätze geben ein viel besseres Gesamtbild von der Bedeutung seiner zentralen und wichtigen, sich jedoch der Beschreibung entziehenden Rolle, als sie dieser Beitrag liefern kann, der von nur einem seiner Schüler angefertigt wurde« (Stent, 1981).

Max trieb die Phagengruppe an zwei Stellen zur Blüte. Einmal war es in Cold Spring Harbor, wo ab 1945 die Sommerkurse und fünf Jahre später die jährlichen Treffen stattfanden. Zum anderen war es das California Institute of Technology (Caltech) in Pasadena, das ihn 1947 zum Professor für Biologie ernannte. Cold Spring Harbor und Pasadena wurden so zum Mekka und Medina der Phagenwelt.

Die Phagengruppe ist von Max aus gesehen eine bewußte soziale Konstruktion gewesen. Es war eine Kopie der Kopenhagener Gruppe um Niels Bohr, die die Quantenmechanik geschaffen hatte. Das Wesentliche der Phagengruppe bestand nach Max darin, »daß sie offen und kooperativ war in direkter Imitation des Geistes von Kopenhagen«, wie er einmal schrieb (Olby, 1974). Er führte die »fröhliche Respektlosigkeit« ein, die er bei Bohr als unerläßlich für Teamarbeit auf freier Basis kennengelernt hatte. Die Förderung persönlicher Kontakte und die gleichzeitige Forderung unerbittlicher Kritik zur Sache – eine Mischung, die zum Erfolg führt – funktioniert nur, wenn eine Person im Zentrum steht, die von allen als Vermittler und Richter anerkannt wird. Dies war die große Leistung von Max bei der Entstehung der Phagengruppe. Er hielt sie »rein« (Hershey).

Seine Kritik war gefürchtet. Immer wieder unterbrach er Seminare: »Ich verstehe kein Wort, fang' noch mal von vorne an.« Immer wieder wies er experimentelle Evidenz zurück: »Davon glaube ich kein Wort.« Diese erbarmungslose Schärfe hat ihr großes Vorbild in Wolfgang Pauli, dessen beißende Kritik unter Physikern gefürchtet war. In gewisser Weise kann man die Art, in der Max die Phagengruppe geführt hat, als eine Mischung aus Niels Bohr und Wolfgang Pauli charakterisieren. Auch menschlich findet man diese »Superposition« aus »Gott« und »Mephisto«. Seiner wissenschaftlichen Großzügigkeit entsprach manchmal eine persönliche Rücksichtslosigkeit (auch sich selbst gegenüber), die sein Caltechkollege Ray Owen einmal versucht hat, verständlich zu machen: »Es kam vor, daß sein Verhalten inhuman erschien, denn er schätzte die unpersönliche Suche nach Wahrheit hoch. Er hielt an einem Standard fest, der Scham und Lässigkeit nicht erlaubte. Doch hatte er ein außerordentlich warmes, humanes und empfängliches Herz, und ein Sinn für Humor zog sich durch alle seine Beziehungen.«

Wer auf seine Kritik nicht beleidigt reagierte, konnte sicher sein, in Max einen Freund zu gewinnen. Eine klärende Diskussion war auf jeden Fall garantiert. Max wollte wie Bohr immer nur lernen und fragen. Wissenschaft kommt nur voran, wenn man die richtigen Fragen stellt, und so hielt er es bei allen Gelegenheiten. Seine wichtigste Frage stellte er 1946 beim ersten Symposium, das nach dem Krieg in Cold Spring Harbor veranstaltet wurde.

Die Explosion der Genetik

Das Cold Spring Harbor-Symposium für quantitative Biologie des Jahres 1946 war der »Vererbung und Variation in Mikroorganismen« gewidmet. Es wurde zu einem großen Ereignis in der Geschichte der Molekularbiologie. Die Entdeckung der genetischen Rekombination in Bakterien und Phagen wurde bekanntgegeben. Mit anderen Worten, es wurde deutlich, daß es sogar in *E. coli* und seinen Viren Gene gibt, und daß sie innerhalb natürlicher Populationen ebenso gemischt werden können wie die Gene der höheren Organismen, die die vegetative Art der Vermehrung überwunden haben und sich der sexuellen Technik bedienen.

Die genetische Rekombination in Bakterien hatten Joshua Lederberg und Earl Tatum entdeckt (Lederberg und Tatum, 1946). Sie hatten mit Bakterien gearbeitet, die ohne besondere Zusätze zum Kulturmedium nicht wachsen konnten (auxotrophe Mangelmutanten). Als sie zwei Stämme mit jeweils drei »Bedürfnissen« mischten, fanden sie auch Bakterien, die sich im zusatzfreien Medium vermehren konnten (prototrophe Stämme). Es schien extrem unwahrscheinlich, daß sich diese Varianten durch Umkehrung der Mutationen gebildet hatten. Als Lederberg und Tatum noch zeigen konnten, daß prototrophe Bakterien *nur* bei Kontakt mit den auxotrophen Stämmen auftraten, war klar, daß irgendein Austausch von Genen stattgefunden haben mußte, bei dem das genetische Material rekombiniert worden war. Mit anderen Worten, auch Bakterien haben Sex.

Aber nicht nur die Bakterien »hatten ihren Spaß zusammen«, wie Max es ausdrückte, selbst die Phagen hatten einen Weg entdeckt, ihre Gene zu mischen und neu anzuordnen. Dies hatte Hershey entdeckt und ebenfalls in Cold Spring Harbor verkündet (Hershey, 1946). Im selben Jahr hatte auch Max in seinem Labor in Nashville gemeinsam mit W. Bayley Jr. dieses Phänomen entdeckt (D 34). Die Frage, wer hierbei wem zuvorgekommen ist, soll hier nicht gestellt werden.

Hershey war zu seiner Beobachtung über veränderte Phagen gekommen, die spontan in seinen Versuchsschalen erschienen (Phagenmutanten). Neben den normalen Plaques, die klein und von einem trüben Rand eingefaßt waren, hatte er Löcher beobachtet, die größer und scharf begrenzt waren. (Solche bakteriellen Viren, die glatte anstelle ausge-

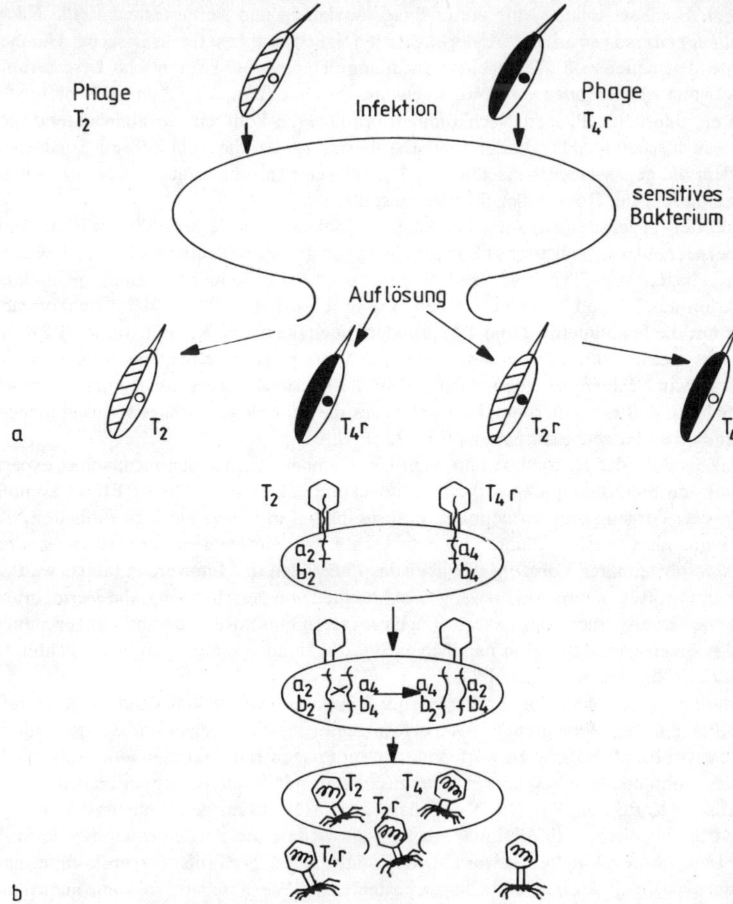

1946 wurde bei Phagen die Fähigkeit zur Rekombination entdeckt. Wenn man mit zwei Phagen (hier T 2 und T 4r) ein Bakterium (*E. coli B*) gemischt infiziert, finden sich unter den Nachkommen Rekombinanten. Dieser Versuch klappt nur, wenn die Phagen nahe genug miteinander verwandt sind, und keine Interferenz auftritt. Die zeichnerische Darstellung folgt einer Skizze, die Max 1947 angefertigt hat, als der Mechanismus der Rekombination noch unklar war (a). Heute ist der Mechanismus der Rekombination gut bekannt (b). Bei einer gemischten Infektion tauschen die beiden verschiedenen DNS-Moleküle einige Abschnitte miteinander aus und kombinieren ihre Eigenschaften auf diese Weise neu.

franster Ränder hinterlassen, waren bereits 1933 von I. N. Asheshow beobachtet worden [D 38]). Hershey isolierte eine dieser Phagenvarianten und stellte fest, daß alle Nachkommen genauso waren. Die Änderung hatte folglich eine genetische Ursache. Hershey nannte den neuen von T2 abgeleiteten Stamm T2r, wobei r für rasche Lyse (»rapid lysis«) steht. Als er (noch vor 1946) eine gemischte Infektion aus T2 und T2r einsetzte, fand er, daß beide Phagen Nachkommen produzieren konnten. So einleuchtend dies heute auch scheint, Max wunderte sich darüber; er hoffte, dies sei bloß »ein Sonderfall, bei dem die gegenseitige Ausschließung nur teilweise zu funktionieren scheint«, wie er im selben Jahr der Rockefeller-Stiftung mitteilte.

Statt der (gegenseitigen) Ausschließung, die Max favorisierte, wurde beim Fortschreiten der Genetik die (genetische) Einschließung von großer Bedeutung. Als Hershey auch einen Phagen vom Typ T4r fand, konnte er die Konsequenzen einer gemischten Infektion aus T2 und T4r untersuchen. Dabei registrierte er unter den Nachkommen nicht nur die bekannten T2 und T4r, sondern auch die neuen Kombinationen T2r und T4. Das gleiche Resultat (mit einem anderen Verfahren) hatte Max zusammen mit W. Bayley Jr. in Nashville erhalten. Auch bei ihren Experimenten ergab sich unausweichlich der Schluß, daß sich innerhalb des Bakteriums die »elterlichen« Phagen »zusammengetan und etwas ausgetauscht hatten« (D 38).

Max fand an der Rekombination nicht viel Gefallen. Er hat sich nicht selbst experimentell um die Konsequenzen dieser Entdeckung gekümmert. Dieser Effekt komplizierte den Vorgang der Vermehrung, er löste ihn auf in immer kleinere Einheiten, die neu kombiniert werden konnten. Was er suchte, war ein elementarer, grundlegender, nicht weiter teilbarer Vorgang, der über das Phänomen der Interferenz faßbar werden konnte. Die Rekombination erzwang den Abschied von der Hoffnung, die Vermehrung sei »eine Grundtatsache des Lebens« (»a basic fact of life«). Rekombinationen erlaubten es, das genetische Material in handlichen Stücken zu analysieren, und ermöglichten so den Zugriff der Molekulargenetik.

Schon bald nach dem Cold Spring Harbor-Symposium von 1946 begann die Konstruktion dieser neuen Wissenschaft, als die Konzeptionen, die Morgan und Sturtevandt 25 Jahre zuvor für Drosophila entworfen hatten, für Phagen und Bakterien nutzbar gemacht werden konnten. Hershey konstruierte zusammen mit Raquel Rotman bald die erste genetische Karte von T2. Die Molekulargenetik stürmte an den Stellen vorwärts, an denen die klassische Erbforschung nur langsam weiterkam. Aus einer Generationszeit von Tagen waren Minuten geworden, und statt einhundert Fruchtfliegen konnte man hunderttausend Bakterien und Phagen testen. Eine Wissenschaft, so kann man ohne Übertreibung sagen, explodierte.

Die Beweglichkeit der Gene

Neben Hersheys Phagen, die unterschiedliche Löcher produzierten, gab es noch eine andere Klasse von Phagenmutanten. Sie unterschieden sich durch die Wirtszellen, die sie angreifen konnten. Luria hatte nach ihnen gesucht und sie entdeckt (Luria, 1945), nachdem es ihm mit Max gelungen war, die spontane Natur bakterieller Mutationen nachzuweisen. Luria war ganz sicher, daß Phagen dieser Art existieren mußten. Denn wenn Bakterien sich genetisch ändern können und phagenresistent werden, dann müssen Phagen in der Lage sein, darauf zu reagieren. Sonst wären längst alle Bakterien unangreifbar geworden, und die Phagen wären ausgerottet. Es gab sie aber. Aus ihrer Existenz folgt ihre Veränderlichkeit.

Wie erwartet fand Luria Phagenmutanten, die die Schranken der Resistenzmutation durchbrachen und die zunächst unangreifbaren Bakterien infizierten. Wenn *E. coli* darauf mit einer »Superresistenzmutation« antwortete, wandelten sich auch die Phagen wieder und überwanden die neuerlichen Hindernisse. Offensichtlich beruht die Koexistenz von Bakterien und Phagen auf einem empfindlichen genetischen Gleichgewicht. Dies ist ein Gleichgewicht der Gene beziehungsweise des Materials, aus dem sie bestehen. Die Verwendung des Wortes Gleichgewicht hat nur Sinn, wenn sich etwas verändern kann, wenn etwas im Fluß ist. Es ist demzufolge offensichtlich, daß sich das Genom einer biologisch definierbaren Einheit in einem dynamischen Gleichgewicht befinden muß, damit diese Form am Leben teilnehmen kann. Allein aus der Tatsache, daß es Bakterien *und* Phagen gibt, folgt, daß die Beschreibung von Genen als Kristall – Schrödinger führte den berühmten Ausdruck des »aperiodischen Kristalls« ein – nicht hinreicht, um ihre eigentlichen Fähigkeiten zu beschreiben. Gene sind im Fluß, es sind bewegte und bewegbare Einheiten.

Heute tritt zwar dieser dynamische Aspekt des Erbmaterials immer deutlicher hervor, doch fand er in den späten vierziger Jahren nicht genügend Beachtung, trotz der vielen Physiker, die sich um Gene kümmerten. Dabei war die Beweglichkeit der Erbanlagen damals bereits entdeckt worden. Und zwar in Cold Spring Harbor. Barbara McClintock hatte bereits 1946 den Vorgang bemerkt, der heute als Transposition bekannt ist (Fox-Keller, 1983). Aber sie arbeitete allein und nicht mit einem Mikroorganismus, sie arbeitete klassisch und hielt sich fern von den Molekülen. Niemand hörte auf das, was sie sagte. Die Nachkriegsgeneration der (Nicht-)Biologen hörte auf das, was Max und Luria sagten. Die Mikroorganismen beanspruchten alle Aufmerksamkeit, sie standen nun im Zentrum der Wissenschaft vom Leben, nur mit ihrer Hilfe glaubte man sich an die fundamentalen Fragen herantrauen zu können.

Eine kritische Frage

Das dominierende Thema auf dem Cold Spring Harbor-Symposium von 1946 war der Durchbruch und der Triumph der Ein-Gen-ein-Enzym-Hypothese, die Beadle und Tatum fünf Jahre zuvor formuliert hatten. Die entscheidenden Experimente waren mit Pilzmutanten (Neurospora) gemacht worden, die auxotroph waren, die also mit bestimmten Nahrungsstoffen versorgt werden mußten, um wachsen zu können. Normalerweise stellten die Pilzzellen diese gelieferte Komponente selbst in ihrem Stoffwechsel her. Zwei Beobachtungen fügten sich zusammen. Einmal war in diesen Mutanten ein Gen defekt. Zum anderen konnten die meisten Mutationen überwunden werden, wenn nur eine einzige Komponente des Stoffwechsels im Nährmedium der Pilze nachgeliefert wurde. Offenbar konnte eine Pilzzelle nur ein Stoffwechselprodukt nicht selbst herstellen. Dafür waren Enzyme verantwortlich, und so wurde der Schluß klar, daß ein Gen für ein Enzym verantwortlich ist.

Auf diese Weise ergab die Hypothese von Beadle und Tatum die biochemische Definition eines Gens, und sie wurde 1946 gefeiert. Als in der allgemeinen Zustimmung die kritische Wachsamkeit verlorenzugehen schien, erhob sich Max, um auf eine logische Schwierigkeit hinzuweisen. David Bonner, ein Mitarbeiter von Beadle, hatte gerade beeindruckende Ergebnisse vorgetragen, die für die Richtigkeit der Hypothese sprachen, als sich Max zu Wort meldete. Man könne doch bei einer Hypothese nur Gewißheit über ihre Richtigkeit erlangen, wenn man Experimente gemacht hätte, die in der Lage gewesen wären, die Vermutung zu widerlegen. Max forderte die anwesenden Genetiker heraus, sich so einen Versuch auszudenken:

»Der Sprecher hat ausgeführt, daß die Evidenz aus Arbeiten mit Neurospora mit der Annahme vereinbar ist, daß es eine Eins-zu-eins-Korrelation zwischen Genen und den verschiedenen Arten von Enzymen gibt, die man in einer Zelle findet. Die Hypothese wird vorgeschlagen, daß ganz allgemein die Funktion von Genen darin besteht, einem Enzym letztlich die Spezifität zu verleihen.

Die Frage taucht dabei auf, ob die vorgelegte Evidenz die Hypothese tatsächlich unterstützt, und zwar über die schlichte Feststellung hinaus, daß sie mit ihr vereinbar ist. Es besteht die Möglichkeit, und sie sollte diskutiert werden, daß bei dem experimentellen Ansatz, mit dem man an Neurospora herangeht, das Auftreten von Unverträglichkeiten selbst dann unwahrscheinlich ist, wenn die Hypothese gar nicht stimmt.«

Max diskutierte dann hypothetische Mechanismen, mit denen die postulierte Korrelation verletzbar sein würde, und er forderte dazu auf, »mit der Diskussion von Methoden zu beginnen, die die These *widerlegen* können. Wenn solche Methoden nicht zur Verfügung stehen, dann hat die ›verträgliche‹ Evidenz, welche die These stützt, überhaupt kein Gewicht« (Cold Spring Harbor-Symposium, 1946).

In seiner Antwort verteidigte Bonner seine Überzeugung von der Richtigkeit der Hypothese, schließlich hätte man mit Mutanten gearbeitet, die in genau einem Gen verändert gewesen seien. Außerdem hätte es wenig Wert, kompliziertere Hypothesen über den Zusammenhang von Genen und Enzymen aufzustellen, wenn es eine einfache Idee gibt, die mit allen Daten übereinstimmt.

Max vertraute in diesem Fall seinem Glauben an die höhere Einfachheit nicht. Er zog der Schönheit einer eleganten These die Gewißheit ihrer Widerlegungsmöglichkeit vor. Man kann auch sagen, er sah, daß der Weg zur Wahrheit nur mit dem Vehikel der Falsifizierung begehbar ist. Diese »Logik der Forschung« stammt von Karl Popper, der sie zuerst 1934 publizierte (Popper, 1968). In seinem philosophischen Werk zu diesem Thema weist Popper darauf hin, daß Theorien *niemals* empirisch *verifizierbar* sind. Alles Wissen ist hypothetisch, und eine Vermutung, die nicht widerlegbar ist, hat keinen Platz in den Wissenschaften, sie ist sinnlos. Jede Hypothese muß durch ein Experiment widerlegbar sein.

Die bedingt tödliche Antwort

Norman Horowitz nahm die Herausforderung an. Seine Suche nach einer Antwort auf die kritische Frage zur Ein-Gen-ein-Enzym-Hypothese produzierte die wunderbare und äußerst wirkungsvolle Methode der Analyse von Mutanten, die ihre Änderung gegenüber dem Normalfall (Wildtyp) nur bei bestimmten Temperaturen zeigen. Man spricht von temperaturempfindlichen Mutanten, und deren Studium revolutionierte die physiologisch orientierte Genetik.

Horowitz trug seine Antwort auf dem Cold Spring Harbor-Symposium über »Gene und Mutationen« im Jahre 1951 vor. Er erinnerte zunächst an die Problematik: »Der Punkt von Delbrücks Argument war folgender: Wenn einem Gen mehr als eine primäre Aufgabe zufällt, dann kann es sein, daß zumindest eine davon unverzichtbar (›indispensable‹) ist. In diesem Fall könnte man keine Mutation dieses Gens finden« (Horowitz und Leupold, 1951). Wie aber findet man den Anteil an unverzichtbaren Funktionen heraus? Dies »scheint beinahe schon wegen der Definition unmöglich« zu sein, denn Organismen mit derartigen Mutationen wachsen beziehungsweise leben nicht. Dann aber »müßte man eigentlich die Ein-Gen-ein-Protein-Idee in das Fegefeuer der nicht prüfbaren Hypothesen verbannen, wie es sich auch mit dem Vorschlag gehört, daß auf der Rückseite des Mondes ein blaues Einhorn lebt.«

Heute ist klar, daß die Hypothese von Beadle und Tatum Bestand hat. Zum Beweis, wie Max ihn gefordert hatte, griff Horowitz auf temperaturempfindliche Mutanten zurück, die in dem Jahr entdeckt wurden, in dem Max seine Frage stellte (Mitchell und Honlahan, 1946). Zwei Mitarbeiter in Beadles Laboratorium in Stanford hatten Mutanten von Neurospora gefunden, die zwar einen bestimmten Wachstumsfaktor bei 35 °C brauchten (restriktive Temperatur), aber bei 25 °C ohne ihn auskamen (permissive Temperatur). Da eine solche mutante Form des Pilzes ohne Zusatz – also ohne Hilfe des Experimentators – bei der restriktiven Temperatur nicht wachsen kann, reiht man sie in die Klasse der bedingt Lethalen (»conditional lethal«) ein. Horowitz sah in solchen Mutationen eine Möglichkeit, abzuschätzen, wieviel Prozent der genetischen Änderungen den Verlust unverzichtbarer Funktionen zur Folge hatten. Er konnte jetzt Mutationen, die eigentlich lethal waren, wiederbeleben. Wenn sich nun bei den Stämmen von Neurospora, die dadurch gefunden worden waren, daß sie bei restriktiven Temperaturen nicht wachsen konnten, ebenfalls nur ein einziger funktioneller Defekt nachweisen ließ, war der Einwand von Max ungültig.

Horowitz bewies auf diese Weise die Ein-Gen-ein-Enzym-Theorie. Als er seine Ergebnisse 1951 in Cold Spring Harbor vortrug, hörte kaum jemand hin, sogar Max nicht. Ihn hatte 1946 die allgemeine Zustimmung zum Widerspruch gereizt. Er hatte eine logisch begründete Kritik vorgetragen, sich sonst aber kaum um die Details der biochemischen Genetik gekümmert. Diese Mißachtung der bedingt tödlichen Antwort hatte zur Folge, daß dieses Konzept an der Phagengruppe vorbeirauschte. Es dauerte bis 1964, bevor die ersten temperaturempfindlichen Mutanten des Phagen T4 isoliert und charakterisiert wurden (Edgar und Lielausis, 1964). »Dies ist aus historischer Sicht . . . eine beschämende Parallele (im Kleinformat) zu der Wiederentdeckung der Mendelschen

Gesetze. Wir bauten unsere Konzepte bezüglich der Natur bedingt lethaler Mutanten in einem historischen Vakuum auf . . .« (Edgar, 1966). Dabei lieferten die bedingt lethalen Mutanten genau das, was die Phagengenetiker damals suchten, nämlich »gute Markierungen für eine formale genetische Analyse« (Edgar, 1966).

Die Auferweckung der Toten

Was Max ablenkte, war die Entdeckung von 1947, daß Licht und Leben bei Bakterien und Phagen eng verbunden sind. Genauer gesagt, Luria hatte einen Einfluß des Lichts auf die bakteriellen Gene entdeckt. Er nannte es Vielfachreaktivierung (»multiplicity reactivation«) (Luria, 1947). So kompliziert das auch klingt, Max glaubte, dies sei »der entscheidende Durchbruch, der uns bald klarmachen würde, was nun was ist« (Watson, 1966).

Was Luria beschrieben hatte, war die »Wiederbelebung« toter Viren durch Licht. Die Untersuchung dieses merkwürdigen »revival of the dead« entsprang einer zufälligen Beobachtung, die zuerst in Nashville gemacht worden war. Man kann bakterielle Viren »töten«, wenn man sie mit ultraviolettem Licht bestrahlt. So behandelte Phagen zerstören zwar immer noch das von ihnen angegriffene Bakterium, dabei entstehen aber keine Nachkommen mehr. Eines Tages wollte W. Bailey Jr., der bei Max arbeitete, *genau* bestimmen, was *ungefähr* bekannt war, nämlich den Prozentsatz an Phagen, der vom Licht getroffen wird und damit betroffen ist. Er setzte genug Strahlung ein, um die meisten (aber nicht alle) Viren zu töten. Um ihre Überlebensrate zu ermitteln, mischte er sie in hoher Konzentration mit Bakterien. Zu seiner Überraschung zählte er etwa zehnmal mehr Phagen auf seinen Platten, als er erwartet hatte. Er wiederholte seine Versuche und fand die Beobachtung bestätigt. Die vermeintlich toten Viren waren wieder zum Leben erwacht.

Natürlich muß man mit den Begriffen »tot« und »lebendig« vorsichtig sein, besonders wenn man sie auf Viren anwendet, diese »lebenden Toten«, wenn man den Ausdruck »lebendes Molekül« etwas weitertreibt. Außerhalb ihrer Bakterien sind sie immer »tot«, das heißt, sie leben nicht. Aber sie sterben auch nicht. Sie warten, bis eine passende Zelle vorbeikommt. »Viren scheinen an der unsicheren und vielleicht unwirklichen Grenze zwischen Leben und Nichtleben zu liegen. . . . Sie fügen sich nicht in die etablierten Kategorien von Leben und Nichtleben ein« (D 38).

Eine Lösung schien mit Baileys Beobachtung erreichbar zu sein, und Luria beschloß, sich genauer damit zu befassen. Dabei machte er eine kuriose Entdeckung. Wenn ein Bakterium von nur *einem* »getöteten« Virus attackiert wird, stirbt zwar das Bakterium, es tauchen aber keine Phagennachkommen auf. Diese entstehen nur dann, wenn eine Zelle von *zwei oder mehr* Viren angegangen wird (»Vielfältigkeit«). Dann werden nach Platzen des Bakteriums viele hundert Phagen frei. Luria postulierte daraufhin Untereinheiten bei Phagen, die einzeln von den ultravioletten Strahlen getroffen werden können und deren Gesamtheit zum »Leben« erforderlich ist. Diese Untereinheiten sollten in der Lage sein, sich selbständig zu reproduzieren (Luria, 1947). Heute ist es leicht, die

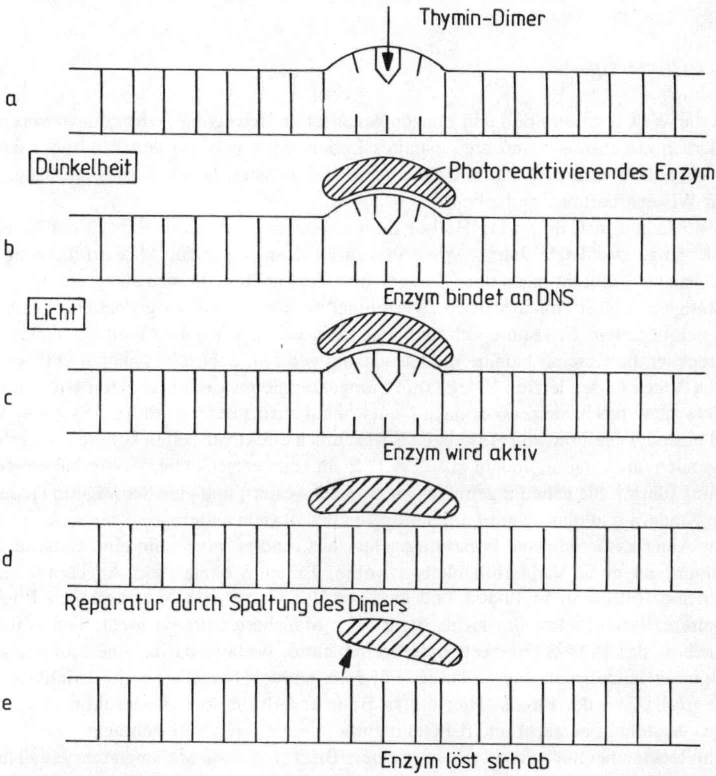

Die Wirkung des ultravioletten Lichts kann heute mit molekularen Veränderungen der genetischen Substanz DNS genau beschrieben werden. Es kann zu Querverbindungen kommen oder ein Dimer aus zwei Thyminbasen entstehen (a). Damit wird ein Stück DNS funktionsunfähig, das Erbmaterial ist mutiert worden. Im Fall der Bildung eines solchen Zweierblocks (Dimer) kann sich die betroffene Zelle selbst helfen. Es gibt ein Enzym, das diesen Schaden repariert (b). Nachdem es durch Licht aktiviert ist (c), spaltet es den Dimer (d) und löst sich anschließend ab (e). Dieser Ablauf beschreibt die Photoreaktivierung.

Untereinheiten mit Genen gleichzusetzen und die Reaktivierung als Rekombination zu deuten. Damals war nur klar, daß ein Studium dieser Austauschmechanismen mehr Einsichten in die Art erlauben würde, mit der sich ein Virus vermehrt. Max rechnete damit, nun etwas »über die einfachen Tatsachen des Lebens« zu erfahren (D 38).

Max ist vierzig

Als die Welt der Bakterien und Phagen genetisch in Bewegung geriet, führte Max auch äußerlich ein rastloses und angespanntes Leben. Man gewinnt den Eindruck, daß er zwischen 1945 und 1947 kaum Zeit fand, seiner liebsten Beschäftigung nachzugehen, über Wissenschaft nachzudenken.

1945 fingen in Cold Spring Harbor die Phagenkurse an, als in Europa der Krieg zu Ende ging. Das letzte Jahr – vom 20. Juli 1944 an – war für Max erfüllt »mit den gräßlichsten Befürchtungen über Freunde und Verwandte«, die sich »langsam, langsam« bestätigten, wie er einmal schrieb. Was immer er damals darüber gedacht hat, er hat es für sich behalten. Er konnte sich nun aber nicht weiter vor dieser Welt verstecken. Zu schrecklich hatte seine Familie in Deutschland gelitten. Sechzehn Nichten und Neffen, deren Väter in den letzten Kriegsjahren umgekommen waren, brauchten Hilfe, und er mußte sich entscheiden, ob er nach Deutschland zurückkehren wollte. Doch war klar, daß er und seine Frau von Amerika aus wesentlich effektiver helfen konnten, was sie im folgenden auch taten, indem sie C.A.R.E.-Pakete verschickten. »Wir haben große Übung [darin]. Sie gehen regelmäßig an zwei Schwestern und eine Schwägerin (jede mit drei Kindern und ohne Mann) und unregelmäßig an viele andere.«

In Amerika liefen seine Forschungsgelder aus, und er wurde um eine Entscheidung gebeten, ob er in Vanderbilt bleiben wollte. Er hatte damals ein Angebot von der Carnegie Institution in Illinois und eins von der Universität Manchester in England erhalten. Illinois reizte ihn nicht, dafür aber Manchester um so mehr. Das offizielle Angebot, das P. M. S. Blackett unterbreitet hatte, bestand darin, eine Abteilung für Biophysik aufzubauen und zu leiten. Für Max enthielt Manchester die Erinnerung an eine große Zeit der Physik. Hier hatten Bohr und Rutherford die Struktur des Atomkerns verstehbar gemacht und dic Quantentheorie auf ihren Weg gebracht.

Ihn lockte aber noch etwas, wie er in einem Brief an Jeanne Mammen schrieb: »Ich bin noch immer am Scheidewege. Die Wissenschaft wird jetzt hier [USA] enorm gefördert, von seiten der Regierung. Dabei entwickelt sie sich zu einer Industrie, die von den großen Herren organisiert wird, die selber keine Wissenschaftler sind, entweder nicht mehr, oder niemals waren. Das ganze hat den abscheulichen Beigeschmack des bürokratischen Patriotismus. Der Typ des Wissenschaftlers ändert sich zusehends. Er ist nicht mehr die ›Kreuzung von Mimose und Stachelschwein‹ wie in der guten alten Zeit, sondern ein glattrasierter, wohlorganisierter Betriebsingenieur. Wenn es zu bunt wird, fange ich vielleicht auch noch zu malen an. Vorläufig versuche ich aber noch meinen Elfenbeinturm zu retten, und Manchester ist vielleicht der ideale Platz für die Errichtung von solchen Türmen.«

Max schrieb diesen Brief nach einem Besuch in England im Juni 1946. Offiziell signalisierte er sein Einverständnis, im kommenden Jahr in Manchester anzufangen. Die Lage änderte sich mit einem Schlag am 11. Dezember 1946. »Völlig unerwartet« erhielt er ein Telegramm aus Pasadena. Man bot ihm an, Professor für Biologie am Caltech zu werden.

Das Angebot aus Kalifornien kam von George Beadle und Linus Pauling. Beadle war 1946 Direktor (Chairman) der biologischen Abteilung geworden. Er wollte den Schwerpunkt des Instituts von der Zytogenetik zur chemischen Biologie und zur Molekulargenetik verlagern. Norman Horowitz, der früher mit Beadle gearbeitet hatte und inzwischen zur Fakultät am Caltech gehörte, schlug vor, daß Max dabei helfen solle. Nach einer Beratung mit Pauling schickte Beadle das Telegramm nach Nashville.

Max sagte sofort zu (und in Manchester ab), denn er könne »auf keine bessere Umgebung für [seine] Arbeit hoffen.« Dann informierte er (am 27. Dezember 1946) Niels Bohr: »Ich habe eine Professur am Caltech angenommen. . . . Ich bin sehr glücklich darüber, denn dies signalisiert den Abschluß meiner Metamorphose in einen Biologen. Auch glaube ich, daß Caltech in den kommenden Jahren für die Biologie das sein wird, was Manchester um 1910 für die Physik war.«

Max drückte sich bescheiden aus. Er hoffte nicht, daß Pasadena das Kopenhagen der Biologie wird. Er vergleicht sich also nicht mit Bohr, sondern mit Rutherford, zu dem dann der Bohr der Biologie kommen kann, der mit neuen Ideen die Rätsel seiner Wissenschaft zu lösen hilft. Noch ist aber kein Bohr in der Biologie aufgetaucht. (Max hat Jim Watson, den Mitentdecker der Doppelhelix, einmal als »Einstein der Biologie« bezeichnet. Aber Einstein ist nicht Bohr.)

Manchester konnte seine Rolle in der Physik spielen, weil hier mit Streuversuchen die Struktur der Atome erkundet worden war. Um Pasadena zum Manchester der Biologie werden zu lassen, brauchte Max eine entsprechende experimentelle Hilfe. Mit anderen Worten, er brauchte einen kompetenten Biochemiker, denn »ohne [seine] Mitwirkung . . . ist nicht nur die Arbeit mit Phagen lahm, sondern alle Operationen einer biophysikalischen Abteilung.« Er bat Mark Adams, mit ihm zu kommen und bot ihm alle Freiheiten an. Er brauchte dringend seine Hilfe, »um das Labor zu organisieren. Deine Erfahrung mit Hilfe bakteriologischer und chemischer Ausrüstung wäre sehr wertvoll. Wie Du weißt, bin ich Amateur in beiden Bereichen und immer fürchte ich, einen Narren aus mir zu machen. [. . .] Ich glaube sowieso, daß ich am Caltech ein Doppelleben führen muß, nämlich eins als allgemeiner Denker (›thinkman‹) (weil ich etwas von Physik verstehe und meine Finger in manchen theoretischen Problemen habe) und eins als Phagologe. Ich weiß nicht so genau, warum sie mich nun angeheuert haben, ich glaube aber für beides im Sinne der doppelten Absicherung. Sollte ich in der einen Hinsicht ein Blindgänger sein, könnte ich in der anderen Hinsicht noch zu etwas taugen. Wie dem auch sei, ein Doppelleben zu führen, bedeutet seine Zeit zu halbieren, und ich wäre gern in der Lage, die Phagen manchmal wochenlang ganz in Ruhe lassen zu können. Mit anderen Worten, ich möchte, daß Du der Direktor der Phagen bist, wobei ich die Hoffnung habe, daß Du mir gestattest, in Deinem Labor zu arbeiten, wenn ich mich danach fühle.«

Mark Adams konnte sich nicht entscheiden, in den Westen zu kommen. Er bevorzugte Amerikas Ostküste, wo er sich als Mitglied der Rockefeller Universität so sehr wohl fühlte. Er starb 1949 schon in jungem Alter an Leukämie, nachdem er mit Entwürfen zu einem ersten Lehrbuch über Phagen begonnen hatte.

Max am Caltech

Als Max 1947 am Caltech eintraf, waren gerade zehn Jahre vergangen, seit er seinen ersten Blick auf die Phagen geworfen hatte. Damals will er T. H. Morgan prophezeit haben, daß diese Atome der Biologie ihn etwa genauso lange beschäftigen würden. Und wie der Brief an Mark Adams andeutete, dachte er so allmählich an einen begrenzten Rückzug. Er konzentrierte sich mehr und mehr auf allgemeine Probleme der Biophysik. Dennoch wurde durch ihn Caltech zu dem Platz, »an dem viele der Molekulargenetiker der ersten Generation ihre Anweisungen bekamen« (G. Stent). Max sorgte dafür, daß die Phagengruppe funktionierte.

Nachdem er bis 1943 den Grundstein für ein neues Gebäude der Genetik gelegt und ab 1945 erste Mitbewohner für die beziehbaren Etagen angeworben hatte, half er ab 1947, sich in den fertigen Zimmern wohnlich einzurichten und wohl zu fühlen. Mit Max lebte man fröhlich in dem Haus, an dem noch gebaut wurde. Wer bei ihm am Caltech arbeitete, schätzte sich glücklich. Viele erlebten hier ihre schönste Zeit, wie man oft hören konnte. Die Dankbarkeit fand ihren Ausdruck in der Festschrift, die ihm zu seinem sechzigsten Geburtstag überreicht wurde. Einige der hierin erzählten Geschichten verdeutlichen, was an Max so faszinierte.

Immer betonte er, seine Daten solle nur vermehren, wer die alten in eine schöne Theorie bringen könnte. Oft weigerte er sich, weitere Messungen zur Kenntnis zu nehmen, wenn die bisherigen noch keinen Rahmen gefunden hatten. Er bat dann, »Schluß mit den Daten« (»enough data«) zu machen. Über die vorliegenden Ergebnisse nachzudenken, war mindestens ebenso wichtig, wie Experimente zu machen. Und beides war viel wichtiger, als Daten zu veröffentlichen. Wenn man etwas aufschrieb, diente es in erster Linie dazu, genauer eine Beziehung zwischen dem, was man nun wußte, und dem, was man eigentlich wissen wollte, herzustellen. Max war dafür, lieber zuviel als zuwenig bei der Interpretation von Ergebnissen zu sagen. Um dem Denken Platz zu machen, schlug er vor, mindestens »einen Tag pro Woche ohne Pipetten« im Labor zu verbringen. Wer darauf nicht hören wollte, wurde mehr oder weniger zum Denken gezwungen. Seymour Benzer berichtet (1966), daß Max ihn mit einigen Kollegen aus dem Labor entfernte und so lange »einsperrte«, bis die in seinem Fall überreifen Arbeiten geschrieben waren.

Max liebte die Diskussion zu zweit. Darin war er unschlagbar. Niels Jerne erinnert sich an eine Gelegenheit, bei der er mit Max über die Verwendung von Antikörpern in der Phagenforschung gesprochen hat. Als Jerne in diesem Zusammenhang irgendeiner Hypothese widersprach, hatte Max »ein Argument dagegen, das mich durch seine Brillanz bestach; nur habe ich es inzwischen wieder vergessen.« Dies mag ein Schlüssel zu der Frage sein, wie Max einen so großen Einfluß auf Menschen erlangte. Wer mit ihm

Pasadena 1948, der neue Professor am Caltech, Max in seinem Lieblingssessel (a) und mit einer Zigarre von Ole Maaloe (b). Abgesehen von wenigen Gelegenheiten war Max Nichtraucher.

a

b

diskutierte, wurde von seinen Argumenten verführt. Wollte man sie weitergeben, hatte man sie vergessen, auf jeden Fall nicht mehr in der prägnanten Art parat, in der Max sie benutzt hatte. Dadurch fing man an, darüber nachzudenken, was er wohl gemeint hatte. Schließlich gewöhnte sich fast jeder ehemalige Mitarbeiter daran, bei allem was er (wissenschaftlich) tat und dachte, sich die Frage vorzulegen: »Was denkt Max darüber, falls er darüber nachdenkt?« (»What will Max think of it, if he does think about it?«)

Berühmt wurde seine häufige Reaktion am Ende eines Vortrags: »Das war das schlechteste Seminar, das ich je gehört habe!« Für empfindsame Sprecher hielt er eine Flasche mit Brandy im Schreibtisch bereit. Diese Bemerkung zu Seminaren wurde so bekannt, daß ein Biologe, der vom Caltech zu einem Vortrag eingeladen worden war, zurückschrieb, er käme nur, wenn er zweimal vortragen dürfe. Dann wäre wenigstens ein Seminar *nicht* das schlechteste, das Max jemals gehört hätte.

Wenn Max Seminare ernst nahm, und wenn wichtige Probleme zu klären waren, dauerten die Diskussionen eben fünf Stunden oder länger. Selbst dann kam es vor, daß er nicht überzeugt war. Dann glaubte er einfach kein Wort, bis weitere Evidenz vorlag. Oder er schickte jemand mit der Bemerkung heim: »Denk' mehr darüber nach.« Nicht wenige haben unter dieser herausfordernden Verhaltensweise gelitten, und sie reagierten wütend, weil er alles offen und öffentlich sagte. Oft gelang es ihm, dies auf familiärer Basis wiedergutzumachen. Denn von Anfang an gingen am Caltech – wie bei Bohr in Kopenhagen – Wissenschaft und Familie zusammen. Max kannte die Familien seiner Mitarbeiter und lud sie oft und gern in sein Haus ein. Den Zusammenhalt seiner Gruppe festigten die abenteuerlichen Ausflüge, die er und seine Frau in die kalifornische Wüste planten und unternahmen. So konnte kaum ein ruhiges Leben voller Routine geführt werden. Seymour Benzer beschreibt ein Beispiel (1966): »Delbrück erklärte manchmal feierlich Mittwoch und Donnerstag zum Wochenende, um den Massen und den Autoschlangen bei den Ausflügen zu entgehen. Der erste Campingtrip an dem ich teilnahm war ziemlich typisch. Er ging in die Anza Wüste. Wir fuhren, bis das Auto im Sand stecken blieb, und so fanden wir unseren Campingplatz. Der größte Teil des nächsten Tages wurde mit dem Ausbuddeln des Wagens verbracht. Mit diesen Unternehmungen unterhielt (und unterhält) man etwaige Besucher am liebsten, obwohl einige Leute zum Beispiel Luria nicht zum Caltech kommen, wenn ihnen keine Immunität vor dem Camping garantiert wird. Auf einem dieser Ausflüge lud mich 1950 André Lwoff ein, für ein Jahr in sein Laboratorium am Institut Pasteur in Paris zu kommen.«

Diesen Campingtrip im Jahre 1950 hat das Caltech-Archiv als besonderen Fall in seinen Akten festgehalten. Er führte in den Joshua Tree National Park, etwa 200 km südöstlich von Los Angeles. André Lwoff, Chef der Pariser Mikrobiologie, hatte zwei Wochen bei Max in Pasadena verbracht. Im Dezember 1950 berichtete dann die Hauspostille Bio-Peeps:

»Bevor die Phagengruppe Dr. Lwoff in die kultiviertere alte Welt zurückschickte, hielt sie es für passend, daß er neben seinen ganztägigen Experimenten auch einige Wildwesterfahrungen mache. Man machte einen Ausflug in die Wüste und ließ ihn dort allein mit Dotty Benzer zurück. Die an härtere Sachen Gewöhnten kämpften sich derweil zum Gipfel des San Jacinto vor. Die beiden Verlassenen fühlten sich bald wirklich so und nach einigen Stunden verzweifelten sie. Schließlich wurden sie von Jägern gefunden und zum Lager zurückgebracht. Sie waren von Dr. Lwoffs Hilferufen der Art ›Yo-yo‹ angelockt worden, welche die Hirsche vertrieben hatten.

Die hochgelegene Wüste des Joshua Tree National Park war als Ziel des Campingtrips gewählt worden, weil dies der sicher dramatischste Ort war, von dem aus man die für den 25. September berechnete Mondfinsternis sehen konnte, und dies alles mit den üblichen Phagengarnierungen wie Lagerfeuer, gegrillte Hähnchen und Wein. Um die Wirkung auf die Spitze zu treiben, beschloß Max Delbrück, im Augenblick größter Dunkelheit mit dem Ersteigen eines Felsens zu beginnen. Mit der Behauptung, sich schon zurechtzufinden und die Instruktionen von James Bonner, der als einziger einen Weg gefunden hatte, behalten zu haben, lockte er eine Schar von Leuten mit. Man verlor zwar den beschriebenen Weg, fand aber einen anderen und kam oben an. Doch gab es genug Momente, in denen diejenigen, bei denen der Wein in seiner Wirkung nachließ, daran zweifelten, ob sie wohl weiterklettern könnten.«

Max hatte Spaß an solchen kleinen Abenteuern, bei denen er auf die eine oder andere Weise den »Mut« seiner Mitarbeiter testen konnte. Nicht mitzugehen war auch eine Möglichkeit. Die Campingmanie der Delbrücks stammte von Manny und wurde wesentlich von ihr getragen, das heißt vorbereitet. Sie suchte aus, wohin man ging, sie plante das Essen, kaufte es ein und instruierte Mitfahrer. Max kam nach Hause, zog sich um und saß im Auto. Schon als Student am Scripps College hatte Manny mit großem Vergnügen Campingtouren in die südkalifornische Wüste unternommen. Nun wurde es ein Spaß für die ganze Gruppe bzw. Familie.

Häufig waren die Delbrücks auf Strecken unterwegs, die der von Max bewunderte Jean Weigle erkundet hatte. Weigle war ein besonderes Mitglied der Phagengruppe und erst nach einem Herzinfarkt zu ihr gestoßen, der ihn zwang, seine Pflichten als Physikprofessor in Genf aufzugeben. Er zog sich völlig aus der Verwaltung der Wissenschaft zurück und begann ein zweites Leben in der Biologie am Caltech. Weigle lebte allein und nur für die Wissenschaft. Seine zweite Liebe galt den Wüsten Südkaliforniens, in denen er viele Wochen verbrachte. Seinen Spuren folgten später die Delbrücks und ihre Freunde.

Solche Wüstenausflüge sind natürlich eine kalifornische Spezialität. Der garantiert blaue Himmel und die auch im Winter noch angenehmen Temperaturen erlauben darüber hinaus das Leben in nicht allzu aufwendigen Häusern, die meist um einen Garten gebaut sind. Max und Manny fanden bald nach ihrer Ankunft in Pasadena in der Nähe vom Caltech ein Grundstück, auf dem sie ihr Haus bauen wollten. Sie konstruierten es einfach und geräumig um einen herrlichen Garten herum. Max hatte sein Paradies wieder. An den Wänden hingen Ölbilder von Jeanne Mammen (und später auch Teppiche der Navajo-Indianer). Zu Beginn hatte das Haus vier Zimmer; dies reichte zunächst, denn als Max und Manny nach Pasadena kamen, hatten sie erst einen Sohn. Jonathan war noch (1947) in Nashville geboren worden. Im Sommer 1948 erwartete Manny das zweite Kind – es wurde ein Mädchen, Nicola –, und in den sechziger Jahren kamen Tobias und Ludina hinzu. Das Haus in der Oakdale Street in Pasadena wurde dann um kleine Anbauten erweitert.

Das Familienleben der Delbrücks wich ziemlich vom normalen Alltag einer amerikanischen Familie ab. Es gab keinen Fernsehapparat und keine Geschirrspülmaschine, dafür um so mehr Gelegenheit, miteinander zu reden. Max tat dies vor allem gern, wenn er abtrocknen mußte. Mit den Dingen des täglichen Lebens wurde sehr vorsichtig umgegangen. Das Papier, in dem (selbstgemachte) Weihnachtsgeschenke eingewickelt waren, wurde sorgfältig zusammengelegt und im nächsten Jahr wiederverwendet. Diese Sparsamkeit geschah nicht aus finanziellen Überlegungen. Manny hatte nach dem Tod ihres Vaters ein umfangreiches Vermögen geerbt. Man kann auch sagen, Max und Manny waren reich. Sie haben dieses Geld aber nicht für den privaten Gebrauch verwendet, sondern anderen damit geholfen.

Die Familie Delbrück lebte in jeder Hinsicht in einem offenen Haus. Man konnte den Eindruck gewinnen, daß die Zimmer nur die Verbindung zwischen Straße und Garten darstellten. Hier trafen sich nicht nur die zu bald jeder Gelegenheit eingeladenen oder durchreisenden Gäste – »der übliche Taubenschlag« –, hier fand man Max auch am wahrscheinlichsten. Seine Freude an einem offen gehaltenen Haus und der offenen Landschaft der Wüste kontrastierte seltsam zu seinem Arbeitszimmer im Caltech, das eng, stickig, ziemlich laut und ohne Fenster war. Kein Komfort, kein Sonnenstrahl sollte ihn von seinen inneren Gedanken ablenken. Es war ihm Freude genug, über wissenschaftliche Fragen nachzudenken.

Das Prinzip der kontrollierten Schlampigkeit

Am Ende der vierziger Jahre stiegen mit der Zahl der Mitglieder in der Phagengruppe auch die Chancen, daß ein und dieselbe Beobachtung von zwei oder mehr Personen gemacht wurde. Der alte Spielplatz wurde zum Sportplatz, auf dem man rennen mußte, um zum Ziel zu kommen. Den ersten Wettkampf gab es 1949, als wieder einmal »tote« Phagen auferstanden. Eigentlich fängt die Geschichte (unter anderem) schon in Nashville an, als bei Experimenten, die W. Bailey Jr. gemacht hatte, der Anteil der mit Hilfe von ultraviolettem Licht getöteten Phagen nicht konstant zu halten war. Max und er gingen aber nicht weiter darauf ein, denn sie vergaßen, das Prinzip der kontrollierten Schlampigkeit zu beachten, wie Max es später nannte (»limited sloppiness«).

Diese Formulierung benutzte Max bei der Eröffnung einer Tagung im Sommer 1949 in Oak Ridge, auf der die neue Art der Auferstehung diskutiert wurde. Es ging um das Phänomen der Photoreaktivierung. Damit ist gemeint, daß Phagen (oder Bakterien), die zunächst mit ultraviolettem Licht inaktiviert worden sind, durch Tageslicht wieder zum Leben erweckt werden können. Albert Kelner hatte die Erscheinung bei Bakterien und Renato Dulbecco bei Phagen beobachtet und erfaßt (Kelner, 1949; Dulbecco, 1949). Dieser belebende Einfluß des Lichts erklärte plötzlich, warum viele Versuche, die man vorher gemacht hatte, großen Schwankungen unterworfen waren. Überall im Labor ist zwar Licht, aber nicht überall gleich viel. Wer am Fenster arbeitet, bekommt mehr Licht auf seine Platten als derjenige, der seine Versuche in einer Ecke oder nachts ausführt. Manchmal wurden Platten nebeneinander gestellt, manchmal aufeinander; einmal gab es

Licht im Wasserbad, mit dem die Platten auf ihre geeignete Temperatur gebracht wurden, dann wieder nicht. In diesem Sinne waren alle Experimente schlampig gewesen.

Bei seiner Einleitung zum Oak Ridge Meeting von 1949 erzählte Max von seiner Verblüffung, daß die Genetiker so lange gebraucht hätten, um diesen Effekt zu bemerken. Unzählige Leute hätten Überlebensraten gemessen, und alle hätten sicher gedacht, ihre Versuche unter kontrollierten Bedingungen ausgeführt zu haben. Sie hätten sich aber geirrt. Als endlich zwei Leute ihre Schlampigkeit begrenzten, wäre daraus ein Erfolg geworden. Dulbecco war aufgefallen, daß bei gestapelten Platten die Ausbeute oben durchweg höher lag als unten, und Kelner hatte bemerkt, daß eine Lampe im Wasserbad einen systematischen Unterschied ausmachte. (Kelner fand an der Bemerkung von Max im übrigen keinen Gefallen, er sei nicht schlampig, rief er ihm zu.)

Schon im Herbst 1948 hatte Max dieses »Prinzip« in einem Brief an Luria formuliert: »Die Photoreaktivierung ist ein Schock. Ein Wunder, daß man den Effekt vorher nicht gefunden hat. Es zeigt, daß viele zu lässig gearbeitet haben, um es zu bemerken, und daß Du . . . zu genau warst, um ihm zu begegnen. Es ist das alte Prinzip der gemäßigten Schlampigkeit, das Entdeckungen ermöglicht.« Mit anderen Worten, »wenn Du nur schlampig bist, gibt es keine reproduzierbaren Ergebnisse, und man kann nichts erkennen. Wenn Du aber ein wenig nachlässig bist und dabei etwas Auffälliges bemerkst, . . . dann versuche es zu fassen« (I).

Licht und Schatten

Mit seinem Vorschlag zur Güte wollte Max etwas von dem ersten Streit der Genetiker um Prioritäten ablenken. Kelner und Dulbecco beanspruchten die Photoreaktivierung für sich. Einer behauptete, der andere hätte über andere erfahren, was der eine wüßte, und so weiter. Max war das zuwider. Für ihn hatte die Wissenschaft keinen Sinn, wenn man seinen persönlichen Stolz nicht beiseite schieben konnte und offen und ehrlich miteinander umging. Doch dies funktioniert nur in kleinem Rahmen. Seine anfangs kleine und übersichtliche Phagenfamilie platzte nun aber aus allen Nähten. Der Spielplatz war längst geschlossen. Man war beinahe in einer Fabrik gelandet.

Schon das ursprüngliche Phagentrio hatte einige Probleme, wer wann was gewußt hatte. Man kann dies an Hersheys Problemen sehen, als er um die Anfertigung eines Übersichtsartikels gebeten wurde und also nun die Prioritäten richtig zuordnen wollte. Er schrieb zunächst an Max und Luria: »Ich schreibe Euch, weil Ihr doch 90 % der Öffentlichkeitsarbeit über die Phagen macht.« Seit Jahren hatten ihn einige Sachen »gekratzt«. Er fand, nicht hinreichend berücksichtigt worden zu sein. Hershey schrieb am 7. Mai 1951: »Jeder stimmt zu, daß Luria die Vielfachreaktivierung entdeckt hat. Jeder stimmt auch zu, daß Delbrück und Bailey die genetische Rekombination entdeckt haben. Dem folgten Hershey und Rotman mit einigen interessanten Entdeckungen. [So hatte Max 1948 geschrieben (D 38)]. [. . .] All das stimmt zwar, paßt aber nicht zusammen. Delbrück und Bailey (einer Beobachtung von Hershey folgend) entdeckten die genetische Rekombination grob gesagt in dem Sinne, in dem sie auch die Vielfachreaktivierung entdeckten. Daraus folgt, daß grob gesagt Hershey die genetische Rekombination in demselben Sinne entdeckte wie Luria die Vielfachreaktivierung. Persönlich meine ich, daß Delbrück und Luria 1942 schon alles entdeckt haben.«

Max befand sich in einer unangenehmen Lage und bat um Entschuldigung. Sich mit Hershey zu einigen war leicht, vor allem als er ihn in seiner Antwort vom 23. Mai auf ein anderes Problem hinwies: »Vielleicht sollten wir alles zusammenwerfen und einen Preis an Luria und Laterjet vergeben, weil sie die Vielfachreaktivierung *nicht* entdeckten, als sie ihnen aus ihren Daten ins Gesicht sprang.«

Max bezieht sich hiermit auf ein Experiment von Luria und Laterjet (1947), mit dem sie dem Wachstum auf die Spur kommen wollten, das innerhalb der bakteriellen Zelle vor sich geht. Anstatt freie Phagen mit ultraviolettem Licht zu behandeln, bestrahlten sie infizierte Bakterien zu verschiedenen Zeiten der Latenzphase. Sie taten dies mit unterschiedlichen Intensitäten und benutzten die Treffertheorie, um die Zahl der Phagen im Innern der Zellen zu ermitteln.

Ein faszinierendes Ergebnis war dabei die Entdeckung, daß zum Beispiel beim Phagen T2 vollständige Partikel erst acht Minuten nach der Infektion feststellbar waren. Diese Beobachtung wurde dann von A. H. Doermann auf direktere Weise bestätigt. Er fand einen Weg, Bakterien aufzubrechen, ohne die Phagen zu zerstören. So konnte er innerhalb der ursprünglich undifferenzierten Latenzzeit einen Abschnitt ausmachen, in dem es überhaupt keine Partikel gab. Er sprach dabei von der »Dunkelperiode«, weil man Phagen erst danach *sieht.* Genau in diesem Dunkel kommt es zur Replikation und zur Rekombination. Mit der Entdeckung dieses Abschnittes hörte die Vermehrung der Phagen endgültig auf, ein einfacher (sprich elementarer, einheitlicher, ganzer) Vorgang ihres Lebens zu sein. Vermehrung war selbst auf dieser kleinsten Stufe zusammengesetzt und molekular verwoben, damit natürlich auch entsprechend auflösbar. Was einfach aussah, war es in Wirklichkeit nicht. Der Phage schien unerschöpflich.

Max realisierte nun, daß er in der Genetik einem Schatten nachjagte. In dem Dunkel, das Doermann entdeckt hatte, gab es nur Moleküle zu entdecken, aber keine Prinzipien. Max gab sich beim Phagen keinen Illusionen mehr hin, und er suchte nach einem neuen Anfang. Dabei half ihm sein erster Doktorand. 1949 kam Roderick Clayton zu ihm. Beide beschäftigten sich in den kommenden Jahren mit der Reaktion von Bakterien auf Licht. Max war nun auf der Suche nach dem Phagen der Wahrnehmung.

Im selben Jahr gab es einen Grund zum Feiern. Max wurde Mitglied in Amerikas Akademie der Wissenschaften. Ausgerechnet die Botaniker hatten ihn vorgeschlagen. Max bedankte sich für die Aufnahme mit dem Hinweis, er sei froh, daß sie ihn nominiert hätten, ohne zu verlangen, daß er eine botanische Prüfung bestehen muß.

Viren 1950

Mit der neuen Ehre eines Akademiemitgliedes sammelten sich auch Probleme an, denen Max eigentlich aus dem Weg gehen wollte, nämlich die der Verwaltung und Organisation von Wissenschaft und ihren Geldern. Immer hat er vermieden, sich hierin zu engagieren.

Die große Ausnahme machte er 1950, als durch eine große Geldspende die Möglichkeit eröffnet wurde, ein Hindernis wegzuräumen, an dem Max 1937 fast hängengeblieben wäre.

Die Genetik der Phagen funktionierte deshalb, weil man den quantitativen Löchertest hatte, durch den jeder bakterielle Virus zählbar und zuletzt der Ablauf seines Lebens physikalisch-chemisch faßbar wird. Diese Grundlage fehlte 1950 für pflanzliche und tierische Viren. Dabei war es jedermann offensichtlich, welches medizinisch verwertbare Potential hier steckte. Was fehlte, war das Analogon zu dem Zählen der Plaques.

Eine Anregung von Max hat hier Abhilfe geschaffen, wie Renato Dulbecco berichtet (1966): »In den späten vierziger Jahren litt ein prominenter Bürger einer kleinen Stadt östlich von Los Angeles an Gürtelrose (Herpes zoster), einer sehr unangenehmen Viruserkrankung, gegen die es keine effektive Therapie gab. Als der Patient sein Erstaunen darüber äußerte, wurde er von seinem Arzt daran erinnert, daß man überhaupt sehr wenig darüber wüßte, was Viren bei Menschen bewirkten. Man hätte nun aber einige Hoffnungen, denn es gäbe Ergebnisse über Viren, die Bakterien angreifen. Dies würde für die Praxis noch nichts bedeuten, sei aber von großem theoretischen Interesse. Der Arzt zögerte nicht, seinen Patienten darauf hinzuweisen, daß ganz in der Nähe ein großes Forschungszentrum läge, das berühmte California Institute of Technology, in dem bakterielle Viren untersucht werden. Vielleicht könne der Patient helfen, hier ein Zentrum für die Arbeit mit tierischen Viren einzurichten, um die Einsichten in die bakteriellen Viren direkt für Menschen nutzbar zu machen. Der Patient stimmte zu, und so gab es am Caltech plötzlich Geld und die Frage, wie man es verwenden sollte. Virologie am Caltech, das war Max Delbrück, und während das Geld sicher investiert wurde, warf man ihm die Frage zu.«

Max besprach sich mit George Beadle, und beide beschlossen, die Sache gründlich anzugehen, also zuerst einmal mehr über tierische Viren zu lernen. Ein Meeting wurde arrangiert, dessen Ergebnisse in einem von Max herausgegebenen Büchlein *Viren 1950* (D 42) zusammengestellt wurden. Dabei wurde ihm immer deutlicher, daß man die Forschung mit tierischen Viren von Grund auf umleiten müsse. Er wußte auch, wie das gemacht werden müßte. Dulbecco berichtet darüber:

»Eines Tages wurden Seymour Benzer und ich in sein Büro gerufen: Delbrück stellte fest, daß die Forschung mit tierischen Viren für entscheidende Fortschritte bereit sei. Ob einer von uns sein Glück dabei versuchen wolle?«

Dulbecco war begeistert, und Max schickte ihn, da Benzer kein Interesse zeigte, auf eine Rundreise durch verschiedene Laboratorien, die seiner eigenen Rundreise von 1937 sehr ähnlich sah. Drei Monate lang war Dulbecco unterwegs, und dabei festigte sich seine Überzeugung, daß man auch für diese Viren einen quantitativen Plaque-Test finden könne, obwohl ihn jedermann beschwor, dafür gäbe es keine Chance. Aber Dulbecco war entschlossen, es zu versuchen.

Er glaubte an eine entsprechende Möglichkeit, weil diese Viren auch Zellen töteten. Das Problem war, einen ebenso guten »Rasen« mit tierischen Zellen zu bekommen wie mit den Bakterien. Dulbecco konzentrierte sich auf seine Zellkulturen und fand schließlich eine Lösung (Dulbecco, 1966). Als auf seiner Zellschicht nach Zugabe von Viren

Löcher sichtbar wurden, suchte er Max in seinem Büro auf und bat ihn in sein Labor. Als Max die Plaques sah, realisierte er gleich, daß hiermit der entscheidende Fortschritt erzielt war. Es gab nun eine Grundlage, auf der die Virologie stehen konnte.

Obwohl es Dulbecco gelang, sein Verfahren zu verfeinern, stieß er auf ziemliche Skepsis, so wie d'Herelle sie auch erfahren hatte, als er die ersten Phagenlöcher zeigte. Die Schwierigkeit bestand darin, überzeugend nachzuweisen, daß ein Plaque von genau einem Virus ausgeht und folglich einen Klon enthält. Der große Test kam auf dem Cold Spring Harbor-Symposium des Jahres 1953, das Viren gewidmet war. Wie d'Herelle holte Dulbecco Einstein als letzte Waffe gegen Skeptiker hervor.

Mit der so entwickelten quantitativen Technik kam auch die Tumorvirologie aus ihren Startlöchern, und bald erreichte diese Forschung die Ebene, von der aus Impfstoffe entwickelt und Therapien eingeleitet werden konnten. Möglich wurden diese Fortschritte nur, weil zuvor Grundlagenforschung betrieben worden war. Dazu war ein gewisser Mut erforderlich. Max hat diesen Aspekt der wissenschaftlichen Entwicklung immer betont, und es geradezu zur Philosophie Caltechs erhoben, sich im kleinen Rahmen um die reinen Probleme zu kümmern.

Eine besondere Einführung

Bevor Dulbecco sein neues Verfahren in Cold Spring Harbor vorstellte, hatte Max ihn eingeladen, am Caltech darüber vorzutragen. Daraus wurde eine lustige Veranstaltung, über die Bio-Peeps im Juni 1953 berichtete: »Als Renato Dulbecco einverstanden war, an einem Freitagabend über Viren vorzutragen, bekam der Veranstaltungskalender das nicht ganz mit und kündigte Ernest Watson als Sprecher an, der Professor für Physik und Dekan seiner Fakultät ist. Diese Gelegenheit konnte Max Delbrück nicht ungenutzt verstreichen lassen, und er heckte einen Plan aus.

Dulbecco hatte Delbrück gebeten, ihn den Zuhörern vorzustellen. Als es Zeit war, stand Delbrück auf. Doch statt konventionelle Floskeln zu murmeln, stellte Delbrück sich als einen verwirrten Mann vor. Er könne nicht sagen, wer eigentlich sprechen würde. Im Veranstaltungskalender stünde Watsons Name, doch das Thema sei von Dulbecco. Da Watson nicht zu sehen sei, würde Dulbecco vorläufig beginnen.

Von diesem Augenblick an wurde das Publikum unruhig und äußerte seinen Unmut. Dieser Lärm schwoll an, als Dulbecco nach vorne ging. Als er um das erste Dia bat, ertönte ein Sprechchor: ›Wir wollen Watson!‹ Aus der letzten Reihe intonierten andere: ›Wer ist Dulbecco?‹ Dem folgten wieder andere: ›Gebt uns, was angekündigt ist!‹

Plötzlich ging das Licht aus, und es herrschte Stille. Wieder bat Dulbecco um das erste Dia. Auf der Leinwand erschien ein Bild von Ernest Watson und eine Stimme (von einem Tonband) sagte: ›Vielen Dank, Dr. Dulbecco, für Ihre einführenden Bemerkungen. Ich hatte nichts derart Technisches oder Detailliertes erwartet. Da ich es nicht gewohnt bin, über Viren zu sprechen, habe ich kaum etwas zu dem hinzuzufügen, was ein anderer Mann vor mehr als 3 000 Jahren gesagt hat: ›Nichts gewagt, nichts gewonnen.‹ Darf ich nun um das nächste Dia bitten?‹

Die Stimme brach ab und auf der Leinwand erschien ein Bild von *E. coli.* Dulbecco fand schnell seine Fassung wieder und sagte souverän: ›Und nun sehen Sie ein Bakterium von normaler Größe.‹«

Leben durch Licht

Während Dulbecco mit dem quantitativen Essay die Tumorvirologie einleitete, gelang in Europa André Lwoff ein anderer großer Durchbruch. In den frühen fünfziger Jahren konnte er nachweisen, daß es Bakterien gab, in denen sich nach einer Behandlung mit ultraviolettem Licht Phagen bildeten (Initiation), die ihren Wirt am Ende auch lysierten (Lwoff, 1953). Dieses Phänomen nannte man Lysogenie. Es wurde zuerst an dem Bakterium *B. megaterium* entdeckt, später aber auch bei *E. coli* gefunden.

Obwohl bei diesem Phänomen Leben durch Licht erweckt wird, hat Max sich kaum um die Lysogenie gekümmert. Er erklärte es zum »Unphänomen« (»non-phenomenon«), das heißt, er wollte darüber nicht nachdenken, denn keiner der Phagen, die in seinem »Abkommen« enthalten waren, beherrschte die temperente Variante des Lebenslaufs. T1 bis T7 waren virulent, sie legten keine Ruhepause im Genom der Bakterien ein und lysierten ihren Wirt direkt.

Beim lysogenen Leben baut ein Phage sein genetisches Material in das seines Wirts ein. Er ist dann ein Prophage. Will er wieder mehr als ein integriertes Molekül sein und andere Bakterien befallen, muß sich der Prophage aus dem genetischen Bett losreißen. Dabei kann er Teile von bakteriellen Genen erwischen, die er später in anderen Bakterien zurückläßt. Er kann auf diese Weise Gene überführen. Mit Vorgängen dieser Art (Transduktion) gelingt die Gentechnik. Max hat sich nicht dafür interessiert. Da passierte etwas, das zwar mechanisch kompliziert, aber doch nicht geheimnisvoll war, »denn was ist Transduktion anderes, als eine Art sexueller Kommunikation zwischen Bakterien und samenartigen Phagen?« (I). Als die Biologie ihrem molekularen Höhepunkt zustrebte, ließ Max ihr freien Lauf. Er sah vom Fuß eines anderen Hügels zu, der noch nicht umlagert war.

Die Auflösung des Ganzen
oder
Neubeginn am Höhepunkt

Zu Beginn der fünfziger Jahre

Die Genetik erreichte 1953 einen neuen Höhepunkt, als Jim Watson und Francis Crick die Struktur des genetischen Materials entlarven konnten (Watson und Crick, 1953). Die Erbsubstanz – so erkannten sie – liegt in Form einer langgestreckten Doppelhelix vor. Der Weg zu diesem Gipfel der Molekularbiologie war nicht nur voller technischer und theoretischer Probleme. An seinem Anfang lag zunächst ein riesiger (geistiger) Block. Es war einfach unklar, in welcher Molekülsorte die genetische Information untergebracht sein könnte. Zu Beginn der fünfziger Jahre konnte niemand mit Gewißheit sagen, ob die Proteine oder die Nukleinsäuren der Stoff waren, aus dem die Gene sind.

Zwar wußten die Mitglieder der Phagengruppe damals schon, daß ein bakterielles Virus von dualer Struktur ist, also aus Protein und DNS besteht, aber welche molekulare

Cold Spring Harbor 1951, die Phagenparty am Ende des Sommers, bei der Max vor ein Phagengericht gestellt wurde; links von ihm ist Vernon Bryson, rechts sitzt Rollin Hotchkiss (Foto von S. Benzer).

Form welche Aufgabe bei einer Infektion übernimmt, blieb trotz der Ergebnisse von Avery (1944) umstritten. Klar war lediglich, daß nach einer Infektion der Phage den Stoffwechselapparat der bakteriellen Zelle übernimmt – wie auch immer der zusammengesetzt ist –, um phagenspezifische Bausteine herzustellen (Luria, 1950). Der angreifende Phage selbst überlebt eine Infektion nicht.

Die Forschungsarbeiten verliefen um 1950 beinahe noch immer in familiärer Atmosphäre. So wurde zum Beispiel das erste offizielle Treffen der Phagologen (am 21./22. August 1950 in Cold Spring Harbor) ganz spontan organisiert. Es waren eben zufällig viele »Phagenarbeiter« (»phage worker«) in der Nähe. Am Ende wollte man seinen Spaß haben. Max wurde vor ein »Phagengericht« gestellt und angeklagt, in seine Kulturen gespuckt zu haben. Offenbar hatten es alle gesehen, und so wurde er zu 20 Jahren Zwangsarbeit in der Kalifornischen Besserungsanstalt für Technologen verdonnert.

Schon zwei Jahre später arbeiteten auch außerhalb der USA sehr viele Laboratorien mit Phagen, und es gelang nicht mehr, eine Zusammenkunft spontan und zufällig einzuberufen. Der Phage eroberte die Welt, und man beschloß, eine erste Internationale Konferenz einzuberufen. Sie wurde von André Lwoff in Frankreich organisiert und fand in der Abbaye de Royamont bei Paris statt. Hier trafen sich im Juli 1952 etwa fünfzig Biologen. Max galt schon als Klassiker. Er wurde mit der Aufgabe betraut, die Ergebnisse des Treffens zusammenzufassen. Dabei ging er besonders auf die entscheidende Entdeckung von Hershey und Chase ein, die endlich Licht in die Dunkelheit der Vorgänge brachte, die nach der Adsorption des Phagen ablaufen. Mit dem Experiment war klar geworden, wie unterschiedlich die beiden Molekülsorten agieren. In seinen zusammenfassenden Bemerkungen betonte Max, daß ein Phage »wie eine Injektionsspritze funktioniert: Sofort nach seiner Adsorption injiziert er seine DNS in das Bakterium, während sein Protein in seiner Hülle steckt und draußen bleibt. [. . .] Wir stehen vor einem Paradoxon: Ein Phage besteht zu Beginn seines Lebenslaufs nur aus DNS und nicht aus Protein, und am Ende besteht er nur aus Protein und nicht mehr aus DNS.«

Also muß in der bakteriellen Zelle aus DNS Protein werden, das die DNS mitnimmt und in ein anderes Bakterium injiziert. Diese Idee, den Phagen als »Injektionsnadel voller Transformationsprinzip« vorzustellen, wurde zum ersten Mal in einem Brief von Roger Herriott an Alfred Hershey am 16. November 1951 erwähnt. Herriott stellte sich vor, »das Virus selbst betritt die Zelle nicht, nur sein Schwanz setzt auf [. . .], schneidet . . . ein kleines Loch durch die äußere Membran und dann fließt die Nukleinsäure aus seinem Kopf in die Zelle.« Daß es sich in der Tat so verhält, konnte Hershey zusammen mit Martha Chase 1952 zeigen.

Damit war die biologische Rolle der DNS entdeckt. Am Ende des Treffens in der Abbaye de Royamont war klar, daß nur diese Substanz Träger der genetischen Kontinuität sein kann, und daß sich das ganze Leben des Phagen um die Struktur und Funktion dieser Substanz dreht. Seine Fähigkeit zur Vermehrung mußte aus diesem Molekül heraus verstanden werden. Von einigen wurde die DNS immer noch als »dumm« eingeschätzt. Doch wenn dieses Molekül schon so viel »wußte« – es konnte immerhin einen Phagen bauen –, war es dann nicht ziemlich dumm, so wenig von ihm zu wissen?

Diese Frage hatte einer der Teilnehmer an der Konferenz bei Paris längst für sich beantwortet. Es war Jim Watson. Konsequent arbeitete er an der Auflösung der Struktur der DNS, die das Material für Gene bildet. Es war seine Art, sich dem Geheimnis, das diese Einheiten umgab, zu nähern. Von dem Tag an, an dem er »Was ist Leben?« gelesen hatte, war Watson auf diese Richtung fixiert. Von dem Buch hatte er durch die New York Times erfahren, die ihm im Mai 1946 die ganze letzte Seite ihres Book Review widmete.

Jim Watsons ferner Traum hieß Max Delbrück. Zunächst arbeitete er als Doktorand bei Luria in Bloomington. Seine Aufgabe bestand darin, zu prüfen, ob die bei ultraviolettem Licht beobachtete Vielfachreaktivierung auch beim Einsatz von Röntgenstrahlen auftritt. Während seiner Promotionszeit teilte er sein Arbeitszimmer mit Renato Dulbecco.

1948 war es dann soweit. Er traf Max eines Abends in Lurias Wohnung. Dabei stieg neben seiner Bewunderung auch die Sorge in ihm hoch, »daß meine Unfähigkeit, mathematisch zu denken, bedeuten könnte, daß ich nie etwas von Bedeutung erreichen werde« (Watson, 1966). Doch Watson blieb bei seinen Träumen von einem einfachen Gen, obwohl auch Luria »an den meisten Tagen meinte, das Gen sei nicht so simpel und man brauche hochkarätige Hirne wie das von Delbrück oder dem noch legendäreren Szilard, um die neuen Gesetze der Physik . . . zu formulieren, auf denen die Selbstreplikation der Gene beruhe«. Max hatte an dem Abend davon gesprochen, daß die Komplementarität den Schlüssel zum wirklichen Verstehen der Biologie in der Hand hält.

Damals gab es in der Phagengruppe zwei abweichende Auffassungen in der Frage, wie man sich dem Gen nähern könne. Seymour Cohen, der am zweiten Phagenkurs teilgenommen hatte, empfahl dringend die molekularen Pfade der Biochemie, dagegen plädierten Max und Luria mehr für eine Kombination aus Genetik und Physik.

Für Watson blieb angesichts der ihn bedrückenden mathematischen Überlegenheit der Köpfe, die auf dem zweiten Weg unterwegs waren, nur die Hoffnung, mit der Biochemie schneller zum Ziel zu gelangen. Zumindest konnte er sich nicht vorstellen, daß es dem Verständnis der Gene hinderlich sei, wenn man weiß, woraus sie bestehen, und wie sie genau aufgebaut sind. Seine Chance, in die Biochemie zu wechseln, kam mit dem Abschluß seiner Doktorarbeit, die er Max 1949 zeigte. Die Daten waren nicht sehr aufregend, und Max war nur wenig interessiert. Er empfahl aber, daraus Nutzen zu ziehen, und er sagte zu Watson, »daß [er] doch zufrieden sein soll, nicht so etwas Aufregendes [Photoreaktivierung] wie Dulbecco gefunden zu haben. Der sei jetzt in einem gnadenlosen Rennen (›rat race‹), in dem die Leute wollen, daß man alles sofort löst. Wenn das [Watson] passiert wäre, hätte [er] auf lange Sicht gesehen dabei nur verloren, denn dies würde ihm keine Zeit zum Nachdenken und Lernen . . . lassen.«

Watson wollte nach Abschluß seiner Doktorarbeit erst einmal Biochemie lernen, und er ging (ein wenig auf den Spuren von Max) nach Kopenhagen, wo er sich Herman Kalckar anschloß, der am ersten Phagenkurs teilgenommen hatte. Damit wich er aber

Kopenhagen 1951, Polio Congress, Max wird nach seiner Ankunft aus Amerika von G. Stent, O. Maaloe, C. Bresch und J. Watson empfangen (von links nach rechts; Foto von G. Stent).

von der klassischen Phagenlinie ab. Watson tat dies nicht *trotz,* sondern *wegen* seiner Verehrung für Max. Er wollte etwas Bedeutendes leisten. Wenn das gelingen sollte, mußte er seinem Verständnis nach auf einem anderen Gebiet als Max etwas zu finden versuchen. Dabei blieb er immer mit ihm verbunden. Von Cambridge aus, Watsons zweiter Station in Europa, schrieb er regelmäßig lange Briefe, wieder in den USA arbeitete er bei Max in Pasadena. Watson drängte es nach Cold Spring Harbor. Heute ist er der Direktor der Biologischen Laboratorien. Unter seiner Leitung wurde unter anderem das Delbrück-Labor erbaut. Max starb, bevor es eingeweiht werden konnte. Bei einer Feier zum Andenken an Max sagte Watson, sich bei seiner Frau und seinen Kindern entschuldigend, daß Max der wichtigste Mensch in seinem Leben gewesen ist. Er wollte immer so sein wie Max.

Die Doppelhelix

Im Gegensatz zu Max fand Watson in Kopenhagen nicht, was er suchte. Die hier betriebene Biochemie schien ihm nicht auf dem Weg zum Gen. Er wollte Strukturchemie und Kristallographie lernen und ging nach Cambridge. Im Anschluß daran hatte Max ihm für September 1952 ein Stipendium besorgt, mit dem Watson als Forschungsassistent in Pasadena arbeiten konnte. Als Watson ihm dann schrieb, daß er lieber noch ein weiteres Jahr in Cambridge bleiben wollte, setzte Max sich zwar sofort dafür ein, das Stipendium dorthin zu übertragen, im übrigen »warf er verzweifelt seine Hände in die Höhe«. Max fand nicht, daß Watson auf das richtige Pferd gesetzt hatte. Denn »in Delbrücks Augen konnte kein chemischer Gedanke mit der Schönheit einer genetischen Kreuzung konkurrieren« (Watson, 1968).

Von Cambridge aus hielt Watson Max mit vielen, langen Briefen auf dem laufenden, in denen er seine Ideen, die Fortschritte, die Skandale und den Klatsch (»gossip«) mitteilte. Er war mit Francis Crick der Struktur der DNS auf den Fersen. Max war damals damit beschäftigt, eine Theorie zu entwerfen, die die Häufigkeit von Rekombinationsereignissen vorhersagen konnte. Er nahm dazu an, die Gene aller Phagen schwämmen in einer Art Teich (»mating pool«), und hoffte, mit den Methoden der Populationsgenetik die möglichen Verbindungen herausfischen zu können. Diese Theorie kam nicht weiter, solange die Elemente im Pool, also die Gene, unbekannt blieben. Doch in Cambridge trieben Watson und Crick dieses Problem seiner epochalen Lösung entgegen.

Watson glaubte schon Ende 1951, der Lösung nahe zu sein, und schrieb am 9. Dezember: »Wir glauben, die Struktur der DNS bald geknackt zu haben. . . . Unsere Methode besteht darin, die Evidenz der Röntgenstrahlen völlig unbeachtet zu lassen.«

Er beschreibt noch, wer mit »wir« noch gemeint ist, nämlich Francis Crick, »das interessanteste Mitglied der Gruppe hier. [. . .] Er ist ohne Zweifel der hellste Kopf, mit dem ich jemals zusammengearbeitet habe, und die dichteste Annäherung an Pauling, die ich je gesehen habe. Er sieht Pauling sogar ziemlich ähnlich. Nie hört er auf, zu reden oder zu denken, und da ich meine Freizeit in seinem Haus zubringe, . . . befinde ich mich in einem dauernden Zustand gespannter Erregung.«

Pauling war – nach Watsons Meinung – der Mann, den sie im Rennen um die DNS-Struktur schlagen mußten. Watson hoffte, daß Max ihn bestens über eventuelle Fortschritte am Caltech informieren würde. Pauling war berühmt geworden durch die Aufklärung der Struktureigenschaften von Proteinen. Er hatte mit seinem Mitarbeiter Corey die α-Helix beschrieben (1952). Im Dezember 1952 reichten Pauling und Corey ein Modell der DNS zur Publikation ein, welches im Februar 1953 erschien. Pauling erläuterte sein Modell am 4. März 1953 in einem Seminar in Pasadena. Max hörte zu und fand bestätigt, was ihm Watson am 20. Februar geschrieben hatte: »Ich arbeite fieberhaft, meistens an der DNS-Struktur. Ich glaube, wir sind der Lösung nahe. Wir haben Paulings Arbeit . . . gesehen. Du auch? Sie enthält mehrere schlimme Fehler. Auch glauben wir, daß die ganze Art seines Modells falsch ist. Alles in allem kümmert sich

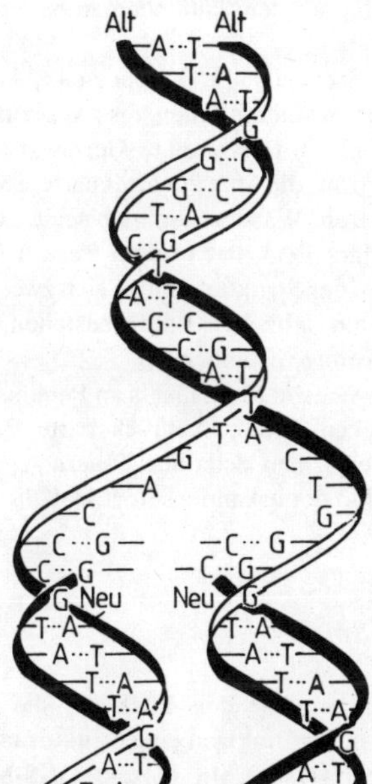

Die Replikation der Doppelhelix aus DNS. Die Doppelspirale der DNS besteht aus Stickstoffbasen (Adenin, Cytosin, Guanin, Thymin), Zuckermolekülen und Phosphorsäureestern. Sie sind zu Polynukleotidsträngen verknüpft. Zwei von ihnen winden sich zur Doppelspirale umeinander. Die Struktur wurde 1953 von J. Watson und F. Crick erkannt. Bei der Replikation öffnet sich der Doppelstrang, und jeder einzelne Faden liefert der Zelle die Vorlage für seine Replikation (aus Watson, 1975).

Paulings Arbeit wenigstens um die richtigen Sachen und zeigt einen Ansatz, den die Leute in Londons Kings College annehmen sollten, anstatt nur Kristallographen zu sein. Ich habe mit der DNS angefangen, nachdem ich in Cambridge angekommen bin. Aber die Kings Gruppe mochte weder Wettbewerb noch Zusammenarbeit. Und da Pauling jetzt daran arbeitet, ist das Feld meiner Ansicht nach für alle offen. Ich werde weitermachen, bis die Lösung heraus ist. Heute bin ich sehr optimistisch, denn ich habe, glaube ich, ein hübsches Modell. Es ist so hübsch, daß ich überrascht bin, daß niemand vorher daran gedacht hat.«

Watson beschreibt damit seine Idee, die DNS aus zwei Ketten zusammenzusetzen. Er stellte sich zwei identische Ketten vor, die durch Wasserstoffbrücken zwischen ihren Basen verbunden sind. Da er dieses »Detail« nicht beschrieben hatte, konnte Max Pauling nach seinem Seminar nur ganz allgemein über die Aktivitäten in Cambridge informieren. Pauling bat Max, ihn auf dem laufenden zu halten, was auch versprochen wurde.

Die triumphale Lösung der Struktur, die Doppelhelix, kam Anfang März. Der Vorschlag war, die DNS statt aus zwei identischen aus zwei komplementären (!) Ketten zusammenzufügen. Das Geheimnis im Innern eines Gens war tatsächlich eine Komplementarität, aber nicht die tiefe Form, die Max erwartet hatte, sondern die oberflächliche Komplementarität von Basenpaaren. Watson beschrieb seine Lösung zum ersten Mal in einem Brief an Max vom 12. März 1953, der in dem Bericht über »Die Doppelhelix« (Watson, 1968) abgedruckt ist. In der Struktur winden sich zwei Ketten umeinander, die aus Zucker-Phosphat-Strängen mit seitlichen Basen bestehen, die sich im Innern der Doppelhelix paarweise treppenförmig verbinden.

Am Ende seines Briefes bittet Watson Max, nichts an Pauling zu verraten. Sie würden ihm bald ihr Manuskript schicken. Aber Delbrück hatte Pauling versprochen, ihn unmittelbar zu informieren. Er entschied sich ohne Zögern gegen die Geheimniskrämerei und begab sich zu Pauling. Und der erkannte sofort, daß die Doppelhelix die richtige Antwort ist.

Das Ende des genetischen Spiels

Die Struktur der DNS gab unmittelbar den Blick auf die Frage der Vermehrung (Replikation) frei. Seitdem halten die Biologen eine Struktur in der Hand, die unmittelbar Auskunft über ihre Funktion gibt. Mit diesem DNS-Molekül trimphierte das zerlegende Verfahren vollständig. Die Eigenschaft von Lebewesen, sich vermehren zu können, war auf der tieferen Ebene der Chemie wiedergefunden worden. Dieses Rätsel des Lebens ist seitdem gelöst.

Als Max die Doppelhelix sah, fühlte er sich wie jemand, der lange und intensiv verzweifelt mit einem Schachproblem gerungen hat, und dem man nun die blamabel einfache Lösung zeigt. Max hatte sich die »einfache« Fähigkeit zur Vermehrung nicht ausgesucht, weil er hoffte, sie in einem »einfachen« Molekül wiederzufinden, deren Struktur »mit einem Schlag das Geheimnis der Genreplikation« offenlegt (D 95). Genetik funktionierte von nun an wie ein (kompliziertes) Kinderspiel, das man schon fünfjährigen Kindern erklären und in Illustrierten beschreiben kann. Jedes Lehrbuch der Genetik wurde nun ein reich ausgestattetes Bilderbuch der Geheimnisse im Lebenswald.

Abgesehen davon fand Max die Doppelhelix herrlich. Seine Enttäuschung wurde aber nicht nur durch sein Entzücken über die Schönheit entschädigt. Schließlich löste die Struktur doch nicht alle Fragen mit einem Schlag. Zwar war nun (1953) im Prinzip klar, wie die Vermehrung vor sich geht, aber die Einzelheiten dieses Vorgangs sind bis heute (1984), also mehr als dreißig Jahre später, noch nicht in allen Windungen erfaßt. Möglicherweise steckt irgendwo der Teufel im Detail, aber bislang haben die Molekularbiologen nur Engel gefunden. Die Doppelhelix machte auch nicht unmittelbar einsichtig, wie sie ihre Information verpackt hat. Wie sah der Weg aus, der vom Gen zum Protein führt? Viele Freiheitsgrade gibt es zugegebenermaßen nicht mehr. Als Quelle der Erbinformation bleibt nur die Reihenfolge der DNS-Bausteine (Sequenz), aber wie aus dieser Sequenz ein Protein wird, stellte die Wissenschaftler 1953 vor viele Rätsel.

Max gab seine Hoffnung auf Komplementarität nicht auf, er verschob sie nur. Im Grunde war Bohr der Durchbruch zur Quantenphysik nur gelungen, weil er das Atommodell hatte, an dem er sich festhalten konnte. Vielleicht bot die Doppelhelix eine ähnlich stabile Position für einen Durchbruch in der Biologie. So jedenfalls stellte Max seine Sicht der Lage dar, als er am 14. April 1953 Niels Bohr über die große Entdeckung informierte: ». . . sehr bemerkenswerte Sachen passieren in der Biologie. Ich glaube, daß Jim Watson eine Entdeckung gemacht hat, die gleichrangig neben der von Rutherford aus dem Jahre 1911 stehen kann.«

Doch erwies sich dies als eine falsche Hoffnung. Die Doppelhelix hat alle möglichen technischen Fortschritte und experimentellen Durchbrüche ermöglicht, eine Revolution im Denken hat sie nicht ausgelöst. Die Welt der Vererbung braucht keine anderen Kategorien als der Alltag. Die Doppelhelix ist die eindrucksvollste Entdeckung der Biologie. Ihre Entdecker werden so lange berühmt sein, solange es Biologen gibt. Kein Schatten einer gedanklichen Schwierigkeit trübt das Licht, das sie verbreitet.

Nach der Doppelhelix

Am gleichen Tag, an dem Max Bohr über die Entdeckung der Doppelhelix informierte, diskutierte er in einem Brief an Watson Bedeutung und Probleme der Struktur des Lebensfadens, die in Cambridge aufgeklärt worden war. Vor allem fragte Max, wie sich die Doppelhelix verdoppeln kann. Er postulierte, daß sich dazu das Molekül öffnen muß, und schrieb weiter: »Mein Gefühl ist, falls Deine Struktur richtig ist und die sich ergebenden Vorschläge zur Replikation irgendeine Geltung haben, dann wird bald die Hölle los sein, und die theoretische Biologie wird in ihre tumultartigste Phase eintreten. Nur ein Teil davon wird mit analytischer und struktureller Chemie zu tun haben. Der wichtigere Teil wird aus Versuchen bestehen, mit frischem Mut an die vielen Probleme der Genetik und Zytologie heranzugehen, die in den letzten vierzig Jahren in einer Sackgasse gelandet sind.«

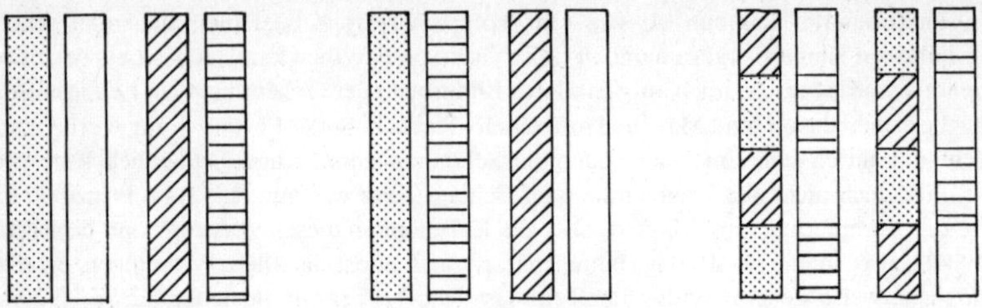

Mögliche Mechanismen der Vermehrung von DNS. Wenn der ursprüngliche Doppelstrang als Vorlage dient und erhalten bleibt, spricht man von konservativer Verdopplung (a). Wird hingegen zu jedem einzelnen Strang ein Komplementärstrang hergestellt, wäre in jeder der beiden resultierenden DNS-Doppelschrauben eine Hälfte alt und eine Hälfte neu. Max nannte das semi-konservativ (b). Passiert der ganze Vorgang stückchenweise, erhält man disperse Stränge nach der Replikation (c). Der Nachweis der semi-konservativen Replikation gelang Meselson und Stahl 1958 durch genaueste Ultrazentrifugation von radioaktiv markierter DNS.

Max hat sich nicht um diese großen Fragen gekümmert, er sah seine Herausforderung in dem Mechanismus der Replikation. Wie werden in den Zellen die Fäden der DNS voneinander getrennt? In einem Übersichtsartikel, den er zusammen mit Gunther Stent schrieb (D 49), diskutierte er einige theoretische Möglichkeiten dazu. Unter anderem schlugen die beiden Autoren einen Weg vor, den sie mit dem Ausdruck »semi-konservativ« beschrieben. Heute ist klar, daß sich die DNS nach diesem Verfahren vermehrt. Max hielt diesen Mechanismus damals für sehr unwahrscheinlich, denn zu seiner Verwirklichung müssen viele dynamische und topologische Schwierigkeiten überwunden werden. Die Stränge müssen zerschnitten und wieder zusammengeklebt werden, wie er vorrechnete (D 47). Diese Prozesse finden in der Tat statt (Kornberg, 1974). Als M. Meselson und F. Stahl 1958 am Caltech in einem eleganten Versuch den Nachweis der semikonservativen Replikation erbringen konnten, glaubte Max zunächst kein Wort. Er brachte sie dazu, ihre analytische Zentrifuge 24 Stunden am Tag laufen zu lassen, bis auch der leiseste Zweifel vertrieben war.

Watson selbst kam nach seinem großen Erfolg 1954 zum Caltech, um die schon für 1952 geplante Zusammenarbeit mit Max aufzunehmen. Diese Zeit wurde zu einer Enttäuschung. Einmal interessierte sich Max längst nicht mehr nur für Genetik, zum anderen verbrachte er 1954 einige Monate in Deutschland. Auch machte Watsons Art es allgemein schwierig, mit ihm zusammenzuarbeiten. Max hat das 1955 einmal so beschrieben: »Es hat keinen Zweck, ihn auf ein Thema festzulegen. Er wird tun, was er will und wie er es will. . . . Man kann ihm die Zustimmung abhandeln, etwas anderes zu tun, aber er wird es vergessen.«

Watson hat bald den eigenen Forschungsarbeiten im Labor den Rücken zugekehrt und mindestens drei neue Karrieren angefangen, mit denen er Max jedesmal völlig verblüffte, und in denen er jedesmal Großes geleistet hat. Als Harvardprofessor schrieb er ein wichtiges Lehrbuch der Molekularbiologie, er verfaßte einen Bestseller, »Die Doppelhelix«, und nachdem er Direktor in Cold Spring Harbor geworden ist, schuf er dort – wie Max meinte – den alten Geist im neuen, größeren Stil. Unter Watsons Leitung wurde auch das Delbrück-Labor errichtet, bei dessen Einweihung Watson Max damit charakterisierte, daß er »für die Wahrheit lebte, nach der man seiner Ansicht nach auf eine noble Weise suchen sollte, die Spaß machen konnte«.

Max war ein halbes Jahr vorher gestorben. Watson hatte ihn kurz davor noch besucht, um zu sehen, ob er noch einmal nach Cold Spring Harbor käme. Um diese Zeit etwa hat Max in einem Tagebuch aufgeschrieben, was eigentlich dieser Spaß ist, den die Wissenschaft machen soll: »Ich gehöre zu denen, für die die Wissenschaft etwas ist, . . . das nur aus einer inneren Notwendigkeit heraus gemacht wird, ›allein aus Spaß‹ (›for the fun of it‹), wenn man es als Understatement sagt. Spaß ist ein Understatement, denn gute Wissenschaft ist harte Arbeit, und die Bereitschaft, dauerhaft hart zu arbeiten, ist eine Art Krankheit des Geistes, ein Zwang, eine Abhängigkeit wie zum Beispiel Alkoholismus. Die Notwendigkeit zu harter Arbeit stellt an die Wissenschaftler Anforderungen, die denen anderer Arbeiter des Geistes ähnlich sind. Mir ist kein großer Denker, Schreiber oder Künstler bekannt, der bei seiner Arbeit nicht unter Zwang stand. Manchmal fangen sie erst nach einer ausgedehnten Latenzperiode an, zum Beispiel der heilige Augustinus oder Gauguin, doch wenn sie einmal dabei sind, stecken sie zwanghaft in der Sache drin. Das kann man Spaß nennen, aber es ist kein Picknick« (»You can call it fun, but it's never a picnic«).

Eine Philosophie der Rekombination

Eine Problematik, die Max in den fünfziger Jahren immer wieder herausgefordert hat, war die genetische Rekombination. Schon vor der Entdeckung der Doppelhelix hat er versucht, dazu eine Theorie aufzustellen. Zum Beispiel im Sommer 1951 in Cold Spring Harbor. Sein späterer Mitarbeiter N. Visconti erinnert sich: »Da stand er stundenlang [an einer Wandtafel], schrieb komplizierte Matrizen hin, an denen er arbeitete, bevor ihm einfachere Wege einfielen, und wischte sie wieder aus. Wenn er einen Schritt in der Theorie hinbekommen hatte, notierte er das Ergebnis auf einem Blatt Papier, wischte die Tafel aus und fing mit dem nächsten Schritt an. Leute kamen und gingen, stellten Fragen, machten Vorschläge. Delbrück wurde durch diese Besucher kaum gestört, es fiel ihm auch leicht, über das, was er tat, zu reden. Ihn störten auch Vorschläge nicht, sogar dann nicht, wenn sie falsch waren, sie mußten nur logisch sein« (Visconti, 1966). Im Januar 1952 trafen sich Max und Visconti und arbeiteten gemeinsam einen Vorschlag aus, wie »Der Mechanismus der genetischen Rekombination bei Phagen« (D 45) funktionieren soll. Sie benutzten dazu die Methoden der Populationsgenetik.

Das Ergebnis war für beide enttäuschend. Visconti wollte ganz aus der Wissenschaft aussteigen. Er erklärte Max, er fühle sich neben den vielen brillanten Wissenschaftlern, die man in Cold Spring Harbor und am Caltech träfe, so schwach und klein. Max antwortete hart und scharf: »Sie haben nicht genug Inspiration oder Talent, um ein

Künstler zu sein; was anderes wollen Sie dann im Leben werden als ein Wissenschaftler?« Max hat nach dieser gemeinsamen Arbeit nie wieder etwas über Phagengenetik publiziert. Über die Rekombination dachte er aber weiter nach. In diesem Vorgang sah er eine Chance, seinen Traum vom Paradoxon in der Biologie erfüllt zu sehen. Ende 1957 schrieb er an Niels Bohr:

»Je mehr ich über die mögliche Relevanz des Komplementaritätsarguments für die Biologie nachdenke, desto mehr scheine ich zu dem Schluß getrieben zu werden, daß es nur fruchtbar sein kann, wenn es in der Art geschieht, die ich mit dem Beispiel der genetischen Karte zu illustrieren versuchte.«

Max bezog sich dabei auf eine Vorlesung, die er in Boston am Massachusetts Institute of Technology gehalten hatte. Im November 1957 hatte Bohr hier die Karl-Taylor-Compton-Vorlesungen gehalten. In sechs (nicht publizierten) Vorträgen über »Die philosophische Lektion der Atomphysik« trug Bohr seinen Komplementaritätsgedanken und dessen Bedeutung für die Biologie und die Psychologie vor. Da man damit rechnete, daß Bohr nur sehr allgemeine Positionen erläutern würde, war Max gebeten worden, im Anschluß daran den Biologen in einem Seminar etwas konkreter zu beschreiben, wie und wo Komplementarität in ihrer Wissenschaft relevant wird.

In seinem Vortrag verglich Max »Die Physik 1910 und die Molekularbiologie 1957«. Er überlegte, ob es ein Problem der Biologie gäbe, das nur mit der Bohrschen Idee verstanden werden kann. Zu diesem Zweck galt es, biologische Erscheinungen zu finden, deren gleichzeitige Erfassung im Versuch nicht möglich ist. Welche Beobachtungen könnten sich gegenseitig ausschließen? Max schlug vor, sich das genetische Material anzusehen. Mit Hilfe von Rekombinationsstudien kann eine genetische Karte ermittelt werden. Damit ist die Anordnung von mutierbaren Stellen eines Chromosoms gemeint. Ein Punkt auf einer genetischen Karte liegt durch eine Mutation fest, und die Abstände zwischen den Punkten ergeben sich durch Rekombinationsversuche. Wenn man zum Beispiel Organismen (oder Phagen) mit je drei genetischen Markierungen miteinander kreuzt, dann kann man die beiden an die äußeren Punkte schreiben, die mit größter Häufigkeit rekombinieren.

Das genetische Material besteht aus DNS-Molekülen, die durch die Reihenfolge ihrer Bausteine (Sequenz) charakterisiert werden können. Wer diese Sequenz bestimmt, ermittelt die physikalische Karte des genetischen Materials. Wie passen nun die genetische und die physikalische Karte zusammen? Sind sie direkte Bilder voneinander?

Die Sequenz der DNS kann nur aus toten Zellen bestimmt werden, und in denen findet keine Rekombination mehr statt. Da wiederum Rekombination nur unter Bedingungen eintritt, unter denen eine Sequenzanalyse ausgeschlossen ist, werden die beiden Vermessungen des Gens unter sich gegenseitig ausschließenden Bedingungen ermittelt. Wenn nun Rekombination *nicht* auf physikalische Ereignisse reduzierbar ist, sollte sich das in der Unvereinbarkeit der beiden Genkarten zeigen.

So argumentierte Max 1957. Er wollte damit keine vitalistische Theorie vertreten, er wollte der lebenden Form keine unerklärbaren Eigenschaften zusprechen, er wollte nur darauf hinweisen, daß die beiden experimentellen Ansätze prinzipiell unvereinbar sein können. Doch blieb diese Frage nicht lange offen. Schon in den frühen sechziger Jahren gelang es mit dem Elektronenmikroskop und nach geschickter Behandlung der DNS, Mutationen im DNS-Faden zu lokalisieren und ihre Abstände zu messen. Dabei stellten sich die genetische und die physikalische Karte als identisch heraus. Die Genetik war wieder einmal kein Anlaß, sein Denken zu ändern. Die molekularen Rädchen griffen wie in winzigen Maschinchen genau berechenbar ineinander.

Grund zum Feiern

Zu Beginn der sechziger Jahre war das Gen immer genauer faßbar geworden (Benzer, 1966), und der genetische Code entschlüsselt worden. Dabei hatte sich die Natur wieder als einfacher und raffinierter erwiesen, als Max es jemals vermutet hätte. Er hätte nie geglaubt, daß die Information des Lebens in der linearen Anordnung von Nukleotiden steckt. Als diese Erfolge erzielt wurden, hatte er sich schon aus der Genetik zurückgezogen. Man hatte ihn aber nicht vergessen, und als sein sechzigster Geburtstag näherkam, organisierte sich die Phagengruppe noch einmal und produzierte eine Festschrift. Besondere Anstrengungen waren notwendig, denn Max charakterisierte solche Bücher als Gelegenheit, Artikel zu publizieren, die anderswo abgelehnt worden waren. Treibende Kräfte hinter diesem Buch waren Gunther Stent, Jim Watson und John Cairns, der damals Direktor in Cold Spring Harbor war. Er sollte Max den Band überreichen, in dem darüber berichtet werden sollte, wie der »Phage und der Ursprung der Molekularbiologie« miteinander verbunden sind.

Max wollte davon zuerst nichts wissen. Er fühlte sich depressiv und fragte sich nach der Bedeutung eines Lebens. Er war der Meinung, daß ein einzelner Mensch keine große Rolle spielt. Schließlich überredete ihn Gordon Sato, doch zu Cairns zu gehen, indem er sagte: »Max, diese Festschrift ist nicht für Dich, sie ist für Deine Freunde, und Du mußt jetzt kommen.« Daraufhin gab Max nach.

Gordon Sato ist wohl der erfolgreichste Doktorand, den Max hatte. Er ist heute Professor für Biologie in San Diego, und seine Arbeiten haben entscheidend dazu beigetragen, die Kultivierung differenzierter Zellen zu ermöglichen (Hayashi et al., 1978). Sein Weg dahin fing 1950 an. Damals arbeitete er als japanischer Gärtner in Pasadena und mähte Rasen in der Nachbarschaft vom Caltech. Er wollte gern studieren, doch bei seinen Versuchen, irgendwo unterzukommen, gab es immer mehr Schwierigkeiten als Möglichkeiten. Irgendwie landete er eines Tages bei Max, und der hörte sich seine Geschichte an. Er sah einen intelligenten und interessierten jungen Mann vor sich, der aber durch mangelnde Vorbereitung anfangs mit schlechten Noten rechnen mußte, was ihn von Stipendien zunächst einmal ausschloß. Max wollte dies auf sich nehmen. Er setzte die großzügige Auslegung einiger Paragraphen durch, und Sato wurde sein Student. Max »nahm damit jemanden an, der da gar nicht hingehörte« (Sato über Sato), und der sich erst nach einigen Jahren so an Klausuren gewöhnt hatte, daß er gut genug abschnitt und nun um Stipendien bitten konnte. Max hat einmal in einem Brief erklärt, warum er sich in diesem Fall so eingesetzt hat (November 1954, an T. F. Anderson): »Meine Schwäche für Sato ist motiviert durch die Idee, daß ich während meiner finanzschwachen Studienjahre ebenso desorganisiert war und in meinen Leistungen schwankte. Daher hatte ich kein Recht, seine Karriere abzubrechen.«

Das Ende der Kindheit

Die Festschrift, die man für Max geschrieben hatte – er nannte sie immer mit dem Kürzel PATOOMB –, faßte die Beiträge der Phagengruppe zur Entstehung der Molekularbiologie zusammen. In seiner Kritik an diesem Buch wies John Kendrew darauf hin, daß dabei nur eins der Fundamente erwähnt wird, auf denen die neue Wissenschaft ruht. Er nannte es die Schule der Information und stellte ihr die Schule der Konformation gegenüber (Kendrew, 1967), die durch die sich auf Strukturen konzentrierenden Biologen vor allem in Cambridge vertreten sei. Beide seien gleichrangig und gleichwertig.

Als bald danach weitere Kritiken erschienen, war klar, daß die Zeit reif war, die Molekularbiologie historisch zu würdigen. Einer der Herausgeber der Delbrück-Festschrift, Gunther Stent, schrieb eine Kritik der Kritiken und führte die heute berühmten drei Phasen der molekular orientierten Wissenschaft vom Leben ein (Stent, 1968). Am Anfang stand die »romantische Periode«, die Mitte der dreißiger Jahre auf dem Höhepunkt der klassischen Genetik begann und mit der alles zermalmenden Doppelhelix nach zwanzig Jahren endete. Die Kenntnis der Struktur des genetischen Materials ermöglichte die »dogmatische Periode«. Sie dauerte bis 1962 und erhielt ihren Namen nach Francis Cricks Dogma, wonach alle Information in einer Zelle von der DNS über die RNS zum Protein und nicht umgekehrt fließt. Die Verleihung des Nobelpreises an Crick und an Watson im Jahre 1962 funktioniert Stent in seinem Aufsatz in die feierliche Eröffnung der »akademischen Periode« um, die die erkannten Wunder verwaltete und überprüfte.

Max erscheint in dieser Darstellung der Biologiegeschichte als Romantiker, vor allem auch deshalb, weil er von tiefen Einsichten und physikartigen Gesetzen des Lebens träumte. Er hat in diesem Zusammenhang bezweifelt, daß er »ernstlich mit neuen Gesetzen rechnete«, ansonsten aber Stents Einteilung großes Lob gespendet und »sich bei der Lektüre bestens amüsiert, ebenso wie Manny.«

Stents Geschichte endet 1968. Inzwischen wurde das Dogma ausgehöhlt, und der langweilige Akademismus ist einer aufregenden Technik gewichen. Mitte der siebziger Jahre wurde das Erbmolekül kontrolliert zerleg- und zusammensetzbar. Jahrelange systematische Arbeit an den Einzelheiten produzierte die Methode der rekombinierten DNS. Mit den Möglichkeiten stiegen neben den Gefahren auch die Einsichten (Gilbert, 1978). Die Molekulargenetik ist heute so aufregend wie schon lange nicht mehr. Das Gen zerfällt in der Hand derer, die es fassen wollen. Die reduzierende Suche nach dem Gen brachte Stücke zum Vorschein, die erst zusammengefügt werden müssen, bevor sie als Gen funktionieren können.

Spätestens seit dieser Zeit ist die romantisch verspielte Kindheit der molekularen Genetik zu Ende. Sie war beinahe schon 1968 vergangen, als die beteiligten Wissenschaftler ihr Feld schon nicht mehr wählten, weil sie etwas wissen wollten, sondern weil sie etwas erreichen wollten. Der neue Typ, der sich so weit von den Charakteren aus der

Studentenzeit von Max entfernt hatte, wurde unter anderem durch Jim Watson repräsentiert, dessen persönliche Fassung eines Teils der molekularbiologischen Geschichte wie Stents Review 1968 erschien und ein internationaler Bestseller wurde, »Die Doppelhelix« (Watson, 1968).

Das Ende der Phagenhochzeit kam in den siebziger Jahren. Der Sommerkurs in Cold Spring Harbor wurde durch Bakterien- und Hefegenetik ersetzt, und aus diesen Anstrengungen entstand die Möglichkeit, Gene zu manipulieren. Damit »geriet das Ding außer Sichtweite« und »die Hochzeitsreise ging zu Ende« (I). Die Gentechnik hat auch einen der letzten Biologen vertrieben, der am Caltech mit Phagen arbeitete. Es war Robert Sinsheimer, der am Ende der fünfziger Jahre von Max als Biophysiker nach Pasadena geholt worden war. Der letzte Phagologe verließ Caltech 1978, gerade zur Feier des fünfzigjährigen Bestehens seiner Biologischen Abteilung (Division of Biology). Es war William Wood, der zusammen mit Robert Edgar erste Einzelheiten der Zusammensetzung des Phagen T 4 erkundet hatte. Wood interessierte sich danach umfassender für die Morphogenese, und er versuchte, den schwierigen Schritt vom Phagen zum Wurm zu gehen (*C. elegans*). Als er ein Angebot aus Colorado annahm, gab es am Caltech keine Phagen mehr.

Ein Wissenschaftler in seiner Welt

1947 kehrte Max als Professor für Biologie zum Caltech zurück. Damit endete die Zeit des Umherziehens. In Pasadena blieb er bis zum Ende seines Lebens, hier hat er sich immer »sehr sehr wohl« gefühlt. Er nutzte diesen festen Rückhalt, um möglichst umfassend wissenschaftlich tätig zu werden. Die Beschreibung seines Lebens kann von dieser Zeit an nur noch in zweiter Linie chronologisch erfolgen. Im Vordergrund stehen die verschiedenen wissenschaftlichen Richtungen, die er einschlug und ausprobierte. Vier Wege können ausgemacht werden, auf denen er bis zum Ende seines Lebens unterwegs war. Wir wollen ihnen einzeln folgen.

Iowa 1950, Max hält eine Vorlesung über eine Theorie von G. Stent und E. Wollman (siehe Bioch. Bioph. Acta *6*, 307–316, 1950; Foto von G. Stent).

Auf der Suche nach einer Biophysik

Ein Physiker in der Biologie

»Ein Physiker sieht sich die Biologie an«. Unter diesem Titel hielt Max zwei Vorlesungen (D 41, D 76), *nachdem* er Professor für Biologie geworden war. Er trug seine Überlegungen zu diesem Thema zum ersten Mal 1949 vor, als er eingeladen war, auf dem 1000. Treffen der in Connecticut beheimateten Akademie der Wissenschaften und der Künste vorzutragen. Er benutzte den Titel ein zweites Mal zwanzig Jahre später, als er in Stockholm sprach, um sich für die Verleihung des Nobelpreises zu bedanken. Damit verdeutlichte Max, daß er Physiker geblieben war und sich nur »als Dauerleihgabe der Physik an die Biologie« betrachtete (Fleming, 1968).

Die Suche nach einer Biophysik zieht sich als eine innere Einheit durch sein Leben. Man kann sogar eine gewisse Regelmäßigkeit feststellen, mit der sich der Physiker in Max zu Wort meldete. Alle sechs Jahre (etwa) beschrieb er seine Sicht der Aufgabe, die unter diesem Blickwinkel in der Biologie zu lösen ist (Tabelle).

Max verfolgte dabei das Ziel, »dem falsch verstandenen Wort Biophysik Bedeutung zu verleihen« (D 41). Eine richtig verstandene Biophysik mußte seiner Ansicht nach zwei Dinge im Auge haben. Sie sollte einmal – wie beschrieben – versuchen, eine Situation zu finden, die der Idee der Komplementarität erlauben würde, in die Biologie einzuziehen. Sie sollte zum anderen in der Lage sein, Gesetze der Art aufzustellen, wie sie die Physik etwa in Form von Boyles Gesetz kennt, welches Druck und Dichte eines Gases verknüpft. So ein Gesetz ist nicht universell gültig und versagt zum Beispiel bei hohen Dichten, wenn die Moleküle keinen Platz mehr finden. Dennoch würde ein Physiker niemals auf die Idee kommen, es deswegen nicht für ein Gesetz zu halten und darauf zu verzichten. Max empfahl den Biologen hierbei von der Physik zu lernen. Gesetze werden nicht dadurch zu Artefakten, daß sie nur in einem begrenzten Bereich angewendet werden können (D 41).

Jahr	Ort	Thema	Anlaß	
1937	Berlin	Das Rätsel des Lebens	Abschied von Europa	(D 76)
1943	Nashville	Moderne Biologie im Verhältnis zur Atomphysik	Vorlesungsreihe in der Vanderbilt Universität	(N. P.)
1949	New Haven	Ein Physiker sieht sich die Biologie an	Das 1000. Treffen der Akademie der Künste und Wissenschaften	(D 41)
1957	Cambridge	Atomphysik 1910 und Molekularbiologie 1957	Ergänzung zu Bohrs Compton-Vorlesungen	(N. P.)

Jahr	Ort	Thema	Anlaß	
1963	Kopenhagen	Biophysik	Feiern zum 50. Jahrestag der Arbeiten von Niels Bohr über den Aufbau der Atome	(D 62)
1969	Stockholm	Ein Physiker sieht sich noch einmal die Biologie an	Vortrag bei der Verleihung des Nobelpreises	(D 76)
1975	Pasadena	Das Komplementaritätsargument in »Wahrheit und Wirklichkeit in den Naturwissenschaften«	Letzte Vorlesung im Rahmen der »Ausgewählten Themen der Biophysik«	(N. P.)

Das Licht zum Leben

Max hat von 1932 an nach einer Eigenschaft der Organismen, einer Verhaltensweise, einer für das Leben fundamentalen Reaktion gesucht, die durch eine mathematische Formulierung (also ein biophysikalisches Gesetz) erfaßbar wird. Die größte Aussicht auf Erfolg schien zunächst die Genetik zu bieten. Als Max sich Mitte der dreißiger Jahre der Biologie zuwandte, reizten ihn aber nicht nur die Gene. Er informierte sich ebenso über den Mechanismus der Photosynthese. Dabei kam ihm zustatten, daß er mit Otto Warburg bekannt war, der sich mit der Biochemie dieses Vorgangs befaßte, bei dem mit Hilfe des Sonnenlichts in Pflanzen Zucker entsteht, und als dessen Konsequenz Sauerstoff entweicht. Dieser Vorgang schuf im Rahmen der Evolution die Voraussetzung für unsere Existenz. Wir atmen den Sauerstoff, den das Licht freisetzt, und so kann behauptet werden, daß unser Leben durch Licht möglich wird.

Warburg war bei seinen Untersuchungen zur Photosynthese, die er schon in den zwanziger Jahren begonnen hatte, unter anderem deshalb gut vorangekommen, weil er sich mit Mikroorganismen (Algen) beschäftigt hatte. Es ist wahrscheinlich, daß die lebenslange Vorliebe für Mikroorganismen, die Max hegte, nicht nur durch seinen dänisch-physikalischen Hintergrund zu erklären ist, sondern ihre Quelle auch in dem Vorbild Warburg hat. Mit der von ihm selbst entwickelten manometrischen Technik gelangen Warburg die ersten präzisen kinetischen Messungen der lichtgetriebenen Reaktionen.

Als Max von Berlin nach Amerika gekommen war, suchte und fand er eine Möglichkeit, die Fortschritte in der Photosynthese bei Cornelis van Niel an der Stanford Universität kennenzulernen. Die Art, in der es van Niel erreicht hatte, in der scheinbar beliebig zerlegbaren Welt der Moleküle und Reaktionen eine Einheit zu entdecken, beeindruckte Max stark. Van Niel war es gelungen, die Photosynthese aus ihrer Isolierung zu befreien und im Licht einer »Einheit der Biochemie« zu sehen, die 1926 entworfen worden war (Kluyver und Donker, 1926). Die Biochemiker suchten nach allgemeinen Mechanismen, die in allen Organismen wirkten. Die Übertragung eines Wasserstoffatoms von einem Molekül auf ein anderes schien eine solche universale Reaktion zu sein. 1931 dehnte van Niel diesen Vorschlag auf die Photosynthese aus. Er schlug vor, daß der freigesetzte Sauerstoff aus dem Wasser (H_2O) stammt, dem der Wasserstoff entzogen wird.

Van Niel betonte neben der Einheit der Biochemie gern »seine tiefe Dankesschuld gegenüber den Mikroorganismen, deren Besonderheiten zu unserem besseren Verständnis der Photosynthese beigetragen haben.« Seine philosophische Einstellung kam der von Bohr sehr nah und hat konkret festigend auf Max gewirkt. Van Niel betonte, daß »die ganze Struktur der Naturwissenschaften das Ergebnis von Extrapolationen in zwei verschiedene Richtungen ist« (Kluyver und van Niel, 1956).

Trotz der Bewunderung für van Niel ist Max in der Photosynthese nie über die Rolle eines kritischen Beobachters hinausgegangen. Er hat dafür einmal einen sehr persönlichen Grund angegeben. 1973 schrieb er an Sir Hans Krebs, dessen Biographie Otto Warburgs Max »mit brennenden Augen« gelesen hatte (Krebs, 1973): »Ich fand den ›Warburg Stil‹ der Auseinandersetzung so abscheulich und sinnlos, daß ich mich aus diesem Grund allein schon nicht auf das Gebiet der Photosynthese begeben habe. Warburg hatte die Atmosphäre in einem Ausmaß vergiftet, daß jeder, der von Bohr kam, furchtbar erschrecken mußte (›horrified‹). In seiner Sprechweise lag soviel Unehrlichkeit wie bei Politikern, wie zum Beispiel Adenauer, dem demagogischen Vereinfacher.«

Ein einfaches Gesetz

Max hat auch deshalb nie konkret an Problemen der Photosynthese gearbeitet, weil ihn eine andere Aufgabe mehr reizte. Er suchte eine Art biologisches Gesetz, und ihm war dabei aufgefallen, daß es dies schon seit etwa einhundert Jahren unter dem Namen Weber-Fechner-Gesetz gab. 1846 hatte E. H. Weber in seiner Schrift »Tastsinn und Gemeingefühl« ein einfaches Gesetz der Wahrnehmung angegeben. Ihm war in Experimenten quantitativ zugänglich geworden, was man sich qualitativ am Sternenhimmel klarmachen kann. Die Sterne sind immer gleich hell. Wir sehen sie aber nur in der Nacht. Unsere Wahrnehmung hängt also – so Weber – einmal von dem Unterschied zweier Reize (im Beispiel wären es die Sterne und der Himmel) ab, aber auch von der absoluten Stärke des »störenden« Reizes. Weber fand heraus, daß ein Reizunterschied ΔI wirksam wird, also von uns wahrgenommen werden kann, wenn das Verhältnis aus dieser Differenz und der absoluten Reizgröße I einen konstanten Wert nicht unterschreitet:

$$\Delta I/I = c.$$

Einige Jahre nach der Formulierung dieser Beziehung beschäftigte sich Gustav Th. Fechner mit ähnlichen Fragen. Ihm war aufgefallen, daß bei vielen Empfindungen die wahrgenommene Intensität trotz steigenden Reizes nicht weiter wächst. So fällt uns am hellichten Tage selbst eine hell leuchtende Lampe nicht auf. Nachts hingegen nehmen wir noch die schwächste Beleuchtung wahr. Unsere Sinnesorgane können offenbar gesättigt werden, die Empfindung wird maximal. Fechner formulierte diese Einsicht 1860 als Gesetz der »Psychophysik«, wie er es nannte. Seine Formel für die Intensität E der Empfindung, $E = K \cdot \log I$ – hierbei ist K irgendeine Konstante –, war zuerst nur eine Vermutung. In Verbindung mit dem Weberschen Gesetz wurde sie in den Rang einer Theorie gehoben. Die Konstante im Weberschen Gesetz konnte als eine subjektive Größe interpretiert werden, nämlich den kleinstmöglichen Unterschied der Intensität, den man noch empfinden kann. Große Unterschiede in der Wahrnehmung werden als Vielfache dieser subjektiven »Quanten« verstanden.

Der Ursprung seines Interesses, das Max dem Weber-Fechner-Gesetz entgegenbrachte, liegt wahrscheinlich in Kopenhagen. Sowohl Christian Bohr, der Vater, als auch Harald Høffding, der philosophische Lehrer von Niels Bohr bewunderten die Arbeiten von Fechner. Max hoffte wie sie, daß in dieser Beziehung »ein mächtiger Schlüssel zur Natur der lebenden Zelle« (D 41) steckt, der das Tor zu einer Biophysik öffnet. Die Tatsache, daß die Relation von Weber und Fechner in den vierziger Jahren kaum noch in den Lehrbüchern der Physiologie erwähnt wurde (heute hat sich die Situation etwas »gebessert«), konnte bei Max das Interesse nur erhöhen. (In einem seiner Ratschläge empfahl er stets, bei Forschungsarbeiten nicht der jeweiligen Mode zu folgen, »don't do fashionable research«.)

Was Max vor allem faszinierte, war die Einfachheit, die sich in diesem Gesetz ausdrückte. Dabei übersah er, daß diese Eigenschaft zwar in der Physik von großer Bedeutung ist, daß sie die Biologie aber in die falsche Richtung lenkt. Während ein einfaches physikalisches Gesetz auf einen sehr allgemeinen Zusammenhang schließen läßt, gelingt dies in der Biologie nicht mehr. Was hier einfach aussieht, kann eine Summe von komplizierten Tricks sein, die im Laufe der Evolution zusammengekommen sind. Was zum Beispiel ein Phage macht, sieht zwar einfach aus, besteht aber aus vielen molekularen Details. In einem Phagen stecken mehr Voraussetzungen als in Kugeln, die eine schiefe Ebene herabrollen. Auf diese Weise entsteht eine Zweideutigkeit, die die ganze Biophysik durchzieht und die gerade im Weber-Fechner-Gesetz deutlich wird. Mit den Worten von Max (D 41): ». . . jede lebende Zelle trägt die Milliarden Jahre alte Erfahrung ihrer Vorfahren mit sich herum. Man kann nicht erwarten, einen so schlauen Vogel mit ein paar einfachen Worten zu beschreiben (›you cannot expect to explain so wise an old bird in a few simple words‹).«

Max sagte dies 1949 in Connecticut. Auf dem Weg dorthin traf er in New York mit Aage Bohr zusammen, einem der Söhne von Niels Bohr. Aage Bohr beschäftigte sich als theoretischer Physiker mit der Struktur der Kerne und ihren dynamischen Eigenschaften. Er hatte 1949 das akademische Jahr am Caltech verbracht und dabei von Max den Phagentest gelernt und mit ihm die Idee der Komplementarität diskutiert. Max veranstaltete damals aus diesem Anlaß Seminare. Aage Bohr schrieb seinem Vater im Sommer 1949, daß dieses Argument Maxens »einziges wirkliches Interesse an der Biologie ist; er will kein organischer Chemiker und kein Zoologe sein«.

Aage Bohr fragte sich aber, ob Max wirklich dasselbe wie sein Vater Niels meinte.

Während Max immer wieder auf ein konkretes Auffinden der Komplementarität wartete und die Idee (paradox formuliert) greifbar machen wollte, betonte Aage Bohr den sprachlichen Aspekt. Zur Beschreibung biologischer Tatsachen kann man nicht nur physikalisch definierte Begriffe verwenden. Man kann zum Beispiel gar nicht sagen, »was ›Vermehrung‹ ist, ohne es durch Konzepte wie das der Vererbung zu charakterisieren, und das ist ein biologisch definierter Begriff«, wie er in einem Brief nach Kopenhagen schrieb. Max hingegen erwartete, daß die Eigenschaften komplexer Moleküle in lebenden Zellen der Chemie ähnlich fremd sind, wie es die Atomspektren der klassischen Physik waren, und daher Untersuchungen zur Replikation praktisch die Komplementarität erzwingen würden, die für Aage allein schon in der Verwendung der Begriffe gegeben war. Für ihn war das Argument seines Vaters eine Figur, mit der das Denken operiert, eine Erfahrung, die man beim Denken machen kann.

Biologie als Physik

Die Gelegenheit, mit Niels Bohr über dieses Thema zu diskutieren, bot sich acht Jahre später, als sich beide 1957 in Boston trafen. Bohr trug in sechs Vorlesungen ganz allgemein über die Bedeutung der Komplementarität vor, und Max war gebeten worden, konkret die Tragweite dieser Idee für die Biologie anzugeben. In seinem (unveröffentlichten) Vortrag korrigierte Max eine Erwartung, die er vier Jahre zuvor geäußert hatte. Als Watson und Crick 1953 die Doppelhelix entdeckt hatten, hoffte Max, diese Struktur würde der Biologie gedanklich ähnlich weiterhelfen, wie es dem Atommodell von Bohr und Rutherford vierzig Jahre zuvor in der Physik gelungen war. Jetzt aber (1957) war diese Hoffnung verflogen. Max verglich die damalige Biologie mit der Physik *vor* 1912 und 1913:

»1910 . . . schien das Programm der Physik kristallklar: Mehr und bessere Experimente, raffiniertere Techniken, mehr Mathematik, und das Königreich atomarer Modelle steht uns offen. Heute [1957] . . . erleben wir die Höhe des Enthusiasmus beim Bauen molekularer Modelle, um so biologische Funktionen zu interpretieren. Sicherlich gibt es einige störende Punkte, aber an keinem könnte man sich festhalten und sagen ›Hier ist eine Manifestation des Lebens, die rational nicht auf eine Erklärung in molekularen Termen reduziert werden kann.‹ Und dennoch haben wir das Beispiel der Physik vor uns, dessen Warnung lautet: Komplementarität kann hinter der nächsten Ecke auftauchen.

Für mich ist das ein faszinierender Gedanke und allein die Möglichkeit, daß dies so kommen kann, reicht schon als Hauptmotiv für mein Interesse an der Biologie. In der Praxis ändert das nichts an irgendeinem Ansatz. Der einzige Weg zum Erfolg in der heutigen Molekularbiologie – wie damals in der Physik – besteht darin, bessere Techniken zu entwickeln und raffiniertere Experimente zu machen, um die Molekularbiologie auf ihrem traditionellen und möglicherweise naiven Pfad voranzutreiben. Der Unterschied zwischen denen, die glauben, da käme man glatt voran, und denen, die das Erscheinen einer intellektuellen Schranke erwarten, ist dem Unterschied vergleichbar, der zwischen denen besteht, die an ein Leben nach dem Tode glauben, und denen, die es nicht tun. Ihre Motive mögen anders sein, ihre Handlungen sind es nicht.«

Max erläutert dann seine Sicht der Biologie im Jahre 1957: »In den letzten zwei Dekaden konnten die Techniken enorm verfeinert werden. Das Elektronenmikroskop offenbart strukturelle Einzelheiten mit einer viel hundertfach feineren Auflösung als das Lichtmikroskop, bis hinunter auf 10 Å und noch weiter. Wunderbare Methoden sind erdacht worden, um Makromoleküle zu charakterisieren, ihre Sedimentation, ihre Elektrophorese, ihre Lichtstreuung, ihre Diffusion, ihre optische Rotation und noch mehr. Radioaktive Isotope als Marker erlauben die Entwirrung biochemischer Pfade in verwickeltsten Details. Die Identität des wesentlichen Trägers des genetischen Materials ist die DNS, und ihre Struktur ist eine gesicherte Erkenntnis. Die Struktur gibt sofort Hinweise auf den molekularen Mechanismus der Replikation, und darauf wie die Information in Proteine transferiert wird. Vor zwanzig Jahren [1937 !] konnte man davon noch nicht einmal träumen, als die klassische Physiologie und die Genetik ihre Limitierung in der Beschreibung der Lebensvorgänge erreicht hatten, und Chemie und Atomphysik nicht mehr als eine Rolle am Rande der zellulären Physiologie zu spielen schienen. Im Gegensatz dazu scheinen die Möglichkeiten beim Fortschreiten unbegrenzt, und wer daran Zweifel hegt, sieht sie an jeder Ecke unbegründet. Dennoch! Ich glaube, es gibt noch viel Platz für Überraschungen.«

Es gibt »keine einzige elementare biologische Funktion, für die wir eine kohärente molekulare Interpretation angeben können«. Mit dieser Idee meint Max die Angabe sämtlicher Glieder einer Kette aus Molekülen und deren Reaktionen, die sich zum Beispiel zwischen einem Reiz und der zuletzt ausgelösten Reaktion spannt. Später nannte er diese Kette die Signalumwandlungskette (»signal transduction chain«), die es komplett zu kennen gilt, bevor ein biologischer Vorgang erfaßt ist. Wenn zum Beispiel Licht ins Auge fällt, kann man erst beruhigt vom Verstehen sprechen, sobald man bis in die atomaren Einzelheiten versteht, wie das Lichtsignal zuerst in ein chemisches Signal und dann in ein elektrisches Signal umgewandelt worden ist, das ins Gehirn geleitet werden kann, wo schließlich aus Licht Sehen wird. Es gibt nun mindestens eine Stelle, an der man eine chemische Reaktion atomar genau lokalisieren müßte, um die Signalkette vollständig knüpfen zu können. Aber die verwendeten Methoden schließen sich gegenseitig aus. Die Lokalisation erfolgt zum Beispiel mit dem Elektronenmikroskop. In der dazu vorbereiteten Probe findet die Reaktion, auf die es ankommt, aber nicht mehr statt. Sie läuft nur unter Bedingungen ab, die eine genaue Lokalisation ausschließen. Die Frage nach der atomar genauen Position einer Reaktion kann aber – so Max – genauso sinnlos sein wie die alte Frage, durch welchen von zwei Schlitzen ein Elektron geschlüpft ist.

Unverträglichkeiten prophezeite Max 1957 bei der Untersuchung der Muskelkontraktion und der Replikation, die beide gut in molekularen Bildern beschrieben werden können, »solange man dabei auf der formalen chemischen Ebene bleibt und Fragen nach der Konzentration der Substanzen und geometrische Aspekte außer acht läßt. Sobald aber strukturelle Aspekte in die Betrachtungen eingeschlossen werden, das heißt, sobald die Reaktionen in partikulären Strukturen oder auf Oberflächen stattfinden müssen, tauchen überall Schwierigkeiten auf. Es wird immer angenommen, daß dies nur rein technische Schwierigkeiten sind, es muß aber nicht so sein, ebensowenig wie in anderen Fällen. Man kann es nicht als vorgegebene Schlußfolgerung ansehen, daß einerseits die Struktur (molekular betrachtet) und andererseits die Funktion (integriert gesehen) miteinander verträgliche Größen der Beobachtung sind (›compatible observables‹).«

Kleine Konflikte

Die Vorlesung von 1957 wurde nicht gerade enthusiastisch begrüßt. Ausgerechnet seine beiden komplementären Vaterfiguren stritten mit ihm herum, Wolfgang Pauli und Niels Bohr. Kurioserweise meinten beide Physiker, daß Max zu vorsichtig und zu bescheiden mit dem Begriff der Komplementarität umgehe. Da stecke entweder viel mehr Wahrheit dahinter, als Max beschreibe, oder viel weniger, wie Pauli nach Lektüre des Manuskripts an Jean Weigle schrieb. So ein wenig Biologie sei nicht genug, man müsse schon den Schritt in die Wahrnehmung und zur Psychologie riskieren. Pauli warf Max damals nicht nur vor, mit einem großen Gedanken zu wenig zu machen, sondern auch mit einer kleinen Beobachtung zu viel zu wollen. Ein paar Bakterien, die anders auf Phagen reagierten, genügten ihm schon, um auf Mechanismen der Evolution zu schließen.

Max verteidigte seinen Standpunkt und weigerte sich, über Komplementarität in der Psychologie zu reden, solange er ihre Bedeutung in der Biologie nicht klarer sähe. Und in diesem Fall warf ihm nun Bohr vor, den Gedanken nicht richtig wiedergegeben zu haben. Dies tat Bohr aber ganz allgemein. Er beschwerte sich oft, die Rolle seiner Idee bei dem Versuch, Leben zu verstehen, sei nie richtig verstanden und seine eigenen Formulierungen seien von Freund und Feind mißverstanden worden. In seinem Beisein »erlaubte es Bohr niemandem außer ihm selbst dieses Thema anzuschneiden«, wie Max es formulierte, als er 1963, ein Jahr nach Bohrs Tod, in Kopenhagen noch einmal vorschlug, »die Komplementarität und das Komplementaritätsargument ernsthaft zu diskutieren.« Man feierte den fünfzigsten Jahrestag der Bohrschen Arbeiten über den Aufbau der Atome und Moleküle. Am letzten Tag waren Vorträge zum Thema »Kosmos und Leben« vorgesehen, und in diesem Zusammenhang sprach Max über »Biophysik«.

Er gestand, daß die Erfolge der Molekularbiologie bei der Aufklärung der Proteinsynthese und der Replikation immer weniger Ecken übrigließen, hinter denen Komplementarität stecken könnte. Mit diesen Vorgängen befinde sich die Biologie aber erst auf dem einfachsten Niveau des Lebens. Für den zu erwartenden Aufstieg in höhere Regionen blieb Max optimistisch:

»Die Frage bleibt indessen, ob nicht auf der nächsthöheren Stufe der Organisation, für die wir noch keine physikalischen Methoden haben, sehr wichtige Fragen . . . auftauchen, in der Sinnesphysiologie, beim Transport durch Membranen und bei anderen Aspekten. Wenn man zu der nächsten Größenordnung kommt, stellt sich die Frage, ob vom quantenmechanischen Standpunkt aus nicht irgendeine Besonderheit sichtbar wird, so etwas wie Supraleitung oder Superfluidität. Wenn seltsame kooperative Phänomene bei Zimmertemperatur mit besonderen Molekülen möglich sind, und wenn dies einem besonderen Zweck dienen kann, dann hat das Leben ganz sicher diese Entdeckung eine Milliarde Jahre vor uns gemacht.«

Er fuhr dann fort: »Es war interessant zu sehen, daß die Leute, die bei diesem Treffen über Supraleitung gesprochen haben, keinen Grund angeben konnten, warum solche kooperativen Phänomene nicht auch bei Zimmertemperatur möglich sein können. Vage Andeutungen wurden gemacht, aber sicher keine überzeugenden Gründe genannt. Und selbst wenn besondere Bedingungen erfüllt sein müssen, um etwas Besonderes zu erreichen, das Leben wird es lange vor uns herausgefunden haben. Dies ist in dem Größenbereich, über den wir sprechen, offensichtlich nicht eingetreten. Doch eine Größenordnung höher können besondere Phänomene schon auftreten. Darüber hinaus stellt sich die Frage, ob unsere derzeitige Art zu reden, unser derzeitiges Konzeptionsschema – nämlich von Information tragenden Molekülen über Proteine zu kleinen Molekülen, die die Bausteine von Polymeren sind –, ob dies ein ausreichender Rahmen für die ganze Biologie ist; ganz abgesehen von möglicherweise besonderen kooperativen quantenmechanischen Effekten. Diese Frage bleibt sehr weit offen.«

Nachdem Max mit dieser Hoffnung seinen Vortrag beendet hatte, fragte man ihn darüber noch genauer. Victor Weisskopf wollte wissen, ob Max wirklich, abgesehen von quantenmechanischen Besonderheiten, die bei komplizierten Systemen zu erwarten sind, sicher ist, daß es Beobachtungsprobleme gibt, die zu einer Komplementaritätssituation führen (»observational complementarity«). Max antwortete: »Ich meine, daß man beim Verstehen der nächsthöheren Ordnung auf diese Beobachtungskomplementarität treffen kann, so daß man andere Konzepte (›different notions‹) einführen muß, ich meine unabhängige Konzepte.« Ob das die »neuen Gesetze der Natur« seien, wollte Weisskopf wissen, und er erhielt als Antwort: »Ich halte das für möglich und bin darauf gespannt« (»I am curious about it«).

Eine Stufe höher

Die Biologie der sechziger Jahre drehte sich vor allem und immer wieder um die Doppelhelix aus DNS. Für einen Physiker konnte das erst der Anfang einer zu erwartenden Entwicklung sein, denn – wie Max 1968 schrieb – »dies könnte man als eindimensionale Biologie klassifizieren. [. . .] Dabei leuchtet doch ein, daß die Natur, die ihre Operationen in drei Dimensionen durchführt, schon vor langer Zeit entdeckt hat, daß es auch zweidimensionale Strukturen mit besonderen Qualitäten gibt« (D 72). Max meinte biologische Membranen und verkündete, daß deren Untersuchung »die nächste Phase« der Molekularbiologie beherrschen würde. Diese Strukturen, die außen die Zellen umfassen und zusammenhalten, die aber auch im Innern Ordnung und Gestalt ermöglichen, hatte Max im Sinn, als er Mitte der sechziger Jahre »die um eine Stufe kompliziertere Form der Organisation« suchte, bei deren Untersuchung sich das Verhältnis von Physik und Biologie neu einpendeln würde.

Mit dem Ausdruck »Membranen« wird gleichzeitig eine Einheit und eine Vielheit bezeichnet. Die Einheit betrifft die prinzipielle Struktur. Biologische Membranen kann man sich wie ein Tuch oder ein Stück Papier vorstellen, also flächig und faltbar. Dabei sind die Bestandteile der Membran gegeneinander verschiebbar wie in einer Flüssigkeit. Wenn man diese beiden anschaulichen Bilder zu einem unanschaulichen Ganzen mischt, kann man sagen, Membranen sind wie ein flüssiges Mosaik, ein Mosaik, dessen Steinchen verschiebbar sind (Singer und Nicholson, 1972). Neben diese strukturelle Einheitlichkeit tritt noch die der Bausteine; Membranen bestehen aus Lipiden und Proteinen; die Proteine schwimmen in einer Lipiddoppelschicht. Die ganze Konstruktion wird bestenfalls 100 Å dick, also etwa so dick wie fünf nebeneinanderliegende DNS-Stränge. Die Vielheit betrifft die Funktion. Membranen können und machen eigentlich alles, was man zum Leben braucht, sie atmen, transportieren und speichern Energie und leiten Informationen weiter.

Max sah übrigens in den Membranen eine Art Gipfel der Biologie erreicht. »Wenn man die nächste Phase der Molekularbiologie als Aufstieg von einer in zwei Dimensionen bezeichnet, dann produziert man die Erwartung, daß in zwanzig Jahren der Übergang zu einer dreidimensionalen Biologie als nächste Phase verkündet wird. Dies scheint mir aber unwahrscheinlich zu sein. Es gibt einen triftigen mathematischen Grund (›sound‹) für die Annahme, daß die Natur es zweckmäßig gefunden hat, alle dreidimensionalen Vorgänge wie zum Beispiel das Halten einer Spur (›tracking‹) und jede Kontrolle auf ein- und zweidimensionale Abläufe zu reduzieren. Die Gründe dafür hängen mit einer wichtigen mathematischen Entdeckung aus dem Jahre 1921 zusammen. Sie stammt von Georg Polya. Er zeigte, daß jeder Versuch, ein Ziel durch Zufall

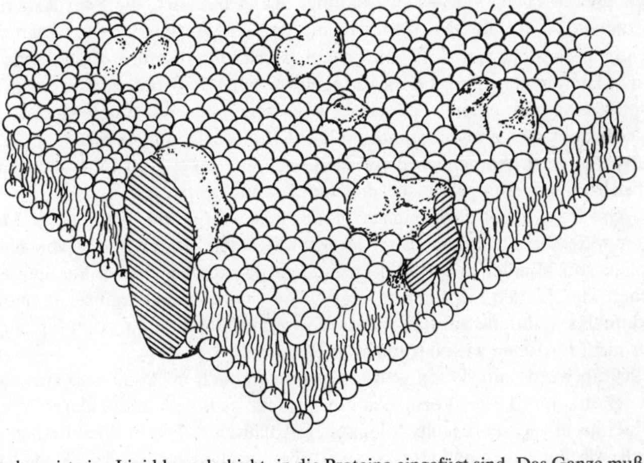

Eine Membran ist eine Lipiddoppelschicht, in die Proteine eingefügt sind. Das Ganze muß man sich in einem unentwegt bewegten Zustand vorstellen wie ein flüssiges Mosaik (aus Singer und Nicolson, 1972).

(›random walk‹) zu erreichen, zwangsläufig zum Erfolg führt, wenn man bei unbegrenztem Raum seine Schritte auf eine oder zwei Dimensionen beschränkt; in drei Dimensionen kommt man nicht mehr an. Im begrenzten Raum der Zelle sieht das Theorem so aus: Wenn man möchte, daß ein Molekül allein durch Diffusion eine bestimmte Stelle erreicht, ist es ökonomisch, das Ziel an eine Membran zu heften, an der auch das in Frage kommende Molekül derart festmachen kann, daß es hängenbleibt, wenn es die Membran erreicht, und doch weiter an ihr entlangtreiben kann, um eine zweidimensionale Diffusion durch die Membran durchzuführen. Die Annahme ist vernünftig, daß die Natur schon in den Milliarden Jahren vor der Entdeckung des Theorems durch Polya damit angefangen hat, seine Implikationen auszunutzen« (D 72).

Schwarze Kunst

Als Max die Aufmerksamkeit der Biologen über die molekularbiologische Parteilinie der DNS hinweg auf die Ebenen aus Membranen lenken wollte, gelang ein methodischer Durchbruch, der ihn zu einer Art Glückwunschschreiben veranlaßte. Er, der ansonsten kaum lobte und eher skeptisch blieb, gratulierte Paul Mueller und D. O. Rudin zu ihrem Verfahren, das man als Technik des schwarzen Films bezeichnen kann (Mueller und Rudin, 1967, 1968). Diese schwarze Kunst empfahl Max als den eigentlichen Weg, um mit den Methoden der Physik an die Membranen heranzukommen und sie so in die Molekularbiologie einzugliedern.

Im Mittelpunkt des Verfahrens von Mueller und Rudin steht ein höchstens ein Millimeter großes Loch, welches sich in einer Wand befindet, die zwei Kammern aus Teflon voneinander trennt. Das Ganze nennt man eine Teflonküvette. Wenn man das Loch richtig hergestellt hat – es dürfen keine scharfen Kanten oder Spitzen dabei entstehen –, kann man in ihm eine ebene Membran herstellen, indem man einen Tropfen einer Lipidlösung mit einem Teflonstab vorsichtig über das Loch streicht. Zuerst spannen sich über den Zwischenraum mehrere Lipidschichten, von denen Licht bunt zurückgeworfen wird. Allmählich fließt das Lösungsmittel ab, der Film über dem Loch verdünnt sich zur Lipiddoppelschicht, die zuletzt schwarz erscheint.

Diese »schwarze Membran« ist eine erstaunliche Konstruktion. Auf tägliche Maßstäbe übertragen wäre sie ein dünnes Blatt Papier mit einem Durchmesser von über zehn Metern. Die von Mueller und Rudin erfundenen künstlichen Lipidfilme imitieren die biologischen Membranen nicht nur in ihrer Dicke, sondern auch in ihrer Permeabilität. Sie sind durchlässig für alle Substanzen, die sowohl in Wasser als auch in Lipiden löslich sind, aber nicht für Ionen wie Natrium oder Kalium.

Von 1969 an wurde mit diesen schwarzen Filmen auch in Pasadena experimentiert. Max hat gehofft, mit diesen Versuchen eine Brücke zwischen molekularen Vorgängen und den hieraus erwachsenden physiologischen Abläufen zu finden. Membranen machen im Kleinen, was die Zellen und Organe im Großen machen, sie wandeln Signale um und geben sie weiter. Sein Ziel war, ein Verfahren zu finden, mit dem in funktionellen Membranen spezifische Antworten auf eindeutige chemische und physikalische Reize untersucht werden können (D 67). So eine Methode wurde erst in der Mitte der siebziger Jahre in Göttingen entwickelt (Neher und Sakmann, 1974).

Untersuchungen mit Membranen erfordern eine hohe technische Begabung und eine große handwerkliche Geschicklichkeit. In dieser Hinsicht war Max nicht sehr talentiert, und seine entsprechenden Bemühungen sind nicht sehr weit gekommen. Ihm fiel es leichter, über Membranen nachzudenken, und so konzentrierte er sich darauf, Vorlesungen über dieses Thema zu halten.

Drei, zwei, eins

Am Anfang des Phagen stand die Tat, am Anfang der Membranen stand das Wort. Das heißt, über Membranen hat Max etwas gelernt, indem er eine Vorlesung zu dem Thema gehalten hat. Sein Kurs, den er seit 1951 den Caltechstudenten unter der Nummer Bi 129 anbot, nannte sich »Ausgewählte Themen der Biophysik« (»Selected Topics in Biophysics«) und lief genauso lange wie der Phagenkurs, nämlich 26 Jahre. Max unterrichtete gewöhnlich im Wintersemester, das heißt, seine Vorlesungen fingen im Januar an und liefen über drei Monate. In fast jedem Jahr griff er ein neues Thema heraus. Er lernte, indem er lehrte, und er nahm sich dafür »enorm viel Zeit« (I). Er gab zum Beispiel Kurse über die Mechanik von Chromosomen, die Physiologie von Rezeptoren und nichtlineare Differentialgleichungen. Am häufigsten trug er über Membranen vor. Er tat das schon, »als ihnen am Caltech noch niemand irgendwelche Aufmerksamkeit schenkte« (I). Sein tiefes Interesse rührte unter anderem daher, daß er Membranen in mehrerer Hinsicht als Grenzen auffaßte.

Einmal grenzen Membranen Bereiche innerhalb von Zellen und die ganze Zelle nach außen ab. Daneben halten sich diese biologischen Konstruktionen an der Grenze zwischen fest und flüssig auf. Sie sind geordnet wie Kristalle und beweglich wie Wasser. Max vermutete daher, daß Membranen zum Treffpunkt der Physik fester Körper mit der Molekularbiologie werden. Als er einmal über diese Idee unter dem Titel »Festkörperphysik und zytoplasmatische Strukturen« vortrug, konnte er keinen Hinweis geben, wie dies tatsächlich gehen sollte, welche Konzeption aus der Physik mit welcher Frage über die Membranen fertig werden sollte. Am Ende beschwerte sich ein Zuhörer, er hätte nichts Verbindendes gesehen. Worauf Max antwortete, das stünde auch nicht im Titel. Da stünde nur, daß er erst über Festkörperphysik und dann über die Biologie der Zelle sprechen würde. Wie die vorgetragenen Prinzipien der Physik die Wirkung der Membranen erklären könnten, müsse man selbst herausfinden. (Diese Art der Arroganz ist auch bei seinen Freunden auf Unverständnis gestoßen.)

Was Max weiter an die Membranen band, war eine höhere Gemeinsamkeit mit den genetischen Strukturen. In beiden Fällen schien die Natur den gleichen Trick anzuwenden, nämlich sie reduzierte die Dimensionen. So beruht die Maschinerie der Vererbung zu einem großen Teil darauf, daß sie ein dreidimensionales Problem (die Konformation eines Proteins) auf eine eindimensional differenzierte Kette (DNS) reduziert. Und Membranen boten durch ihre auf den Oberflächen umhertreibenden Moleküle wirksame

Cold Spring Harbor 1965, während des Symposiums über Sinnesphysiologie diskutiert Max beim Mittagessen mit W. Reichardt, K. Kaissling und P. Görner (von rechts) über mögliche Mechanismen der Signalweiterleitung.

Bereiche zur Diffusion. Mitte der sechziger Jahre hatte Max auch ein System entdeckt, an dem man diesen Gedanken konkret ausprobieren (also in eine Theorie umwandeln) konnte. Es bot gleichzeitig die Möglichkeit, die Idee der Signalumwandlung bzw. Transduktion weiterzuentwickeln. Es ging dabei um die Frage, wie die Riechzellen von Insekten ein Duftmolekül einfangen und an den Ort der Wirkung transportieren.

Max hatte davon auf einem der wenigen wissenschaftlichen Treffen gehört, die er besuchte. Er vermied Kongresse sonst ebenso wie Fakultätssitzungen. Aber 1965 erschien er zum Cold Spring Harbor-Symposium über »Sinnesrezeptoren«, und hier trug eine deutsche Forschergruppe ihre Arbeiten über die – wie man sagt – Chemorezeption des Seidenspinners *Bombyx mori* vor (Boeck, Kaissling und Schneider, 1965). Sie kannten die Konfiguration des Sexuallockstoffs, dem sie den Namen Bombykol gegeben hatten. Das Weibchen sondert Bombykol ab, und das Männchen fängt es mit seinen raffiniert konstruierten Antennen ein. Der Lockstoff zeigt – chemisch gesehen – alkoholischen Charakter am Ende einer geraden Kette aus sechzehn Kohlenstoffen (mit zwei Doppelbindungen).

Empfangen wird das Bombykol von einem Härchen, das wie folgt am Ende der Antenne sitzt: Auf dem Kopf des Seidenspinners stehen zwei etwa einen cm lange Achsen, aus deren Segmenten je zwei Seitenäste heraustreten. Auf ihnen sitzen schließlich die Riechhaare, die etwa 100 µm lang und 2 µm dick sind. In diese Haare reichen die Ausläufer von zwei oder drei sensorischen Nervenzellen hinein, die auf den weiblichen Lockstoff antworten, wenn dieser hier eintrifft. Die Frage ist, wie ihm dies gelingt? Wie kommt der Lockstoff in ein Riechhaar hinein? Zwar sind einige Poren mit einer Öffnung von 150 Å zu erkennen, sie machen aber insgesamt nur ein Promille der Oberfläche aus, das heißt, 99,9 % der Bombykolmoleküle treffen daneben.

Max formulierte das Problem wie folgt: »Dieser gigantische Apparat dient dazu, mit höchster Effizienz Bombykolmoleküle, die in der Luft treiben, festzuhalten und sie auf unbekannte Weise dazu zu bringen, ihre Wirkung an der Oberfläche der Sinneszellen zu entfalten, die durch die Poren zugänglich wird. Wir wollen uns nicht damit beschäftigen, was die Moleküle machen, sobald sie an den Poren angekommen sind. Wir wollen diskutieren, wie sie überhaupt dahin kommen« (D 71).

Die Frage bestand darin, was mit den Bombykolmolekülen passiert, die irgendwo zwischen zwei Poren landen. Werden sie reflektiert? Bleiben sie kleben? Dies konnte kaum sein, denn man wußte doch, daß schon ein einzelnes Molekül wirksam ist, also vom Männchen registriert wird. Aber beim Treffen in Cold Spring Harbor (1965) konnte man sich zwischen diesen beiden Extremen keine dritte Möglichkeit vorstellen, und so blieb man bei vagen Vermutungen, die Max mit den Experten diskutierte. Bei einem gemeinsamen Mittagessen meinte J. R. Platt, eigentlich könnte er sich bei der Beschaffenheit der Haaroberfläche doch einen Mittelweg vorstellen. Ein Duftmolekül bleibt auf der Oberfläche des Riechhaares kleben und gleichzeitig beweglich. Dieser Vorschlag sei auch schon publiziert worden, weil damit die ganze Antennenkonstruktion mehr Sinn erhält (Locke, 1965).

Max leuchtete dies ein, er versprach, sich um die Theorie des Problems zu kümmern. Als Gerold Adam damals aus Deutschland anfragte, ob er nach seiner Doktorarbeit, in

Cold Spring Harbor 1965, Max diskutiert mit J. R. Platt (rechts) und W. L. Pak über die Frage, wie die Antenne des Seidenspinners einen Lockstoff optimal einfangen könnte; die Gespräche gaben Anlaß zu der Publikation D 71.

der er sich mit Membranen beschäftigt hatte (Adam, 1967), für einige Zeit am Caltech arbeiten könne, schickte ihn Max zuerst nach Seewiesen, wo mit dem Seidenspinner experimentiert wurde. Er bat Adam, sich mit den Diffusionsfragen vertraut zu machen. In Pasadena setzten sich dann beide zusammen, um abzuschätzen, ob Membranen als zweidimensionale Leitstrukturen für die Diffusion in biologischen Systemen eine Rolle spielen können. Sie versuchten, ihre Theorie allgemein zu formulieren, so daß sie sowohl das Einfangen eines Duftmoleküls durch die Poren eines Riechhaares als auch den Weg eines Hormons zu seiner Wirkungsstätte damit beschreiben konnten.

Sie formulierten ein »neues Prinzip«, und zwar die »Reduktion der Dimensionalität«, also die Annahme, daß diffundierende Moleküle ihr Ziel ansteuern, indem sie zu Strukturen niederer Dimension wechseln. Max und Adam konnten zeigen, daß der von Platt empfohlene Mechanismus etwa 40mal effektiver arbeitet als eine alles reflektierende Antenne und tausendmal besser funktioniert als eine alles festhaltende Antenne. Max war damit von dessen Existenz überzeugt. Denn – wieder zitierte er Dirac – unter diesen Umständen wäre man überrascht, wenn die Natur keinen Gebrauch von dieser Möglichkeit gemacht hätte (D 71).

Hoch hinaus

Diese Arbeit zur Diffusion liefert ein gutes Beispiel für eine physikalisch durchsetzte Biologie, die Max immer gern konstruieren wollte. Nach Abschluß des Manuskripts formulierte er diesen Wunsch in einem Brief an Warren Weaver. Er betonte, wer dies tun wolle, müsse erst genau wissen, was außer einer gewissen Komplexität Leben vom Nichtleben absetzt. Und immer noch hoffte er, daß mit Bohrs Ideen die Lösung gelingen würde. »Was die Zukunft angeht, so will ich von meinen privaten Träumereien einfach nicht ablassen. Ich warte immer noch auf das Paradoxon, obwohl ich vielleicht gar nicht alt genug werde, um es kommen zu sehen.«

In diesem Zusammenhang taucht eine Frage auf, die oft gestellt worden ist. Warum hat Max nicht mit neurobiologischen Arbeiten begonnen wie einige seiner berühmten Kollegen aus der Phagenzeit, zum Beispiel Seymour Benzer und Gunther Stent? Hier hätte sich sein Traum erfüllen können.

Max selbst hat zwei Gründe dagegen genannt. Einmal sollte man nicht zu große Schritte machen und vor der Nervenleitung die innerzelluläre Informationsweitergabe verstehen. Erst wer die Transduktion von Signalen im Rahmen einer Zelle erfaßt hat, kann sich an die Kommunikation von Zellverbänden wagen. Man muß – so Max – seine Neugierde zähmen. Jeder will wissen, wie das Gehirn funktioniert, aber niemand kann es wissen, solange keine Vorstufen vorhanden sind, mit denen der Aufstieg begonnen werden kann.

Seine Zurückhaltung gegenüber der Neurobiologie speiste sich noch aus einer tieferen Quelle, und in ihr wohnt die Wahrheit. »Die Bereitwilligkeit, mit der man in die Neurobiologie eintaucht, übersieht eine wesentliche Beschränkung – nämlich den a priori Aspekt des Konzepts der Wahrheit« (D 76). Unter Hinweis auf ein Theorem von

Kurt Gödel (Tarski, 1969), in dem wahre Sätze von beweisbaren in dem Sinn unterschieden werden, daß es in der Logik wahre Aussagen gibt, die man nicht beweisen kann, zieht Max den Schluß:

»Die Idee der Wahrheit muß also, falls sie überhaupt eine Bedeutung hat, von einem System beweisbarer Sätze verschieden sein und ihm vorausgehen. Sie muß also auch verschieden von einem Computer und ihm vorausgehend sein, der als Verkörperung des Systems beweisbarer Sätze aufgefaßt werden kann.

Und wenn wir lernen, über Bewußtsein als eine Eigenschaft zu sprechen, die aus Nervennetzen erwächst, und wenn wir lernen, die Vorgänge zu verstehen, die Abstraktion, Vernunft und Sprache ermöglichen, dann geht diese Entwicklung immer noch von einem Wahrheitsbegriff aus, der allen diesen Anstrengungen vorangeht, und der nicht als eine dabei entstehende Eigenschaft verstanden werden kann, als eine sich in der biologischen Evolution herausbildende Eigenschaft.

Unsere Überzeugung von der Wahrheit des Satzes ›Es gibt unendlich viele Primzahlen‹ muß unabhängig von Nervennetzen und von der Evolution sein, damit Wahrheit überhaupt ein Wort mit Bedeutung ist« (D 76).

»Die Pipette ist meine Klarinette«

Max sagte dies in Stockholm auf schwedisch. 1969 war ihm der Nobelpreis zuerkannt worden, und er nutzte die Gelegenheit, sich zwanzig Jahre nach seinem ersten Versuch wieder als Physiker in der Biologie umzusehen. Er ging dabei auf den Unterschied zwischen Kunst und Wissenschaft ein, der ihm 1949 in Connecticut aufgefallen war, als ihm kaum jemand zugehört hatte:

»Es war eine feine Sache. Hindemith, der eine Komposition für Trompete und Schlagzeug dirigierte, und Wallace Stevens, der einen Gedichtzyklus mit dem Titel ›Ein gewöhnlicher Abend in New Haven‹ vortrug, wurden von allen begeistert aufgenommen, am meisten wohl von den Wissenschaftlern. Im Gegensatz dazu sahen den Vorstellungen der Wissenschaftler nur Wissenschaftler zu. Nach meinem Gefühl war diese Nichtumkehrbarkeit angebracht, obwohl sie von den Organisatoren sicher nicht beabsichtigt war. Es ist ziemlich selten, daß Wissenschaftler aufgefordert werden, sich mit Künstlern zu treffen und herausgefordert werden, ihre Kreativität mit ihnen zu messen. Diese Erfahrung mag einen Wissenschaftler bescheiden machen. Dem Medium, in dem er arbeitet, kann man nicht leicht etwas abgewinnen, das dem Ohr eines Zuhörers behagt. Wenn er seine Experimente entwirft oder sie mit ergebenster Aufmerksamkeit bis in alle Einzelheiten ausführt, dann sagt er sich vielleicht ›Das ist meine Komposition; die Pipette ist meine Klarinette‹. Auch wenn sich im Orchester Instrumente subtileren Designs befinden, bleibt seine Musik für andere so still wie die Musik der Sphären. Er mag sich sagen, ›Meine Geschichte ist eine ewige Leidenschaft, keine Festkomposition, die gehört wurde und vergessen wird‹, aber damit betrügt er sich selbst. Die Bücher großer Wissenschaftler sammeln Staub in den Regalen der gelehrten Bibliotheken an. Zu Recht! Ein Wissenschaftler wendet sich nur an eine minimale Zuhörerschaft von

Weggenossen. Seine Botschaft ist nicht ohne Universalität, doch bleibt sie körperlos und anonym. Während die Mitteilung eines Künstlers für immer an ihre ursprüngliche Form gebunden bleibt, wird die Mitteilung eines Wissenschaftlers modifiziert, verstärkt, mit anderen Ideen und Ergebnissen vermengt, und sie verschmilzt zu einem Strom des Wissens und der Ideen, der unsere Kultur bildet. Mit dem Künstler hat ein Wissenschaftler nur das eine gemeinsam: Er findet keine bessere Möglichkeit, sich von der Welt zurückzuziehen und gleichzeitig fest mit ihr verbunden zu sein, als seine Arbeit.

Diese Nobelzeremonie ist von ähnlicher Natur wie die Gelegenheit, die ich beschrieben habe. Wieder werden Wissenschaftler mit einem Schriftsteller zusammengebracht. Wieder blicken die Wissenschaftler auf ein Leben zurück, in dem sie eine verschwindend kleine Zuhörerschaft angesprochen haben, während der Schriftsteller, in diesem Fall Samuel Beckett, den größten Einfluß auf Menschen auf allen ihren Wegen hatte. Indessen tritt eine seltsame Umkehrung ein, wenn die Gelegenheit kommt, über seine Arbeit zu sprechen. Während die Wissenschaftler hocherfreut scheinen angesichts der Chance, über sich und ihre Arbeit beinahe schon mit großer Geschwätzigkeit zu reden, hält Beckett es aus guten und gültigen Gründen für erforderlich, vollständig über sich, seine Arbeit und seine Kritiker zu schweigen. Obwohl mich die Verleihung des Preises an ihn mehr aufgewühlt hat als die an mich, und ich mich unmittelbar mit großer Erwartung auf seine Rede freute, stelle ich heute fest, daß er gemäß den Regeln gehandelt hat, die die alte Hexe am Ende eines Marionettenspiels darlegt, das ›Die Rache der Wahrheit‹ heißt:

›Die Wahrheit, meine Kinder, ist, daß ein jeder von uns in einer Marionettenkomödie spielt. Wichtiger als alles andere in einer Marionettenkomödie ist, die Idee des Autors gut herauszubringen. Das ist die wahre Glückseligkeit des Lebens, und da ich jetzt in ein Marionettenspiel geraten bin, will ich es nie mehr verlassen. Aber ihr, meine lieben Mitspieler, bringt mir die Idee des Autors gut heraus. Ja, treibt sie auf die Spitze, bis zum äußersten‹« (Dinesen, 1934; deutsch Blixen, 1982).

Der Phage der Wahrnehmung

Ein neues Leben

Im Januar 1953 waren es nur noch wenige Wochen bis zur Entdeckung der Doppelhelix durch Watson und Crick. Die Molekularbiologie strebte ihrem ersten großen Höhepunkt entgegen. Max war durch regelmäßige Post aus Cambridge auf dem laufenden. Auf diesem Wege erhielt er auch im März die erste schriftliche Mitteilung über die Struktur des Erbmaterials. Doch dies alles lief nur am Rande seines wissenschaftlichen Lebens ab. Im Mittelpunkt stand etwas anderes. Seit er zum Caltech zurückgekehrt war, suchte er nach einer Möglichkeit – genauer gesagt, einem Organismus –, um Eingang zu den »Ebenen höherer Komplexität« zu finden. Er suchte den Phagen der Wahrnehmung, und im Januar 1953 hatte er ihn gefunden. In den letzten Tagen dieses Monats gönnte er sich einen Campingausflug auf die Baja California. Als die Familie am Sonntagabend – es war der 1. Februar 1953 – sich durch den Verkehr von Ensenada kommend nach Hause kämpfte, diktierte er (am Steuer) seiner Frau (mit Schreibmaschine) einen Brief an Seymour Benzer: »Morgen fange ich ein neues Abenteuer an, [ich mache] einige Versuche zum Phototropismus des Sporangienträgers von Phycomyces. Falls sie klappen, ziehe ich mich vom Phagen zurück.«

Mit der Entscheidung für Phycomyces ging die Suche nach der neuen Hoffnung auf Komplementarität zu Ende, die Max schon in den vierziger Jahren begonnen hatte. Sein

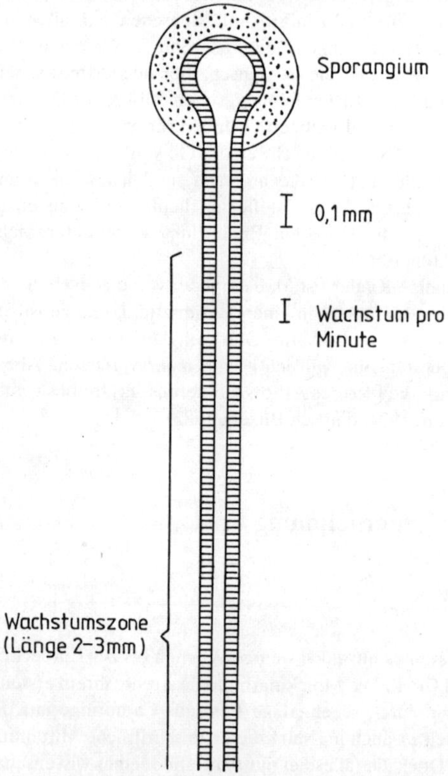

Der Pilz *Phycomyces* (schematische Darstellung). Unterhalb des Sporangiums erstreckt sich die sensitive Wachstumszone, die auf äußere Reize reagiert. Die bekannteste Reaktion heißt Phototropismus, dabei wächst der Sporangienträger dem Licht entgegen.

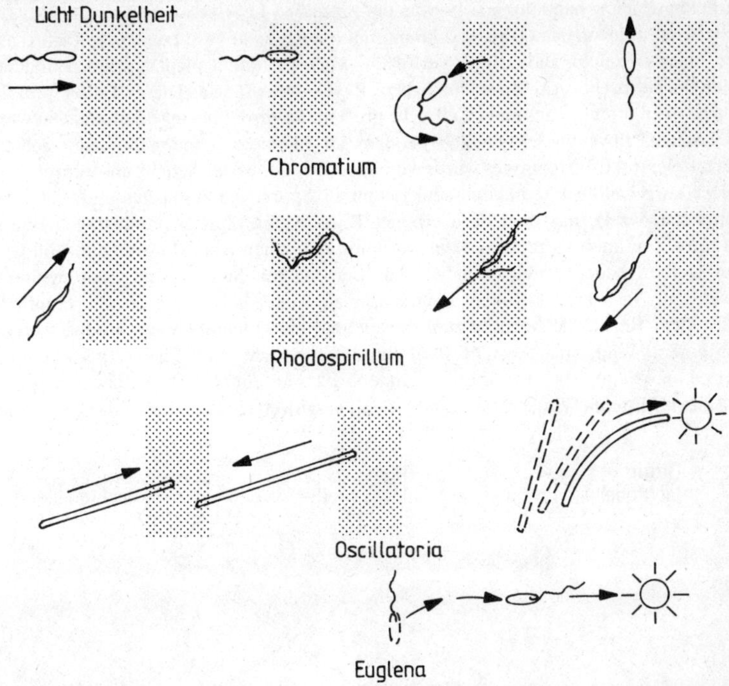

Die Reaktionen einiger Bakterien auf Licht (Phototaxis). Wenn *Chromatium* auf eine dunkle Region trifft, stößt es sich zurück, wartet eine Sekunde und schwimmt weiter. In der Pause schwankt es umher (Brownsche Bewegung), so daß sich seine neue Richtung zufällig ergibt. Wenn *Rhodospirillum* ins Dunkle gerät, kehrt es seine Schwimmrichtung um, indem es die Rotation seiner Flagellen verändert. Das kann auch die blaugrüne Alge *Oscillatoria*, nur daß sie kriecht. Algen mit Flagellen wie zum Beispiel *Euglena* sind schon in der Lage, ihr Schwimmen auf eine Lichtquelle hinzulenken.

Ziel war, ein Modellsystem zu finden, um die grundlegenden Mechanismen zu erkunden, mit denen Lebewesen auf ihre Umgebung reagieren. Er sprach in diesem Zusammenhang vom »Hauptgeheimnis der Biologie«, hinter das er durch das Studium *einzelner* Zellen kommen wollte. Diese Vorentscheidung begründete er mit der Hoffnung, daß »man beim Studium der Antworten einzelner Zellen auf einfache Reize auch das Verhalten komplexer Organismen beleuchtet« (D 43).

»Einzelne Zellen« bedeuteten Bakterien, und daher begann er seine Suche nach einem Modell der Wahrnehmung mit Rhodospirillum und setzte sie mit der Alge Euglena fort.

In beiden Fällen handelt es sich zwar um einzellige Lebewesen, aber er mußte ganze Schwärme untersuchen. Um 1950 konnte man noch nicht (wie heute) die Lichtreaktionen eines einzelnen Bakteriums verfolgen. Max war damit nicht zufrieden und setzte seine Suche fort, bis sie ihn schließlich zu Phycomyces führte. Dieser lichtempfindliche Pilz bestand offenbar aus einer Zelle, die groß genug wird, um einzeln untersucht werden zu können. Phycomyces ist auch bequem im Labor zu handhaben. Er wächst auf Kartoffelextrakt. Phycomyces wurde von Max zum Atom des Sehens auserkoren.

Der ausgewählte Pilz beginnt sein Leben als Spore. Sie keimt aus und bildet einen Teppich (Myzel), aus dem nach einigen Tagen kleine Spitzen herausragen, die sich mehrere Zentimeter strecken, dann pausieren und einen Kopf (Sporangium) bilden. In ihm werden neue Sporen gebildet. Aus den kleinen Spitzen sind Sporangienträger geworden. Nach kurzer Ruhepause wachsen sie weiter und reagieren sehr empfindlich auf äußere Reize. Sie wachsen zum Beispiel auf eine Lichtquelle zu, und sie stemmen sich einem Wind entgegen. Die Reaktion auf das Licht heißt Phototropismus. Dieses Verhalten wollte Max in Angriff nehmen. Es war einfach zu beobachten und mit einfachen Mitteln (Winkelmesser und Lineal) auszuwerten. An einem Pilz konnte zudem

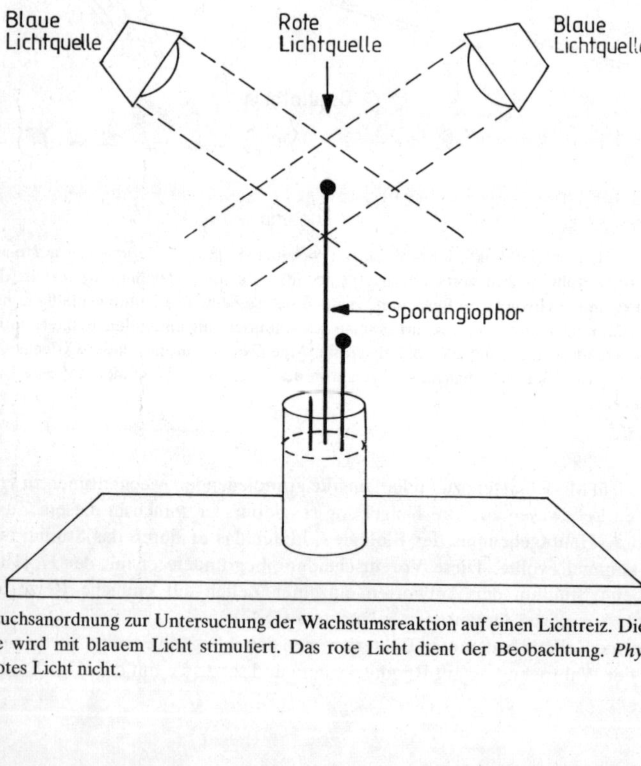

Die Versuchsanordnung zur Untersuchung der Wachstumsreaktion auf einen Lichtreiz. Die Wachstumszone wird mit blauem Licht stimuliert. Das rote Licht dient der Beobachtung. *Phycomyces* »sieht« rotes Licht nicht.

einen Tag lang das Wachstum gemessen werden, – Phycomyces wuchs etwa 3 mm in der Stunde und konnte über 10 cm lang werden.

Im Februar 1953 fing Max mit seinen Experimenten an. Schon im Sommer 1953 trug er erste Ergebnisse vor. Als Gast des Phagenkurses in Cold Spring Harbor berichtete er über »Phototropismus bei Pilzen«. Sein Seminar folgte auf den Bericht von Jim Watson über »Die Struktur der DNS«. Phycomyces war interessanter als die Doppelhelix, zumindest für Max. In dem Verhalten des Pilzes steckten die tiefen Rätsel, die ihn faszinierten. Mit der Doppelhelix waren sie aus der Genetik verschwunden. Abgesehen davon fühlte er sich bei den Phagen nicht mehr wohl. Das Leben als Genetiker wurde biochemischer und ungemütlicher. Immer mehr Biologen drängten in die molekulare Biologie, die Methoden wurden immer raffinierter, und dafür war Max nicht zuständig. Das konnten andere besser. Komplizierte Handgriffe waren nichts für ihn, ebensowenig wie zwanzig Jahre zuvor die komplizierten Rechnungen. Er liebte die einfachen Methoden, bei denen es viel zu denken gab. Und er liebte die familiäre Atmosphäre voller Spaß und Spontaneität. Phagen und DNS waren nun modern geworden, die Wissenschaft mußte organisiert werden, und der einzelne Beitrag verschwamm im allgemeinen Strom.

Phycomyces war einfach zu handhaben und sein Verhalten raffiniert. Nach Bildung des Sporangiums (1 mm Durchmesser), in das die Zellkerne geschleust und als Sporen verpackt werden, wächst er als ein sehr dünnes (1/10 mm Durchmesser) Fädchen in die Höhe, das wie eine Sonde für Reize der Umgebung wirkt. Diese Sporangiophore reagiert der Schwerkraft entgegen (Geotropismus), sie wehrt sich gegen Zugkräfte, stemmt sich gegen den Wind, wenn man sie anbläst, und wächst zum Licht hin. Fällt einseitig Licht auf die Sporangiophore, krümmt sich der Pilz – nach einigen Minuten der Vorbereitung (Latenzzeit) – in die Richtung der Lichtquelle. Fällt gleichmäßig von allen (oder zwei) Seiten Licht auf den Sporangienträger, erhöht sich dadurch dessen Wachstumsgeschwindigkeit.

Zwischen diesen Wachstumsreaktionen auf Licht und dem Phototropismus besteht ein wesentlicher Unterschied, der Max faszinierte. Während die tropische Reaktion andauert, zeigt sich die Wachstumsreaktion nur vorübergehend. Nach einigen Minuten hat sich der Pilz an das Licht gewöhnt, und er paßt sein Wachstum den neuen Bedingungen an. Diese Erscheinung heißt Adaptation. Sie lockte Max aus einem einfachen und einem tiefen Grund.

Der einfache Grund steckt in der Antwort auf die Frage, wieso eine (die tropische) Reaktion auf Licht überhaupt andauern kann, wenn die andere (die Wachstumsreaktion) aufhört? Der Trick, mit dem Phycomyces dieses Problem gelöst hat, überzeugte Max von der Raffinesse des kleinen Pilzes. Seine Sporangienträger wachsen nicht einfach hoch, sie drehen sich dabei spiralenförmig um ihre eigene Achse (Oort, 1931). Dies kann man gut durch Anheften eines winzigen Papierstückchens beobachten. Mit Hilfe dieser Spirale bietet Phycomyces bei der tropischen Reaktion – also bei einseitigem Lichteinfall – dem Licht immer eine neue, noch nicht angepaßte Seite dar, und er kann aus dem Dunkeln ins Helle wachsen. Die phototropische Antwort ist für das Leben von Phycomyces nur sinnvoll, wenn sie andauert. Dann kann er kontinuierlich das Licht suchen. Damit taucht die Frage auf, warum der Pilz eine so komplizierte Art des Wachsen erfinden mußte, um die Adaptation zu umgehen. Hätte er nicht besser einfach auf diesen Mechanismus verzichten sollen? Die Antwort auf diese Frage führt zu dem tiefen Grund, der Max veranlaßt hat, sich mit Phycomyces anzufreunden.

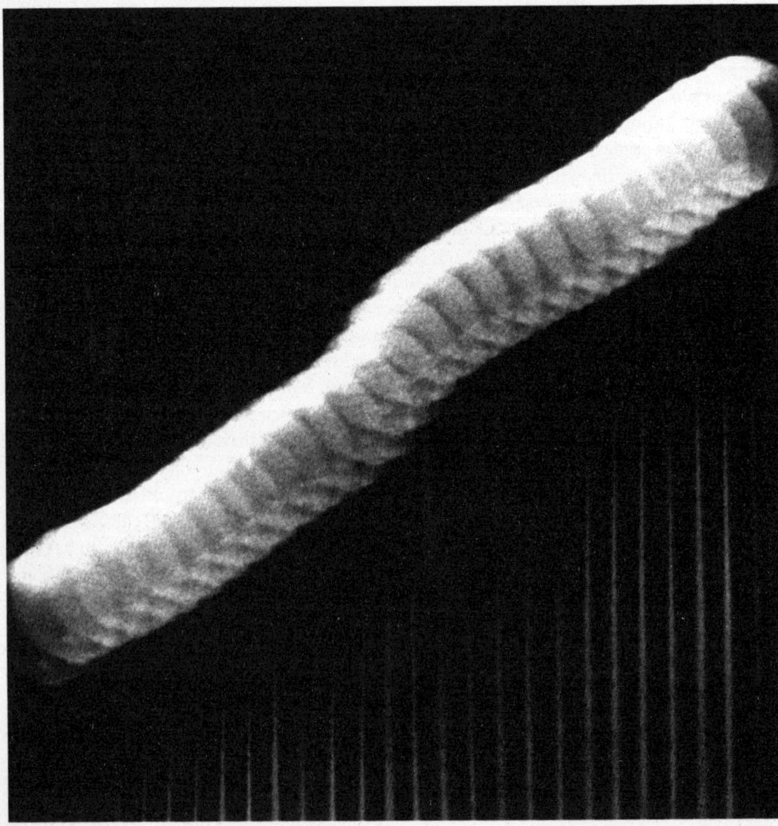

Die Wachstumsreaktion von *Phycomyces* zeigt sich dadurch, daß seine Wachstumsgeschwindigkeit durch blaues Licht vorübergehend erhöht wird. Danach kehrt der Pilz zur normalen Wachstumsgeschwindigkeit zurück. Die Aufnahme zeigt Bilder, die im Abstand von zwei Minuten gemacht wurden. Die Beobachtung erfolgt mit rotem Licht, für das *Phycomyces* blind ist.

Die Phycomycesphilosophie

Das Problem jedes Lebewesens, das etwas sehen will, besteht darin, mit den großen Helligkeitsunterschieden, die die Natur bietet, fertig zu werden. Einerseits ist zwar die Lichtstärke am Mittag eines sonnigen Tages hundert Millionen Mal größer als in einer mondlosen Nacht, wir können aber in beiden Fällen mit unseren Augen etwas sehen. Andererseits verhalten sich die Kontraste in einer normal beleuchteten Umwelt aber nur wie etwa 20 : 1. Auch darauf muß sich ein Organismus einstellen können. Dies gelingt ihm mit der Adaptation, die damit zu einer fundamentalen Fähigkeit wahrnehmender Lebewesen wird. Diese Eigenschaft wollte Max in den Griff eines Naturgesetzes bekommen, und Phycomyces sollte ihm dabei helfen. Der Pilz besteht nur aus einer Zelle, und folglich steht ihm nur ein Mechanismus zur Verfügung. Das menschliche Auge zum Beispiel ist auch in der Lage, sich zu adaptieren, es benutzt dazu aber mehrere und ganz unterschiedliche Mechanismen, die auf verschiedene Bereiche im Auge verteilt sind.

Als Fernziel strebte Max die menschliche Wahrnehmung an, doch er stieg – wie immer – die Leiter zur höheren Komplexität nur langsam auf. Nach dem Gen, dessen Replikation und Rekombination griff er nun zur Adaptation, um seinen Traum von der Komplementarität zu erfüllen. Dies wird am deutlichsten in einem Brief, den er Ende 1954 an Niels Bohr schrieb. In diesem Jahr hatte er einige Zeit in Göttingen bei Karl Friedrich Bonhoeffer zugebracht. Unter anderem, um die alte deutsche Literatur über Phycomyces aufzuarbeiten. Max genoß diese Arbeit, wie er an Luria schrieb: »Ich beschäftige mich die meiste Zeit mit Phycomyces und bin sehr glücklich damit. [. . .] Es ist schon schön, eine Weile ganz allein zu arbeiten und niemanden auf der Welt zu kennen, der dieses Interesse teilt.«

Von Göttingen aus fuhr Max auch nach Kopenhagen, um dort auf Einladung von Niels Jerne am Serum-Institut über den Pilz vorzutragen. Niels Bohr war auch eingeladen, und man mußte mit dem Beginn des Seminars warten, weil Bohr noch zu tun hatte. Dann kam er mit großen Schritten angeeilt und bedankte sich, da er »kein Wort von dem, was Delbrück sagt, vermissen« wollte, er »genieße es so, diesem Mann zuzuhören« (Jerne, 1966).

Max sprach auf dänisch über Phycomyces, stellte den »lille stilk« vor, der aus einem »lille urtepotte« herausrage und beschrieb seine Reaktionen auf Licht. Er weigerte sich, irgendeine Spekulation über die Pigmente anzuschließen, mit denen der Pilz das Licht aufnehme, solange man noch nicht die Wachstumsreaktionen auf Licht-Dunkel-Programme vorhersagen könne. Was Max damals versuchte, würde man heute eine Systemanalyse nennen. Ihn beschäftigte das Verhalten als Relation zwischen Reiz (Input) und Reaktion (Output); da beide Größen im Falle von Phycomyces genau quantifizierbar sind, sollte auch eine die beiden verbindende Funktion auffindbar sein. Das System Phycomyces wäre dann – wie man sagt – identifiziert. Die Diskussion ging aber andere Wege. Die Zuhörer wollten von Max wissen, welche Moleküle an den Reaktionen beteiligt seien. Wer empfängt das Licht, wer baut dann die Wand beschleunigt auf, wer vermittelt zwischen Input (Licht) und Output (Wachstumsänderung)?

Max sah sich daher nach dem Seminar genötigt, in einem Brief an Bohr noch einmal seine Phycomycesphilosophie zu erläutern. Am 1. Dezember 1954 schrieb er ganz programmatisch: »Was Phycomyces angeht, tut es mir leid, daß ich im Seminar nicht in der Lage war, meine wirklichen Hintergedanken (›my real ulterior motive‹) klarzumachen. Ich sprach über dieses System als etwas, das einem ›gadget‹ (Apparat) der Physik analog ist, und ich erläuterte ziemlich ausführlich, warum es mir hoffnungsvoller erscheint, dieses ›gadget‹ in allen Einzelheiten zu analysieren und nicht die zahlreichen ›gadgets‹, die in den letzten Jahren das Thema konventioneller Forschung waren. Was ich zu betonen vergaß, war mein Verdacht, Sie können fast sagen, meine Hoffnung, daß diese Analyse – wenn sie nur genügend weit getrieben wird – in eine paradoxe Situation gerät, die der analog ist, in der sich die klassische Physik bei ihrem Versuch wiederfand, atomare Phänomene zu analysieren. Dies ist bekanntlich von Anfang an mein Hauptmotiv in der Biologie gewesen. Was mir vorschwebt, ist die Anwendung des Komplementaritätsprinzips nicht in einer Form, die in etwa analog zu der Art ist, in der es in der Physik benutzt wird, nämlich daß es etwas mit einer Verschiebung der Trennlinie zwischen Beobachter und Objekt zu tun hat; vielmehr soll es der Situation in der Physik noch viel näher verwandt sein und unmittelbar aus der Individualität und der Unteilbarkeit der Quantenprozesse hervorspringen.«

Das Quantenhafte der unbelebten Natur war bei der Untersuchung von Licht und Materie hervorgetreten. Das Quantenhafte aller Natur sollte sich auch zeigen, wenn die Wechselwirkung von Licht und Leben erforscht wird. Das war die Hoffnung, mit der sich Max an die Arbeit machte.

Annäherungen

Als Max 1954 in Europa war, suchte er Wissenschaftler, die er für Phycomyces begeistern und mit nach Kalifornien nehmen könnte. In Deutschland schienen die Aussichten, Mitarbeiter zu finden, die noch nicht von der Schönheit der DNS geblendet waren, weitaus größer als in den USA. Seine Chance sah er nach einem Vortrag, den Bernhard Hassenstein am Bonhoeffer-Institut gehalten hatte. Hassenstein, der aus Berlin gekommen war, hatte über seine Arbeiten berichtet, in denen er analysiert hatte, wie ein Käfer – sein Name war *Chlorophanus virilis* – Bewegungen optisch registriert. Er beschrieb das Verhalten des Käfers als Systemanalyse. Der Käfer – Hassensteins gadget – wurde als black box angesehen, deren Input-Output-Relation ermittelt wurde. Anschließend versuchte man mit einem Modell, diesen Zusammenhang zu simulieren. Hassensteins Ziel war dabei nicht, nur irgendein Modell zu finden, das die Fähigkeiten des Käfers richtig erfaßte, er war darauf aus, das einfachste aller Modelle anzugeben (Hassenstein und Reichardt, 1953).

Max hielt die entsprechende Veröffentlichung »für eine fundamentale Arbeit« und erkundigte sich nach Hassensteins Mitarbeiter, einem jungen Physiker namens Werner Reichardt. Er beschloß, ihn »nach Pasadena zu holen und einen Biologen aus ihm zu machen«, wie er zu Hassenstein nach dem Seminar sagte. Werner Reichardt ist heute Direktor des Max-Planck-Instituts für Biologische Kybernetik in Tübingen. Er hat 1982 in Köln berichtet, was damals in Berlin passierte: »Es war an einem Nachmittag . . ., als sich die Tür meines Labors im Fritz-Haber-Institut in Berlin öffnete und ein schlanker, hochgewachsener Herr mit etwas schlacksigen Bewegungen eintrat. Er hatte einen amerikanischen Regenmantel an und warf eine Kopfbedeckung, die einer Schiebermütze glich, in die Laborecke. Ich bin Delbrück, sagte er, und Sie sind vermutlich Reichardt; erzählen Sie mir in zehn Minuten, was Sie hier eigentlich machen. Eigentlich machen, ging es mir durch den Kopf – nie zuvor war ich einem Menschen begegnet, der so direkt und unkonventionell auf mich gewirkt hat! Ich versuchte mich zu konzentrieren und erzählte ihm etwas über Elektronen in gestörten Kristallen, von . . . Gitterschwingungen und Schallquanten. Und da er sehr aufmerksam zuhörte, offenbarte ich ihm auch gleich mein persönliches Dilemma: Die scheinbare Unvereinbarkeit von experimenteller und theoretischer Physik in einer Person. Das ist es, sagte Max, aber darüber mal später; ohne Übergang fuhr er fort, jetzt werde ich Ihnen einmal erzählen, was mich neuerdings interessiert. Hier ist eine Petrischale – davon haben Sie vermutlich nie etwas gehört –, da gibt man eine Nährflüssigkeit hinein und dann ein paar Sporen eines einzelligen Pilzes. Nun keimen die Sporen aus und bilden ein Mycelium, aus dem Sporangienträger nach oben auswachsen. [. . .] An ihrer Spitze bildet sich ein Sporangium. [. . .] Das Wachstum ist auf eine Zone von 2 mm unterhalb des Sporangiums beschränkt [Wachstumszone]. In ihr wird neues Zellwandmaterial nahezu horizontal eingebaut, während sich am Fuße der Wachstumszone eine Umwandlung in sogenannte sekundäre Zellwand vollzieht, die sich nicht mehr streckt. [. . .] Strahlt man Licht gleicher Intensität von zwei gegenüberliegenden Seiten auf die Wachstumszone . . . und ändert die Lichtintensität in der Zeit, dann beobachtet man sogenannte Wachstumsreaktionen, die das typische Verhalten eines adaptiven Systems zeigen. Ich möchte, so fuhr Max fort, herausbekommen – zunächst mit Hilfe einer Systemanalyse – wie dieses adaptive System funktioniert und damit einen tieferen Einblick gewinnen, als dies Weber und Fechner im letzten Jahrhundert möglich war. Damit war unsere erste Begegnung beendet.«

Den beschriebenen Auftritt wiederholte Max mehr als zehn Jahre später, als er Reichardt in seinem Tübinger Institut besuchte. Die beiden hatten damals lange nichts voneinander gehört, als Max ohne Ankündigung hereinschneite und Reichardt aufforderte, in dreißig Minuten zu erzählen, was er in den letzten zwei Jahren gemacht habe. Reichardt faßte die Verlängerung der ursprünglichen zehn Minuten auf eine halbe Stunde als höchstes Kompliment auf.

Nach dem schnellen Abgang von 1954 trafen sich Max und Reichardt ebenso schnell wieder, nämlich am Abend bei Jeanne Mammen. »Hier lernte ich den Menschen Delbrück kennen: Er hatte die Arme hinter dem Kopf verschränkt und hörte zu. Nur manchmal stellte er sehr präzise Fragen und Nachfragen. Kunst war für ihn die höchste Form aller menschlichen Tätigkeiten überhaupt, und wenn es nicht zum Künstler reichte, dann konnte man es vielleicht noch mit der Wissenschaft versuchen. Dieser Abend ist mir in besonderer Erinnerung geblieben. Ich hatte eine Vorstellung, wer und wie Max Delbrück war, ohne daß ich ihn bis heute definieren könnte. Wir sahen uns dann noch einmal in Göttingen, bevor mir Max ein konkretes Angebot machte. Ich nahm es ohne zu überlegen an, weil ich das bestimmte Gefühl hatte, daß sich mir eine solche Chance nie mehr bieten würde. Unvergessen ist mir auch sein letzter Brief vor meiner Abreise nach Amerika. Er hatte wie ein rührender Vater exakt aufgeschrieben, was ich benötige, und wie ich mit meinem Salär auskommen könne. Der Brief schloß mit der Aufforderung: Discover America!«

Adaptation

Max hatte Reichardt unter anderem deshalb von seinen Käfern und Fliegen weglocken und von der Einfachheit des Pilzes überzeugen können, weil er argumentierte, daß in der Wachstumszone das Licht nicht nur empfangen sondern auch direkt zu seiner Wirkung geführt wird. Es gäbe also kein zwischengeschaltetes Transportsystem wie bei Pflanzen oder Tieren. Phycomyces sei so einfach wie gerade möglich. Wichtig an den Reaktionen der Sporangienträger sei auch, daß er abgestuft reagiere und nicht nach dem Alles-oder-Nichts-Schema einer Nervenzelle, das komplizierende Summierungen von Reizen voraussetze und keine Gesetzmäßigkeit im Sinne von Weber und Fechner erkennen lasse. Dies aber wollten Max und Reichardt durch Analyse der Lichtwachstumsreaktion und der dabei auftretenden Adaptation erreichen.

Dabei war sich Max im klaren, daß von den beiden Reaktionen auf Licht die Lichtwachstumsreaktion im Leben des Pilzes keine besondere Aufgabe übernimmt. Wichtig für ihn ist die phototropische Reaktion, das Wachsen zum Licht hin. Ihre Funktion besteht darin, »›das Offene‹ zu suchen, so daß die Sporen weit verteilt werden können« (D 48). Das Licht leitet zum Offenen hin. Max benutzt hier an entlegener Stelle einen Ausdruck von Rainer Maria Rilke, mit dem seine Achte Duineser Elegie beginnt:

»Mit allen Augen sieht die Kreatur
das Offene.«

Seit seinem »Duineser-Elegien-Abend« von 1934 mit Jeanne Mammen hat sich Max mit dieser Dichtung Rilkes beschäftigt. Noch 1981 plante er, eine Interpretation vom modernen wissenschaftlichen Standpunkt aus zu versuchen. Das Zitat aus den fünfziger Jahren belegt, daß er von diesen Gedichten nicht losgekommen ist. »They were always on my mind.«

Die phototropische Reaktion von Phycomyces gelingt bei allen Helligkeitsstufen, die die Natur anbietet, weil der Pilz sich anpassen kann. Um diese Eigenschaft der »Adaptation« in den wissenschaftlichen Griff zu bekommen, führten Max und Reichardt eine Größe ein, die es gestattete, die Empfindlichkeit des Sporangienträgers zu jedem gegebenen Zeitpunkt zu charakterisieren. Sie sollte ein innerer Parameter sein und durch die Intensität festgelegt werden, mit der sich Phycomyces im Gleichgewicht befindet. Max und Reichardt nannten sie »das Niveau der Adaptation« (»the level of adaptation«). Sie bekam den Buchstaben A.

Sie nahmen an, daß die Lichtintensität I einen inneren Adaptationszustand kontrolliert, für den Max und Reichardt aufgrund ihrer Messungen eine Differentialgleichung erster Ordnung vorschlugen. Das Verhältnis von I zu A – es hieß die subjektive Intensität i – sollte demnach die Lichtwachstumsreaktion steuern. Das Verfahren ist der Physik entlehnt. Hier versucht man zum Beispiel, ein Gas durch makroskopische Variable (Druck, Temperatur) zu erfassen, die man in einen gesetzlichen Zusammenhang bringt und anschließend mit molekularem Leben füllt.

Die gemeinsame »Systemanalyse der Lichtwachstumsreaktion von Phycomyces« (D 48) sollte den konzeptionellen Rahmen schaffen, in dem das Verhalten des Pilzes quantitativ beschrieben werden konnte. In der Arbeit gelang eine formale Lösung des Adaptationsproblems, die sich aber im Laufe der Jahre als zu sehr idealisiert herausstellte und kaum die Realitäten wiedergibt. So kann die angegebene Differentialgleichung gerade noch die Anpassung der Wachstumsrate an Dunkelheit simulieren. Wie Phycomyces, der auch nachts wächst, sich an die Sonne gewöhnt, bleibt der einfachen Kinetik eines Adaptationsniveaus unerklärlich.

Dabei argumentierten beide so überzeugend (D 48): »Grundlegend für funktionelle Organisationen in der lebenden Welt ist die Fähigkeit einzelner Zellen, auf Reize zu reagieren. Damit ist gemeint, daß der Reiz die Abgabe von Stoffwechselenergie in einen besonderen Kanal kontrolliert, wobei der Betrag oft unverhältnismäßig groß im Vergleich zum Reiz ist. Dieses Charakteristikum lebender Zellen galt nicht nur als wesentliches Attribut des Lebens, es galt als die Eigenschaft, die Leben und Nicht-Leben unterscheidet. Mit dem Erscheinen der modernen Physik und ihrer Technik finden wir uns umgeben von physikalischen Reiz-Reaktions-Systemen, die genau den allgemeinen Definitionen solcher Systeme entsprechen. Das geht von der Türklingel bis hin zum komplizierten elektronischen Kontrollsystem. Zwar wurde dem Leben das Vorrecht solcher technischen Fortschritte vorenthalten, dennoch konnte noch keine der Reiz-Reaktions-Ketten in lebendigen Organismen vollständig interpretiert werden, obwohl große Anstrengungen in diese Richtung unternommen worden sind. Unserer Meinung nach ist die Frage, ob die funktionalen Eigenschaften jedweder Zelle vollständig in physikalischen Zusammenhängen erklärt werden können, entscheidend für die Klärung des Verhältnisses der physikalischen Wissenschaften und der Biologie. Ungeachtet der großen Erfolge der Biochemie glauben wir, daß die wahre Beziehung zwischen diesen beiden Wissenschaften noch im Dunkeln liegt und auch da bleiben wird, solange man kein geeignetes System gefunden hat, mit dessen Hilfe man die Analyse weit über die gegenwärtigen Limitationen hinaus führen kann.«

Licht in Phycomyces

Der Zoologe Alfred Kühn soll einmal gesagt haben, daß Gott die Tiere und Pflanzen so konstruiert hat, daß man unmöglich herausfinden kann, wie er sie gemacht hat. Doch dann ist der Teufel gekommen und hat einige, ganz wenige, kleine und ausgefallene Organismen hineingeschmuggelt, die verstehbar sind. Aufgabe des Biologen ist es nun, diese herauszusuchen.

Diesem Teufel hatte sich Max mit der Wahl von Phycomyces verschrieben, und er hielt seinem »Schatz fürs Leben« die Treue bis zum Ende. Nachdem einem biophysikalischen

Einstieg in Phycomyces kein einfacher Zugang offenstand, begann er mit Versuchen, um die Moleküle kennenzulernen, die die Reaktionen ausführen. Als Kenner der Photosynthese wußte er, daß Otto Warburg 1928 dem biochemischen Verständnis dieser Wirkung des Lichts Tür und Tor geöffnet hatte, als er mit Aktionsspektren das durch Licht aktivierte Enzym ermitteln konnte (Cytochromoxidase). Unter einem Aktionsspektrum versteht man die graphische Auftragung der Lichtwirkung in Abhängigkeit von der Wellenlänge. Eine solche Darstellung sollte Auskunft über die Natur des Pigments geben, welches das Licht einfängt. Heute spricht man dabei vom Photorezeptor. In ihm treffen Licht und Leben zusammen. Es war daher besonders befriedigend für Max, daß seine letzte wissenschaftliche Arbeit (D 110) – sie erschien einen Monat vor seinem Tod – die molekulare Natur dieses Punktes klären konnte.

Damit kam eine Anstrengung zum Abschluß, die um 1960 begonnen hatte. Zu dieser Zeit benutzte man noch nicht einmal das Wort Photorezeptor. Max sprach vom »visuellen Pigment«, dem er zusammen mit Walter Shropshire mit einem Aktionsspektrum auf die Spur kommen wollte (D 55):

»Der allgemeine Zweck, für den man Aktionsspektren aufnimmt, besteht darin, Informationen über das Absorptionsspektrum des visuellen Pigments zu bekommen. Dabei ist zu beachten, daß das Aktionsspektrum *der Wirkung* von dem Aktionsspektrum *des Pigments* verschieden sein kann, weil sich abschirmende Pigmente . . . dazwischenschalten können.«

Aktionsspektren können aus vielen Gründen in die falsche Richtung leiten. Um hier die Fehlerquelle so klein wie möglich zu halten, schlugen Max und Shropshire folgendes Vorgehen vor: »Grundsätzlich geht es um Chemorezeption, wobei die in Frage kommende Chemikalie ein photochemisches Produkt ist. Man sollte daher danach trachten, den Reiz durch das primäre Photoprodukt auszudrücken. [. . .] Da die Relation zwischen dem primären Photoprodukt und dem letztendlichen Output nicht linear ist, besteht die offensichtlichste Art, das Absorptionsspektrum des Rezeptorpigments zu bestimmen, darin, den Lichteinfall zu messen, der *die gleiche Wirkung* erzielt, und nicht darin, die Größe der Wirkung bei *konstantem Lichteinfall* und verschiedenen Wellenlängen zu messen. Somit sollte das Standardverfahren darin bestehen, den Quantenfluß (und nicht den Energiefluß) zu messen, der bei jeder Wellenlänge den Standardeffekt produziert.«

Max und Shropshire erhielten ein wunderbares Aktionsspektrum mit vier deutlich unterscheidbaren Gipfeln, das Phycomyces nicht so sehr verschieden von anderen lichtempfindlichen Organismen zeigte. Obwohl die Daten keinen Rückschluß auf die Natur des Rezeptors erlaubten – sie ließen noch nicht einmal den Schluß zu, daß nur ein Pigment (und nicht mehrere) beteiligt waren –, zeigte sich klar, daß die Suche nach dem Treffpunkt von Licht und Leben ein Molekül hervorbringen mußte, das vornehmlich blaues Licht aufnimmt. Diese »Blaulichtphotorezeptoren« – das konnte Max damals nicht wissen – entziehen sich bis heute hartnäckig einer eindeutigen Identifizierung. Sie geben ihr Geheimnis den Biochemikern nicht preis, weil sie sich nicht vom Leben entfernen lassen. Licht und Leben halten zusammen.

Die europäische Unterbrechung

Nach der Arbeit an den Aktionsspektren kam der erste Schwung mit Phycomyces zum Erliegen. Dies hatte vornehmlich äußere Gründe. Max hatte sich verpflichtet, von 1961–63 die Leitung des neuerrichteten Instituts für Genetik in Köln zu übernehmen. In Deutschland kümmerte er sich wissenschaftlich zwar weiter um die Wirkung des Lichts, aber nun ging es ihm mehr um die genetischen Auswirkungen. Er untersuchte die Photochemie von DNS-Bausteinen und wollte vor allem die Wirkung ultravioletter Strahlung auf das genetische Material verstehen lernen (D 58). Als er aus Köln zurückkam, schwankte er sehr im Hinblick auf die Richtung, in die er weiterforschen wollte. Er schrieb an George Beadle:

»Ich zappel noch so umher auf der Suche nach einem Projekt, das mir gefällt. Ich versuche alle möglichen Sachen, vom Extremsten (›lunatic fringes‹) bis zur nüchternen Photochemie. Sogar Phycomyces habe ich aus dem Schrank hervorgeholt, doch habe ich nichts gefunden, das meiner Stimmung entspricht. Vielleicht sollte ich eine Ente so dressieren, daß sie mir nachläuft. Das hört sich nach einem lohnenden Leben an.«

Max war nach seiner Rückkehr aus Europa nicht mehr wie vorher. Er fühlte sich ohne Schwung und deprimiert. Es gab auch viele Gründe dafür. Der einfachste bestand in seiner »Sehnsucht nach der reizenden Dame Europa«, Amerika kam ihm plötzlich »fad und widerwärtig« vor, wie er an Jeanne Mammen schrieb. Diese Gefühlslage hing sicher mit seinem Gesundheitszustand zusammen. In Köln hatte er eines Tages plötzlich heftige Schmerzen in der Brust gespürt. Sein Herz machte sich bemerkbar. Seine Gesundheit – vielleicht sein Leben – war gefährdet. Max hat niemandem davon erzählt. Seiner Frau schon deshalb nicht, weil sie in Köln ihr viertes Kind zur Welt gebracht hatte. Ludina vervollständigte 1962 die amerikanischen Delbrücks.

Als die Familie nach Kalifornien zurückkehrte, begann er nur langsam mit der Wiederbelebung seines Laboratoriums. Er spielte jetzt mehr Familienvater, der es vor allem nicht mehr versäumte, seinen Kindern abends lange und mit wunderbarer Betonung vorzulesen. In dieser Zeit (1964) ging er auch dazu über, in einem Tagebuch »eine Zeile pro Tag« aufzuschreiben. Er hielt sich bis zu seinem Tode daran und hat keinen Tag ausgelassen. Das Tagebuch hatte ihm seine Frau zum Geburtstag geschenkt. Es enthielt übrigens ein Horoskop, in dem die wie Max im Sternzeichen der Jungfrau Geborenen dadurch charakterisiert wurden, daß sie »zwar talentiert, aber niemals genial« seien. Max hat diesen Satz rot umrahmt.

Seine zögernden Schritte zurück in sein Labor am Caltech erklären sich natürlich auch aus der Tatsache, daß er mit Phycomyces noch keine Entdeckung gemacht hatte, die eine phagenartige Lawine verursachen konnte. Nach sechs bis sieben Phagenjahren war um 1945 deutlich die Richtung auszumachen, in der sich dieses Feld entwickelte. Die Fragen und die Methoden zur Beantwortung lagen fest. Bei Phycomyces trat Max nach ebenso langer Zeit noch auf der Stelle. Aber so langsam gewann der Pilz seinen Platz zurück, und eine Phycomycesgruppe sammelte sich zu einem neuen Anlauf. Ab 1965 gab es ein wöchentliches Gruppenseminar, das ein Jahr später (April 1966) in »confession session« (»Bekenntnisrunde«) umgetauft wurde. Mit diesem Namen läutete Max ein wirklich neues Phycomycesprogramm ein. Er gab die biophysikalischen Hoffnungen und Träume auf und bewegte sich auf den immer eleganter werdenden genetischen Pfaden. Ab 1966 konnte man Mutanten von Phycomyces erhalten, und die ersten Bekenntnisse betrafen die »Mutagenese«. (Das Wort von den Bekenntnissen darf nicht zu ernst genommen werden. Max liebte den Klang von Wörtern – zum Beispiel von »confession session«.)

Die zweite Generation

Phycomyces erwachte am Ende der sechziger Jahre zu neuem Leben. Max war hiervon begeistert, aber er war dabei mehr ein kritischer Vater, der dem Treiben seiner Kinder zusah, als einer der Knaben, die beim Spiel den Ton angaben. Auf zweifache Weise ging man im Laufe der siebziger Jahre dem Verhalten des Pilzes nach. Einmal verfolgte man die genetische Fährte. Die Suche in dieser Richtung geht im wesentlichen auf den spanischen Genetiker Enrique Cerdá-Olmedo zurück, der Max 1966 nicht nur davon überzeugte, daß die Analyse von Mutationen auch helfen kann, Verhaltensweisen zu verstehen, er lieferte auch gleich die Chemikalie (Nitrosoguanidin) mit, die bei Phycomyces Mutationen hervorrufen konnte.

Die zweite neue Spur, um hinter die Geheimnisse von Phycomyces zu kommen, legten – man wundert sich ein wenig – die Physiker. Allerdings nicht die Theoretiker, zu denen Max zählte. Was man damals um 1970 brauchte, waren technisch begabte Experimentalisten. Vor allen Dingen einer von ihnen, Ken Foster, protestierte gegen die Art, wie Max im kybernetischen Zeitalter voller elektronischer Maschinen der Lichtwachstumsreaktion zu Leibe rückte. Jahrelang machte er die Messungen mit der Hand, verbrachte viele Stunden im Dunkelraum, um von Minute zu Minute abzulesen. Da müsse eine Automatik her, lautete die Devise, und sie wurde von Foster entworfen und gebaut. Sie füllte einen ganzen Raum aus, und im Nachbarraum stapelte sich die Elektronik. Weil Foster die Arbeit über den Kopf wuchs, engagierte Max Edward D. Lipson, einen im Umgang mit Elektronik erfahrenen Physiker. Er perfektionierte die »tracking maschine«. Lipson ist heute Professor in Syracuse (New York) und betreibt die Meßautomatik dort immer noch (Max hat sie ihm geschenkt). Als er Max eines Tages voller Stolz in den Elektronikraum führte, lächelte dieser nur ein wenig: »Wenn Euch das zufriedener macht!«

Der Sinn der Meßautomatik (»tracking maschine«) besteht darin, das Sporangium im Raum zu fixieren. Der Pilz steht auf einem Teller und versucht zu wachsen. Sein Köpfchen wird durch einen Laser und einen gespaltenen Lichtweg aus zwei Richtungen stark vergrößert abgebildet. An der Peripherie der Schattenbilder registrieren Randdetektoren deren Position und melden sie der elektronischen Logik, die Motoren betreibt, die die Bühne bewegen, auf der der Pilz steht. Phycomyces kann nun wachsen, wie er will, er kann sich drehen, krümmen und biegen, wie er will. Er kommt nicht von der Stelle. Die Rückkopplungseinrichtungen halten ihn fest im Raum, die Bühne bewegt sich gegenläufig, und das wird genau aufgezeichnet.

Mit diesem Verfahren konnte man der Lichtwachstumsreaktion und der Adaptation genauer auf den Grund gehen als mit Hilfe der Handmessungen im Dunkelraum. Man war nicht weiter an einfache Signale gebunden – Licht an, Licht aus –, man konnte Phycomyces nun mit fluktuierenden Signalen reizen und so eine Grundvoraussetzung zur Anwendung der am weitesten reichenden Systemanalyse schaffen. Sie ist als Rauschmessung bekannt. Auch erlaubte die neue Apparatur die Anwendung sehr hoher Lichtintensitäten (Forster und Lipson, 1973; Lipson, 1975).

Verrückte Mutanten

Mit der beschriebenen Apparatur wird – wie erwähnt – immer noch an Phycomyces gearbeitet, um seinen Reaktionen auf Lichtreize auf die Spur zu kommen. Ganz wesentlich hilft dabei die Information, die man aus dem Unterschied zwischen Pilzen gewinnt, die normal »sehen«, und Pilzen, die nicht zum Licht hin wachsen, weil sie entweder »blind« oder »steif« sind. Es sind also vor allem diese Mutanten, die Licht ins Dunkel des Sehvorgangs bringen. Dabei hatte sich Max bis 1966 geweigert, das Verhalten des Pilzes genetisch zu sezieren. Es gab dafür gewichtige Gründe.

Eine Spore von Phycomyces hat im Mittel vier Kerne. Um so eine rezessive Mutation überhaupt sichtbar machen zu können, muß man drei Kerne »töten«. Dann ist zu erwarten, daß der vierte ein Krüppel und kaum lebensfähig ist. Und in der Tat, obwohl man es seit 1932 versucht hatte, künstlich Mutanten bei Phycomyces zu produzieren (Dickson, 1932), zeigten sich bis 1966 keine brauchbaren Resultate. Dann wurde Nitrosoguanidin als wirkungsvolle Substanz zur Mutagenisierung entdeckt. Diese Substanz mußte man in der geeigneten Konzentration und unter den richtigen Bedingungen einsetzen, um geeignete Mutanten zu erhalten. Eine brauchbare Methode hatte Enrique Cerdá-Olmedo in den letzten Jahren ausgearbeitet.

Cerdá-Olmedo hatte sich im wesentlichen mit Bakterien beschäftigt, plante aber, in Zukunft die Genetik der Pilze ins Auge zu fassen und wollte aus diesem Grunde vor seiner Rückkehr nach Spanien noch Max kennenlernen. In seinen Augen war Max ein Genetiker (und kein Biophysiker), der mit Pilzen arbeitete. Cerdá-Olmedo kam an einem Wochenende nach Pasadena und erfuhr, daß Max im La Jolla Beach and Tennis Club bei San Diego sei. Er fuhr hin, trug seine Argumente vor, wonach Nitrosoguanidin auch bei Pilzen wirken sollte, und zeigte Max seine Rezepte. Cerdá-Olmedo betonte, daß Pilzmutanten einfach zu erkennen seien. Wahrscheinlich sei schon das Myzel verändert.

Max ging ans Telefon und rief im Labor an. Es war Samstagnachmittag. Ein Student, Ted Young, wertete seine Versuche aus. Ihn bekam er an die Leitung. Max las ihm das Rezept zur Mutagenisierung vor und empfahl, die anderen Arbeiten ruhen zu lassen. Als er aus La Jolla ins Labor zurückkam, fand er Mutanten vor. Einige Sporen breiteten keinen weiten Teppich auf ihrer Platte aus, sie produzierten nur kleine, dicke Pelzchen (Koloniemutanten). Die Jagd auf Mutanten war damit eröffnet. Max wollte nun auch Pilze mit veränderten Reaktionen zum Beispiel auf Licht finden und auf diesem Weg das Verhalten genetisch greifbar machen.

Phycomyces erwachte mit der spanischen Injektion aus seinem Schlaf, und in den siebziger Jahren gab es eine wachsende Phycomycesgruppe am Caltech und in Spanien. Im Sommer traf man sich zu Workshops in Cold Spring Harbor, und langsam aber sicher gelang es unter Cerdá-Olmedos Händen, eine »Verhaltensgenetik von Phycomyces« zu errichten (Cerdá-Olmedo, 1977).

Nach den Koloniemutanten fand man rasch Pilzstämme, die nicht so gelblich aussahen wie der Wildtyp. Ihnen gelang die Synthese des Farbstoffs β-Karotin nicht. Diese Pilze sahen entweder weiß oder rot aus. Den roten Formen gab das Molekül die Farbe, das auch Tomaten rot aussehen läßt. Da Mutanten allgemein mit einem Code aus drei Buchstaben bezeichnet werden (Demerec et al., 1966), taufte man die bunten Pilze *car* (auf englisch *car*otene).

Mutanten dieser Art waren leicht zu finden, sie waren einfach nicht zu übersehen. Wie könnte man aber Pilze finden, die nicht sehen konnten? Hierzu ist eine Vorrichtung erforderlich, in der sie sich selbst dem Experimentator zuwenden; er muß sozusagen im Dunkeln stehen.

Die Lösung fand der zweite deutsche Biologe, den Max von den Fliegen zum Pilz herüberziehen wollte. Es war Martin Heisenberg, einer der Söhne von Werner Heisenberg. Er suchte nach einer Gelegenheit, den Eigenschaften von Gehirnen auf die Schliche zu kommen. Ihm wurde 1967 geraten, sich an Max zu wenden, der damals in Deutschland war. Max überlegte und sagte: »Wir machen zwar keine Gehirnforschung, aber auch etwas Interessantes« und lud Heisenberg nach Pasadena ein. Bevor er sich um Signale *zwischen* Zellen kümmere, solle er Signale *in* Zellen verstehen lernen. Und dazu biete ihm die anlaufende Genetik des Verhaltens einer Zelle – Phycomyces – die Möglichkeit.

In Pasadena erfand Heisenberg die Methode, Mutanten der Lichtreaktion zu finden. Er ließ mutagenisierte Sporen auf einem Kasten aus Glas wachsen, der von unten hell erleuchtet war. Die normalen phototropischen Pilze neigten sich nach unten zum Licht. Die blinden oder steifen Mutanten streckten sich dem Experimentator entgegen, er brauchte sie nur zu pflücken. Der Unterschied zwischen »blind« und »steif« ist wichtig. Wenn Phycomyces nicht auf Licht reagiert, kann es sein, daß der Pilz es nicht aufnehmen kann. Es kann auch sein, daß er das empfangene Licht nicht verwerten kann und nicht in der Lage ist, die Streckung der Zellwand so zu regulieren, daß sie auf einer Seite rascher erfolgt. In beiden Fällen kommen ganz unterschiedliche biochemische Erklärungen in Frage. Mit der Methode von Heisenberg gelang die Isolierung vieler Mutanten des Sehens. Cerdá-Olmedo schlug vor, sie als *mad* zu bezeichnen, sie seien doch wirklich verrückt, weil sie sich nicht um das Licht kümmern. Hinter dem Vorschlag versteckte sich in Wahrheit aber eine Verbeugung vor *Ma*x *D*elbrück, die dieser erfreut und dankbar zur Kenntnis nahm.

Vor allem Cerdá-Olmedo brachte die Arbeiten mit Phycomyces um 1970 voran. (Heute hat er einige Konkurrenz aus eigenem Haus und aus Syracuse.) Max setzte große Hoffnungen auf diesen neuen Schwung und organisierte einen großen Übersichtsartikel, der zur Mitarbeit verlocken sollte (D 74). Obwohl das Thema »Phycomyces« nichts mit Bakterien zu tun hat, setzte er durch, diesen Aufsatz in den »Bacteriological Reviews« zu publizieren. Der Grund war einfach. Diese Zeitschrift bot eintausend Sonderdrucke an,

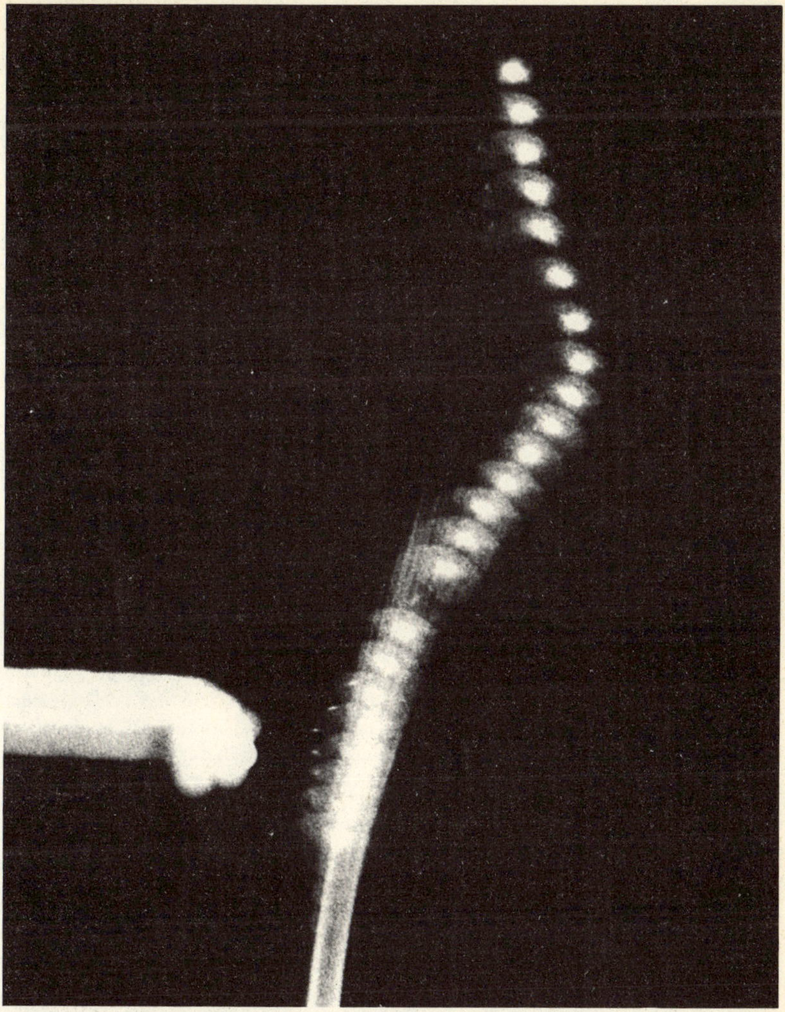

Bei der Ausweichreaktion gelingt es *Phycomyces*, feste Gegenstände wahrzunehmen und von ihnen wegzuwachsen. Hier weicht er einer etwa einen Millimeter entfernten Nadel aus. Alle vier Minuten wurde eine Aufnahme gemacht. Die Ausweichfähigkeit des Pilzes ist seit 100 Jahren bekannt, dennoch bleibt sie rätselhaft. Es ist noch nicht einmal bekannt, welches Signal von dem Objekt zum Pilz gelangt.

und Max wollte – wie 1935 – genügend Exemplare haben, um sie überallhin verschicken zu können.

Ein verrücktes Problem

Der große Übersichtsartikel aus dem Jahre 1969 sollte die Aufmerksamkeit auch einem ganz besonderen Problem zulenken. Es ist so einfach zu formulieren, daß man meint, jedem Schulkind könnte die Lösung einfallen. Phycomyces weicht Gegenständen aus, die in der Nähe seiner Wachstumszone erscheinen, ohne sie zu sehen, zu berühren oder zu riechen. Welches Signal nimmt er dabei auf? Oder genauer gesagt: »Eine Sporangiophore, die dicht an einen festen Gegenstand herangebracht wird, wächst von ihm weg. Die Reaktion beginnt etwa drei Minuten, nachdem der Sporangienträger zwei bis drei mm vom Gegenstand entfernt aufgestellt wurde. [. . .] Wie er das Hindernis wahrnimmt, wissen wir nicht.«

Auch heute noch (1985) entzieht sich das Signal, das zwischen Hindernis und Pilz vermittelt, dem wissenschaftlichen Zugriff. Die Oberfläche des Gegenstands, dem Phycomyces ausweicht, scheint keine Rolle zu spielen. Sie kann aus den verschiedensten Materialien bestehen, Glas, Metall, Aktivkohle, verschiedene Polymere, Öle. Die Orientierung kann vertikal oder horizontal sein, der Gegenstand kann darüber oder darunter sein, in jedem Fall weicht der Pilz aus.

Die Ausweichreaktion beruht wie die Lichtreaktion auf einem differentiellen Wachstum, ihre Latenzzeit ist nur kürzer. Das Analogon zur Lichtwachstumsreaktion gibt es auch. Stülpt man einen Kasten über den Pilz, registriert man eine kurze Wachstumsbeschleunigung, die abklingt. Nimmt man ihn wieder weg, gibt es eine negative Wachstumsreaktion. »Was ist hier los? Hat der Pilz extrasensorische Perzeption, oder wie bemerkt er die Wand? Eine Theorie, die uns plausibel erschien« – so Max 1974 bei einem Vortrag, der Karl-August-Forster-Vorlesung in Mainz (D 87) – »war, daß er die Wand bemerkt, indem er einen chemischen Radar benutzt, nämlich, daß er Gas aussendet, und daß die Ausbreitung des Gases durch die Wände modifiziert wird. Und daß er dann diese modifizierte Ausbreitung perzipiert. Wenn das so ist, dann müßte ein gelinder Wind auch die Gasverteilung modifizieren und müßte veranlassen, daß er sich krümmt oder schneller wächst, je nachdem woher der Wind kommt. [. . .] Diese [und viele andere] Interpretation[en sind] auf Schwierigkeiten gestoßen, auf die ich hier nicht eingehen kann. Wir wissen sehr viel über diesen Effekt, aber wir haben bisher jede Theorie, die wir aufgestellt haben, mit neuen Experimenten widerlegen können.«

So bleibt bei der Ausweichreaktion (auch heute noch) unklar, mit welchem Signal die Wahrnehmung überhaupt anfängt. Dabei sollten mit Phycomyces die »Anfänge der Wahrnehmung« erkundbar werden. So betitelte Max seinen Mainzer Vortrag. Diese Formulierung stammt von Hoimar von Ditfurth, der Max 1972 gebeten hatte, seine Forschungen allgemeinverständlich für das »mannheimer forum« zu beschreiben. Max schickte ein Manuskript ohne Überschrift. Es erschien dann unter dem Titel (D 85), den Max von da an gern benutzte. In Mainz erläuterte Max auch, wie er »Wahrnehmung«

auffaßt (er schob diese Überlegung so einfach zwischendurch ein, wie das auch hier geschieht):

»Wenn man das Wort Wahrnehmung gebraucht, dann sind darin die Worte ›wahr‹ und ›nehmen‹ enthalten. Phycomyces kann eigentlich nur etwas wahrnehmen, wenn er einen Begriff von Wahrheit hat, und das will ich nicht implizieren. Weiter, kann Phycomyces etwas nehmen? Sprachlich denken wir dabei an ein Subjekt, das etwas nehmen kann, und das will ich nicht in dem Sinne verstehen, daß er eine Seele hat oder auch nur einen Verstand, oder was man auch immer dem Organismus aufstocken will, um daraus einen Menschen zu machen. Heidegger in seinem berühmten Brief über den Humanismus, den er kurz nach dem Kriege schrieb, hat, ich weiß nicht ob in seinem Ärger oder seiner Empörung, jedenfalls seiner Opposition Ausdruck gegeben gegenüber dem Biologismus, der den Menschen sehr einseitig als biologisches Subjekt ansehen will. Heidegger opponiert, weil man dann ganz entscheidende Dinge, über das Denken speziell, da gar nicht in einer rationalen Weise besprechen kann, und dieser Schwierigkeiten bin ich mir sehr bewußt. Deshalb will ich auch die Worte, die ich hier benutzt habe, nur in ganz formalem Sinn benutzen, nicht in dem Sinne, daß es sich um ›wahr‹ und ›nehmen‹ handelt, und auch nicht, daß es sich um Anfänge handelt in dem Sinne, als ob wir, wenn wir weitergingen von den Anfängen, zu uns kommen. Natürlich kommen wir zu uns, letztlich, aber daß unser Wahrnehmen damit erschöpft ist, will ich nicht implizieren. Das einzige, was ich implizieren will, sind die Zusammenhänge, die Wirkketten, die jedem Kinde anschaulich sein müssen, nachdem es sich mit den Phänomenen vertraut gemacht hat.«

Bei der Ausweichreaktion fehlt immer noch der Anfang der Wirkkette. Dabei war diese Fähigkeit von Phycomyces schon 1881 entdeckt und 1917 übersichtlich beschrieben worden (Elving, 1917). Walter Shropshire entdeckte sie 1962 wieder, und erste systematische Untersuchungen dieser Reaktion gab es in den Cold Spring Harbor-Workshops 1965 – 68. Das Rätsel der Natur des Signals blieb bisher ungelöst, obwohl Max spätestens 1970 realisierte, wie ernsthaft die Herausforderung eigentlich war. Man sieht es seinem Tagebuch an. Häufig findet man Eintragungen der Art: »Den ganzen Tag wie wild an der Ausweichreaktion gearbeitet.« Bei diesem Problem vergißt er – genau einmal! – seinen Vorsatz, dem Tagebuch keine inneren Abläufe anzuvertrauen. Am 29. Juli notiert er in Cold Spring Harbor: »Es tut mir von Herzen weh, wenn ich den ungelösten Zustand dieses Problems betrachte« (»sick at heart«).

Dabei hoffte er so sehr, mit dieser Fähigkeit des Pilzes in die Lage versetzt zu werden, eine »terra incognita« zu entdecken (D 82). Max bezeichnete das ganze Gebiet der Signalumwandlung als »terra incognita« der Molekularbiologie und meinte das im folgenden Sinne:

»Diesen Ausdruck benutzten die Kartenhersteller im 15. Jahrhundert und früher, bevor im Zeitalter der Erkundungen die ›terrae incognitae‹ der Erde ausgefüllt wurden. Kolumbus überquerte den Atlantik viermal zu dem neugefundenen Land, von dem er bis zum Ende seines Lebens annahm, es sei Teil des asiatischen Kontinents. Es dauerte Jahrzehnte, bevor es der Menschheit dämmerte, daß die Erkunder einen neuen Kontinent entdeckt hatten und dazu noch einen völlig unerwarteten Ozean. Was ist mit unseren ›terrae incognitae‹? Werden dies alles Teile bekannter Kontinente sein, oder können wir auf Überraschungen hoffen? Ich für meinen Teil hoffe darauf. Vielleicht werden uns einige mehr auf diesen abenteuerlichen Erkundungen begleiten.«

Max hatte im Sinn, eine Signalkette zu finden, die in einem Paradoxon steckenbleibt, aus dem nur die Komplementarität heraushilft. Der Vorgang des Sehens war dafür gerade recht. Er blieb schon im Auge stecken – nach Max –, denn wie sollte das Licht bei konventioneller Denkart das Gehirn erreichen und sich im Bewußtsein melden?

Die Kette der Signale

Im Laufe der siebziger Jahre gelang es, für Phycomyces eine Kette sichtbar zu machen, entlang der Signale umgewandelt werden. Sie war zuerst Cerdá-Olmedo aufgefallen, der mit einem spanischen Genetiker (Arturo Perez Eslava) und einem amerikanischen Physiologen (Kostia Bergmann) das zustande brachte, was Max die Drei-Männer-Arbeit über Phycomyces nannte. Er meinte das in Analogie zum »grünen Pamphlet« von 1935, in dem auch drei Männer (mit zwei verschiedenen Nationalitäten) aus ihren unterschiedlichen Arbeitsgebieten zur prinzipiellen Klärung einer alten Frage beitrugen. 1935 erkannte Max, daß Gene Moleküle sind, 1973 sah man, daß Verhalten durch intrazelluläre Wirkketten entsteht. Physiologie und Genetik fügten sich 1973 zusammen wie Physik und Biologie 1935.

Der Nachfolger von Max hieß Enrique. Ihm war aufgefallen, daß alle physiologischen Informationen über Mutanten mit veränderter Lichtreaktion in einem Diagramm faßbar sind. Diese Skizze wurde zur Grundlage aller weiteren Arbeiten, als es Tamotsu Ootaki, einem japanischen Biologen, gelang, mit einer neuentwickelten Methode die klassische Komplementationsanalyse – sie hat nichts mit der Bohrschen Idee zu tun – auf Phycomyces zu übertragen und die Kette der Signale genetisch zu untermauern (Ootaki et al., 1974). Plötzlich konnte man eine Reiz-Reaktions-Kette unmittelbar sehen. Das Ergebnis weckte neue Hoffnungen, daß die dem Verhalten zugrundeliegenden Mechanismen durchsichtig und nicht hoffnungslos kompliziert sind. Aber zuerst müssen noch viel mehr biochemische, physiologische und genetische Analysen zusammenkommen, bevor jemand behaupten kann, er versteht, was der Pilz macht.

Trotz dieser greifbaren Signalkette widersetzt sich Phycomyces bis heute einem tieferen Eindringen; er hält seine black box verschlossen. Dies liegt vor allem an einer unzureichenden Unterstützung der von Max eingeleiteten und von Cerdá-Olmedo und Lipson weitergeführten Arbeiten durch biochemische Analysen. Phycomyces ist ein Schrecken für die Biochemiker. Er hat eine nur schwer aufzubrechende Zellwand, seine »interessanten« Moleküle sitzen ausschließlich in der Wachstumszone, und die macht nur einen winzigen Bruchteil der Gesamtmenge aus. Seine Membran ist dabei gar nicht zu isolieren.

Die Schwierigkeiten dieser Forschung liegen weiterhin auch darin, daß nicht damit gerechnet werden kann, *ein* Molekül zu finden, das der Sinnesphysiologie ähnlichen Auftrieb gibt, wie es die DNS für die Genetik geschafft hat. Es gibt keine Doppelhelix

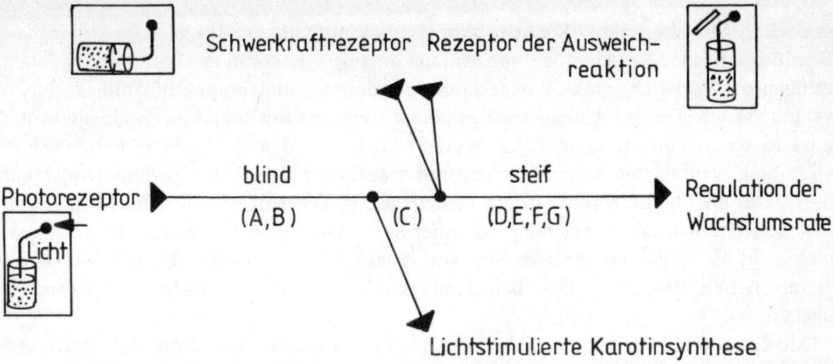

Die Signalumwandlungskette (signal transduction chain) von *Phycomyces* verknüpft genetische und physiologische Kenntnisse zu einem Bild des Verhaltens. Von den verschiedenen Rezeptoren (zum Beispiel dem Photorezeptor) führen chemische Wege das Signal der Außenwelt (zum Beispiel das Licht oder die Schwerkraft) über molekulare Zwischenschritte an die Stelle heran, an der es eine Wachstumsveränderung veranlassen kann (Reaktion). Die Mutanten der Wahrnehmung – sie nennt man *mad* (siehe Text) –, die bei *Phycomyces* gefunden wurden, konnten durch eine genetische Analyse in sieben Gruppen eingeteilt werden (A, . . ., G), die verschiedene Gene repräsentieren. Wenn zum Beispiel ein Pilz zur Gruppe *mad C* gehört, dann kann er zwar sein Wachstum nicht mehr durch Licht regulieren, er kann aber unter Lichteinfluß vermehrt Karotin herstellen. Er ist also nicht blind. Er ist auch nicht steif, denn seine Ausweichreaktion gelingt noch. Sie gelingt den Mitgliedern der Gruppen D bis G nicht mehr. Sie können sich überhaupt keinem Signal mehr zuwenden, sie wachsen stets gerade. Pilze aus den Gruppen A und B sind hingegen beliebig beweglich, außer wenn der Reiz Licht ist. Dann reagieren sie nicht, weil ihr Photorezeptor gestört ist. Das gezeigte Schema wurde in den siebziger Jahren entwickelt. Es ist heute um viele Einzelheiten reichhaltiger (aber nicht übersichtlicher) geworden.

der Wahrnehmung. Es gibt kein Molekül der Adaptation. Selbst Bakterien setzen fast 50 [!] Genprodukte ein, um sich an Reize der Umgebung zu gewöhnen (Hazelbauer, 1980).

Außerdem ist Phycomyces nicht der Phage des Sehens. Ein Phage ist fast ausschließlich mit Vermehrung beschäftigt. Phycomyces kann viel mehr als sehen. Die Phagen des Sehens sind wahrscheinlich die Sehzellen zum Beispiel in einem Froschauge. Sie sind darauf spezialisiert. Max hat sich mit ihnen deshalb nicht beschäftigt, weil ihre Untersuchung zu direkt auf biochemische Analysen zusteuerte, und man dabei seiner Ansicht nach keine allgemeinen Prinzipien erkennen (und keine Widersprüche entdecken) kann.

Wo Licht auf Leben trifft

Ähnlich intensiv wie um die Ausweichreaktion, die ihn zwanzig Jahre lang quälte, hat sich Max um die Frage der Natur des Photorezeptors gekümmert. Beide Fragestellungen hat er mit Walter Shropshire aufgegriffen, der das Vermeiden von Gegenständen wiederentdeckte. Mit ihm nahm Max erste Aktionsspektren auf, um das visuelle Pigment zu identifizieren. Der Verdacht fiel von Anfang an auf β-Karotin, das dem Pilz in großen Mengen zur Verfügung steht. Einige Jahre nachdem die ersten Spektren aufgenommen waren, riskierte Gerold Adam – nach genauem Vergleich mit dem Absorptionsspektrum von Riboflavin – die Hypothese, daß es ein Flavin ist, mit dem das Licht ins Leben geholt wird. Max glaubte ihm kein Wort und bot eine Wette an. Er setzte fünf Dollar auf β-Karotin als Photorezeptor. Adam hielt dagegen. Da man gerade beim Mittagessen war, notierte man die Abmachung auf einer Serviette. Die Wette wurde nie eingelöst, auch nicht als im Januar 1981 der Sieg von Adam publiziert wurde (D 110). Mit seiner letzten Arbeit trug Max dazu bei, Riboflavin zum wahrscheinlichsten Pigment zu machen.

Der Grund, warum Max zunächst β-Karotin favorisierte, lag darin, daß sozusagen eine Hälfte des Moleküls – das Vitamin A – Teil des sehenden (lichtempfangenden) Moleküls der Wirbeltiere ist, bekannt unter dem Namen Rhodopsin. Und er glaubte fest an ein konservatives Element der Natur. Sie hält an den Erfindungen fest, die sie erfolgreich ausprobiert hat, und setzt sie in allen Varianten ein. Ihm war immer aufgefallen, mit wie wenigen Molekülen die Natur die Photochemie durchführt (D 95). Die Biochemie zum Thema Licht kommt mit einer »kurzen Liste« aus, mit Chlorophyll, Retinal, Phytochrom, Cryptochrom (dem angepaßten Namen des Blaulichtrezeptors) und dem photoreaktivierenden Enzym der Genetik. Die Biochemie der Dunkelheit ist unendlich mannigfaltiger. Dieses »Rätsel der kurzen Liste« kann man lösen, wenn man der Natur bescheinigt, konservativ und wenig originell gewesen zu sein. Vielleicht ist es aber nur eine Herausforderung an den Erfindergeist, die Natur wirklich einmal zu verbessern.

Die Suche nach dem Rezeptor in Phycomyces wurde dadurch erschwert, daß beide dafür in Frage kommenden Kandidaten noch mit anderen (lebenswichtigen) Aufgaben betraut sind. Die Rezeptoren sind allgegenwärtig und liegen in hohen Konzentrationen vor. Die Waage begann sich zugunsten von Riboflavin zu neigen, als Mutanten von Phycomyces gefunden wurden, die kein β-Karotin bilden konnten (*car*-Mutanten) und sich dennoch normal zum Licht krümmten. »Kein« β-Karotin heißt, weniger als ein Tausendstel eines Prozentes der Menge, die dem Wildtyp zur Verfügung steht. Dieser Nachweis gelang David Presti in seiner Doktorarbeit 1978. Er war der letzte Doktorand, der bei Max promovierte.

Presti legte damit den Weg frei zur Identifizierung des Riboflavins. Dazu mußte Max alle seine Verbindungen spielen lassen. Schon 1975 hatte Jose L. Reissig am Caltech versucht, Riboflavin in Phycomyces durch eine chemisch modifizierte Form des Moleküls zu ersetzen, dessen Absorptionsspektrum deutlich verschieden war. Für den Fall, daß diese analoge Substanz Teil des Photorezeptors wird (Chromophor) – so überlegte Reissig –, sollte man dies an einem geänderten Aktionsspektrum feststellen können. Leider traf er bei seinen Versuchen auf alle möglichen Hindernisse. Vor allem nahmen die Phycomyceszellen entweder die Riboflavinanaloga nicht auf, oder sie gingen an ihnen zugrunde. Dennoch sah Max in dieser Idee den richtigen Weg. Es kam darauf an, hartnäckig alle Möglichkeiten in jeder Richtung zu verfolgen.

In Deutschland erkundigte er sich bei Experten für Photochemie. A. Blacher aus Stuttgart schlug ein Molekül mit dem Namen Roseoflavin vor. Dies sei ein natürliches Produkt – ein Bakterium kann es synthetisieren –, und sein Absorptions*minimum* sei bei der Wellenlänge, bei der Riboflavin sein *Maximum* habe. Von Peter Hemmerich, der schon ein Dutzend anderer Riboflavinmodifikationen von Konstanz nach Kalifornien geschickt hatte, bekam Max einige Milligramm Roseoflavin und die Quelle für Nachschub (K. Matsui stellte den Stoff in Osaka her.) Blacher empfahl, seinen besten Mitarbeiter nach Pasadena zu holen.

Er meinte Manfred Otto, der 1978 ans Caltech kam. Otto ging systematisch vor. Zunächst stellte er sicher, daß Roseoflavin aufgenommen wird. Er ermittelte die Menge, die weder mit dem allgemeinen Wachstum interferierte noch die Reaktionen auf Licht beeinträchtigte. Um ein konstantes Niveau an Riboflavin zu garantieren, suchte und fand Otto Mutanten, die kein Riboflavin synthetisieren. Sie nahmen es aus dem Wachstumsmedium auf.

Nun konnte das entscheidende Experiment durchgeführt werden, die phototropische Balance, die Reissig 1975 vorgeschlagen hatte. Ein mit Riboflavin (oder mit Roseoflavin) gefütterter Sporangienträger von Phycomyces wird zwischen zwei Lichtquellen plaziert. Eine emittiert blaues Licht, hierfür ist Riboflavin am empfindlichsten (Wellenlänge 380 nm). Die andere emittiert rötliches Licht (Wellenlänge 529 nm), dafür ist Roseoflavin am empfindlichsten. Die Intensitäten der Lichtquellen sind so justiert, daß der Wildtyp von Phycomyces gerade nach oben wächst und sich keiner Quelle zuwendet. Das blaue Licht leuchtet dazu sehr schwach im Vergleich zum rötlichen. Der Balancepunkt wird für mehrere Intensitäten ermittelt.

Wenn Roseoflavin Teil des Photorezeptors ist, dann sollte ein entsprechend gefütterter Sporangienträger sich dem roten Licht zuwenden. Genau das wurde auch beobachtet. Damit konnte der Schluß gezogen werden, daß im Wildtyp Riboflavin zum Blaulichtphotorezeptor gehört. »Das Ergebnis ist die Summe jahrelanger harter Arbeit, und ich bin sehr glücklich damit«, schrieb Max kurz vor seinem Tod an Hemmerich.

Damit ist ein kleiner Einstieg geschafft. Woran aber hängt das Riboflavin, um verankert und fixiert zu werden (sonst kann es wohl kaum als Lichtempfänger dienen)? Was passiert, wenn Licht bei ihm eingetroffen ist? Wie wird das Signal weitergeleitet? Das sind nur einige der Fragen, die sich anschließen, und die Max stellte. Inzwischen (1985) hat sich die Frage weiter kompliziert. Im Augenblick favorisiert man – vor allem die Gruppe von Edward Lipson in Syracuse – die Idee, daß Phycomyces uns ähnlicher ist, als man denkt. Das menschliche Auge beschäftigt zwei zelluläre Strukturen – die Stäbchen und die Zapfen –, um gleichzeitig einen weiten Helligkeitsbereich fassen und mittags und nachts empfindlich bleiben zu können. Da Phycomyces nun denselben Intensitätsbereich wie das menschliche Auge abdeckt, liegt die Vermutung nahe, daß auch hier zwei Rezeptoren sich die Aufgabe teilen, das Licht auszunutzen. Einige Versuche mit Mutanten und der »tracking maschine« sprechen dafür. Mit dieser Vorstellung passen auch die neuen Daten zur Adaptation besser zusammen. Vielleicht gelingt in Syracuse die Systemanalyse eines einfachen Pilzes, die sich Max vor dreißig Jahren wünschte.

Die Phycomycesfamilie

In der Mitte der siebziger Jahre hatte Max um sich am Caltech eine Gruppe versammelt, die seiner Vorstellung nach einer guten wissenschaftlichen Familie entsprach. Die Phycomycesfamilie war so international, wie man das von einem an Kopenhagen orientierten Leiter erwarten konnte. Darin gab es Doktoranden aus Taiwan – »ein reizendes Chinesen Pärchen« – und aus Deutschland, promovierte Mitarbeiter aus Spanien, Kanada, Indien und Amerika und professoralen Besuch und Unterstützung aus Spanien, Frankreich, Japan und den USA. Im Sommer war man acht Wochen in Cold Spring Harbor, und es war – wie man so schön sagt – jedesmal ein Fest fürs Leben (»a moveable feast«).

Um diese Familie zusammenhalten zu können, bat er Caltech darum, nach seiner Emeritierung, die 1976 ins Haus stand, mit Phycomyces weiterarbeiten zu dürfen: »Ich bin immer noch davon überzeugt, daß Phycomyces der intelligenteste primitive eukaryontische Organismus ist, der deswegen der Biologie die Probleme zugänglich machen kann, die in den kommenden Jahrzehnten in ihr Zentrum rücken werden. Wenn ich ihn fallen lasse, stirbt er. Wenn ich ihn weiter voranbringe, könnte er solch einen Schwung bekommen, wie ihn der Phage einmal bekommen hat. Da ich 25 Jahre in dieses Abenteuer investiert habe, sollte ich auf jeden Fall weitermachen. Ich erwarte nicht mehr, große Entdeckungen zu machen. Doch könnten die meinen Nachfolgern gelingen, wenn ich die Dreckarbeit erledige.« Die sonst streng eingehaltenen Regeln der Emeritierung wurden für Max durch ein besonderes Gesetz aufgehoben. Am 1. Juli 1976 wurde er zum »Board of Trustees emeritus Professor of Biology« ernannt, und man überließ ihm einige Laborräume.

Als Max 1981 starb, stand der ersehnte Durchbruch immer noch aus. Noch steckt der Phycomyceskarren im Dreck, aber er kommt langsam frei. Man hat heutzutage bessere Geräte und Ansatzpunkte. Auch die Richtung, in der gezogen wird, stimmt, und immer mehr Leute helfen mit. Phycomyces lebt und sucht das Licht.

Die Rückkehr nach Deutschland

Nach dem Krieg

Unmittelbar nach dem Ende des Zweiten Weltkrieges begann Max damit, nach Wegen zu suchen, wie er seinen deutschen Verwandten und europäischen Freunden helfen könnte, und er erkundete die Möglichkeiten, die bestanden, zu ihnen zu fahren. Bis 1947 gab es nur geringe Chancen, privat nach Deutschland zu kommen, doch als im Sommer 1947 eine Reise nach Kopenhagen geplant wurde, wollte Max versuchen, von da nach Deutschland zu fahren. Um einen gültigen Paß zu erhalten, war ein offizieller Reisegrund erforderlich. Dazu nahm er Kontakt mit Hermann Muller auf, der als Präsident der Gesellschaft für Genetik fungierte, und fragte ihn, ob er ihn nicht als »Emissär nach Deutschland schicken könnte«, es würde »wenig oder nichts kosten.« Max beschrieb im einzelnen, mit welchen Schritten er die Zonengrenzen überwinden wollte, die ihn auf seinem Weg nach Berlin erwarteten:

Er müsse »(1) in diesem Land [USA] eine Aufforderung einer wissenschaftlichen Gesellschaft erhalten, für sie einen Auftrag in der Britischen Zone und im Britischen Sektor von Berlin durchzuführen; (2) auf dem Weg durch England von den Briten die Autorisierung bekommen, ihre Zone und ihren Sektor betreten zu dürfen; und dann weiter nach Kopenhagen [fahren]; (3) in Kopenhagen vom amerikanischen Konsul die Gültigkeit meines Passes für Deutschland bestätigen lassen und dann mit einer dänischen Fluggesellschaft weiter in die Britische Zone (erster Halt wahrscheinlich in Hamburg) fliegen; wenn ich dort fertig bin, mit einer britischen Fluggesellschaft weiter nach Berlin; (4) in Berlin die Erlaubnis einholen, vom Britischen zum Amerikanischen Sektor gehen zu dürfen. Diesen letzten Schritt kann man tagsüber ohne besondere Genehmigung machen (ebenso wie den in den Russischen und den Französischen Sektor), aber nachts nicht mehr.«

Muller stimmte dem Vorschlag zu und beauftragte Max, die Amerikanische Gesellschaft für Genetik in Deutschland zu repräsentieren und im Namen der »Kommission zur Hilfe von Genetikern im Ausland« Informationen aus erster Hand darüber zu sammeln, welche Genetiker noch in Deutschland sind, und ob es irgendwelche Hinweise darauf gibt, daß »man sie von der Schuld befreien kann, das Nazitum aktiv unterstützt und die Prostitution der Genetik unter den Nazis mitgemacht zu haben.« Muller bat Max im gleichen Brief um Adressen von Familien, denen die Kommission mit C.A.R.E.-Paketen helfen könnte. Max versprach, sich darum zu kümmern und Auskünfte über das private und öffentliche Leben deutscher Genetiker in den letzten zehn Jahren einzuholen.

Im Sommer 1947 traf Max in Berlin ein. Der Zustand der Stadt war deprimierend. »Damals war Berlin noch eine richtige Gespensterstadt, fest in den Händen der Besatzungsmächte, ein Meer von Ruinen, die Überlebenden in den Netzen des Schwarzhandels und der C.A.R.E.-Pakete.« »Alle Bahnhöfe waren noch von Tausenden von Menschen belagert, die dort campierten. Es gab wenig Transportmöglichkeiten, wenig zu essen, wenig von allem. Auch war die Währung noch nicht neuorganisiert, sie wurde zum Teil durch Zigaretten ersetzt« (I).

Sein Elternhaus war im Sommer 1944 – ein Jahr nach dem Tod seiner Mutter – vollständig zerstört worden. »Vom Haus war alles fort außer dem Fundament. Im Garten sämtliche Bäume ausgerissen, ein typisches überwuchertes Ruinengrundstück. . . . Für mich war die ganze Gegend fast unkenntlich dadurch, weil auch alle anderen Häuser, die ich gekannt hatte, verschwunden waren.« Max fühlte nun Schuld, weil er Deutschland verlassen hatte. In stärkerem Maße stieg seine Hochachtung für die, die geblieben waren und versucht hatten, zu retten, was zu retten war, die bemüht gewesen waren, etwas aus Deutschland über die Katastrophe hinweg zu erhalten. Er dachte dabei unter anderem an Karl Friedrich Bonhoeffer, Max von Laue, Werner Heisenberg und Otto Hahn.

Er suchte nun nach Wegen, auf denen er in dem ihm möglichen Rahmen deutschen Wissenschaftlern neue Impulse geben könnte. Eine erste Chance, seinen ehemaligen

Kollegen zu helfen, bot sich sogleich. Max von Laue bat um die Ausgaben der amerikanischen Fachzeitschrift für Physik »Physical Review«, die ab 1940 fehlten. Als Max sie nach Berlin schickte, fragte von Laue, wie er sich dafür bedanken könnte. Max antwortete, er solle ihm helfen, Leute zu finden, die mit Phagen arbeiten wollten. Die Idee, mit wissenschaftlichen Zeitschriften zu helfen, hat Max später weiter praktiziert. So schickte er 1967 in 18 Kisten die Ausgaben der »Proceedings of the National Academy of Science« (Verhandlungen der Nationalen Wissenschaftsgesellschaft) der letzten zehn Jahre an den Genetiker Erhardt Geissler in Rostock, da diese teure und umfangreiche Zeitschrift nicht so leicht in der DDR beschafft werden konnte. Er hoffte, daß sich Geissler »daran nicht verschluckt«, denn es würde noch mehr kommen. Er schickte jede nun folgende Ausgabe, die er als Mitglied der Akademie zugestellt bekam, nach Berlin. Diesen Job übernahm nach seinem Tod Patricia Burke, die bei ihm promoviert hat und eine gute Freundin der Familie geworden ist.

Ein Gebäude, das den Krieg in Berlin überlebt hatte, war das Harnack-Haus. Es steht heute noch. Ursprünglich war hier der Vorlesungsraum des Fakultätsklubs der Kaiser-Wilhelm-Gesellschaft. Nach 1945 hatten die Amerikaner ihr Offizierskasino darin eingerichtet – »was für viele in Deutschland die schlimmste Beleidigung war« (I). Otto Warburg sah durch den Besuch von Max eine Möglichkeit, das Harnack-Haus wieder im alten Stil zu nutzen und setzte durch, daß in diesem Haus sein Seminar stattfand: »Warburg arrangierte [das Seminar] nachmittags für 2:30 Uhr, woraufhin ich sagte, ›Nun, halb drei am Nachmittag, das ist aber eine schlechte Zeit. Ich meine, deutsche Professoren essen gut zu Mittag und brauchen dann einen Mittagsschlaf. Dann bleiben sie nicht wach beim Vortrag.‹ Er antwortete: ›Heutzutage bekommen sie nicht so viel zu essen, daß sie danach einschlafen können‹«(I).

Warburg war im Dritten Reich Direktor seines Kaiser-Wilhelm-Instituts geblieben. Er galt bei den Nationalsozialisten als »extraterritorial«. Eigentlich hätte Max ihn danach fragen können und müssen, welche Wissenschaftler sich an nationalsozialistische Befehle gehalten hatten, und welche bemüht gewesen waren, ihre Freiheit zu verteidigen. Er fand nicht den Mut. Er fand es unpassend, das Verhältnis deutscher Wissenschaftler zur nationalsozialistischen Regierung zu erfragen. Damit erfüllte er auch nicht den Auftrag, den die amerikanische Genetikkommission ihm mit auf den Weg gegeben hatte. Aus den Kreisen, in denen er verkehrte, war auch niemand vor 1945 in eine wichtige Position aufgerückt. Später wurde er durch einen seiner engen deutschen Freunde, den Pflanzengenetiker Georg Melchers, davon überzeugt, daß kaum ein deutscher Biologe den rassentheoretischen Maximen der Nationalsozialisten zugearbeitet hätte. Zwar müßten viele Biologen »aus Mangel an Widerstand« große Schuld zugeben, doch könne man nicht sagen, daß »*die* Biologie« an den »unmenschlichen Ideologien mit ihren Konsequenzen unmenschlichen Handelns« schuld sei (Melchers, 1965).

1947 war Berlin nicht die einzige Stadt seiner deutschen Vergangenheit, die Max besuchte. Er fuhr auch nach Göttingen, wo er Otto Hahn besuchte, der inzwischen Präsident der Kaiser-Wilhelm-Gesellschaft geworden war. Hahn versuchte alles, was in seiner Macht stand, um die Auflösung dieser Organisation zu verhindern, die die vier Kontrollmächte verfügt hatten. Noch war die Verfügung nicht in Kraft, und Hahn ging trotz aller deprimierenden und verworrenen äußeren Umstände optimistisch und entschlossen an die Arbeit. Für Max war es ein Wunder zu sehen, wie gut man sich in Deutschland in dieser Phase des Lebens eingerichtet hatte.

Die Kaiser-Wilhelm-Gesellschaft wurde dennoch aufgelöst. Sie lebte aber bald (1948) als Max-Planck-Gesellschaft wieder auf, die alle Institute ihrer Vorgängerin übernehmen konnte, die diese durch zwei Weltkriege und Inflationen gerettet hatte. Max bewunderte die Leistungsfähigkeit der Institute, die auch ihm einen Arbeitsplatz besorgt hatten. Dennoch war er im Prinzip mit solchen Forschungseinrichtungen ohne Lehrauftrag nicht einverstanden: Mit der »Kaiser-Wilhelm-Gesellschaft . . . wurden die besten Leute aus der Lehre genommen und zu Direktoren dieser reinen Forschungseinrichtungen gemacht. Das war auf seine Weise ungeheuer erfolgreich, [aber nur kurzfristig,] auf lange Sicht war das in meiner Sicht ein Unheil (›disastrous‹), eben weil man die besten Leute aus der Lehre nahm, und der Kontakt zu den Studenten sehr verarmte« (I).

Der Phage auf dem Weg nach Deutschland

Nachdem die Kaiser-Wilhelm-Institute in den zwanziger und dreißiger Jahren aufgeblüht waren, wurden ihre Einrichtungen in den Kriegsjahren weitgehend zerstört. Nur das Harnack-Haus überlebte. Es war nach dem Gründer und ersten Präsidenten der Gesellschaft benannt worden. Und hier im Harnack-Haus gab Max 1947 sein erstes deutsches Seminar. Otto Warburg hatte dazu eingeladen und auch durchgesetzt, daß deutsche Zuhörer erscheinen durften. So kam es, daß zwei junge Berliner Studenten hörten, was Max über die Ein-Gen-ein-Enzym-Hypothese und seinen Lieblingsphagen T2 erzählte. Er zeigte einige elektronenmikroskopische Aufnahmen der Infektion und beschrieb, was man alles mit Mutanten machen kann.

Die Studenten hießen Carsten Bresch und Wolfgang Eckart, und beide wollten Genetiker werden. Im Nachkriegsberlin gab es nicht allzu viele Möglichkeiten, und so hatten sie anfangs ihr Glück bei Hechten und Forellen gesucht. Bei diesen Tieren sind Mutationen nur schwer zu finden, und so kamen sie kaum weiter. Als beide die Phagen (auf der Leinwand) sahen, sagte Bresch zu Eckart: »Vergiß die Fische! Wir müssen überlegen, wie wir an die Phagen herankommen.«

Sie trauten sich nicht, Max direkt anzusprechen. Ihnen gelang es aber, ihren Chef Robert Rompe vom Nutzen der Phagen zu überzeugen. Er schickte einen Brief nach Pasadena, in dem er sich erkundigte, welche Aussichten bestünden, Phagen nach Deutschland zu bekommen. Postwendend packte Max einige Proben zusammen und schickte sie nach Berlin. Diese Sendung kündigte er Bresch und Eckart in einem Brief an.

Als Wochen später noch nichts eingetroffen war, beschloß Bresch, bei den zuständigen amerikanischen Kontrollbehörden nachzufragen. Zunächst fand man nichts, aber Bresch bestand darauf, noch einmal überall das Unerledigte durchzusehen. In der Tat fand sich darunter das Päckchen aus Pasadena, und es wurde auch ausgehändigt. Der Agar war fast ausgetrocknet und sah sehr verschrumpelt aus. Vorsichtig setzte man wieder

Medium hinzu und hatte Glück. Sowohl einige Bakterien als auch die meisten Phagen hatten die Reise und die Aufbewahrung überlebt. Bresch und Eckart konnten mit der Arbeit anfangen. Das war leichter gesagt als getan. Es gab am Tag nur wenige Stunden Elektrizität, und davon ging der größte Teil verloren, weil zuerst das Wasserbad für die Experimente auf die richtige Temperatur gebracht werden mußte. So ging alles sehr langsam voran, und an trickreiche Versuche war erst später zu denken. Aber ein Anfang war gemacht, und die Freude, überhaupt wieder etwas tun zu können, produzierte einen Enthusiasmus, der alle Schwierigkeiten überwand.

Max kam 1948 wieder nach Berlin. Bresch und Eckart hatten ihn gebeten, ihn über den gegenwärtigen Stand der Genetik und der Biologie ausfragen zu dürfen. Er sei bereit, antwortete er und brachte ihnen sogar ein besonderes Geschenk mit, ein Päckchen Rasierklingen.

Wieder Sommer in Göttingen

Max ist danach (fast) in jedem Jahr nach Deutschland (besser: Europa) gekommen, meistens im Herbst. Gewöhnlich blieb er einige Wochen. Seinen ersten längeren Aufenthalt arrangierte er für das Jahr 1954. Damals arbeitete er einige Monate bei seinem Schwager Karl Friedrich Bonhoeffer in Göttingen. Fünfzehn Jahre später, 1969, kam er zum letzten Mal für längere Zeit nach Deutschland. Er unterrichtete ein Semester an der damals noch fast neuen Universität in Konstanz.

In den Seminaren, die Max 1954 in Berlin und Göttingen abhielt, sprach er zumeist über die Doppelhelix, die für die deutschen Biologen noch eine Neuigkeit war. Werner Reichardt jedenfalls hatte noch nichts davon gehört und Otto Warburg auch nicht. Das Seminar in Göttingen wurde mit großem Pomp inszeniert. Der Dekan erschien persönlich und hatte zur Feier des Tages auch seinen Talar angelegt. Max fand das albern, zumal es sehr heiß war. Er trug Turnschuhe, und sein offenes Hemd hing demonstrativ aus der Hose. Nach der Einführung schlug er ohne überleitende Dankesworte vor, sich erst seine Dias anzusehen. Anschließend könne man sich bei offenem Fenster weiter unterhalten. In Amerika hätte er dieses Seminar in kurzen Hosen gegeben.

Es ist übrigens charakteristisch für Max, in Deutschland Amerika nur zu loben und auf Kritik abfällig zu reagieren. In den USA hielt er es dann mit Deutschland genauso.

Am Ende des Göttinger Sommers kehrte er per Schiff in die USA zurück. Zusammen mit Niels Jerne fuhr er auf einem dänischen Frachter von Antwerpen nach New Orleans. Die Zeit vertrieben sich die beiden mit Schach und praktischen Späßen. Zum Beispiel hatten sie bemerkt, daß jeden Mittag ein Eimer mit Seewasser hochgehievt wurde, um die Temperatur des Ozeans zu bestimmen. Max und Jerne suchten und fanden eine Stelle, von wo aus sie in diesem Eimer eine Flasche unterbringen konnten. In diese hatten sie einen Zettel mit arabisch anmutenden Zeichen gesteckt. Am Abend hörten sie aufmerksam dem Kapitän zu, der phantasievolle Theorien über die Herkunft des Fundes entwickelte.

Die Verbindung nach Köln

Einer der Biologen, die 1954 in Göttingen zuhörten, als Max unter anderem vor dem Dekan und einigen Schwestern über den molekularen Höhepunkt der Genetik vortrug, war der Botaniker Joseph Straub, der Ordinarius in Köln war. Straub war unmittelbar davon überzeugt, daß dies die Welle der Zukunft sei, und daß man sie nach Deutschland leiten müsse. An keiner deutschen Universität gab es einen Fachbereich, der diese Biologie weiterführen konnte. Die deutsche Biologie war klassisch erstarrt und brauchte neuen Schwung. Straub setzte sich die Einrichtung eines Kölner Lehrstuhls für Mikrobiologie in den Kopf, und noch im selben Sommer schrieb er an Max und bat um Vorschläge, wen man mit dieser Aufgabe betrauen könne. Von Anfang an legte Straub seine Strategie so an, daß am Ende Max selbst für diesen Neuaufbau zu gewinnen sei.

In seinem Briefwechsel mit Straub in den Jahren 1954 und 1955 schlug Max zwei seiner ehemaligen Mitarbeiter aus der Phagengruppe vor, Gunther Stent und Wolfhard Weidel. Sie seien zum Aufbau und zur Leitung einer molekularbiologisch orientierten Forschung geeignet. In den Diskussionen in der Kölner Fakultät (1955) setzte sich Straub überdeutlich für eine mehr genetisch angelegte Arbeit am neuen Lehrstuhl ein, und er überzeugte seine Kollegen, daß man den Ruf an Max richten sollte. Die offizielle Liste führte drei Namen auf: 1. Max Delbrück, 2. Wolfhard Weidel, 3. Gunther Stent.

Straub schickte die Liste an Max. Der antwortete mit einer Postkarte und lehnte ab, das käme überhaupt nicht in Frage. Straub antwortete, dies sei ihm klar, aber Max solle, bitte, das offizielle Angebot abwarten, dann könne er es immer noch abwehren. Dies kam dann auch, und Max sagte wie vorgesehen ab. Inzwischen war aber keine Nummer 2 mehr da. Die Max-Planck-Gesellschaft hatte Weidel eingefangen. Er war Assistent bei Georg Melchers in Tübingen geworden, und man hatte ihm die Stelle eines Direktors zugesagt.

Jetzt saß Straub (wie geplant?) in der Klemme, und Max wollte den gerade ausgelösten Schwung aufrechterhalten. Als ersten Ausweg bot er an, für drei Monate nach Köln zu kommen, um einen Phagenkurs zu geben. Dieser Kurs fand elf Jahre nach dem ersten Kurs in Cold Spring Harbor statt, im Sommer 1956.

An dieser Stelle mag eine allgemeine Kritik interessieren, die Max immer wieder am deutschen Wissenschaftsbetrieb geübt hat. Was unter anderem fehlt, um Anschluß an die amerikanische Spitze in der Forschung zu gewinnen, ist eine deutsche Ausgabe von Cold Spring Harbor. Trotz vieler Versuche hat so etwas nie funktioniert, obwohl sich gerade in letzter Zeit einige Versuche aus Köln bemerkbar machen (Kölner Gen-Schule). Daß man Cold Spring Harbor nicht kopieren kann, scheint keine Frage der geeigneten Umgebung oder des Platzes zu sein. Zum Beispiel hat Konstanz eine fast noch bessere Lage. (Man kommt zwar nicht leicht nach Konstanz, aber man kommt auch nicht so einfach nach Cold Spring Harbor wie nach Manhattan.) Es scheint auch nicht der Fall zu sein, daß es Deutschen in Cold Spring Harbor nicht gefällt. Im Gegenteil, wer einmal da war, schwärmt noch lange von dem Geist, der dort herrscht, von der Intensität, mit der man dort lernt, und dem Spaß, den man dabei hat. Was also verhindert ein deutsches Cold Spring Harbor?

Nach Max ist es einmal die Einstellung vieler Ordinarien und zum anderen die deutsche Unfähigkeit, in einer Gruppe frei zu arbeiten. Hier passiert nur, was der Chef will; er sorgt auch für das Geld. Außerdem klagt man sowieso schon über zuviel Lehrbelastung und mangelndes Interesse oder Qualität der Studenten. Dabei sollte dies gerade erst geweckt werden. Woran dieser sommerliche Lehrschub für die Wissenschaft zudem scheitert, ist eine unverkennbare Feierabendmentalität beamteter Forscher und das offenbar dringende Verlangen, sein Privatleben abzuschirmen.

1956 jedenfalls tat Max sein bestes, um einen Phagenkurs durchzuführen. Joseph Straub hat am 10. März 1982 – an diesem Tag veranstaltete man in Köln eine Gedenkfeier zum ersten Todestag von Max – ausführlich vom Kölner Sommer 1956 erzählt: »Im Sommer 56 war es dann soweit. Linskens, mein tatkräftiger Mitarbeiter, mit seinem kleinen Fiat 600 und ich selbst konnten an einem Apriltag jenes Jahres 56 Max mit Manny und den Kindern Jonathan und Nicola auf dem Düsseldorfer Flugplatz willkommen heißen. Sie waren guter Dinge, etwas müde zwar, aber fröhlich. In Köln-Frankenforst, wo wir eine Wohnung im Hause einer Fabrikantenwitwe gemietet hatten, wurden die Koffer abgestellt und die Eltern Delbrück gingen einkaufen. Ich erhielt von Max die Aufgabe, Jonathan und Nicola, damals wohl acht bzw. sechs Jahre alt, solange zu beaufsichtigen. Das sollte sich als ein schwieriger Auftrag erweisen. Wir waren nämlich der Einladung der Hausbesitzerin gefolgt und hielten uns in einem sehr geräumigen Zimmer mit einer sehr großen Anzahl von erstklassigen Polstersesseln auf, die in Gruppen um Tische gereiht waren. Da wurden meine beiden Delbrücks munter und begannen, auf den Sesseln nachlaufen zu spielen. Die gute Polsterung verhalf zunehmend zu Übungen in der Vertikalen. Es entwickelte sich schließlich eine wilde Hüpfjagd, während der die beiden natürlich Freudenschreie ausstießen. Die Vermieterin, eine betagte Dame, erschien, fiel fast in Ohnmacht und flehte mich händeringend um Abstellung des für sie grausamen Spiels an. So etwas lag mir aber nicht, zumal sich bereits auch die normale Ermüdung bemerkbar machte.

Endlich kamen die Eltern zurück und ich unterrichtete Max über den Vorfall. Da vollbrachte er eine diplomatische Meisterleistung. Er ging mit Jonathan und Nicola in die Nähe der erbosten Hausbesitzerin und erklärte den beiden mit ernstem Gesicht in ausgesuchtem Deutsch etwa folgendes: ›Ihr müßt nun stets beherzigen, daß ihr in einem Land eingetroffen seid, das auf der ganzen Welt vor allem wegen seiner überwältigenden Disziplin berühmt ist; in erster Linie müßt ihr das heilige Gesetz befolgen, Polstersessel nur zum Sitzen in sauberen Kleidern zu benutzen‹, und so weiter. Jonathan und Nicola blickten an ihrem Vater gläubig aber sprachlos empor, sie verstanden kein Wort. Die Vermieterin jedoch war überzeugt, die besten Mieter gewonnen zu haben.

Jonathan und Nicola mußten in die Volksschule. Damals existierten nur konfessionell ausgerichtete Schulen. Max wollte die beiden deshalb in der protestantischen Volksschule anmelden, stellte dem betreffenden Rektor aber zunächst die Frage, ob die Kinder in dieser Schule beten müßten, in dem Sinne, daß sie unter Strafandrohung dazu aufgefordert werden. Der Rektor bejahte dies entschieden, worauf Max seine Kinder nicht anmeldete. Wir besprachen die eingetretene Situation und schlugen vor, es einfach bei der Konkurrenz zu versuchen. Hier hatte Max Glück. Er traf auf einen echten Kölner als Rektor, also auf einen jener glücklichen Menschen, die dem lieben Gott mehr zu tun überlassen als sich selbst. Auf die wieder gestellte Frage nach dem Gebetszwang erklärte dieser Rektor nämlich: ›Nä, nä, wer nicht beten will, soll's halt bleiben lassen.‹ So gingen die Kinder in die Konkurrenzschule. Nun muß man wissen, daß sich all dies zu Beginn des Monats Mai abspielte, dem Monat, der in der katholischen Kirche speziell der Marienverehrung gewidmet ist. Einige Wochen nach der Anmeldung kam Max lachend – wer kannte nicht dieses charakteristische, zunächst verhaltene Lächeln, das sich plötzlich weit öffnete – ins Institut und erklärte, gestern abend hätten Manny und er merkwürdig gefühlvolle Melodien aus dem Schlafzimmer der Kinder vernommen. Beim genaueren Hinhören hätten sie festgestellt, daß die beiden in ihren Betten mit großer Inbrunst Marienlieder gesungen hätten. So hat Max also durch sein beharrliches Bemühen um die Freiheit in der geistig-religiösen Kindesentwicklung schon früh Ökumene an der Basis ausgelöst, mit hörbarem Erfolg.

Aber nicht alles verlief so lustig. Bevor wir uns an jenem ersten Tag in Köln-Frankenforst verabschiedeten, saß man noch etwas plaudernd bei Saft zusammen. Da fragte Max in ziemlich schroffem Ton: ›Wann kann ich mit dem Phagenkurs beginnen?‹ Die Frage war mir unangenehm. Damals war gerade der Neubau des Gebäudekomplexes an der Gyrhofstraße im Rohbau fertig, und im Erdgeschoß, wo der Kurs stattfinden sollte, waren auch die Fenster und Türen schon angebracht, aber sonst war alles noch roh. Ich hatte mir . . . vorgestellt, daß sich ein Gastprofessor zunächst einige Tage in seiner Wohnung, dann in der näheren Umgebung und noch einige Tage in der weiteren Umgebung umsieht. Hinsichtlich Max Delbrück ein schwerer Irrtum! Nun hatten wir zwar die zahllosen Pipetten für den Kurs erstanden, aber die vielen Wasserbäder, die Max in einem Brief . . . angefordert hatte, waren in der Werkstatt erst im statu nascendi. So beantwortete ich die Frage ausweichend, mich windend und Verzögerungen begründend. Max unterbrach mich mit: ›Übermorgen fangen wir an.‹ In Tag- und Nachtarbeit wurden alsdann die notwendigsten Vorbereitungen getroffen und schließlich begann der Kurs pünktlich. Die Teilnehmer, . . . fortgeschrittene Studierende des Botanischen Institutes, wissen noch heute . . . viel von diesem Phagenkurs zu erzählen. Max führte den Unterricht vorbildlich streng durch. Ich durfte auch teilnehmen. Damals war ich Dekan der mathematisch-naturwissenschaftlichen Fakultät. Im ersten Praktikum erhob ich mich gegen 11:00 Uhr von meinem Arbeitsplatz und sagte: ›Herr Delbrück‹, damals siezten wir uns noch, ›ich wollte einmal kurz hinüber in die Universität, um im Dekanat Unterschriften zu leisten.‹ Seine Antwort: ›Sie bleiben hier!‹«

Der Anfang eines Instituts

Bei allem Spaß und Eifer blieb im Grunde die Lage der deutschen Genetik unverändert. Der Max angebotene Lehrstuhl war nicht besetzt, und ein Ordinariat schien auch nicht auszureichen, um die vielen und verschiedenartigen Entwicklungen der Biologie aufzunehmen. Straub nahm im Sommer 1956 jede Gelegenheit war, mit Max Gespräche zu zweit zu führen. Sie diskutierten dabei, welche Veränderungen in der Universitätsbiologie erforderlich wären, »um in unseren Universitäten die Genetik auf das anderswo erreichte Niveau zu heben.«

Mit diesen Unterhaltungen beginnt die Geschichte des Kölner Instituts für Genetik. In den Worten von Straub ließen diese Diskussionen »den Gedanken reifen, an der Kölner Universität die Biologie durch ein Institut für Genetik, und zwar ein starkes Institut, zu ergänzen.« In einer von Max erstellten »Kleinen Chronik« dieser Entstehung steht es etwas deutlicher: »Während der Zeit [des Phagenkurses] erneuerte Herr Straub seine Bemühungen um ein größeres Projekt für moderne Biologie in Köln und versuchte, mich dafür zu gewinnen.«

Straub beruhigte Max, der Plan hätte sowieso keine Chancen. Man sei viel zu sehr mit der Errichtung der physikalischen Institute beschäftigt, und auch die Chemie sei noch sehr behelfsmäßig untergebracht. Gerade dies reizte Max. Er hoffte, die neue Genetik neben der neuen Physik errichten zu können. (Dieser Plan ist übrigens völlig mißlungen. Zwischen beiden Instituten reckt sich heute das riesige evangelische Krankenhaus in die Höhe.) Das Interesse von Max war geweckt, und er stimmte dem Vorschlag zu, vor der Kölner Fakultät seine Sicht der organisatorischen Probleme der Wissenschaft vorzutragen. Er sprach in Abwandlung eines Titels von Max Planck, der 1913 auf der Tagung der deutschen Naturforschenden Gesellschaft in Königsberg über »Neue Bahnen physikalischer Erkenntnis« gesprochen hatte, über »Neue Bahnen biologischer Erkenntnis«. Während Planck Quantentheorie und Relativität diskutierte, hielt sich Max nur wenig bei den Inhalten der Wissenschaft auf. Er meinte die Bahnen wörtlich und beschrieb seine Sicht der Voraussetzungen zu einer neuen Biologie:

»Es ist charakteristisch für diese neue Entwicklung der Biologie, daß sie sich großenteils außerhalb der eigentlichen Biologieinstitute vollzogen hat, und daß Außenseiter entscheidend daran beteiligt waren. An Instituten wären zu nennen, das Rockefeller Institut für medizinische Forschung in New York, das Cavendish Laboratorium für Physik in Cambridge, das Institut Pasteur in Paris und andere nichtakademische Institute. Unter den Wissenschaftlern finden sich mehrere, die ihre Ausbildung ausschließlich in der Physik, ja sogar in der theoretischen Physik, oder in der Chemie oder in der Medizin erhalten haben. Bei dem biologischen Material, an dem diese Ergebnisse erarbeitet wurden, handelt es sich großenteils um Mikroorganismen, Schimmelpilze, Bakterien, Viren; also Organismen, die bei der traditionellen Aufteilung der Biologie in Zoologie und Botanik unter den Tisch fielen. Vererbungslehre und Biochemie, die beiden Hauptzweige der Biologie des zwanzigsten Jahrhunderts haben es schwer gehabt, sich durchzusetzen. Sie traten mit ihrem Anspruch . . . zu einer Zeit [auf], als die Fronten schon organisatorisch erstarrt waren, durch die Schaffung von Zoologie- und Botanik-Instituten an den Hochschulen, gewöhnlich am entgegengesetzten Ende der Universitätsstädte. Diese fundamentale Schwäche in der Organisation der Biologie hatte weiterhin zur Folge, daß zwei wichtige Bereiche der biologischen Forschung, die Physiologie und die Mikrobiologie, von den Biologen vernachlässigt wurden und von den medizinischen Fakultäten usurpiert und ihren Spezialinteressen gemäß entwickelt wurden. [. . .] Noch heute [1956] gibt es keinen Professor für Genetik, Biochemie, Allgemeine Physiologie oder Mikrobiologie.

Ich möchte versuchen, Ihnen die Enormität dieser Situation noch mit Hilfe eines hypothetischen Analogiefalles klarer zu machen. Stellen Sie sich vor, daß die neue Physik in Gang gekommen wäre zu einer Zeit, wo es an allen Hochschulen schon feste Lehrstühle für die älteren Zweige der Physik, nämlich die Mechanik und die Optik gegeben hätte, und daß es nicht gelungen wäre, diese organisatorische Barriere zu durchbrechen. Die Fakultäten hätten gesagt: ›Ja, die Mechanik und die Optik sind eben doch ganz verschiedene Bereiche der Physik, und sie stellen die wesentliche Grundlage für die Bildung der Jugend im Bereiche der Physik dar. Wir können deshalb die Prüfungsordnung für die Studienräte nicht abändern und die Hochschulen müssen doch im wesentlichen der Ausbildung der Mittelschullehrer dienen.‹ Man möge sich die katastrophalen Folgen ausmalen, die eine solche Organisation für die Entwicklung der Physik gehabt hätte. Elektrizitätslehre und Wärmelehre wären von den Technischen Hochschulen usurpiert worden, Atomphysik gäbe es praktisch nicht, denn keiner, der sich darauf spezialisieren wollte, hätte eine Chance, sich zu habilitieren, geschweige denn, eine Professur zu erhalten.

Dies ist tatsächlich die Situation der Biologie und zwar in allen Ländern. Überall erkennt man auch mehr oder weniger die Notwendigkeit von Reformen und von neuen Ansätzen, und es ist noch nicht abzusehen, wo sich die größte Elastizität und Anpassungsfähigkeit finden wird.«

Diese Lage der Biologie erklärt genau die Anziehungskraft der Kölner Situation für Max. Es war der Sog, der von einem Vakuum ausgeht. Und Straub wußte ihn zu nutzen. Er brachte Max dazu, einer offiziellen Besprechung beim Rektor zuzustimmen. Und hier half das Glück weiter. Straub hat von dieser Begegnung und den beteiligten Personen erzählt: »Aber manchmal hat der Mensch eben Glück. Tatsächlich standen die Sterne der Universität damals sehr günstig: Beim Rektor, Prof. Kauffmann, Kunsthistoriker, besaß originelle Forschung einen ganz hohen Stellenwert, so hoch, daß manche Kollegen es ihm übelnahmen (!), und der Kanzler, Friedrich Schneider, Jurist von Hause aus, war auch der Meinung, man müsse die Finanzierung der Universität differenziert durchführen und nicht einfach das Hergebrachte fördern. [. . .] Ihm trug ich etwa im Juni 56 vor, warum man . . . in der Kölner Biologie einen deutlichen Akzent durch Errichtung eines selbständigen Institutes für Genetik setzen solle, und frug, ob er dafür Chancen sehe. Schneider war diesem Plan von vorneherein zugetan, meinte aber: ›So etwas kann höchstens gelingen, wenn ein auf diesem Gebiet besonders ausgewiesener Wissenschaftler den Aufbau und den Inhalt des Institutes plant und die Leitung übernimmt.‹ Wir dachten dabei beide natürlich an Max Delbrück. [. . .] Ich besprach dies alles mit Max. Dabei *war es entscheidend – dieses entscheidend gilt ohne jede Einschränkung –, daß er unseren Wunsch, er möge sich für die vorgesehene Aufgabe zur Verfügung stellen, zu erfüllen versprach.* In Kontakt mit Herrn Schneider bereitete ich alsdann einen Besuch bei Professor Kauffmann als dem Rektor der Universität vor. Max meinte, da müsse er wohl eine Krawatte anziehen! Ich erwiderte, schaden könne das wohl nicht! Als wir uns am Universitätseingang zu diesem Besuch trafen, vergaß ich nicht, die Krawatte zu loben. Darauf Max: ›95 Pfennig, Kaufhof.‹

Es wurde ein langer Besuch. Der Rektor bat nach einigen freundlichen Worten Herrn

Delbrück, ihm einen Einblick in sein Forschungsgebiet zu vermitteln. Max saß bis dahin aufrecht im Sessel. Nach der Bitte des Rektors legte er sich sozusagen lang, verschränkte die Hände hinter dem Kopf und blickte sozusagen unverwandt an die hohe Decke des Rektoratszimmers. Ich sah, wie der Rektor und der Kanzler während dieser Denkpause abwechselnd den stillen Denker und sich gegenseitig stumm und erstaunt anblickten. Aber dann gab Max ein ausgezeichnetes Symposium von bereits verstandenen und noch unverstandenen genetischen Grundlagen, die an Bakterien und Viren soeben erarbeitet waren, bzw. noch der Aufklärung bedurften. Dieses Privatissimum machte auf die drei Anwesenden einen starken Eindruck. Dasselbe war der Fall bei einem Mittagessen, zu dem der Präsident der Deutschen Forschungsgemeinschaft, Professor Gerhard Hess, eingeladen hatte, wobei Max Herrn Hess . . . darlegte, was man seines Ermessens tun müsse, um die molekulare Genetik in Deutschland effektiv werden zu lassen.«

Max stellte bei dem Gespräch mit dem Rektor folgende Minimalbedingungen:
1. Eine Professur für Biologie und nicht für etwas Spezielleres.
2. Ein Institut mit fünf Abteilungen, geleitet von einem Professor und vier Extraordinarien.
3. Er selbst würde höchstens für zwei Jahre kommen (und zwar für den unwahrscheinlichen Fall, daß sich die Konstruktion durchführen läßt).

Dies war die Situation am Ende des Sommersemesters 1956, als auch der Phagenkurs abgeschlossen wurde. In den letzten Tagen des Semesters zogen noch in die für die Genetiker eingerichteten Räume die Botaniker Carsten Bresch und Peter Starlinger ein. Bresch, der gerade aus Brasilien kam, wurde mit einem Lehrauftrag für Mikrobiologie angeheuert, Starlinger kam als planmäßiger Assistent.

Max stand damals kurz vor seinem fünfzigsten Geburtstag. Fünf Jahre später, am 1. August 1961, trat er offiziell seinen Dienst als Gastprofessor der Genetik auf zwei Jahre »mit den Rechten des persönlichen Ordinarius und Direktors des Instituts für Genetik« an. Die Zwischenzeit war ausgefüllt mit komplizierten Verhandlungen über Geld für den Bau, Geld für die Einrichtung, Geld vom Bund, Geld vom Land, Geld von der Deutschen Forschungsgemeinschaft, Geld aus dunklen Quellen, über Maxens Beteiligung, über den Stellenplan, über die Lage des Instituts, über die Zahl der Stockwerke usw. Die Hauptschwierigkeiten bereiteten dabei die nur zäh vorankommenden Berufungsverhandlungen, die erst 1959 zum Abschluß kamen.

Die großen Hindernisse waren zwei Jahre zuvor von Straub aus dem Weg geräumt worden. Im November 1957 versuchte er, Geld von der DFG zu bekommen. Auf sieben engbeschriebenen Seiten entwarf er einen meisterlichen Antrag, der Max zu der Bemerkung veranlaßte, daß ohne »das phantastische Verhandlungsgeschick« Joseph Straubs in Köln kein Institut für Genetik errichtet worden wäre. Um zu sehen, ob Max verstanden hatte, was Straub vorhatte, fügte Max seinem Weihnachtsbrief 1957 eine Kurzfassung bei, die »die nackte Struktur dieses Antrags nach Entfernung der artistischen Verbrämung« enthält:
»1) Ein Privatmann (Straub) bittet die DFG, einem eingetragenen Verein 2,5 Millionen DM zu geben für die Errichtung eines Institutsgebäudes auf Universitätsgrundstück. Die Universität überläßt dem eingetragenen Verein das Grundstück mit Erbbaurecht. Der

eingetragene Verein überläßt Grundstück und Gebäude der Universität durch einen Nutzungsvertrag. 2) Die Universität hat sich entschlossen, im geeigneten Moment einen gewissen Max Delbrück unico loco zur Berufung auf einen noch nicht existierenden Lehrstuhl für Genetik vorzuschlagen. Derselbe Max Delbrück hat sich verpflichtet, diesen noch nicht ergangenen Ruf auf einen noch nicht vorhandenen Lehrstuhl anzunehmen, doch erst nach Fertigstellung des Instituts, mit dessen Direktorat der Lehrstuhl zu koppeln ist. 3) Das Kultusministerium hat den Lehrstuhl und den laufenden Personal- und Sachetat, das Wirtschaftsministerium hat den Einrichtungsetat in Aussicht gestellt. Höhe dieses Etats dürfte Gegenstand der Verhandlungen mit mir sein.«

Als die DFG dieser Konstruktion zustimmte, war der Weg nach Köln frei, und Ende Juli 1961 verließen die Delbrücks Pasadena in Richtung Deutschland.

Die Kölner Jahre

Der Aufbruch in Kalifornien wurde zu einem großen Ereignis. Ein Bus wurde gemietet und mit Pauken und Trompeten (genauer: mit Gesang und Dudelsack) bis auf das Flugfeld in Los Angeles gefahren. Im Kölner Institut wurde es dann zunächst einmal ein wenig ungemütlich, da die Aufzüge noch nicht funktionierten, was bei sieben Stockwerken schon zu Schwierigkeiten führte. Max ging viel zu Fuß, auch durch die Stadt. Hier entdeckte er dann einen Zusammenhang zwischen Rocklänge und Frisur, den er in seinem ersten Bericht ans Caltech mitteilte: »Je kürzer der Rock, desto höher die Frisur.«

Max hat für das Kölner Institut immer nur den Wunsch gehabt, daß es so wird wie am Caltech. Er fühlte sich auch ein wenig in der Rolle von Morgan, als er – aus New York kommend – die Pläne für das heutige Kerkhoff-Laboratorium entwarf. Vor allem wollte er, daß man sich in dem neuen Institut so zu Hause fühlen konnte, wie er es am Caltech tat. Er regte die Einrichtung von Teestübchen an, man brauche dafür Stühle, die Möglichkeit, etwas zu kochen und natürlich Tafel und Kreide in der Nähe.

Es gelang ihm, Träger großer Namen aus der Biologie nach Köln zum Seminar einzuladen und ihre Vorträge durch seine Diskussionsbeiträge zu lebendigen und informativen Veranstaltungen werden zu lassen. Eine Ausnahme bildete dabei die Veranstaltung mit dem berühmtesten Besucher, Niels Bohr. Max hatte ihn eingeladen, dem Institut die »spirituelle Weihe« zu verleihen, und ihn gebeten, am 6. Mai 1962 über »Licht und Leben – noch einmal« vorzutragen. In seiner Einführung stellte Max den Zusammenhang mit dem Kopenhagener Vortrag von 1932 her: In den vergangenen dreißig Jahren »haben sich ganz ungeheure Wandlungen in unserem Verständnis biologischer Phänomene vollzogen. Wir sind in das Zeitalter der Molekularbiologie eingetreten, das heißt in das Zeitalter, in dem die Frage der Interpretierbarkeit der Lebensphänomene durch molekulare Vorgänge nicht mehr nur ein Unterhaltungsgegenstand sondern eine tägliche wissenschaftliche Frage darstellt. Die Frage, ob wir damit gegen eine neue Art von Komplementarität anrennen, ist also akut . . .«

Kaum jemand hat verstanden, worüber Bohr sprach, und diskutiert wurde auch nicht.

Pasadena 1961, der Aufbruch nach Köln, Max und Manny besteigen den Bus, der sie zum Flughafen in Los Angeles bringen soll.

Sogar die »take-home-lesson«, die Max sonst immer zu formulieren bereit war, wurde eingespart. Mit unter den Zuhörern in Köln war Franca Pauli, die Ehefrau von Wolfgang Pauli, der 1958 gestorben war. Im Dezember 1962 traf Max die Frau seines alten Freundes wieder, als er von der Universität Zürich eingeladen wurde, die erste »Wolfgang-Pauli-Vorlesung« zu halten. Hierin trug er die jüngsten Ergebnisse der Molekularbiologie vor.

Spielereien

Max ist in Deutschland vor allem durch unkonventionelle Verhaltensweisen in Erinnerung geblieben. Als er einmal bei einem Abendessen sehr müde wurde, legte er sich neben den Tisch auf den Boden und schlief ein. Er versuchte oft, Leute zu provozieren und zum Widerspruch zu reizen. Für ihn waren Streitgespräche das eigentliche Markenzeichen einer Universität. Leute, die ihn gut kennen, behaupten auch, er hätte sehen wollen, von welchem Punkt an ein Deutscher widerspricht. So hätte er die Beine vom Tisch des Rektors genommen, wenn der ihn nur dazu aufgefordert hätte. Genauso hätte er auch die Zeitung weggelegt, die er im Seminar las. Aber es schien so, daß alle sich nur an ihm orientierten und niemand ihm widersprach.

Max spielte gern. Hansjakob Seiler, Linguist aus Köln, erzählt von der besonderen Art: »In dem Haus an der Bachemer Straße, wo die Familie Delbrück während der Gastprofessorenzeit einquartiert war, wurde Scrabble gespielt – auf unkonventionelle Weise, versteht sich: Statt der konventionellen Orthographie des Deutschen wurde eine phonemische Schreibung zugrunde gelegt, zu welchen Zweck ich die Phonemfrequenzen des Deutschen ausrechnen ließ. Beim Spiel waren Neuschöpfungen erlaubt und erwünscht; allerdings mußte der Nachweis erbracht werden, daß ein etabliertes Muster zugrunde lag. Der operationale, kreative Aspekt einer Sprache wie des Deutschen trat hierbei mit aller Deutlichkeit hervor. Als Max eines Abends mit der Bildung ›Neunschirmyogi‹ (= Yogi, der seine Kunststücke mit Hilfe von neun Schirmen ausführt) aufwartete, konnte ich das nicht akzeptieren. Einige Tage später erhielt ich eine ›Einladung zur feierlichen Enthüllung eines Gemäldes, welches die exakte Abbildung des Neunschirmyogi darstellt‹. Das von der Berliner Malerin Jeanne Mammen stammende Gemälde mit neun schirmartigen Gebilden trägt noch heute ganz offiziell diesen Titel.«

Ein anderes berühmtes Spiel der Delbrücks trägt den seltsamen Namen Hinkel Finney Duster. Es ist ein Kartenspiel, bei dem aber nur Bube, Dame, König, die Zehn, die Sieben und die Drei mitmachen. Die Karten von einer Farbe bilden eine Familie. Sie heißen die Familie der Herzensfreude (Herz), die Familie des Juweliers (Karo), die Familie des Totengräbers (Schüppe) und die Familie des Polizisten (Kreuz). König und Dame sind Vater und Mutter, der Bauer ist Bruder Hans, es gibt 10 Töchter, sieben Söhne und drei Näpfe für den Hund. Das Ziel des Spiels besteht darin, eine Familie zusammenzubekommen. Um sie muß man bitten. Man fragt einen Mitspieler zum Beispiel: »Hast Du die zehn Töchter der Familie des Polizisten?« Ist die Antwort »Nein«, darf der Gefragte weitermachen. Ist die Antwort »Ja«, wird die erbetene Karte auf den Tisch gelegt. Der nach ihr gefragt hat, darf sie aufheben, *nachdem* er »Danke schön« gesagt hat. Die Delbrücks schwören, daß es noch kein Spiel gegeben hat, wo nicht jemand vergessen hat, sich zu bedanken. Dann muß derjenige seine Karten in die Luft werfen, und die anderen versuchen, sie so schnell wie möglich an Land zu ziehen.

Köln ohne Max

1963 kehrten die Delbrücks nach Kalifornien zurück. Als Max Köln verließ, hatte er zwar ein Vakuum gefüllt – es gab jetzt Genetik an der Universität –, aber er hinterließ dafür zuletzt ein anderes, das der Führung des Instituts. Max war noch kein Jahr von Köln fort, da wurde er von allen Seiten um Stellungnahmen wegen der »beunruhigenden Situation im Institut für Genetik« gebeten. Wenn irgend möglich, solle er selbst kommen, »und den jüngeren Kollegen sagen, daß man noch lange kein Delbrück ist, wenn man ohne Krawatte durch die Gegend läuft.«

Der Grund für die Unruhe lag darin, daß die beiden kommissarischen Direktoren Bresch und Harm Angebote aus Dallas und Freiburg angenommen hatten und dabei waren, mit ihren Abteilungen wegzuziehen. Irgendwie hatte man sich in Köln nicht darauf einigen können, ihnen die Leitung des Instituts endgültig anzuvertrauen. Dies hatten beide als Mißtrauensvotum aufgefaßt und ihre Konsequenzen gezogen. Dadurch breitete sich eine panikartige Stimmung aus, und man gewann den Eindruck, daß sich das Institut vor dem Zusammenbruch befand. Warum man in Köln nicht versucht hat, zum Beispiel wenigstens Bresch durch Ordinariatsehren zu halten, bleibt im Aktendikkicht verborgen. Es scheint aber auch damit zusammenzuhängen, daß Max kein klares Wort in die eine oder andere Richtung gesagt hat.

Max versuchte nun zwischen Mai und Juli 1964 zu retten, was noch zu retten war. In einem Brief an den Dekan der Naturwissenschaftlichen Fakultät erläuterte er noch einmal sein Konstruktionsprinzip: »Ich kann nicht verhehlen, daß mich diese Entwicklung aufs Tiefste enttäuscht. Ich hatte geglaubt, ein für Deutschland und Europa neuartiges Universitätsinstitut aufgebaut zu haben, und gehofft, daß es vorbildlich wirken würde. Es kam mir dabei eben so sehr darauf an, innerhalb eines Universitätsrahmens eine Gruppe zusammen zu bringen, die in der Molekulargenetik in Forschung und Lehre mit den besten heutigen Instituten konkurrieren kann, wie auch darauf, das Polyencephalieprinzip, wie wir es hier kennen, an einer europäischen Universität ad oculos zu demonstrieren. Dieses Prinzip und nicht das Geld ist die eigentliche Geheimwaffe der amerikanischen Universitäten. Es hat ihnen ermöglicht, eine so sehr viel vitalere Rolle im Wissenschaftsbetrieb des Landes zu spielen, als dies für die Universitätsinstitute in Europa der Fall ist. Wie so viele andere von denen, die mit den Verhältnissen beiderseits des Ozeans wirklich vertraut sind, halte ich die Einführung dieses Prinzips in Europa für eine unabdingbare Forderung unserer Zeit. Als es mir daher im letzten Sommer nicht gelang, die Fakultät zur Zustimmung zu meinen diesbezüglichen Vorschlägen zu bewegen, habe ich dies als Fehlentscheidung angesehen. Der nunmehr bevorstehende Verlust zweier Abteilungen . . . sind eine direkte Folge dieser unglückseligen Beschlüsse.«

Max war nicht bereit, nach Köln zu kommen, um sich noch einmal überstimmen zu lassen. Aber er machte seine Vorschläge noch einmal und bat um Mitteilung, wenn sie Chancen hätten. Dann könnte man mit ihm zur Fakultätssitzung rechnen. Die generellen Vorschläge sahen fünf Abteilungen mit fünf gleichberechtigten »Mitdirektoren« vor, »auch wenn sie noch nicht Lehrstuhlinhaber sind«. Diese fünf Mitdirektoren sollten unter sich den geschäftsführenden Direktor ausmachen. Die Zahl der Lehrstühle sollte von drei auf fünf erhöht werden, um die Abteilungsleiter auch de jure gleichzustellen.

Die entscheidende Sitzung fand dann am 29. Juli statt. Max war erschienen und saß »durch das ganze Ding hindurch«. Um drei Uhr wurde das Treffen eröffnet, und Max fing mit einem Brief nach Hause an, in dem er gegen 6:30 Uhr die »historische« Entscheidung meldet. Die vorgeschlagene Geschäftsordnung wurde angenommen, die »Umbenennung der Lehrstühle« klappte um 6:50 Uhr auch, und um 7:15 Uhr waren alle Nachfolgefragen geklärt. Das Institut konnte weiterlaufen.

Die Universität in Konstanz

Einige Monate vor diesem Treffen der Fakultät in Köln hatte der Landtag in Baden-Württemberg beschlossen, in Konstanz am Bodensee eine neue Universität zu errichten. Zum Gründungsrektor wurde Gerhard Hess bestellt, der gerade zu der Zeit Präsident der DFG war, als Straub um Geld für Köln bat. Hess hatte Max damals als »klassisch einfachen« Menschen kennen- und schätzengelernt. Nun fragte er in Pasadena an, ob Max seinen Rat auch bei der Gründung in Konstanz zur Verfügung stellen wolle. Nur zögernd beantwortete dieser die Briefe von Hess im Frühjahr 1965, aber dann drängten ihn die Biologen selbst. Klaus Bayreuther schrieb im November 1965, daß viele Kollegen – er erwähnte Zillig, Beermann, Hoffmann-Berling, Wittmann und andere – nach Konstanz kommen wollten, wenn er sich bereit erklärte, dort spiritus rector zu werden. Man würde ihm auch *alle* administrative Arbeit abnehmen. Sie brauchten ihn »als geistigen Chef . . ., als Garanten, daß dort der rechte Geist von vornherein einzieht.«

Die Idee war, Konstanz zu einer »Eliteschule« zu machen, in dem Sinn, daß man besonders hohe Anforderungen erfüllen muß, um zugelassen zu werden. Gedacht war an Examen der Art, wie sie die privaten amerikanischen Universitäten von denjenigen verlangen, die ihre Doktorarbeiten dort schreiben wollen. Privat im eigentlichen Sinn sind diese Universitäten natürlich nicht. Sie hängen von staatlichen Zuwendungen über Vergabekommissionen ab. In Deutschland scheiterte der Plan an allen möglichen Schwierigkeiten bei der Einordnung eines derartigen besonderen akademischen Betriebs. Welche Titel dürfte diese Universität vergeben, wer würde sie anerkennen? Wer darf zur Finanzierung beitragen? Alle diese Fragen konnten nicht entschieden werden, und so wurde 1966 in Konstanz »nur« eine moderne Universität gegründet. Auch Pläne, hier eine Europäische Technische Hochschule zu errichten, fielen letztlich durch, obwohl sie ziemlich weit fortgeschritten waren.

Konstanz 1969, Max als Honorarprofessor in seinem Büro.

Max erklärte sich Anfang 1966 »im Prinzip« bereit, in Konstanz Gastprofessor zu werden, aber er warnte den Gründungsrektor: »Es wäre . . . auf jeden Fall besser, wenn die Fakultät von vorneherein ohne eine Vaterfigur geschaffen würde.« Er wollte nur beraten und nicht selbst irgendeine Leitung übernehmen. Das Kölner Modell steckte ihm noch in den Knochen. Er schloß sich als Berater der Gründungskommission an und versuchte, die Naturwissenschaften nach seinen Vorstellungen zu konstruieren. Die Biologie sollte ganz Molekularbiologie sein, und Chemie und Physikalische Chemie sollten ihr zuarbeiten. Die klassischen Disziplinen wie Botanik und Zoologie sollten aufgegeben werden.

Die Vorschläge wurden im wesentlichen realisiert, und so funktioniert heute in Konstanz ein den modernen Strömungen angepaßtes Forschungsvehikel, und es funktioniert gut. Auf dem Weg dahin mußten vor allem die Schwierigkeiten überwunden werden, die dadurch entstanden waren, daß die meisten der von Max vorgeschlagenen Erstberufungen abgesagt hatten, nachdem er selbst nicht permanent kommen wollte. Zum Glück zeigten sich aber die Wissenschaftler, die es auch ohne Max probieren wollten, ihrer Aufgabe voll gewachsen: »Die alte Fakultät – ich meine die von uns sub auspiciis Delbrückii im Singener Bahnhofslokal gegründete, bestehend aus Sund, Pfleiderer, Hemmerich und Gästen – erweist sich immer noch als die einzig zuverlässige.« So schrieb Peter Hemmerich 1974 an Max. Dieser »alten« Garde der Erstberufenen fiel die schwierige Aufgabe zu, mit neuen Namen die ursprünglichen Pläne zu erfüllen. Es gelang bis in Einzelheiten hinein, und Hemmerich konnte Max 1974 schreiben, sogar »Ihre Vorstellungen von der membranologischen Fakultät in Konstanz haben sich ja inzwischen 100% verifiziert, und sogar ich bin unter die Membranologen gegangen.« Max hatte von Anfang an darauf bestanden, daß die Membranbiologie vertreten sein müsse. In den Membranen sah er in den späten sechziger Jahren »die nächste Phase der Molekularbiologie«. Ein entsprechender Lehrstuhl wurde eingerichtet und 1968 mit Peter Läuger besetzt, der die »schwarze Kunst« der planaren Filme von Paul Mueller übernahm und konsequent anwandte und erweiterte. In der Mitte der siebziger Jahre etablierte sich schließlich ein Sonderforschungsbereich, der sich um diese »Biologischen Grenzflächen« kümmerte.

Als Max 1966 das Angebot einer Gastprofessur annahm, war diese als Einrichtung über längere Zeit gedacht. Im Herbst dieses Jahres kam er zu einer Diskussion über »Biochemie und Morphogenese« nach Konstanz und auch, um Einzelheiten seiner Verpflichtung zu besprechen. Doch trotz guten Willens auf beiden Seiten, und obwohl Max der Meinung war, daß Konstanz »eine der wenigen erfolgreichen Universitätsneugründungen im Nachkriegsdeutschland« (I) sei, konnte er nur einmal für eine längere Zeit an den Bodensee kommen. Er kam mit seiner Familie zum Sommersemester 1969. Diese drei Monate waren sein letzter längerer Aufenthalt in Deutschland. Damals kauften die Delbrücks ein deutsches Auto, das heute noch läuft.

Stockholm 1969, Überreichung des Nobelpreises durch König Gustav VI. Adolf von Schweden an Max Delbrück. Der König überreichte die Medaille und die Urkunde. Den Scheck bekam Max Delbrück schon vorher im Büro der Nobelstiftung.

1969 – Delbrücks Jahr

Nach dem Sommer in Konstanz mußte Max Ende 1969 noch einmal nach Europa kommen. Er fuhr nach Stockholm, wo er am 10. Dezember den Nobelpreis für Physiologie und Medizin entgegennahm, den er mit Salvador Luria und Alfred Hershey teilte. Die Preisträger waren am 16. Oktober bekanntgegeben worden. Bei den Delbrücks in Pasadena hatte das Telefon zum ersten Mal um 5:25 Uhr geläutet. Zum Frühstück waren die Photographen erschienen, und gegen zehn Uhr hielt Max eine Pressekonferenz ab. Nach dem Mittagessen bat er darum, seine gewohnte Siesta halten zu dürfen, da er am Nachmittag ein wichtiges Tennisspiel habe. Mit Sam Ward stand er

Pasadena 1969, Max auf dem Weg zum Caltech, den er immer mit seinem Fahrrad zurücklegte, das nie eine Lampe bekam.

im Doppelfinale des Caltech-Tennisturniers. Und sie gewannen! Max fühlte sich als doppelter Sieger.

1969 war aber aus mehr als den angeführten Gründen ein großes Jahr für Max. Im März konnte der große Übersichtsartikel »Phycomyces« erscheinen (D 74), im Sommer gab es eine abenteuerliche Afrikareise zu bestehen, und bevor er nach Stockholm aufbrach, konnte er in New York noch den Louisa-Gross-Horwitz-Preis für Genetik entgegennehmen. Das Jahr endete für ihn schließlich damit, daß er Großvater wurde. Isadora, die Tochter seines Sohnes Jonathan, wurde Ende Dezember geboren.

Die Reise nach Nordafrika wurde von Konstanz aus unternommen. Max und Manny fuhren mit Jeanne Mammen nach Marokko und erfüllten damit einen mehr als dreißig Jahre alten Traum der Berliner Malerin. Seit Max ihr vom Licht der kalifornischen Wüsten berichtet hatte, wollte sie eine vergleichbare Erfahrung machen. Leider kam eine Reise in die USA bis zum Ende der fünfziger Jahre nicht in Frage, da Jeanne Mammen zur Zeit der Weimarer Republik Mitglied der Kommunistischen Partei gewesen war. In den Kölner Jahren reifte der Plan zu einer Reise in die Sahara, der am Ende der sechziger Jahre Gestalt annahm. Max und Jeanne lasen fleißig die Erzählungen aus 1001 Nacht. »Trotzdem es geographisch ganz woanders situiert ist, bilde ich mir ein, so etwas Ähnliches in Marokko wiederzufinden«, schrieb Jeanne im Januar 1969 an Max.

Max hat über die gemeinsame Reise durch den Süden Marokkos während der Pfingstferien berichtet: »Eine riskante Sache im Hinblick auf Jeannes 78 Jahre, kaum überstandene Thrombose und geschwächter Allgemeinzustand. Die Reise übertraf bei weitem alle hochgespannten Erwartungen an Reiseabenteuern und an Drama: schon am zweiten Tag bekam Jeanne eine Erkältung, blieb aber radikal in der Forderung, alles mitzumachen. Ihr Zustand verschlechterte sich von Tag zu Tag. Mit Müh und Not brachten wir sie halb bewußtlos vom Rande der Sahara zurück nach Rabat. Am Abend vor dem Rückflug erklärte sie der ins Hotel gerufene Arzt für reisefähig. Während der Nacht verschlimmerte sich ihr Zustand derart, daß sie völlig bewußtlos war und dem Tode nahe schien. Um fünf Uhr morgens war an Reisen nicht mehr zu denken. Wir mußten sie schleunigst in eine gute Klinik schaffen und sie dort unter der Betreuung des Arztes und der sehr hilfreichen deutschen Botschaft zurücklassen. Nach zehn Tagen war sie so weit, daß sie, wankend, die Rückreise antreten konnte.«

Während sie sich erholte, war Max schon wieder unterwegs. Kaum von Deutschland nach Kalifornien zurückgekehrt, mußte er wieder an die Ostküste. Die Columbia Universität hatte ihm gemeinsam mit Luria den Louisa-Gross-Horwitz-Preis für Genetik verliehen. Bei den Feierlichkeiten zeigte Max sich ausgesprochen gesprächig und erzählte davon, daß er sein Leben als Wissenschaftler der Tatsache verdanke, »daß er in den Tagen der Nationalsozialisten Deutschland verlassen und sich nicht . . . der deutschen Widerstandsbewegung angeschlossen habe.« Er nannte diejenigen, die geblieben waren und mit ihrem Leben bezahlt hatten, »Gefangene des Gewissens« (»prisoners of conscience«) und in ihrem Andenken, aus Schuld ihnen gegenüber, gab er seinen Preisanteil ($ 12 500) an »amnesty international«. Max hatte von dieser Hilfsorganisation für politische Gefangene durch seine Schwester Emmi Bonhoeffer erfahren, die in einer der deutschen Gruppen von »amnesty international« aktiv war.

Max gab auch einen allgemeinen Grund an, warum er seinen Preis nicht für sich behalten wollte: »Wenn die Gesellschaft ihren Dank an Wissenschaftler durch Ereignisse (›happenings‹) dieser Art zum Ausdruck bringt, dann kann ein Wissenschaftler auch seinen Dank an die Gesellschaft ausdrücken, die ihm die Suche nach der Wahrheit in einem Leben ermöglicht, das außerordentlich frei von den Zwängen ist, denen die meisten ihrer Mitglieder ausgesetzt sind.« Weil die Wahrheit für Max nur in Freiheit zu gewinnen war, versteht man, daß er – manchmal auch unter Opfern – auf jedes Amt verzichtet hat.

Sein Geld aus dem Nobelpreis gab Max in entsprechender Weise weiter. Ihn persönlich interessierte es nicht. Wichtig am Nobelpreis war für Max, daß Stockholm die Gelegenheit zu einer großen Familienfeier bot. Neben Luria und Hershey war auch sein Kollege Murray Gellman vom Caltech dabei. Er hatte den Preis für Physik bekommen. Doch irgendwie kam Max nicht in Stimmung. Als er die Nachricht vom Preis erhielt, war er noch »sehr, sehr glücklich«. Als er dann die Urkunde bekam, spürte er Depressionen, »wie eine Frau sie nach der Geburt eines Kindes erleidet. [. . .] Der Hauptgrund meiner

Das Phagentrio 1969: Alfred Hershey, Salvador Luria und Max Delbrück (von links nach rechts).

Depressionen« – wie er aus Stockholm an Jeanne Mammen schrieb – »liegt in meinem Schuldgefühl. Die ganze Zeit wird man über Dinge gefragt, über die man nichts weiß, wohl aber etwas wissen sollte. Die Fragen beziehen sich auf die Welt außerhalb des Elfenbeinturms, die ich so gern ignoriere.« Max beneidete »den Angeber Luria« um seine Unbekümmertheit, mit der er auf alle Fragen eine Antwort gab und zu allen Problemen eine Meinung äußerte.

Mehr und mehr verstand Max, warum Beckett nicht gekommen war. Dabei hätte er sich gern mit dem Dichter über die Motive der Menschen unterhalten und ihn gefragt, was er über die Wissenschaft denkt. Auf diese Gelegenheit mußte er noch sieben Jahre warten. Im Herbst des Jahres 1976 war Max nach Kopenhagen, nach Indien und nach Japan eingeladen. Er beschloß, eine Weltreise zu machen. Im September und Oktober 1976 ging es in östlicher Richtung einmal um die Erde. Am 26. September war er in Berlin, wo Beckett eines seiner Theaterstücke inszenierte. Ein gemeinsamer Spaziergang entlang der Spree konnte arrangiert werden. Beckett zeigte sich von der Interpretation überrascht, die Max seinem Molloy gab (D 81). Sonst sagte er nichts.

Vielen Dank

1969 kehrte Max von Stockholm aus nicht sofort nach Pasadena zurück, vielmehr stattete er zunächst der UdSSR einen schon lange geplanten Besuch ab. Er flog nach Moskau. Er hatte im Oktober ausführlich mit Pjotr Kapitza gesprochen, der zu einem Besuch riet. Max wollte sich vor allem um das Schicksal von Timoféeff-Ressovsky kümmern, den man aus seinem Institut entfernt hatte; und der nun von einer kargen Rente leben mußte.

Diese Behandlung des großen Genetikers fügte sich in eine lange Reihe von Erniedrigungen und Bestrafungen, die nach dem Zweiten Weltkrieg begonnen hatten. Timoféeff war nach seiner Zusammenarbeit mit Max in Berlin geblieben und erst 1945 nach dem Einmarsch der Roten Armee in die UdSSR zurückgekehrt. Hier wurde er angeklagt, mit den Nationalsozialisten kollaboriert zu haben. Timoféeff mußte zwei Jahre in einem Arbeitslager in Sibirien verbringen. Er litt furchtbar und war schon dem Tode nahe, als man in Moskau »beschloß«, ihn wieder als Wissenschaftler »einzusetzen«. Seine Arbeitsmöglichkeiten wurden stark beschnitten und in der Lyssenko-Periode völlig blockiert. Unter anderem hatte T. D. Lyssenko verkündet (und zur offiziellen Wahrheit werden lassen), daß Gene keine Moleküle sein könnten.

Timoféeff verlor seine letzte Aufstiegsmöglichkeit, als einer seiner Mitarbeiter im Westen auftauchte und die Verhältnisse in der Sowjetunion kritisierte (Medvedew, 1967). Max hoffte 1969, für seinen alten Freund eine offizielle Rehabilitation erreichen zu können. Er durfte zwar Timoféeff treffen – und ihm eine Daunenjacke schenken –, doch gab es keine Aussicht, die Funktionäre zu sehen, die für das Schicksal von Timoféeff verantwortlich waren. Nur als Kapitza und Max einmal allein und unbeobachtet in den Straßen der russischen Hauptstadt spazierten, flüsterte der Physiker ihm nebenbei zu, daß man versuchen werde, Timoféeffs Lage zu verbessern. Viel ist aber nicht geschehen. Max war von der UdSSR maßlos enttäuscht.

Pasadena 1970, Max zu Ehren versammelten sich Anfang 1970 die weiteren vier Nobelpreisträger, die damals zum Caltech gehörten: T. Anderson, M. Gellmann, M. Delbrück, R. Feynman, G. Beadle (von links nach rechts).

Mit der Rückkehr aus Moskau ging das große Jahr 1969 zu Ende. Im Januar des neuen Jahres mußte Max eine letzte Feier über sich ergehen lassen. Nach einer Riesenparty für ihn im Oktober, die die Biologen für ihn veranstaltet hatten, ehrte das ganze Caltech seinen Nobelpreisträger mit einem Festessen. Max benutzte die Gelegenheit, sich zu bedanken. Er tat dies auf die folgende Weise (von dieser Rede gibt es eine Tonbandaufnahme und ein Transkript):

»In Stockholm . . . gab es viele Parties, und in diesem Zusammenhang gab es etwas, das mir Kopfzerbrechen bereitete. Die Publizität [eines Preisträgers] und die Zufälligkeit [seiner Auswahl] waren für jeden offensichtlich, auch war es klar, daß die Schweden mit Stolz und Spaß ihre Feste feierten. Und die waren alle so herrlich, weil es den Gastgebern selbst Spaß machte. Das war eine Überraschung. Sogar die königliche Familie hielt das nicht für eine Last, sondern für eine herrliche Gelegenheit.

Was machte mir nun Kopfzerbrechen? Ich lese dazu . . . aus einer Geschichte vor, in der ein junges italienisches Mädchen mit einem dänischen Edelmann über Liebe und Parties redet [Tania Blixen, Die Straßen um Pisa]. Das Mädchen sagt an einer Stelle:

›Ich nehme an, daß man auch in ihrem Lande Feste, Gesellschaften und Conversazioni hat?‹ (Das Ganze spielt in Italien.) ›Ja‹, sagte er, ›das haben wir‹.

›Dann werden Sie wissen‹, fuhr sie langsam weiter fort, ›daß die Pflichten der Gäste verschieden von denen des Gastgebers sind. Von beiden wird etwas Verschiedenes verlangt und erwartet.‹ ›Ich glaube, Sie haben recht‹, erwiderte Augustus. ›Gott nun‹, sagte sie, ›als er Adam und Eva schuf . . . hat es so eingerichtet, daß Männer in diesen Dingen [sie meint hier die Liebe] die Rolle des Gastes spielen und die Frauen die Rolle der Gastgeberin. Daher nimmt ein Mann die Liebe leicht, denn die Ehre und Würde seines Hauses ist hier nicht auf dem Spiel. Und sie können zweifellos Gast bei vielen sein, bei denen sie niemals Gastgeber sein möchten. Jetzt sagen Sie mir, Graf, was verlangt ein Gast?‹ ›Ich glaube‹, sagte Augustus, als er einen Augenblick nachgedacht hatte, ›wenn es mit rechten Dingen zugeht; ausgenommen den rohen Gast, der kommt, um sich gütlich zu tun, nimmt, was er kann, und wieder verschwindet – verlangt ein Gast vor allem Zerstreuung, um aus seinem täglichen Einerlei oder Krimskrams herauszukommen [das haben wir in Stockholm ganz sicher gemacht]. Zweitens möchte der anständige Gast glänzen, sich entfalten, er möchte seine eigene Persönlichkeit auf seine Umgebung übertragen. Und drittens verlangt er vielleicht eine Rechtfertigung seines Daseins überhaupt. Doch da Sie es so liebenswürdig in Worte kleiden, Signora, bitte, sagen Sie mir nun: Was verlangt die Gastgeberin?‹

›Die Gastgeberin‹, sagt die junge Dame, ›verlangt, daß man ihr dankt.‹

Was mir in Stockholm . . . Kopfzerbrechen bereitete, war das Problem, die Gastgeberin zu identifizieren, bei der man sich hätte bedanken können. Nun ist dieses Essen heute abend die letzte Party, die in diesem Zusammenhang gefeiert wird. Und wieder habe ich so meine Schwierigkeiten, eine Gastgeberin zu definieren. Bei wem soll ich mich nun bedanken? Es scheint Ihnen möglicherweise zu einfach zu sein, wenn man seiner Frau dafür dankt, daß sie Gastgeberin der letzten dreißig Jahre war, oder überhaupt allen Frauen seines Lebens, angefangen mit der eigenen Mutter. Doch ich glaube, so muß es sein. Ich danke ihnen und schließe damit.«

Wahrheit und Wirklichkeit

Der Pfeil der Zeit

Auf den ersten Blick sieht das Leben, das Max führte, wechselhaft aus, und es scheint keinen zentralen Punkt des Verharrens zu geben. Er hat viele Bereiche der Wissenschaft durcheilt, von den Sternen zu den Atomen, vom Phagen zu Phycomyces; er hat in Amerika und Europa, in Ost und West gelebt und gearbeitet. Der zweite Blick zeigt aber eine ihn kennzeichnende Ausgeglichenheit, die alledem zugrunde liegt (von dem *einen* Gedanken hinter allen Bemühungen soll hier abgesehen werden). Max liebte es, Wurzeln zu schlagen, und er hat seine Herkunft nie vergessen. Er war vierzig Jahre lang mit Cold Spring Harbor verbunden und ebensolange verheiratet. Über seine Familien ist schon berichtet worden. Er war auch über dreißig Jahre lang mit dem California Institute of Technology fest verbunden. Wenn man die Zeit von seinem ersten Besuch an rechnet, dann zieht sich diese Institution am längsten durch sein Leben. Und er hat sie geliebt.

Caltech war das wissenschaftliche Paradies, das er suchte. Klein und exzellent, auf die reine Erforschung der Grundlagen festgelegt, die Naturwissenschaften im Zentrum, umgeben von Geisteswissenschaften. Caltech war auch in anderer Hinsicht ein Paradies. Max konnte mit dem Fahrrad zum Labor fahren, und an dem Weg dorthin lagen viele Tennisplätze, auf denen die Delbrücks häufig zu Gast waren. Privat hat Max vom Caltech immer nur geschwärmt, er ließ keine Kritik zu. Einmal hat er sich auch öffentlich hierzu geäußert. Das war 1978, als er von den Studenten ausgewählt wurde, im Juni die Rede bei der Feier zum Abschluß des Studienjahres zu halten (commencement address). Max nannte sie »Der Pfeil der Zeit«.

Caltech begann 1891 als Schule der Künste und hieß damals noch Throop Universität. Ein Astronom, George E. Hale, lenkte ab 1907 die Institution einer anderen Zukunft entgegen. Er dachte an Wissenschaft und Technik. Ihm schlossen sich 1921 der Chemiker Arthur A. Noyes und der Physiker Robert A. Millikan an. Diese drei gaben der unabhängigen und privaten Universität ihren heutigen Namen, California Institute of Technology. Sie begann mit Mathematik, Physik und Chemie. Die Biologie kam 1928 hinzu. Die Zielrichtung lag immer in den reinen Grundlagenwissenschaften. Max hat

Pasadena 1978, zum Abschluß des Studienjahres hält Max die Festrede am Caltech über das Thema »Der Pfeil der Zeit«.

diese Tradition verteidigt und es bis zuletzt abgelehnt, einen medizinischen Zweig einrichten zu lassen.

Zur Gründung von Caltech ließ Millikan ein Siegel entwerfen, auf dem ein alter Mann eine Fackel an einen jungen Mann weiterreicht. Beide befinden sich auf den Wolken. Als Motto umrahmte »Die Wahrheit wird Euch frei machen« die Übergabe des Lichts. Heute zeigt das Siegel nur noch eine Fackel, und das Motto ist auch verschwunden. Geblieben ist der Name des Instituts. Millikan wollte mit seinem Entwurf die Weitergabe der Wahrheit von einer Generation an die nächste symbolisieren. Er wollte die wissenschaftliche Wahrheit symbolisieren, das Fortschreiten der Menschheit zur Vernunft, die Abkehr von Aberglauben und Irrationalität. Viele Intellektuelle, die Millikans Generation angehörten, glaubten, die Naturwissenschaften würden alle anderen geistigen Anstrengungen überholen und aus dem Feld schlagen. Hierin hatten sie auch recht. Es ist passiert, auch wenn es mancherorts noch unbemerkt geblieben ist.

Millikan und seine Zeitgenossen glaubten darüber hinaus, daß die Wissenschaften in eine bessere Welt führen würden, die ohne Religion auskommen kann. Dies sollte zum Ende dieses Jahrhunderts erreicht sein. Hierin haben sie sich gründlich geirrt, wie Max feststellte: »Heute wissen wir, daß die wissenschaftliche Kultur die Stärke und Intensität der religiösen Bedürfnisse auch nicht annähernd verdrängt hat. [. . .] Wir können sogar sagen, daß die Naturwissenschaften absolut nicht in der Lage sind, sich mit den immer wiederkehrenden Fragen von Tod und Liebe, Moral und Begierde, Zorn und Aggression auseinanderzusetzen. Dies sind aber die Faktoren, die die Werte des Menschen bestimmen. Sie bilden die stärksten Kräfte, die das Schicksal des Menschen prägen.«

Da es die Fragen nach den menschlichen Werten sind, die die Zukunft beherrschen, kann sie nicht durch neue wissenschaftliche Entdeckungen bestimmt werden. »Die Wissenschaft wird unsere Probleme nicht lösen.« Sie muß lernen, »nicht fortwährend in dem blinden Glauben zu handeln, daß das, was gut für die Wissenschaft ist, auch gut für die Menschheit ist« (D 103). Dabei kann der einzelne die erforderliche Kehrtwende allein nicht schaffen, »ich glaube, der Wissenschaftler, insofern er Wissenschaftler ist, muß tun, was er bisher getan hat; es sind die wissenschaftlichen *Institutionen* wie zum Beispiel das Caltech, die sich mit den Fragen nach den Werten befassen müssen« (I).

Max sah den einzelnen Wissenschaftler so verliebt in sein Thema, wie er es selbst – und sogar im Alter von siebzig Jahren – immer noch war. Seine »Abhängigkeit« von der Forschung hatte er zwei Jahre zuvor an der Staatsuniversität von Long Beach beschrieben, als er gebeten wurde, hier zum Abschluß des Studienjahres zu sprechen. Er beschrieb im Mai 1976 seine Arbeiten mit dem Pilz Phycomyces, bei denen er auf keinen Fall irgendwelche Anwendungsmöglichkeiten vor Augen habe:

»Nichts könnte mir ferner liegen. Es ist eben eine Art der Forschung, an der ich gerade hänge, oder von der ich abhänge wie ein Süchtiger oder wie ein Spinner, der gern Probleme löst. In der Forschung liegt große Freude, wenn man morgens ins Labor geht und darauf brennt, die Antwort zu sehen, die die Natur im Experiment gegeben hat. Wenn Du Glück hast und ausdauernd bist, machst Du vielleicht phantastische Entdekkungen, die völlig überraschend kommen, wie die Entdeckung Amerikas, die aber genauso wichtig und wahr sind.«

Als Max diese Rede entwarf, las er zur Vorbereitung in den Tagebüchern von Kierkegaard. Eigentlich tat er es nur, um ein Zitat zu finden und dessen Herkunft angeben zu können, das ihn schon länger begeisterte: »Das Wissen ist ein Verhalten, eine Leidenschaft. Im Grunde ein unerlaubtes Verhalten; denn wie die Trunksucht, die Geschlechtssucht und die Gewaltsucht, so bildet auch der Zwang, wissen zu müssen, einen Charakter aus, der nicht im Gleichgewicht ist. Es ist gar nicht richtig, daß der Forscher der Wahrheit nachstellt, sie stellt ihm nach. Er erleidet sie.«

Als Max das Zitat – er war ganz sicher, daß es von Kierkegaard stammt – nicht finden konnte, entschloß er sich zu einem unkonventionellen Schritt. Er bot in Caltechs Studentenzeitung eine Belohnung von $ 50 an, falls jemand das Zitat genau belegen könne. Er gab zwei Wochen Zeit zum Suchen. Zwar wurde niemand fündig – das Zitat bleibt bis heute ohne Quellenangabe –, doch freute Max sich sehr darüber, daß zum ersten Mal in der Geschichte Caltechs viele Studenten sorgfältig Kierkegaard gelesen haben. (Das Zitat stammt übrigens aus dem »Mann ohne Eigenschaften« von Robert Musil).

Wissenschaft und Gesellschaft

Mit dem Nobelpreis stieg das Bedürfnis der Gesellschaft, von Max eine Meinung zu hören. Er hat sich, von wenigen Ausnahmen abgesehen, nur ungern und zögernd geäußert (D 81). Und dann nur sehr indirekt, indem er sich meistens hinter Zitaten versteckte. So sagte er gern, daß die Figur des Molloy aus einem Roman von Beckett die Einstellung eines Wissenschaftlers richtig beschreibe. Er würde auch am entferntesten Strand ein ihn nicht in Ruhe lassendes Problem finden, und wenn es »nur« um die Frage geht, wie man Steine zum Lutschen in Manteltaschen unterbringen muß, um alle einmal in den Mund zu bekommen. (Wobei die Steine weggeworfen werden, sobald das Problem gelöst ist.)

In einem Fall hat Max auf eine Bitte um Stellungnahme sofort reagiert, weshalb die Fragen und seine Antworten hier zitiert werden sollen. Ende 1971 bat die Moskauer Literaturzeitung um die folgenden Auskünfte:

»1. Worauf führen Sie es zurück, daß in den letzten Jahrzehnten die Wissenschaften im Leben der Menschen so wichtig geworden sind? Wird dies in Zukunft so bleiben?

2. Welche wissenschaftliche Entwicklung aus der letzten Zeit hat auf Sie den größten Eindruck gemacht?

3. Welche wichtige wissenschaftliche Entdeckung erwarten Sie in der vorhersehbaren Zukunft? Welche sollte es ihrer Ansicht nach sein?

4. Können Ihrer Ansicht nach rasche wissenschaftliche Entwicklungen unerwünschte Konsequenzen haben?

5. Sollten einige Bereiche der Wissenschaft vom Standpunkt der Moral aus tabu sein? Wenn ja, welche?

6. Sollte es irgendwelche Gründe geben, eine erfolgreiche Richtung der Forschung einzustellen? Wenn ja, welche?

7. Kann zu großes öffentliches Interesse die Entwicklung der Wissenschaft behindern?

8. Erscheint es Ihnen nicht so, daß nach einer Periode äußerster Popularität der exakten Wissenschaften unter den Jugendlichen eine Phase der Abkühlung eingesetzt hat? [. . .]
9. Können Kunst und Literatur Einfluß auf wissenschaftliche Gedanken nehmen?
10. Erscheint es Ihnen auch so, daß nach dem Erfolg der Wissenschaften einige Wissenschaftler der Literatur und Kunst gegenüber verächtlich reagieren? Wenn ja, was sollte man dagegen tun?
11. Bringt wissenschaftliche Forschung durch sich selbst hohe moralische Qualitäten hervor?
12. Würde es Sie freuen, wenn Ihr Sohn oder Ihre Tochter Wissenschaftler(in) würde? Wenn ja, in welchem Fach? Und warum?«

Max beantwortete nicht alle Fragen. Und einige seiner Antworten hat man in Moskau nicht gedruckt. Sie stehen im folgenden in Klammern (mit Sternchen *):
»1. Wissenschaft fing vor Tausenden von Jahren an. Es wurde zu einem teilweise organisierten Unternehmen einiger weniger Glücklicher vor fünfhundert Jahren. In den letzten Jahrzehnten wurde Wissenschaft zur größten Macht auf dieser Welt. Diese Entwicklung kann man mit der Homerischen Legende von Titonos und Aurora vergleichen. Die Göttin Aurora (die Menschheit) verliebte sich in einen wunderschönen Jüngling mit Namen Titonos (die Wissenschaft). Sie baten Zeus, Titonos unsterblich zu machen. Der Bitte wurde stattgegeben. Doch schon bald entwickelte sich eine ärgerliche Situation. Sie bemerkten, daß sie bei ihrem Wunsch nach Unsterblichkeit vergessen hatten, um die ewige Jugend zu bitten. Der Pfeil der Zeit fliegt nicht zurück. Während Aurora jung und hübsch blieb, wurde Titonos alt und welkte dahin. Sie baten Zeus, daß Titonos sterben dürfe, doch stellte sich aufgrund irgendeines Prinzips der Irreversibilität heraus, daß ›selbst die Götter ihre Geschenke nicht zurücknehmen dürfen‹ (Alfred Tennyson). Schließlich einigte man sich auf einen Kompromiß. Titonos wurde in eine Heuschrecke verwandelt und in eine Schachtel gesteckt, in der ihm endlos weiter zu plappern gestattet wurde.

Auch die Unsterblichkeit der Wissenschaft ist meiner Ansicht nach irreversibel. Das Problem besteht darin, einen Kompromiß zu finden, der dem analog ist, der Aurora aus ihrer ärgerlichen Lage befreite.
4. Die rasche Entwicklung der Wissenschaft könnte nicht nur zu unerwünschten Konsequenzen führen, sie hat es schon getan. Wissenschaft ist von ihren Möglichkeiten her äußerst schädlich. Der Fluch ist mit uns, daß wir uns mit Atombomben in die Luft sprengen oder mit chemischen und biologischen Waffen selbst fertig machen können. Daneben gibt es unendlich viele Umweltprobleme, wie zum Beispiel die Blei- und Quecksilbervergiftungen, Smog, Abfallbeseitigung und viele andere. Verglichen mit der zuerst genannten Gruppe sehen diese Fragen einfach aus, so wie eine Haushaltsführung, die durch Gesetze gelöst werden kann.

Die vielleicht größte Bedrohung für die Zukunft, aber auch die größte Hoffnung, liegt in der Gentechnik (›genetic engeneering‹).
5. Ich glaube nicht, daß man vom moralischen Standpunkt einen Bereich der Wissenschaft zum Tabu erklären kann. Ich glaube nicht, daß es ein mögliches Analogon zum Hippokratischen Eid gibt, der alle Wissenschaftler auffordern würde, ihre Fachkennt-

nisse und ihre Art des Denkens zu benutzen, die schlechten Auswirkungen der Wissenschaft auf die Gesellschaft abzuwehren.

Der Grund, warum ich so eine Regulierung für unmöglich halte, besteht in folgendem: Der ursprüngliche Eid des Hippokrates besagt, daß man den Patienten unter allen Umständen am Leben halten soll; (* also, man soll nicht bestochen werden, soll keine Gifte geben, soll seine Lehrer ehren und alle diese Dinge, aber im wesentlichen eben, man soll den Patienten am Leben erhalten.) Das ist ein einigermaßen vernünftiges Ziel, denn einen Patienten am Leben zu halten, ist biologisch unzweideutig. Die Wissenschaft zum Guten der Gesellschaft einzusetzen, ist nicht so gut definiert. Darum könnte so ein Eid auch nicht verfaßt werden. Sehen Sie Einstein im Jahre 1905 an. Er war tief mit Fragen von Raum und Zeit beschäftigt und versuchte, einige raffinierte Paradoxa in der Bewegung geladener Körper zu analysieren. Zu der Zeit, als er dies unternahm, hätte nichts unpersönlicher, unpraktischer und von sozialen Implikationen weiter entfernt sein können. Und doch führte dies, wie allgemein bekannt ist, in letzter Konsequenz zum Atomwaffenrennen. Wer möchte (oder könnte) einen zukünftigen Einstein daran hindern, zu denken?

8. (* Ihrer Frage entnehme ich, daß in der UdSSR die Zahl der Bewerber auf die Zulassung zum wissenschaftlichen Studium zurückgegangen ist.) Ich bin mit der entsprechenden amerikanischen Statistik nicht vertraut. Doch stimmt es sicher, daß unter den Studenten der Wissenschaft das Interesse an den sozialen Implikationen der Wissenschaft in den letzten Jahren ungeheuer zugenommen hat. Dem entsprach eine Vielfalt der Versuche, neue Formen der persönlichen und zwischenmenschlichen Erfahrungen zu machen. Ein Aspekt davon ist das stark vermehrte Interesse an Kunst und Literatur.

(* 10. Ich glaube nicht, daß die verächtliche Einstellung der Wissenschaftler gegenüber der Kunst und der Literatur neu ist. Sie ist mindestens 100 Jahre alt, und im großen und ganzen nimmt sie ab. Die Wissenschaft und die traditionelle Kunst und die Literatur sind in der Defensive. Viele ihrer Protagonisten merken, daß ihre Erfolge hohl waren.)

11. Wissenschaftliche Forschung schafft eine hohe Moral: Du sollst einigermaßen ehrlich sein (›reasonably honest‹). Und diese Eigenschaft wird auch in bemerkenswerter Weise exerziert. Obwohl viele Sachen, die in wissenschaftlichen Zeitungen stehen, falsch sind, so dachte der Autor doch als er sie schrieb, daß sie richtig sind. Dieser Glaube sitzt so fest, daß jemand, der betrügt, einige Jahre damit Glück haben kann. Es gibt besondere Fälle, die diesen Punkt illustrieren können. Doch beruht der wissenschaftliche Ablauf auf der Annahme, daß jedermann wenigstens versucht, die Wahrheit zu sagen.«

Es fällt unter anderem auf, daß Max zu einem Zeitpunkt auf die Hoffnungen und Befürchtungen, die mit den Anwendungen der Gentechnik verbunden sind, hinweist, als die grundlegenden Voraussetzungen dazu noch gar nicht geschaffen waren. Fünf Jahre später war dies der Fall. Nun konnte man mit molekularen Skalpellen Gene aus- und zurechtschneiden und in größeren Mengen herstellen. Es mag von Interesse sein, daß die erste Beobachtung, die einen Weg in diese Richtung erkennen ließ, von Luria gemacht wurde. Er fand Hinweise auf Proteine (Restriktionsenzyme), die die DNS manipulieren können (Luria, 1984). Als nun die Gentechnik Produkte schaffen konnte, die gut verkaufbar sind, als weiter Finanzexperten auftauchten, die die Wissenschaft mit dem

Kapital verheirateten – viele Molekulargenetiker scheinen nur auf diese Gelegenheit gewartet zu haben, endlich auch einmal das große Geld zu verdienen, was sonst nur den Kollegen aus der Medizin, aus dem Recht oder aus der Wirtschaft gelungen war –, als man sich größte Sorgen um die biologische Zukunft zu machen anfing, damals verschickte Max ein kleines Gedichtchen zum Thema, das er auf Englisch für eine Freundin geschrieben hatte:

Wie lieben wir DNA!
Ein Molekül, für alle da!
Verstehen kann bald jedes Kind,
wie herrlich sich die Helix spinnt.
Sie windet sich um viele Leute,
die vorher sich gesehen nie,
die sich zusammenraufen heute:
Molekularbiologie.

Nun rief mich eine Freundin an:
»Sag an, wie ist das mit dem Gen?
Was ist an diesen Ängsten dran?
Was wird mit uns zuletzt geschehn?«
Die Antwort will ich gerne geben,
da brauch ich mich nicht abzuplagen.
Enthält sie Dir zu wenig Leben,
so kannst Du mich noch einmal fragen.

Das Spiel heißt Gentechnologie.
Es ist schon älter als Homer.
Nur hieß es Züchtung: und auch die
läuft heute weiter wie bisher.
So schuf der Mensch durch Sex und Fressen
den Hund, die Bohne, Korn und Huhn,
auch sei der Weizen nicht vergessen!
Die Gene konnten nicht mehr ruh'n.

Um Dich als Volk zu etablieren,
war's doch am besten, zu probieren
die Arten in der Nachbarschaft
für Dich zu bessern, voller Kraft.
Das Gute, das dabei entsteht,
behältst Du, wenn es weitergeht.
Den Rest, den wirfst Du einfach weg.
Wer schafft, der schafft ja auch viel Dreck.

Und niemand sagt uns ganz genau,
ob Menschen, die vor Christus lebten,
sich sorgten da in ihrem Bau,
ob sie aus Angst vor Monstern bebten.
Da hat sich niemand überlegt,
ob Züchtung so auf etwas stieße,
das sich mit uns direkt anlegt,
und uns einfach verschwinden ließe.

Die Zeiten, ach!, die sind vorbei.
Wir sind nun so geschickt wie nie.
Und statt der lahmen Züchterei,
zerlegt das Gen uns die Chemie.

Mit den Plasmiden (und auch ohne)
gelingt es einfach so daher,
ein Menschengen in eine Bohne
einzuschleusen und noch mehr:
Aus einer Ratte in die Wanzen,
aus einem Affen in die Bienen,
aus einem Pilz in manche Pflanzen,
und aus Spinat in Apfelsinen.

All dies gelingt mit manchem Trick,
und die beruh'n auf Watson-Crick,
der Doppelhelix und noch mehr,
das täglich kommt als neu daher.

Weshalb doch nun die großen Sorgen,
die Schrecken all, die Angst vor morgen?
Die vielen Reden, Kommissionen,
die tausend Horrorvisionen?
Und nur, um durch all das Verwalten
die Forschung einmal aufzuhalten?
Meint ihr, daß die Bürokratie
die Wissenschaften stör'n? Wohl nie!

Doch meine Antwort sei noch klarer.
Ich schlage vor, Ihr überlegt,
was macht die Menschen immer rarer,
in denen sich Verständnis regt?
Die Lösung kommt nicht mit den Genen,
die Lösung kommt durch Euch allein.
Die Wissenschaft weint keine Tränen
und mag wohl auch mal grausam sein.

Daß sie zuletzt uns überrennt,
ich gebe zu, dies mag so sein.
Doch ändert nichts an diesem Trend,
kreuzt man die Grippe mit dem Schwein.

Wissenschaft und Dichtung

Mit der angesprochenen Freundin – sie heißt Muriel Heinemann – führte Max einen kleinen Briefwechsel über die Frage nach dem Verhältnis zwischen Dichtkunst und Wissenschaft, deren gemeinsames Element die Sprache ist. Max schrieb dazu 1978, kurz nachdem er das Gengedicht verfaßt hatte:

»Einer der bizarren Aspekte der *Wissenschaft* ist natürlich der, daß sie stolz darauf ist, die Sprache präzise zu benutzen, und daß dies folglich sonst verschwommen geschieht. Wie kommt es dann, daß Dichter dieselben Wörter in einer vollständig anderen Art benutzen und doch, in einigen Fällen, ganz präzise schreiben? Nimm ein Wort weg, und das Wesentliche ist dahin. Was spricht der Dichter in uns an? Ich bin über die Dichotomie in uns verwirrt, die zwischen dem Universum der wissenschaftlichen Rede und anderen Bereichen der Sprache (sogar der des Glaubens!) besteht; sie benutzen alle dieselben Wörter.«

Und in der Tat beschäftigte Max jetzt spät in seinem Leben die Frage, was es heißt, in der Dichtung Wörter mit Präzision zu verwenden. Was die Wissenschaft angeht, so hatte er sein ganzes Leben darauf verwendet, den genauen Sinn von Wörtern zu erjagen. Atome, Gene, Vermehrung, Wachstum, Licht und Leben. Immer mehr Wissen drängte sich in jeden einzelnen Begriff. So verwendet ein Wissenschaftler die Sprache, so formt er sie kreativ um. Wie macht das ein Dichter, wenn er mehr als nur den Ruhm eines Helden verkünden oder zur Abendunterhaltung beitragen will?

Max sah vor allem in den Gedichten von T. S. Eliot (»Die vier Quartette«), und R. M. Rilke (»Die Duineser Elegien«) den Versuch, poetische Qualität durch die besondere und kreative Verwendung der Sprache zu erreichen. Die Sprache wird bei ihnen zur Waffe gegen das Schicksal, und sie schleifen sie zum Präzisionsinstrument (W. Leppmann). Vor allem Rilke hat Max immer wieder fasziniert. Nachdem er – im Pianissimo des Alters – 1980 viel über die Elegien geträumt hatte, entschloß er sich, trotz schwerer Krankheit eine Einladung anzunehmen, in der ihn das Poetry Center in New York gebeten hatte, an einem Beispiel Wissenschaft und Dichtung zu verbinden. Max schrieb im August 1980:

»Die Duineser Elegien beschäftigen mich seit fünfzig Jahren, und ich frage mich, ob ich auf die eine oder andere Weise den anhaltenden und monumentalen Schock in Worte fassen kann, den sie hervorrufen.«

Max entschied sich dann, eine Interpretation der Achten Elegie zu versuchen, in der Rilke über das Verhältnis von Tier und Mensch redet, »mit unheimlich einsichtiger Intuition«, wie er seiner Schwester Emmi 1980 in einem Brief schrieb, in dem es weiter heißt: »Heute ist das Verhältnis von Mensch zu Tier ja aus dem Bereich der dichterischen und philosophischen Spekulation durchaus ins Blickfeld der wissenschaftlichen Forschung geraten, und man redet nicht mehr nur von den letzten 5 000 Jahren, sondern von den letzten 500 000 Jahren und länger und beginnt, wirkliche Aussagen zu machen, wann und wo und wie die Menschwerdung begann. Ein faszinierender Gegenstand, für den ich mich mehr und mehr interessiere. Dabei stellt sich heraus, daß Rilke als einziger vor fünfzig Jahren vieles schon richtig gesehen hat. Ein unheimlicher Gedanke! Denn damals gab es absolut nichts an Archäologie, Verhaltensbiologie, geschweige denn Primatenforschung. Nun ja, ein wirklich gescheiter Mensch ist eben immer ein Unikum.«

Es mag Zufall sein, es kann aber auch etwas Tieferliegendes dahinterstecken. Aber die Begeisterung für Rilke setzte bei Max etwa zu dem Zeitpunkt ein, als ihn auch die Komplementaritätsidee packte. Es kann Zufall gewesen sein, daß er als ein illusionsloser Sechsundzwanzigjähriger zur gleichen Zeit Rilke über Mensch und Tier liest und Bohr über Licht und Leben hört. Dies wird unwahrscheinlicher, wenn man bedenkt, daß sich hier zwei unabhängige Gedanken ein halbes Jahrhundert nebeneinandergestellt fanden. Zufall scheint ausgeschlossen, wenn man die Interpretation von Rilkes Prosabuch »Malte Laurids Brigge« des Germanisten Ulrich Fülleborn liest, der die Struktur dieses Romans, dessen englischer Titel »The journal of my other self« lautet, ebenso wie die des sprachlichen Weltbildes von Rilke mit dem Begriff des »Komplementären« kennzeichnet. Er meint mit diesem Wort, das Rilke selbst einmal auf seine französischen Gedichte angewandt hat – »ordres complémentaires« –, daß jedes Phänomen in den Texten Rilkes sein Gegenteil hervorruft, dem berühmten »reinen Widerspruch« vergleichbar, von dem in Rilkes Grabspruch die Rede ist (Fülleborn, 1977).

Max hat sich vor dieser großzügigen Verwendung des Begriffes Komplementarität gehütet, obwohl dessen Hinzuziehung zum Beispiel bei der unterschiedlichen Art, in der Dichter und Wissenschaftler die Sprache benutzen, kaum zu vermeiden ist und auch zuzutreffen scheint. Als Max schließlich Anfang 1981 mit der Niederschrift seiner geplanten New Yorker Vorlesung über »Die Achte Duineser Elegie und die einzigartige Stellung des Menschen« begann, stellte er zunächst fest, daß in der Dichtung Wörter ihre Bedeutung nur in einem Zusammenhang gewinnen, ein Poet *beschreibt* etwas. In der Wissenschaft soll jedes Wort für sich stehen und verstanden werden können, ein Forscher *benennt* etwas. Beides ist sprachlich nicht nebeneinander (gleichzeitig) möglich, so wie sich auch die Verwendung eines Nomens (Substantiv) und die eines Verbs (Prädikat) gegenseitig ausschließen. Sprechen funktioniert komplementär, in der Sprache wirken komplementäre Kräfte.

So unterschiedlich nun das sprachliche Ergebnis ist, so ähnlich scheinen – nach Max – die intellektuellen Operationen zu sein, die bei Dichter und Wissenschaftler zur Kreativität erforderlich sind, vor allem dort, wo bewußte Arbeit sich mit unbewußter Verarbeitung trifft. Die Duineser Elegien fielen Rilke in zwei Teilen zu. Zunächst kamen einige Fragmente »wie eine Stimme aus dem Wind« (also aus seinem Unbewußten) zu ihm. Dies war vor dem Ersten Weltkrieg auf dem Schloß Duino am Mittelmeer. Danach war Rilkes Kreativität blockiert, bis er in zwei Wochen im Februar 1922 in dem kleinen Schweizer Dörfchen Muzot die sechs fehlenden Sonette empfing. Rilke starb 1926 im Jahr der Quantenmechanik.

Wissenschaftler machen ähnliche Erfahrungen mit dem Unbewußten, auch zu ihnen kann eine Stimme aus dem Wind sprechen (Hadamard, 1949). Was Max interessierte, war eine andere, auffallendere Übereinstimmung. In der Wissenschaft und in der Dichtung spielt der »intellektuelle Schock« entscheidend mit. Jede Elegie startet mit einem sprachlichen Schock. Zum Beispiel die erste:

> »Wer, wenn ich schriee, hörte mich denn aus der Engel
> Ordnungen und gesetzt selbst es träte einer hervor . . .«

Dazu Max 1981 (unveröffentlicht): »Welche Engel? Sie werden einem entgegengeworfen und kommen in den zehn Elegien immer wieder vor. Es sind sicher keine Engel im Weihnachtsbaum oder Erzengel. [. . .] Es sind Rilkes Engel, an dieser Stelle noch undefinierte Quantitäten, so wie Mathematiker ein System ansetzen. Die nächsten Zeilen teilen uns mit, daß sie entfernt, ewig, selbstgenügsam, uns unzugänglich und doch erschreckend sind, daß sie Strahlung auf sich selbst zurückwerfen. Alles sicherlich verwirrende Dinge, die irgendwie einen Ewigkeitsaspekt des Menschen symbolisieren.

Um die Schockwirkung der Wörter zu illustrieren, sollte das Wort ›schriee‹ angesehen werden, der Konjunktiv von schreien, . . . das extreme Pein impliziert. Weiter der Rhythmus, in der zweiten Zeile heißt es ›gesetzt selbst‹; eine schockierende Zusammenfügung zweier streng betonter Silben mit massierten Konsonanten und explosiven Vokalen, die einem das Gefühl geben, ein Taucher hebt von einem Sprungbrett ab, ein Effekt, der kaum im Englischen [oder einer anderen Sprache] nachgemacht werden könnte. [. . .] Der Ausdruck selbst scheint trocken und harmlos. Er könnte in irgendeinem mathematischen oder juristischen Text stehen, aber Rilkes Verwendung in einem Gedicht ist – glaube ich – einzigartig.«

In der Wissenschaft spielt nicht so sehr der sprachliche als vielmehr der intellektuelle Schock der Ideen die Hauptrolle. Er trat zum Beispiel in Erscheinung, als Bohr 1913 die vollkommen irrationale Annahme von Elektronen machte, die auf nichtmechanische Weise zwischen Orbitalen umhersprangen; oder als Einstein 1905 seine Relativitätstheorie ableitete, indem er von der Konstanz der Lichtgeschwindigkeit ausging.

Wissenschaft und Dichtung haben die Sprache gemeinsam und die Spannungen, die sie in ihr mitteilen. Die Natur der geistigen Erschütterungen und die Verwendung der Sprache unterscheiden sich dabei völlig. Nach diesen allgemeinen Vorbemerkungen wendet sich Max schließlich der Achten Elegie zu, um Rilkes »intuitive und spekulative Einschätzung und Beschreibung des Unterschiedes [von Mensch und Tier] mit einem

Pasadena 1980, Max unterrichtet am Caltech noch einmal den Grundkurs in Physik.

modernen wissenschaftlichen Ansatz . . . zu vergleichen. Die älteste Aussage über die Unterschiede zwischen den Tieren und den Menschen, die von einem Dichter stammt, finden wir in ›Der gefesselte Prometheus‹ von Aischylos. Prometheus wurde . . . an einen Felsen genagelt. Nun zählt er in einer herrlichen Rede vor dem Chor der Seejungfrauen, die ihm voller Sympathie zuhören, alle Herrlichkeiten auf, die er . . .«

Das Manuskript bricht hier ab, es blieb unvollendet. Max war krebskrank und ist wenige Tage später gestorben.

Ein Student der Evolution

In der Achten Elegie definierte Rilke den Menschen als ein Wesen, das im Unterschied zu dem übrigen der Schöpfung durch ein Bewußtsein gekennzeichnet, fast schon gebrandmarkt ist. Er beschreibt die biologische Entwicklung zum Menschen durch

Abstufungen der Geborgenheit. Das Insekt wird unter offenem Himmel geboren, die ganze Welt ist sein Mutterleib – »denn Schooß ist Alles«. Der Vogel genießt noch die »halbe Sicherheit«, die Fledermaus, halb Vogel, halb Säuger, ist schon »bestürzt«, der Mensch wird zuletzt aus dem Mutterleib gestoßen und empfindet alles Äußere als Gegenüber:

»Dieses heißt Schicksal: gegenüber sein
und nichts als das und immer gegenüber.«

Ein Biologe würde sagen, so erfaßte Rilke intuitiv die Evolution des Menschen oder zumindest einen Aspekt davon. Er tat das nicht wie ein Wissenschaftler, der sich vor der Belohnung der Einsicht den Schweiß der Daten auferlegt. Er kann keine Theorie »von Anfang bis Ende aus dem Nichts erschaffen«, wie es Rilke nach seinen eigenen Worten vom Februar 1926 mit den Duineser Elegien gelungen ist (Leppmann, 1981). Rilkes Kenntnis kommt von innen, die der Wissenschaft von außen. In seiner letzten Vorlesung am Caltech (1975) wollte Max diese Erfahrung überschaubar präsentieren.

Er kündigte sie unter dem Titel »Wahrheit und Wirklichkeit in Mathematik, Klassischer Physik, Quantenphysik, Biologie, Psychophysik und Psychologie« an. »Allerhand, was?« schrieb er damals an Jeanne Mammen, »ich bin zum Studenten der Evolution geworden.« Er wiederholte den Kurs noch einmal 1978. Es war seine letzte Vorlesung. Sie wurde von einer Studentin, Judy Greengard, aufgenommen. Max sprach im wesentlichen frei, er hatte nur vereinzelte Notizen zur Hand. Greengard fertigte auch ein Transkript der Mitschnitte an, das von Max korrigiert und mit dem Titel »Mind from Matter?« (»Geist aus Materie?«) versehen wurde. Als Untertitel fügte er »Zwanzig Vorlesungen zur evolutionären Epistemologie« hinzu. Er hoffte, daraus ein Buch machen zu können, und schickte die korrigierte Mitschrift einem amerikanischen Verlag.

Aus diesem Plan wurde nichts. Max wurde 1978 sehr krank. Herzbeschwerden stellten sich ein, und bei der Vorbereitung einer Operation stellten die Ärzte ein Myelom fest. Max war krebskrank. Als er 1981 starb, lag das Manuskript unverändert auf seinem Schreibtisch. Zuvor hatte er Freunde gebeten, »damit was zu machen«. Die Vorlesungen über »Wahrheit und Wirklichkeit« sind 1986 erschienen (D 111). Dieses Werk ist vor allem Gunther Stent zu verdanken, der dazu auch eine Einleitung verfaßt hat, an die sich die folgende Übersicht anlehnt.

Die von Max in seinen Vorlesungen unter dem Titel »Mind from Matter« vertretenen Ansichten erschienen in zwei konzentrierten Versionen (D 101, D 102). In diesen Aufsätzen gibt er, der sich sein Leben lang vor Bekenntnissen drückte, in der Tat seine persönliche philosophische Sicht des Menschen und seiner Wirklichkeit wieder. Dazu ist vorweg eine Anmerkung erforderlich. Wie übersetzt man »mind«? Das Lexikon sagt »Sinn, Verstand, Geist, Seele«. Im Englischen ist der Ausdruck so gemeint, daß er eine Qualität des Gehirns bezeichnet, etwas, das mit dem Gehirn in die Welt gekommen ist. Von »Seele« und »Geist« kann man dies nicht ohne Widerspruch behaupten, und eigentlich gibt es Verstand auch ohne Gehirn. Der gesunde Menschen»verstand« ist zu wenig, »Sinn« ist zu ungenau, und »Vernunft« ist etwas anderes. Jede Entscheidung ist falsch. Um nicht bei dem englischen Ausdruck hängenzubleiben, wird im folgenden

»mind« mit »Verstand« wiedergegeben. Daran schließt sich die Bitte an, das Wort richtig *verstanden* zu lesen.

Es geht Max um drei Fragen und nicht um ihre gegenwärtigen Antworten:
1. Ist es sinnvoll, eine Theorie des Universums ohne Leben und also ohne Verstand zu entwerfen, um dann dem Leben und dem Verstand zu erlauben, sich aus diesem leb- und sinnlosen Anfang heraus zu entwickeln?
2. Ist es sinnvoll, sich eine Evolution auszudenken, bei der der Verstand der Organismen sich streng nach einem Selektionsdruck entwickelt, der die Fähigkeit, in einer Höhle zu überleben, favorisiert, und bei der am Ende ein Gehirn herauskommt, dem die tiefsten Einsichten in mathematische Welten, die Struktur der Materie und auch die Organisation des Lebens und selbst des Verstands gelingen?
3. In der Tat, wie kann aus toter Materie etwas werden, das die Wahrheit kennt?

Max begann seinen Weg durch die Wissenschaft als naiver Realist. Er nimmt an, daß es eine reale Welt der Dinge gibt, die außerhalb von uns liegt, und die unabhängig von unserer Erfahrung ist. Diese Welt ist genau das, was wir sehen, hören, fühlen, riechen.

Er leitet seine Vorlesung mit einer Beschreibung der Evolution ein, wie sie mit der modernen Wissenschaft verträglich ist. Die Evolution des Kosmos begann demnach mit dem Urknall (»big bang«). Diese Idee stammt von seinem alten Kopenhagener Freund Georg Gamow. Er stellte sich 1948 als Beginn der Welt ein dichtes Gemisch aus Strahlung und Materie vor, das bei ungeheuer hohen Temperaturen im thermischen Gleichgewicht war. In der Folgezeit dehnte sich dieses frühe Universum aus, und dabei kühlte es ab. Bei einer bestimmten Temperatur bildeten sich schließlich Atome. Dadurch wurde das Gleichgewicht zerstört, die Materie konnte kondensieren, und die Strahlung expandierte unabhängig von ihr weiter.

Die Materie verdichtete sich zu Galaxien, und vor mehr als vier Milliarden Jahren entstand dadurch der Planet Erde, auf dem derzeit Menschen die Reste der oben erwähnten Strahlung empfangen können. Diese Menschen stehen am heutigen Ende der Evolution des Lebens, die schon »bald« auf der Erde begann, nachdem die geeigneten Bedingungen vorlagen.

Max interessiert die molekulare Frage nach dem Ursprung des Lebens überhaupt nicht. Irgendwie wird es schon passiert sein. Wichtiger scheint ihm die Frage, wie es danach mit dem »wirklichen Leben« weitergegangen ist. Ihm fällt auf, daß von einem frühen Anfang an die Welt jede Form des Lebens aufnehmen (wahrnehmen, perzipieren) konnte. Alle gegenwärtigen Formen des Lebens können das auf ihre Weise.

Auf dem Weg zum Menschen entstanden im Laufe der Evolution immer größere Gehirne. Max fragt sich, ob in dieser Zunahme des Gehirngewichts mehr als nur eine Vergrößerung der Körpermasse sichtbar wird. Um eine Korrelation zum Verhalten oder gar zur Intelligenz zu finden, ist es erforderlich, die Aufmerksamkeit auf die Entwicklung bestimmter Teile im Gehirn zu lenken. Er konzentriert sich dabei auf den visuellen Kortex und damit auf das Sehen.

Seine Analyse der visuellen Wahrnehmung erlaubt es ihm schließlich, seinen naiven realistischen Ast abzusägen und eine mögliche konzeptionelle Verbindung von Gehirn und Verstand anzudeuten. Es stellt sich heraus, daß sich die visuellen Regionen im

Gehirn so entwickelt haben, daß sie aus der Eingabe (input) der Sinne alles herausfiltern, was für das Tier irrelevant ist. Das Gehirn wandelt Information in Bedeutung um. Die sichtbare Information (der visuelle Input) über die Umgebung wird im Gehirn zur Form mit der größten Bedeutung abstrahiert. Was wir sehen, ist Licht. Was wir wahrnehmen, sind keine rohen Daten mehr, sondern Qualitäten eines Objekts, die von den Sinnesdaten übriggeblieben sind und uns etwas bedeuten. Diese Bearbeitung der Daten (Abstraktion) ist *vorbewußt* und damit einer Introspektion nicht zugänglich.

Max kann nun die Ebene des naiven Realismus verlassen und einen neuen Standpunkt einnehmen, dem er keinen Namen gibt. Er bleibt bei der fundamentalen Annahme einer Welt außerhalb von uns und unabhängig von unserer Erfahrung. Doch nun ist die innere Wirklichkeit eine Konstruktion aus Sinnesdaten, dessen Korrespondenz mit der äußeren Wirklichkeit sich prinzipiell dem Wissen entzieht. Das »Ding an sich« bleibt unerkannt, wie vor zweihundert Jahren schon Immanuel Kant in der »Kritik der reinen Vernunft« herausgearbeitet hat. Kant wies darauf hin, daß wir eine Wirklichkeit über die Zwischenstufe der Erfahrung aus den Sinneseindrücken konstruieren, indem wir sie mit Kategorien wie Raum und Zeit zusammenbringen. Diese Kategorien haben wir vor jeder Erfahrung, sie sind a priori vorhanden, sie entstammen nicht ihr, sind also nicht a posteriori.

Die moderne Neurobiologie, die die abstrakte Natur der visuellen Wahrnehmung ermittelt, bestätigt empirisch Kants revolutionäre Analyse. Kategorien entspringen aus uns mitgegebenen und eingebauten Schaltkreisen der Datenverarbeitung, sie gehen jeder Erfahrung voraus. Die Frage ist nur, wieso wir uns dennoch in der Welt zurechtfinden können? Wie kommt es, daß die Denkkategorien, die a priori gegeben sind, so gut mit den Realkategorien zusammenpassen? Die Antwort hatte vierzig Jahre zuvor ein großer Biologe gegeben. Konrad Lorenz empfahl, dies als Zeichen der Evolution des Erkenntnisapparats zur Kenntnis zu nehmen. Was dem Individuum mitgegeben wird, haben seine Vorfahren gelernt. Was für das Individuum a priori ist, ist für seine Art a posteriori. Der Erfolg, mit dem unsere eingebauten Schaltungen die Realität wahrnehmen, beruht auf ihrer Evolution. Jeder Hominide, der rote Äpfel als farblos, ruhende Äpfel als bewegt und große Äpfel als klein gesehen hätte, wäre nicht unter unseren Vorfahren gewesen, sondern ausgerottet worden (Lorenz, 1941 und 1977).

Dennoch sind diese a priori gegebenen Kategorien erst beim Erwachsenen voll vorhanden. Kinder leben in einer anderen Welt, sie lernen unsere Welt erst in einer komplizierten, von Max als »dialektisch« bezeichneten Wechselwirkung zwischen dem Nervensystem und der Umwelt kennen. Kinder nehmen anders wahr, wie vor allem der Schweizer Jean Piaget in den zwanziger Jahren herausgearbeitet hat. Piagets Entdeckungen – so Max – »öffneten eine Goldmine für epistemologische Erkundungen, die seit Jahrtausenden von den Philosophen und seit Jahrhunderten von den Psychologen übersehen worden war«, indem er eine empirische Studie über die Entwicklung der Erkenntnisfunktionen bei Neugeborenen und Kindern begann. Piaget erkannte, daß die Kantschen Kategorien allmählich im Laufe der Kindheit konstruiert werden. Er konnte dabei verschiedene Stadien der Entwicklung unterscheiden. In den ersten beiden Jahren des Lebens findet man eine sensorisch-motorische Stufe, in der das kindliche Gehirn die

Kategorien Raum, Zeit und Kausalität entwickelt und (dies ist in unserem Zusammenhang wichtig) ein Objektbewußtsein erlangt. Dies gelingt dem Kind so nebenbei, wenn es versucht, Hände, Augen und Ohren in Einklang zu bringen und versucht, Gegenstände zu greifen oder zu suchen (Piaget, 1973, 1974, 1980 und 1983).

In einer zweiten Stufe, sie heißt präoperational, versucht das zwei- bis fünfjährige Kind, aus dem Gedächtnis heraus zu verstehen und mit Analogieschlüssen weiterzukommen. Es benutzt nun Symbole, die Objekte werden zum Beispiel durch Wortsymbole repräsentiert. In einer dritten Stufe, der konkret-operationalen Phase, gelingt es dem nun fünf bis zehn Jahre alten Verstand, Objekte zu klassifizieren und zu ordnen. Er entwickelt die Vorstellung der Erhaltung einiger ihrer Eigenschaften, zum Beispiel Zahl, Gewicht, Volumen. Die letzte Stufe fängt nach dem zehnten Lebensjahr an. In dieser formal-operationalen Phase fängt der Verstand an, mit Vorstellungen zu arbeiten. Er stellt Hypothesen auf und erkennt, daß das, was in der Welt ist, nur ein kleiner Teil von dem ist, das in der Welt (oder in anderen Welten) sein könnte.

An dieser Stelle deutet Max seine fundamentale epistemologische Einstellung an. Der Verstand (»mind«) mit seinen a priori gegebenen Kategorien und seinen stammesgeschichtlichen und individuellen Ursprüngen, ist offensichtlich eine Anpassung (Adaptation) an die Welt, die von unseren Sinnen erfaßt werden kann. Es ist die Welt der mittleren Dimensionen, es ist der Mesokosmos des Lebens zwischen dem Makrokosmos des Weltalls und dem Mikrokosmos der Atome.

Diese mittlere Welt ist der Teil der Wirklichkeit, auf den wir durch unsere Sinne eingerichtet sind. Es ist die Welt unserer Anschauung. Sie erstreckt sich zeitlich zwischen dem Bruchteil einer Sekunde (ein Herzschlag) und der Dauer eines Lebens (hundert Jahre). Sie liegt räumlich zwischen der Größe einer Zelle (Bruchteil eines Millimeters) und der Ausdehnung unseres Planetensystems (Vollmer, 1981 und 1985).

Zur Erkenntnis gehören nach Kant Anschauung und Begriff. Unsere Begriffe sind a priori und für die mittlere Welt entwickelt. Wenn die Wissenschaft in unanschauliche Welten vordringt, stimmen Sinn und Intuition der Begriffe nicht mehr überein. Die Lücke versuchte Bohr mit der Komplementaritätsidee zu füllen. Wenn der Mensch sich mit zu kleinen Räumen (Atome) oder zu langen Zeiten (Evolution) beschäftigt, wird er auf Paradoxien treffen, in dem Sinn, daß die Voraussetzungen, die verborgen in seinen Begriffen stecken, nicht mehr zutreffen, und ihr Gebrauch sich in Widersprüche verwikkeln muß (Stent, 1978).

Solche Widersprüche findet Max auch in der Mathematik und hier vor allem in der Zahlentheorie. Zum Beispiel gibt es mathematische Behauptungen, die weder bewiesen noch widerlegt werden können. Daraus schließt Max, daß die Mathematik *kein* Bestandteil der realen Welt ist, vielmehr stellt sie ein offenes Konstrukt des menschlichen Verstandes dar.

Nicht einmal der Grundbaustein jeder Zahlentheorie, die Idee der Menge, ist frei von Widersprüchen. Wer Mengen betrachtet, die sich selbst als Element enthalten können, und nach der Menge aller Mengen fragt, die sich selbst nicht als Element enthalten, bleibt stecken. Ein anderes Paradoxon entsteht mit unendlichen Mengen. Zum Beispiel enthalten die natürlichen Zahlen Untermengen – die geraden Zahlen –, die ihrer

Obermenge äquivalent sind. Dies verletzt die Intuition, derzufolge in der wirklichen Welt das Ganze größer ist als ein Teil.

Unter dem Eindruck vieler Paradoxien und unbeweisbarer Vermutungen wollte zu Beginn dieses Jahrhunderts David Hilbert die Mathematik auf ein formales, axiomatisches, vollständiges, widerspruchsfreies System reduzieren. Max saß in den dreißiger Jahren in Göttingen bei Hilbert im Seminar. Damals hatte Hilberts Plan schon Schiffbruch erlitten, weil 1931 der junge Wiener Kurt Gödel gezeigt hatte, daß eine Formalisierung der Mathematik kein vollständiges und konsistentes System ergibt. Es wird weiterhin unbeweisbare Hypothesen geben, man kann noch nicht einmal sagen, ob eine bislang unbewiesene Vermutung entscheidbar ist oder nicht.

Mit dem Satz und dem Beweis von Gödel und der Implikation, daß Mathematik nicht aus dieser Welt sondern aus unserem Kopf ist, kommt Max zu seiner zentralen epistemologischen Sicht: Die konzeptionelle Ausstattung zum Erkennen, die wir der Evolution verdanken, funktioniert nur gut, solange wir nicht zuviel von ihr fordern. Zahlen sind herrlich, solange wir mit ihnen Äpfel zählen; sie werden zu paradoxen Fallen, wenn wir unendlich viele von ihnen sortieren wollen, dies transzendiert unsere Erfahrung.

Eine Verschwörung der Natur

Mit dem Gödel-Theorem und seinen Konsequenzen ist die erste Hälfte der Vorlesung abgehandelt. Max wendet sich nun den Wissenschaften zu, die allesamt mit den vorgestellten Konzepten operieren: Raum, Zeit, Kausalität, Objekt, Zahl. Vor allem aber benutzt die Wissenschaft das Konzept der Messung kontinuierlicher Qualitäten. Dem liegen Vorstellungen der Art zugrunde, daß man Eigenschaften in additive Einheiten zerlegen kann, die in den entsprechenden Objekten erhalten bleiben.

Angefangen hat alles mit der Astronomie, die eine Beschreibung der Planetenbahnen und eines geordneten Raumes erreichte, einen Kosmos. Über Keplers Feststellung elliptischer Bahnen und seinen Gesetzen führt der Weg zu Newton, der eine einheitliche Mechanik für Himmel und Erde entwickelte. Gemeinsam mit der Feldidee des 19. Jahrhunderts (Maxwellgleichungen) gelang es der Physik, ein zufriedenstellendes Bild der wirklichen Welt zu entwerfen, das auf scheinbar selbstkonsistenten Konzepten beruhte, die alle aus intuitiven a priori gegebenen Kategorien stammten.

Mit dem neuen Jahrhundert zeigten sich die ersten Risse in diesem Bild, das 1905 zerfiel, als Albert Einstein fundamentale Änderungen der intuitiven Kategorien Raum und Zeit einführte und das Konzept der Messung überprüfte (Gleichzeitigkeit). Einstein fügte in seiner Theorie wieder zusammen, was die vorbewußte Aktivität unseres evolutionär ausgebildeten Nervensystems aufgeteilt hatte, den sichtbaren Raum und die unsichtbar fließende Zeit.

Vor allem drei intuitive Zusammenhänge zerbrachen mit der Relativitätstheorie: Der absolute Fluß der Zeit – ob zwei Ereignisse gleichzeitig sind, hängt vom Bezugssystem der Beobachter ab – und die geometrische Verbundenheit von Raum und Materie – die Materie krümmt den Raum. Als drittes sollte das Weltall zwar unbegrenzt, aber endlich sein; Einstein sah es als dreidimensionale Oberfläche einer vierdimensionalen Wirklichkeit. Als diese Ideen erschienen, schockierten sie die Zeitgenossen, und in Berlin gab es Massenversammlungen gegen die Relativitätstheorie. Auch heute bellt noch dagegen an, wer will, daß der gesunde Menschenverstand alles versteht.

Dabei folgte der Relativitätstheorie in Form der Quantenmechanik eine weitaus schlimmere Beleidigung des gesunden Menschenverstandes. Diese ominöse Entwicklung der Physik bis 1926 endete mit der Schaffung zweier mathematischer Theorien, zu deren Ableitung in beiden Fällen eine Abkehr von der Intuition erforderlich war. Schrödinger nahm die Vermutung ernst, daß Materie Wellencharakter hat; bei Heisenberg werden aus den Beobachtungsgrößen mathematische Gebilde, die nicht vertauschbar sind. Es macht einen Unterschied, ob man erst den Ort und dann den Impuls eines atomaren Objekts bestimmt, oder ob man umgekehrt vorgeht. Diese der Intuition entgegenlaufende Tatsache konnte Heisenberg mit der Unbestimmtheitsrelation untermauern, man kann nicht mit einem Experiment Ort und Geschwindigkeit eines Teilchens bestimmen.

Bohr sah sofort, daß in den Atomen eine Lektion für die menschliche Erkenntnis steckt, und er versuchte, sie zu formulieren. Seine Lösung hieß Komplementarität, diese – in Maxens Worten – »Verschwörung der Natur«, die uns hindert, eine voll deterministische Beschreibung physikalischer Objekte zu erlangen. Unsere empirische Kenntnis der Welt bleibt limitiert. Wir können die Realität nicht beobachten, ohne sie zu verändern. Jeder experimentelle Aufbau wird Teil der Wirklichkeit, die wir erproben. Der konzeptionelle, auf Descartes zurückgehende Schnitt zwischen Instrument und materiellem Objekt geht vom Subjekt aus und bleibt dessen Willkür unterworfen. Subjekt und Objekt sind nicht zu trennen, sie gehören zusammen. Und im Drama des Lebens – so Bohr – sind wir Schauspieler und Zuschauer zugleich. Damit muß Max auch die Sicht des strukturalistischen Realisten verwerfen. Nicht nur unser Erkenntnisapparat bringt Schranken zur Wirklichkeit mit sich, es ist die Realität selbst, die sich als unfaßbar erweist. Reale Objekte (in der Quantenwelt) folgen keinen Bahnen, sie können verschwinden und wieder auftauchen – zum Beispiel bei der Delbrück-Streuung –, sie haben keine Identität.

Damit kommt Max zur eigentlichen Frage: Wie kommt es, daß wir ohne evolutionäre Vorbereitung in der Lage sind, die Idee der Komplementarität zu finden? In der Welt des Alltags bemerkt man die Quantenphänomene nicht. Äpfel fallen gerade auf sichtbaren Bahnen herunter, können nicht einfach weg sein und sind individuell erkennbar. Die atomare Wirklichkeit kommt aber, wie Max bemerkt, der Kinderwelt sehr nah, bevor sich das Objektkonzept konsolidiert hat. Hier können Äpfel verschwinden, und wenn sie wieder auftauchen, sind es neue Äpfel. Offenbar – ein für Max herrlicher Gedanke – ist die wesentliche Voraussetzung zur Einsicht in die Komplementarität die Fähigkeit, wieder Kind zu werden, die Welt wieder mit den Augen eines Kindes zu sehen. Das sollte erlernbar sein, denn wir sind alle durch diese Phase hindurchgegangen.

Was hat das alles mit »mind« und »matter« zu tun? Wie hängen im Licht der Komplementarität Leib und Seele, Geist und Gehirn, Verstand und Materie zusammen? Descartes hat die Welt in die res cogitans und die res extensa aufgeteilt. Die res cogitans umfaßt das Denken, Wollen, Fühlen. Die res extensa ist die physikalische Wirklichkeit.

Jahrhunderte haben die Psychologen versucht, den Cartesischen Schnitt zu kitten und zwischen einem Apfel und seinem Bild im Kopf eine Brücke zu spannen. Doch zu viele Welten trennen die beiden, wie gezeigt worden ist. Eine konzeptionelle Verbindung ist beim besten Willen nicht in Sicht.

Vielleicht – so Max – war es von vornherein falsch, beide überhaupt zu trennen. Vielleicht ist allein die Idee einer Realität unabhängig von Erfahrung falsch. Sogar die Newtonschen Gesetze beschreiben keine autonome Wirklichkeit, also eine, die ohne Beobachter auskommt. Die mathematischen Beziehungen beschreiben Beobachtungserfahrungen. Die Objektivität entsteht dadurch, daß sie reproduzierbar ist. Dadurch bleibt ein physikalisches Gesetz aber eine persönliche Erfahrung, die mit dem Verstand genausoviel zu tun hat wie mit dem Sinneseindruck. Natürlich reden wir nicht von einem Beobachter, wenn wir sagen, ein Körper ist 20°C warm, aber gemeint ist, wenn wir die und die Vorschriften einhalten und eine Messung ausführen, finden wir als Ergebnis 20°C. In so einem Satz stecken umfangreiche individuelle und kollektive Erfahrungen.

Konsequenterweise weist Max den Cartesischen Schnitt zurück. Er sagt, die Antithese von innerer und äußerer Wirklichkeit ist nur eine Illusion, und es gibt nur eine Wirklichkeit. Die Quantenmechanik hat uns nur an das erinnert, was durch die Newtonsche Physik in Vergessenheit geraten war.

Falls nun aber die Psyche physisch und die Physis psychisch ist, was hindert uns zu sagen, der Verstand (Geist) ist eine Maschine mit komplizierten kybernetischen Schaltkreisen? Dies liegt offenbar an der Sprache. Durch sie ist der Geist mehr als ein Produkt des Gehirns. Um diesen Zusammenhang besser zu fassen, muß untersucht werden, ob eine Maschine denkbar ist, die sprachfähig ist. Dazu müssen wir feststellen, wodurch sich die menschliche Sprache auszeichnet. Die wichtigste Eigenschaft scheint der syntaktische Charakter zu sein. Ein Mensch kann aus einem endlichen Reservoir an Symbolen (Wörtern) mit einem endlichen Regelsatz (Grammatik) unbegrenzt Sätze mit Bedeutung bilden. Dazu muß jede Person eine ungeheure linguistische Kapazität erwerben, und dies gelingt schon in der Kindheit. In einem Alter, in dem Kinder ziemlich »dumm« sind, was analytische Fähigkeiten angeht, lernen sie die Regeln der Sprache zu beherrschen, selbst wenn sie nur bruchstückhafte oder falsche Sätze zu hören bekommen. Sie lernen, richtige Sätze zu bilden. Wie gelingt dies einem kleinen Gehirn?

Einige Linguisten, die Strukturalisten waren, haben gesagt, alle Sprachen sind in Wirklichkeit Transformationen einer Universalsprache, die einem Kind angeboren ist. Aber das Problem ist noch offen. Es bleibt die eigentliche Herausforderung einer theoretisch orientierten Biologie. Zu wenig konkrete Beispiele sind bekannt.

Abgesehen davon liegt das tiefste Problem der Sprache in der Semantik. Wie gelingt es der Sprache, Bedeutung zu transportieren? Die einem Satz innewohnende Bedeutung kann nicht einfach geradlinig und logisch dekodiert werden, indem man die Wörter eins nach dem anderen analysiert. Zur semantischen Dekodierung muß man den Kontext miteinbeziehen, in dem ein Satz gebildet wurde. Doch auch hier scheinen die Experten der künstlichen Intelligenz ein wenig weitergekommen zu sein. Dennoch bleibt als Wunder der Sprache, daß sie offen ist und alle menschliche Erfahrung und Geschichte erfaßt. Daher hat man auch noch kein Computerprogramm mit quasi-menschlichen semantischen Fähigkeiten schreiben können. Der Computer müßte wohl ein menschliches Leben gelebt haben, also Zugriff zum Bewußten und Unbewußten haben.

Daraus – so Max – folgt nicht, daß der Verstand (Geist) mehr als eine Maschine ist. Es folgt aber daraus, daß der Verstand nicht in dem Sinn als Computer bezeichnet werden kann, in dem ein Herz als Pumpe beschrieben werden kann. Der Verstand hat seinen Sinn nur als *Teil* der (Menschmaschine), er ist einer ihrer Aspekte, so wie die Bewegung eines Elektrons nur ein Aspekt des ganzen Quantenobjekts ist, der nicht eindeutig in seine komplementären Eigenschaften Bahn und Impuls zerlegt werden kann.

Max ist damit am Ende der Vorlesung. Hat er nun, so fragt er, eine der Ausgangsfragen beantwortet? Wie ist denn nun der Verstand (»mind«) aus der Materie entstanden? Seiner Ansicht nach ist der Verstand tatsächlich ein Produkt der Evolution, aber wie transzendierte er die Aufgaben der Selektion? Wieso kann er mehr als Werkzeuge basteln? Wieso konnte er die Quantenmechanik (er)finden? Wieso wurde mehr geliefert, als bestellt war?

Max antwortet hierauf nicht. Außer mit dem Hinweis, daß wir vielleicht die Kenntnis, die wir von der Welt haben, überschätzen. Auch die Menschen in Stonehenge vor vielen tausend Jahren glaubten, viel zu wissen. Sie wußten nicht, wie wenig sie wußten. Und was damals für sie galt, gilt für uns immer noch.

Was bleibt, ist der Versuch, die gestellten Fragen zu beantworten oder – besser noch – genauer zu stellen. Ein ganzes Leben lang!

»Junger Mann«, ein Bild von Jeanne Mammen, vermutlich ein Portrait von Max Delbrück (etwa 1950).

Zum Ende

Der Tod und der Wissenschaftler

Der Mensch – so Rilke in seiner Achten Duineser Elegie – hat den Tod immer vor sich, »so leben wir und nehmen immer Abschied«. Nur das Tier ist »frei vom Tod«. Es sieht ihn nicht. Dem Menschen gelingt dies erst »nahe am Tod«, er sieht ihn dann »nicht mehr und starrt *hinaus*«.

Als Max seine Beschreibung der Elegie geben wollte, war er nahe am Tod, und er wußte es. Er litt unter einer Form von Blutkrebs (multiples Myelom), und seine Hoffnungen, noch ein Jahr zu leben, waren gering. Max starb im März 1981 in Pasadena. Seine Frau war bei ihm.

Das Myelom war drei Jahre zuvor entdeckt worden, als er sich im Huntington Hospital in Pasadena zur Vorbereitung einer Herzoperation untersuchen ließ. Dieser Eingriff war nun überflüssig. Max nahm die Nachricht mit Humor auf. Dann kämpften halt jetzt zwei lebensbedrohende Krankheiten in seinem Körper, erzählte er Freunden, vielleicht hätte er Glück und würde der lachende Dritte sein.

Seine gesundheitlichen Probleme hatten in den sechziger Jahren begonnen, als er gelegentlich Schmerzen in der Brust spürte, Angina pectoris, wie die Ärzte feststellten. Max sprach in der Familie (zunächst) nicht darüber. Von seinem Arzt in Pasadena, Don Moore, zu dem er großes Vertrauen hatte, wollte er aber die möglichen Therapien und ihre Begründungen erklärt haben. Moore wies darauf hin, daß (vor 1965) die Empfehlung lautete, sich hinzulegen und ruhig zu bleiben. Es gäbe den Gegenvorschlag, durch die Herzschmerzen hindurchzuwandern. Ihm leuchte diese Idee physiologisch mehr ein, es käme darauf an, in den Gefäßen Platz zu schaffen und den Fluß des Blutes zu verstärken. Es sei kein medizinisch abgesicherter Vorschlag und also riskant. Max war aber sofort einverstanden, Passivität war nicht sein Fall. Heute hat sich dieses Verfahren als überlegen erwiesen.

Zum ersten Mal hatte sich Max 1975 wirklich schlecht gefühlt. Damals schrieb er, er hätte sich dem Klub »Runter und raus« (»Downward and out«) angeschlossen, »zu dem wir alle gehören, vielleicht schon vom Tag unserer Geburt an«. Er notierte dies 1975, als er in Los Angeles auf die Operation wartete, mit der seine sich im linken Auge ablösende Retina wieder befestigt werden sollte. Die Verschlechterung des Sehens war während eines neurochemischen Seminars aufgetreten. Max dachte zuerst, seine Brille sei voller Dreck. Dann bekam er Angst. Vielleicht ein Ausfall im Gehirn? Er prüfte abwechselnd sein rechtes und sein linkes Auge und bemerkte, daß die rechte Hälfte seines visuellen Feldes verschwunden war. Er wartete das Ende des Vortrags ab, um von den Neurobiologen zu erfahren, was es sein könnte. Man schloß nach kurzer Diskussion, daß irgend etwas im linken Auge nicht stimme und brachte ihn in eine Spezialklinik, wo die

Ablösung der Retina diagnostiziert wurde. Sie war zu weit fortgeschritten, um mit Hilfe einer Laserschweißung repariert werden zu können. Sein Kopf mußte »aufgemeißelt« werden.

Max erholte sich von der Operation. Schlimm war für ihn ein mehrwöchiges Leseverbot, aber er ließ sich seine Post von der Familie und die wissenschaftlichen Neuigkeiten von seinen Mitarbeitern vorlesen. Als er wieder auf den Beinen war, fingen seine Herzprobleme erneut an, und der Blutkrebs wurde diagnostiziert. Hiervon erfuhr er am 2. Mai 1978. Drei Tage später bot er seinen Mitarbeitern ein Seminar über die Biologie der Krebskrankheit an. Er hatte sich informiert.

Max vermutete, daß seine Krankheiten zusammenhängen. Vielleicht verstopfen die Proteine, die die Krebszellen zu viel bilden und in das Blut abgeben, seine Gefäße? Sein Arzt wußte dies nicht zu beantworten, und Max fuhr ihn an: »Wieso denkt ihr darüber nicht nach?« Er bot sich als »Meerschweinchen der Medizin« an und war bereit, jeden vernünftig begründeten Therapieversuch mitzumachen. So schluckte er auch Interferon, doch verschlechterte das verfügbare Material nur seine Lage.

Max erkannte auch bald die Vorteile des Krankseins, jeder hilft, bringt Tee, liest ihm vor, nimmt Rücksicht, »eine herrliche Erfahrung«, wie er immer wieder betonte. Er konnte in den letzten Jahren kaum noch laufen, und seine Besuche im Labor wurden zwangsläufig seltener. Um »wirklich noch etwas selbst zu tun«, begann er im September 1978 mit einem Tagebuch. Er gab ihm einen deutschen Titel, »Die Heimreise«. Der erste Eintrag lautet:

»Mit mir selbst gelangweilt, nichts handfestes zu tun. Ich fühle mich im Kopf vernebelt, seit Wochen schon. Dieses Tagebuch ist ein Versuch, etwas durchgängig zu tun. Vielleicht mache ich es so unpersönlich wie Kierkegaard..., und bringe die Beziehung der Äußerlichkeit des Körpers zum Selbst zum Ausdruck.«

Bald schon brach Max die Aufzeichnungen ab. Seine Schmerzen hinderten ihn, außerdem gab es immer noch eine Gruppe im Labor, und er dachte daran, eine Autobiographie zu versuchen. Er nahm einen Gedanken nicht wieder auf, den er 1974 in einem Interview geäußert hatte, als er zum Problem des Todes befragt wurde und in seiner Antwort der Gesellschaft die »Erziehung zum Selbstmord« empfahl (D 89):

»Ich würde vorschlagen, daß unsere Gesellschaft Informationen zum Selbstmord bereitstellt, wie sie auch Informationen zur Geburtenkontrolle bereitstellt. Eine Person sollte die Techniken gezeigt bekommen, mit denen sie den eigenen Tod kontrollieren kann. . . . Der gegenwärtige Schub der Gesellschaft zielt nur in Richtung Verlängerung des Lebens. Doch dazu besteht keine inhärente biologische oder kulturelle Veranlassung. Daß man sich sein Leben nimmt, sollte eine Frage der Reife sein, wie es in den letzten Stunden des Sokrates der Fall war, die Plato so eindrucksvoll beschrieben hat.«

Max gab zu, »daß die menschliche Gesellschaft . . . noch sehr weit davon entfernt ist, die Kontrolle des Todes in irgendeiner Form zu akzeptieren, vor allem angesichts der grausamen Beispiele, die die massenhaften Morde der Nationalsozialisten und verschiedener sozialistischer Regime gegeben haben, von Kriegen ganz abgesehen. Aber eines Tages könnte es sein, daß sich unsere Einstellung durch die Anforderungen an unsere natürlichen Reichtümer ändert.«

In seinem Tagebuch spielte die Gesellschaft keine Rolle mehr. Nahe am Tod ändert sich alles. Eine der letzten Eintragungen lautet: »Die Reise des Lebens scheint die meiste Zeit nach außen zu gehen. Doch am Ende stellt man fest, sie ist die meiste Zeit nach innen gegangen.«

Der eigene Tod

»Versuch' Dir eine Welt ohne Dich vorzustellen. Wenn ich mir meine Freunde vorstelle, wie sie auf meinen Tod reagieren, dann stelle ich mir nicht meine Auslöschung vor, ich stelle mich nur als Beobachter an einem anderen Platz vor. Um dort herauszukommen, wenden wir uns entweder irrational der Religion zu, die uns mit einem Leben nach dem Tode versieht, oder wir fegen den Tod unter den Teppich, wo man ihn nicht sehen kann« (D 89).

Max diskutierte mit Niels Bohr auch über den eigenen Tod, und er stellte die Frage, ob man sich die Welt danach vorstellen kann. Bohrs Meinung nach steckt das Problem in der komplementären Weise, in der die Psychologie die Sprache benutzt. Das Wort »sich vorstellen« (»imagine«) enthalte den Bezug auf ein bewußtes Subjekt, wodurch wieder die uralte Doppeldeutigkeit entstehe.

Max antwortete (August 1959): »Ich behaupte nicht, daß es logische oder epistemologische Schwierigkeiten mit der Idee des eigenen Todes gibt. Ich glaube, die Schwierigkeit liegt in einer Mischung aus logischen und emotionalen Aspekten. Stellen Sie sich die Situation Ihrer Frau nach Ihrem Tode vor. [. . .] Es ist sehr schwer, sich eine Situation vorzustellen, in der Sie sie trösten wollen, obwohl doch die Kommunikation in jede Richtung bedeutungslos geworden ist. In diesem Sinne ist der Tod einer anderen Person genau so schwer vorzustellen wie der eigene. Meine Annahme ist, daß das Weiterbestehen der Seele in den verschiedenen Religionen sich ableitet aus dieser *Unverträglichkeit, gleichzeitig emotional betroffen und nicht betroffen zu sein.* Logisch ist das kein Problem, der Kerl ist tot, na und? [. . .]

Sie können sagen, das hat nichts mit dem epistemologischen Problem zu tun, das uns interessiert, und doch scheint dazwischen eine Verbindung zu bestehen. Es ist nicht nur eine Kuriosität unserer Sprache, daß jedes Objekt ein Subjekt hat. Das Subjekt, das die Welt ansieht, macht das nicht passiv, es agiert dabei, und es ist *diese* Subjekt-Objekt-Beziehung, die zu diesen seltsamen Konstruktionen wie Unsterblichkeit Anlaß gibt, und die es unmöglich macht, sich den Tod einer nahen Person oder den eigenen Tod vorzustellen.«

Max fand den Gedanken angenehm, auch am Ende des Lebens auf die Komplementarität von Leben und Tod zu stoßen. Jeder Versuch, diesen Aspekt des Menschen zu versöhnen, könnte »nur zu gestammeltem Unsinn über räumliche, zeitliche und materielle Attribute Gottes führen, und dabei auf unseren Willen, unsere Gedanken und Handlungen einwirken«, wie er einmal in einem Beitrag zu einem Symposium über »Wissenschaft und Christlicher Glaube« (1966) gesagt hat. Wissenschaftler und praktizierender Christ unterscheiden sich vor allem in dem, was sie unter Glauben verstehen.

Was er darunter verstünde, hätte Samuel Beckett in »Warten auf Godot« Lucky in den Mund gelegt, nachdem er von seinem Herrn Pozzo zum Denken gezwungen wurde.

So hat Beckett – wie Max meinte – die komplementären Aspekte besser als jeder andere erfaßt. Leben ist für alle (auch für den Wissenschaftler) wertvoll, wunderbar, geheimnisvoll und erregend. Für den Wissenschaftler ist es außerdem auch vergänglich, begrenzt, überschaubar und nur eine infinitesimale Episode im Universum. In Becketts Worten, so wie Max sie verwendete:

»We give birth astride a grave, the light gleams an instant, then there is night once more.«

»Wir werden rittlings über einem Grab geboren, das Licht schimmert einen Augenblick, dann ist wieder Nacht.«

Dieses Licht ist unser Leben.

Anhang

Allgemeine Literaturverweise

Die Festschrift »Phage and the Origins of Molecular Biology (J. Cairns, G. S. Stent, and J. D. Watson [eds.], Cold Spring Harbor Laboratory of Quantitative Biology, Cold Spring Harbor, New York 1966) wird als PATOOMB zitiert. Eine deutsche Ausgabe erschien 1972 in Berlin (O) unter dem Titel »Phagen und die Entwicklung der Molekularbiologie«.

Abir-Am, P.: The Discourse of Physical Power and Biological Knowledge in the 1930's: A Reappraisal of the Rockefeller Foundations »Policy« in Molecular Biology. Soc. Stud. Science *12*, 341–382, 1982.

Adam, G.: Nervenerregung als kooperativer Kationenaustausch in einem zweidimensionalen Gitter. Ber. Bunsenges. Phys. Chem. *71*, 829–831, 1967.

Allen, G.: Thomas Hunt Morgan: The Man and His Science. Princeton Univ. Press, Princeton 1978.

Anderson, T. F.: The Reactions of Bacterial Viruses with Their Host Cells. Bot. Rev. *15*, 464–505, 1949.

Anderson, T. F.: Electron Microscopy of Phages, in PATOOMB, 1966.

Anderson, T. F.: Reflexions on Phage Genetics. Ann. Rev. Genet. *15*, 405–417, 1981.

Armitage, P.: The Statistical Theory of Bacterial Populations Subjekt to Mutation. J. Roy. Stat. Soc. *B 14*, 1–40, 1952.

Avery, O. T., McLeod, C. M., McCarthy, M.: Studies on the chemical nature of the substance inducing transformation of pneumococcal types. Induction of transformation by a desoxyribonucleic acid fraction isolated from pneumococcus Type III. J. Exptl. Med. *79*, 137–158, 1944.

Beadle, G. W., Tatum, E. L.: Genetic Control of Biochemical Reactions in Neurospora. Proc. Natl. Acad. Sci. U.S.A. *27*, 499–506, 1941 a.

Beadle, G. W., Tatum, E. L.: Genetic Control of Development and Differentiation. American Naturalist *75*, 107–116, 1941 b.

Beadle, G. W.: Biochemical Genetics: Some Recollections, in PATOOMB, 1966.

Beese, W.: Die Arbeit von Max Delbrück und die Entstehung der Molekularbiologie. Dissertation, Humboldt-Universität Berlin (O), 1980.

Benzer, S.: Resistance to ultraviolet light as an index to the reproduction of bacteriophage. J. Bacteriol. *63*, 59–72, 1952.

Benzer, S.: Genetic Fine Structure. Harvey Lectures *56*, Academic Press, New York 1961.

Benzer, S.: Adventures in the rII Region, in PATOOMB, 1966.

Bethe, H. A., Rohrlich, F.: Small Angle Scattering of Light by a Coulomb Field. Phys. Rev. *86*, 10–16, 1952.

Bergman, K., Eslava, A. P., Cerdá-Olmedo, E.: Mutants of *Phycomyces* with Abnormal Phototropism. Mol. Gen. Genet. *123*, 1–16, 1973.

Björn, L. O.: Light and Life. Hodder and Stoughton, London 1976.

Blixen, T.: Sieben phantastische Geschichten. Rororo 5006, Rowohlt, Hamburg 1982.
Bohr, N.: The Quantum Postulate and the Recent Development of Atomic Theory. Nature *121*, 580, 1928.
Bohr, N.: Atomtheorie und Naturbeschreibung. Julius Springer, Berlin 1931.
Bohr, N.: Chemistry and the Quantum Theory of Atomic Constitution. J. of Chem. Soc. *234*, 349–384, 1932.
Bohr, N.: Light and Life. Nature *131*, 421 and 457, 1933. Licht und Leben. Naturwiss. *21*, 245, 1933.
Bohr, N.: Atomic Physics and Human Knowledge, Wiley, New York 1963. Atomphysik und menschliche Erkenntnis. 2 Bände, Vieweg-Verlag, Braunschweig 1962–64.
Bohr, N.: Licht und Leben – noch einmal. Naturwiss. *50*, 725, 1963.
Bose, S. N.: Planck's Law and the Hypothesis of Light Quanta. Z. Phys. *26*, 178, 1924.
Brenner, S.: On the Impossibility of All Overlapping Triplet Codes in Information Transfer from Nucleic Acids to Proteins. Proc. Natl. Acad. Sci. U.S.A. *43*, 687–694, 1957.
Bresch, C., Hausmann, R.: Klassische und molekulare Genetik. Springer-Verlag, Berlin 1970.
Bridges, C. B.: Nondisjunction as a proof of the chromosome theory of heredity. Genetics *1*, 1–52, 1916.

Carlson, E. A.: The Gene: A Critical History. W. B. Saunders, Philadelphia 1966.
Carlson, E. A.: Genes, Radiation, and Society, The Life and Work of H. J. Muller. Cornell University Press, Ithaca 1981.
Cerdá-Olmedo, E.: Behavioral Genetics of *Phycomyces*. Ann. Rev. Microbiol. *31*, 535–547, 1977.
Chadwick, J.: Possible Existence of a Neutron. Nature *129*, 312, 1932.
Clayton, R.: Primary Processes in Bacterial Photosynthesis. Ann. Rev. Biophys. Bioeng. *3*, 131–156, 1973.
Clayton, R.: Light and Living Matter. 2 Bände, McGraw-Hill, New York 1970.
Courant, R., Hilbert, D.: Methoden der Mathematischen Physik. Springer-Verlag, Berlin 1928. Neuauflage in Heidelberger Taschenbücher, Heidelberg 1967.
Crick, F. H. C., Griffith, J. S., Orgel, L. E.: Codes without Comma. Proc. Natl. Acad. Sci. U.S.A. *43*, 416–421, 1957.
Craig, G. A.: Delbrück: The Military Historian, in: E. M. Earle (ed.): Makers of Modern Strategy. Military Thought from Machiavelli to Hitler. Princeton University Press, Princeton 1943.
Craig, G. A.: Germany 1866–1945. Oxford University Press, Oxford 1981.

Delbrück, B.: Einleitung in das Studium der indogermanischen Sprachen. Breitkopf und Härtel, Leipzig 1904.
Delbrück, H.: Geschichte der Kriegskunst im Rahmen der politischen Geschichte. 7 Bände, Stilke-Verlag, Berlin 1900–1936.
Delbrück, H.: Krieg und Politik. 3 Bände, Stollberg-Verlag, Berlin 1918–1919.
Delbrück, H.: Ludendorffs Selbstporträt. Verlag für Politik und Wirtschaft, Berlin 1922.
Delbrück, H.: Weltgeschichte. Stollberg-Verlag, Berlin 1924–1928.
Demerec, M., Fano, U.: Bacteriophage-resistant mutants in Escherichia coli. Genetics *30*, 119–136, 1945.
Demerec, M., Adelberg, E. A., Clarck, A. J., Hartmann, P. E.: A proposal for a uniform nomenclature in bacterial genetics. Genetics *54*, 61–76, 1966.
Dickson, H.: The effects of X-rays, ultraviolet light, and heat in producing saltants in Chaetomium cochliodes and other fungi. Ann. Bot. *46*, 389–405, 1932.
Dinesen, I.: The Roads round Pisa, in Seven Gothic Tales. Alfred Knopf, New York 1934.

Dirac, P. A. M.: The Quantum Theory of the Electron. Proc. Roy. Soc. London *A 117*, 610–624, 1928.

Dirac, P. A. M.: Quantised Singularities in the Electromagnetic Field. Proc. Roy. Soc. London *A 133*, 60–72, 1931.

Dirac, P. A. M.: The Fundamental Principles of Quantum Mechanics. Oxford 1957. Die Prinzipien der Quantenmechanik. Hirzel-Verlag, Leipzig, 1930.

Dirac, P. A. M.: The Prediction of Antimatter. H. R. Crane Lecture April 17, 1978, University of Michigan, Ann Arbor 1978.

Doermann, A. H.: Lysis and lysis inhibition with *Escherichia coli* bacteriophage. J. Bacteriol. *55*, 257–276, 1948.

Doermann, A. H.: Intracellular phage growth as studied by premature lysis. Fed. Proc. *10*, 591–594, 1951.

Dulbecco, R.: Reactivation of UV-inactivated Bacteriophage by visible Light. Nature *163*, 949–950, 1949.

Dulbecco, R.: The Plaque Technique and the Development of Quantitative Animal Virology, in PATOOMB, 1966.

Dunn, L. C.: A Short History of Genetics. McGraw-Hill, New York 1965.

Edgar, R. S., Lielausis, I.: Temperature sensitive mutants of bacteriophage T4D. Genetics *49*, 649–662, 1964.

Edgar, R. S.: Conditional Lethals, in PATOOMB, 1966.

Edidin, M.: Rotational and Translational Diffusion in Membranes. Ann. Rev. Bioph. Bioeng. *3*, 179–201, 1974.

Einstein, A.: Über einen die Erzeugung und Verwandlung des Lichtes betreffenden heuristischen Gesichtspunkt. Ann. Phys. *17*, 132, 1905.

Ellis, E. L.: Bacteriophage: One-Step Growth, in PATOOMB, 1966.

Erickson, E.: Young Man Luther. W. W. Norton, New York 1958. Der junge Mann Luther. Suhrkamp-Verlag, Frankfurt 1975.

Fechner, G. T.: Elemente der Psychophysik. Leipzig 1860. Nachdruck: Bonset, Amsterdam 1964.

Feyerabend, P.: On a Recent Critique of Complementarity I. Philos. of Science *35*, 309–331, 1968.

Feyerabend, P.: On a Recent Critique of Complementarity II. Philos. of Science *36*, 82–105, 1969.

Feynman, R. P., Leighton, M., Sands, R.: The Feynman Lectures of Physics. Addison-Wesley, Massachusetts 1963.

Fisher, R. A.: The Genetical Theory of Natural Selection. Dover, New York 1958.

Foster, K., Lipson, E. D.: The Light Growth Response of *Phycomyces*. J. Gen. Phys. *62*, 590–617, 1973.

Fox-Keller, E.: A Feeling for the Organism. W. H. Freeman, San Francisco 1983.

Friedrich-Freska, H.: Genetik und biochemische Genetik in den Instituten der Kaiser-Wilhelm-Gesellschaft und Max-Planck-Gesellschaft. Die Naturwiss. *48*, 10–22, 1961.

Frisch, O., Meitner, L.: Products of the Fission of the Uranium Nucleus. Nature *143*, 471, 1939. Disintegration of Uranium by Neutrons. Nature *143*, 239, 1939.

Frisch, O.: What little I remember. Cambridge University Press, London 1979. »Woran ich mich erinnere«. Wissenschaftliche Verlagsgesellschaft, Stuttgart 1981.

Fritzsch, H.: Quarks. Piper-Verlag, München 1984.

Fuerst, J. A.: The Role of Reductionism in the Development of Molecular Biology: Peripheral or Central? Soc. Stud. Science *12*, 241–278, 1982.

Fülleborn, U.: Form und Sinn der Aufzeichnungen des Malte Laurids Brigge, in Materialien zu R. M. Rilke, in H. Engelhardt (Hrsg.): Die Aufzeichnungen des Malte Laurids Brigge. Suhrkamp Taschenbuch 174, 175–197, Frankfurt 1974.

Gaffron, H., Wohl, K.: Zur Theorie der Assimilation. Naturwiss. *24*, 81–90, 1936.
Gamow, G.: Possible Mathematical Relation Between DNA and Protein. Biol. Medd. Dan. Vid. Selsk. *22*, No. 2, 1954.
Gamow, G.: Thirty Years that Shook Physics. Anchor Books, New York 1966.
Gierer, A., Schramm, V.: Infectivity of ribonucleicacid from tobacco mosaic virus. Nature *177*, 702–703, 1958.
Golomb, S.: Max Delbrück – An Appreciation. American Scholar *51*(3), 351–367, 1982.

Hadamard, J.: The Psychology of Invention in the Mathematical Field. Princeton University Press, Princeton 1949.
Hahn, O., Strassmann, F.: Über den Nachweis und das Verhalten bei der Bestrahlung des Urans mittels Neutronen entstehender Erdalkalimetalle. Die Naturwiss. *27*, 11–15, 1939. Nachweis der Entstehung aktiver Bariumisotope aus Uran und Thorium durch Neutronenbestrahlung; Nachweis weiterer aktiver Bruchstücke bei der Uranspaltung. Die Naturwiss. *27*, 89–95, 1939.
Hahn, O.: Mein Leben. Bruckmann-Verlag, München 1968.
Harm, H.: Repair of UV-irradiated biological systems: Photoreactivation, in S. Y. Wang (ed.): Photochemistry and Photobiology of Nucleic Acids. Vol. 2, Academic Press, pp. 219–263, New York 1976.
Harnack, A. von: Das Wesen des Christentums. Berlin 1900, 15. Auflage, Hinrichs, Leipzig 1950.
Hassenstein, B., Reichardt, W.: Der Schluß von Reiz-Reaktions-Funktionen auf Systemstrukturen. Z. Naturforsch. *8b*, 518–524, 1953.
Hayashi, I., Larner, J., Sato, G.: Hormonal growth control of cells in culture. In vitro *14*, 23–30, 1978.
Hayes, W.: The Genetics of Bacteria and their Viruses. Blackwell Scientific, Oxford 1964.
Hayes, W.: Max Delbrück and the Birth of Molecular Biology. Soc. Research *51*, 641–673, 1984.
Heisenberg, W.: Über quantentheoretische Umdeutung kinematischer und mechanischer Beziehungen. Z. Physik *33*, 879, 1925.
Heisenberg, W.: Über den anschaulichen Inhalt der quantentheoretischen Kinematik und Mechanik. Z. Physik *43*, 172–198, 1927.
Heisenberg, W.: Der Teil und das Ganze. Piper-Verlag, München, 1969.
Heitler, W., London, F.: Wechselwirkung neutraler Atome und homöopolare Bindung nach der Quantenmechanik. Z. Physik *44*, 455–472, 1927.
Herelle, F. de: The bacteriophage and its behaviour. Williams and Wilkins Company, Baltimore 1926.
Hershey, A.: Mutation of bacteriophage with respect to type of plaque. Genetics *31*, 620–640, 1946.
Hershey, A., Rotman, R.: Genetic recombination between host-range and plaque-type mutants of bacteriophage in single bacterial cells. Genetics *34*, 44–71, 1949.
Hershey, A., Chase, M.: Independent functions of viral protein and nucleic acid in growth of bacteriophage. J. Gen. Physiol. *36*, 39–56, 1952.
Hershey, A.: The Injection of DNA into Cells by Phage, in PATOOMB, 1966.
Hershey, A.: Genes and Hereditary Characteristics. Nature *226*, 697–700, 1970.
Hershey, A.: In The Max Delbrück Dedication Ceremony, Cold Spring Harbor Laboratory, Cold Spring Harbor 1981.

Hinshelwood, C. N.: Bacteriology and chemical kinetics. Endeavour *8*, 151–157, 1950.
Holton, G.: The Roots of Complementarity, in: Thematic Origins of Scientific Thought: Kepler to Einstein. Harvard University Press, Cambridge 1973. Thematische Analyse der Wissenschaft. Suhrkamp-Verlag, Frankfurt 1981.
Horowitz, N. H.: Biochemical Genetics of Neurospora. Adv. Genetics *III*, 33–71, 1950.
Horowitz, N. H.: Neurospora and the Beginnings of Molecular Genetics. Neurosp. Newsletter *20*, 1973.
Horowitz, N. H.: Genetics and the Synthesis of Proteins. Ann. New York Acad. Sci. *325*, 253–266, 1979.
Horowitz, N. H., Leupold, U.: Some recent studies bearing on the one gene-one enzyme hypothesis. Cold Spring Harbor Symp. Quant. Biol., Vol. *XVI* (Genes and Mutations), 65–75, 1951.

Jackson, S., Hinshelwood, C. N.: An Investigation of the Nature of certain adaptive changes in bacteria. Proc. Roy. Soc. London *B 136*, 562–576, 1950.
Johannsen, I.: Meilensteine der Genetik. Parey-Verlag, Hamburg 1980.
Johannsen, W. L.: Elemente der exakten Erblichkeitslehre. Fischer-Verlag, Jena 1909.
Jordan, P.: Die Quantenmechanik und die Grundprobleme der Biologie und Psychologie. Naturwiss. *20*, 815–821, 1932.
Jordan, P.: Quantenphysikalische Bemerkungen zur Biologie und Psychologie. Erkenntnis *4*, 215–252, 1934.
Jordan, P.: Zur Frage einer spezifischen Anziehung zwischen Genmolekülen. Phys. Zeitschr. *39*, 711–714, 1938.
Jordan, P.: Über quantenmechanische Resonanzanziehung und über das Problem der Immunitätsreaktion. Z. Physik *113*, 431–438, 1939.
Jordan, P.: Die Physik und das Geheimnis des organischen Lebens. Vieweg-Verlag, Braunschweig 1941.
Jordan, P.: Quantenphysik und Biologie. Naturwiss. *32*, 309–316, 1944.
Judson, H. F.: The Eighth Day of Creation. Touchstone, New York 1979. Der achte Tag der Schöpfung. Meyster-Verlag, München 1981.

Kalmanson, G. M., Bronfenbrenner, F.: Studies on the Purification of Bacteriophage. J. Gen. Physiol. *23*, 203, 1939.
Kaissling, K. E., Priester, E.: Die Riechschwelle des Seidenspinners. Naturwiss. *57*, 23–28, 1970.
Kay, L. E.: Conceptual Models and Analytical Tools: The Biology of the Physicist Max Delbrück 1931–1946. J. Hist. Biol. 18 (2), 207–246, 1985.
Kelner, A.: Effects of Visible Light on the Recovery of *Streptomyces griseus* conidia from Ultraviolet Irradiation injury. Proc. Natl. Acad. Sci. U.S.A. *35*, 73–79, 1949.
Kendrew, J. C.: How Molecular Biology Started. Scientific American *216*, 141–143, 1967.
Kluyver, A. J., Donker, H. J. L.: The Unity in Biochemistry. Chem. Zelle Gewebe *13*, 134–190, 1926.
Kluyver, A. J., Van Niel, C. B.: The Microbe's Contribution to Biology. Harvard University Press, Cambridge 1956.
Kohler, R. E.: The Management of Science: The Experience of Warren Weaver and the Rockefeller Foundation Programme in Molecular Biology. Minerva *XIV*, 279–306, 1976.
Kornberg, A.: DNA Synthesis. W. H. Freeman, San Francisco 1974.
Krafft, F.: Das Selbstverständnis der Physik im Wandel der Zeit. Physik-Verlag, Weinheim 1982.
Kuhn, Th.: The Structure of Scientific Revolutions. University of Chicago Press, Chicago 1962.

Lederberg, J., Tatum, E.: Novel genotypes in mixed cultures of biochemical mutants in bacteria. Cold Spring Harbor Symp. Quant. Biol. *XI*, 113–114, 1946a.
Lederberg, J., Tatum, E.: Genetic Recombination in *E. coli.* Nature *158*, 558, 1946b.
Leppmann, W.: Rilke. Scherz-Verlag, Bern 1981.
Lewis, I. M.: Bacterial Variation with special reference to some mutabile strains of colon bacteria in synthetic media. J. Bacteriol. *28*, 619–640, 1934.
Lipson, E. D.: White Noise Analysis of *Phycomyces.* Biophys. J. *15*, 1013–1031, 1975.
Locke, M.: Permeability of Insect Cuticle to Water and Lipids. Science *147*, 295–298, 1965.
Lorenz, K.: Kant's Lehre vom Apriorischen im Lichte gegenwärtiger Biologie. Blätter Dtsch. Philosophie *15*, 94–125, 1941.
Lorenz, K.: Die Rückseite des Spiegels. Piper-Verlag, München 1977.
Luria, S. E.: Mutations of bacterial viruses affecting their host range. Genetics *30*, 84–91, 1945.
Luria, S. E.: Reactivation of irradiated bacteriophage by transfer of self-reproducing units. Proc. Natl. Acad. Sci. U.S.A. *33*, 253–264, 1947.
Luria, S. E.: Bacteriophage: an essay on virus reproduction. Science *111*, 507–509, 1950.
Luria, S. E.: Mutations of Bacteria and Bacteriophage, in PATOOMB, 1966.
Luria, S. E.: A Slot Machine, A Broken Test Tube. Harper and Row, New York 1984.
Luria, S. E., Anderson, T. F.: The identification and characterization of bacteriophages with the electron microscope. Proc. Natl. Acad. Sci. U.S.A. *28*, 127–130, 1942.
Luria, S. E., Latarjet, R.: Ultraviolet irradiation of bacteriophage during intracellular growth. J. Bacteriol. *53*, 149–163, 1947.
Lwoff, A.: Lysogeny. Bacteriol. Rev. *17*, 269–337, 1953.
Lwoff, A.: The Prophage and I, in PATOOMB, 1966.

Medvedev, Z. A.: Der Fall Lyssenko. Hoffmann und Campe, Hamburg 1971.
Melchers, G.: Biologie und Nationalsozialismus, in A. Flitner (Hrsg.): Deutsches Geistesleben und Nationalsozialismus. Wunderlich, Tübingen 1965.
Meitner, L.: Die Gamma-Strahlung der Actiniumreihe und der Nachweis, daß die Gamma-Strahlen erst nach erfolgtem Atomzerfall emittiert werden. Z. Physik *34*, 807, 1925.
Meitner, L., Hahn, O.: Neue Umwandlungsprozesse bei Bestrahlung des Urans mit Neutronen. Die Naturwiss. *24*, 158, 1936.
Meselson, M., Stahl, F.: The replication of DNA in *E. coli.* Proc. Natl. Acad. Sci. U.S.A. *44*, 413, 1958.
Meyènn, K. von: Pauli, das Neutrino und die Entdeckung des Neutrons vor 50 Jahren. Naturwiss. *69*, 564–573, 1982.
Mitchell, H. K., Houlahan, M. B.: Adenine-Requiring Mutants of *Neurospora crassa*. Fed. Proc. *5*, 370–375, 1946.
Morgan, T. H.: Calvin B. Bridges. Biogr. Mem. Natl. Acad. Sci. U.S.A. *XXI*, 31–48, 1940.
Mueller, P., Rudin, D. O.: Action potential phenomena in experimental bimolecular lipid membranes. Nature *213*, 603–604, 1967.
Mueller, P., Rudin, D. O.: Action potentials induced in bimolecular lipid membranes. Nature *217*, 713–719, 1968.
Muller, H. J.: Artificial Transmutations of the Gene. Science *66*, 84–87, 1927.
Muller, H. J.: The Production of Mutations by X-rays. Proc. Natl. Acad. Sci. U.S.A. *14*, 714–726, 1928.
Muller, H. J.: The Need of Physics in Attack on Fundamental Problems of Genetics. Scientific Monthly *44*, 210–214, 1936.

Muller, H. J.: An Analysis of the Process of Structural Change in Chromosomes of Drosophila. J. Genetics *40*, 1–66, 1940.
Mullins, N. C.: The Development of a Scientific Speciality: The Phage Group and the Origins of Molecular Biology. Minerva *X*, 51–82, 1972.

Neuman, J. von: Theory of Self-Reproducing Automata, in A. W. Burks (ed.). University of Illinois Press, Urbana 1966.
Northrop, J. H.: Crystalline Enzymes, The Chemistry of Pepsin, Trypsin and Bacteriophage. Columbia University Press, New York 1939.
Novikoff, A. B.: The Concept of Integrative Levels in Biology. Science *101*, 209–215, 1945.

Oesterhelt, D., Stoeckenius, W.: Rhodopsin-like protein from the purple membrane of *H. halobium*. Nature New Biology *233*, 149–152, 1971.
Olby, R. C.: The Path to the Double Helix. Macmillan, London 1974.
Oort, A. J. P.: The spiral growth of *Phycomyces*. Proc. Roy. Acad. Sci. Amsterdam *34*, 564–575, 1931.
Ootaki, T., Fischer, E. P., Lockhardt, P.: Complementation between Mutants of *Phycomyces* with Abnormal Phototropism. Mol. Gen. Genet. *131*, 233–246, 1974.

Pauk, W.: Harnack and Troeltsch. Oxford University Press, New York 1968.
Pauling, L., Corey, R. B.: Configuration of Polypeptide Chains with equivalent Cis Amide Groups. Proc. Natl. Acad. Sci. U.S.A. *38*, 86–91, 1952.
Pauling, L., Corey, R. B.: A proposed structure for the nucleic acids. Proc. Natl. Acad. Sci. U.S.A. *39*, 84–97, 1953.
Piaget, J.: Einführung in die genetische Erkenntnistheorie. Suhrkamp-Verlag, Frankfurt 1973.
Piaget, J.: Der Aufbau der Wirklichkeit beim Kinde. Klett-Cotta, Stuttgart 1974.
Piaget, J.: Das Weltbild des Kindes. Ullstein Taschenbuch 39001, Ulstein-Verlag, Berlin 1980.
Piaget, J.: Biologie und Erkenntnis. Fischer Taschenbuch 7333, Fischer-Verlag, Frankfurt 1983.
Planck, M.: Über eine Verbesserung der Wienschen Spektralgleichung. Verh. Dtsch. phys. Ges. Berlin *2*, 202, 1900.
Plessner, H.: Die Stufen des Organischen und der Mensch. Sammlung Göschen, Walter de Gruyter Verlag, Berlin 1927.
Poisson, S. D.: Recherches sul la probabilité des judgement en matière criminelles et en matière civile, précédées des règles générales du calcul des probabilités. Paris 1837.
Pontecorvo, G.: Trends in Genetic Analysis. Columbia University Press, New York 1958.
Polya, G.: Über eine Aufgabe der Wahrscheinlichkeitsrechnung betreffend die Irrfahrt im Straßennetz. Math. Ann. *84*, 149–160, 1921.
Poo, M., Cone, R. A.: Lateral diffusion of rhodopsin in the photoreceptor membrane. Nature *247*, 438–441, 1974.
Popper, K. R.: The Logic of Scientific Discovery. Hutchinson, London 1966. Die Logik der Forschung. Mohr, Tübingen 1969.
Popper, K. R.: Realism and the Aim of Science. Hutchinson/Rowman & Littlefield, London 1983.
Primas, H.: Chemistry, Quantum Mechanics, and Reductionism. Springer-Verlag, Berlin 1981.

Quinn, W. G., Gould, J. L.: Nerves and Genes. Nature *278*, 19–23, 1979.

Reichardt, W.: Functional Characterization of Neural Interaction through an Analysis of Beha-

viour, in F. O. Schmitt (ed.): The Neurosciences: Fourth Study Program, Rockefeller University Press, pp. 81–103, New York 1978.
Rilke, R. M.: Duineser Elegien, Die Sonette an Orpheus. Insel Taschenbuch 80, Insel-Verlag, Frankfurt 1980.
Rohrlich, F., Gluckstern, R. L.: Forward Scattering of Light by a Coulomb Field. Phys. Rev. *86*, 1–9, 1952.
Rosenfeld, L.: Niels Bohrs Contribution to Epistemology. Physics Today *16*, 47–52, 1963.
Ruska, H.: Die Sichtbarmachung der Bakteriophagen Lyse im Übermikroskop. Naturwiss. *28*, 45–46, 1940.
Ruska, H.: Über ein neues bei der Bakteriophagenlyse auftretendes Formelement. Naturwiss. *29*, 367–368, 1941.

Setlow, R. B., Pollard, E. C.: Action Spectra and Quantum Yields, in Molecular Biophysics. Pergamon Press, pp. 276–305, Oxford 1962.
Schilpp, P. A. (ed.): Albert Einstein, Philosopher-Scientist. The Library of Living Philosophers, Vol. VII 1955. Albert Einstein als Philosoph und Naturforscher. Vieweg, Stuttgart und Braunschweig 1979.
Schrödinger, E.: Quantisierung als Eigenwertproblem. Ann. Phys. *79*, 361, 1926.
Schrödinger, E.: What is Life? Cambridge University Press, London 1945 (Nachdruck 1967).
Shannon, C.: A Mathematical Theory of Communication. The Bell System. Techn. J. *27*, 379–423 und 623–656, 1948.
Singer, S. J., Nicholson, G. L.: The Fluid Mosaic Model of the Structure of Cell Membranes. Science *175*, 720–724, 1972.
Singer, S. J.: The Molecular Organization of Membranes. Ann. Rev. Biochem. *43*, 805–834, 1974.
Speiser, A.: Die Theorie der Gruppen von endlicher Ordnung. 3. Auflage, Julius Springer, Berlin 1937 (1. Auflage 1923).
Stadler, L.: Genetic Studies with Ultraviolet Light. Int. Conf. Genet. *7*, 262–272, 1939.
Stanley, W. M.: Isolation of a crystalline protein possessing the properties of tobacco mosaic virus. Science *81*, 644–645, 1935.
Stent, G. S.: Molecular Biology of Bacterial Viruses. W. H. Freeman, San Francisco 1963.
Stent, G. S.: That was the molecular biology that was. Science *160*, 390–395, 1968.
Stent, G. S.: Waiting for the paradox, in PATOOMB, 1966.
Stent, G. S.: The Coming of the Golden Age. Natural History Press, Doubleday, New York 1969.
Stent, G. S.: Paradoxes of Progress. W. H. Freeman, San Francisco 1978.
Stent, G. S.: Naturwissenschaft und Ethik als paradoxe Schöpfungen der Vernunft. Naturwiss. *66*, 354–357, 1979.
Stent, G. S., Calendar, R.: Molecular Genetics: An introductory Narrative. W. H. Freeman, San Francisco 1978.
Sturtevandt, A. H.: The linear arrangement of six sex-linked factors in Drosophila, as shown by their mode of association. J. Exp. Zool. *14*, 43–59, 1913.
Sturtevandt, A. H., Beadle, G. W.: An Introduction to Genetics. W. B. Saunders, Philadelphia 1939.
Sturtevandt, A. H.: A History of Genetics. Harper and Row, New York 1965.
Sutton, W. S.: The Chromosomes in Heredity. Biol. Bull. *4*, 213–215, 1903.

Tarski, A.: Truth and Proof. Scientific American *220*, 63–77, 1969.
Thimme, A.: Hans Delbrück als Kritiker der Wilhelminischen Epoche. Droste, Düsseldorf 1955.

Timoféeff-Ressovsky, N. W., Zimmer, K. G.: Das Trefferprinzip in der Biologie. Hirzel-Verlag, Stuttgart 1947.

Vollmer, G.: Evolutionäre Erkenntnistheorie. 2. Aufl., Hirzel-Verlag, Stuttgart 1981.
Vollmer, G.: Die Natur der Erkenntnis und die Erkenntnis der Natur. Hirzel-Verlag, Stuttgart 1985.

Watson, J. D.: Growing up in Phage, in PATOOMB, 1966.
Watson, J. D.: The Double Helix. Atheneum, New York 1968.
Watson, J. D.: Molecular Biology of the Gene. 3rd edition, Benjamin, Menlo Park 1975.
Weber, E. H.: Tastsinn und Gemeingefühl. 1846. Nachdruck als Ostwalds Klassiker der exakten Wissenschaften, Nr. 149, Leipzig 1905.
Weizsäcker, C. F. von: Zum Weltbild der Physik. Hirzel-Verlag, Stuttgart 1963.
Weizsäcker, C. F. von: Die Wahrnehmung der Neuzeit. Hanser-Verlag, München 1983.
Wiener, N.: Cybernetics. MIT Press, Cambridge 1947. Kybernetik. Econ-Verlag, Düsseldorf 1963.
Wigner, E.: Einige Folgerungen aus der Schrödingerschen Theorie für die Termstrukturen. Z. Physik *43*, 624–652, 1927.

Yoxen, E. J.: Where does Schroedinger's »What is Life?« Belong in the History of Molecular Biology? History of Science *XVII*, 17–52, 1979.
Yukawa, H.: Tabibito. World Scientific Publishing Company, Philadelphia 1982.

Zimmer, K. G.: The Target Theory, in PATOOMB, 1966.

Die Bibliographie von Max Delbrück (1906–1981)

1) (1928) Ergänzung zur Gruppentheorie der Terme. Z. Phys. *51*, 181–187.
2) (1930) Quantitatives zur Theorie der homöopolaren Bindung. Ann. Phys. *5*, 36–58.
3) (1930) The Interaction of Inert Gases. Proc. Roy. Soc. London Ser. A *129*, 686–698.
4) (1931) mit G. Gamow: Übergangswahrscheinlichkeiten von angeregten Kernen. Z. Phys. *72*, 492–499.
5) (1932) Possible Existence of Multiply Charged Particles of Mass One. Nature *130*, 626–627. Erratum auf Seite 660.
6) (1933) Zusatz bei der Korrektur. Z. Phys. *84*, 144 in L. Meitner und H. Kösters: Über Streuung kurzwelliger Gamma-Strahlen. Z. Phys. *84*, 137–144.
7) (1935) mit L. Meitner: Der Aufbau der Atomkerne, Natürliche und künstliche Kernumwandlungen. Julius Springer, Berlin.
8) (1935) mit N. W. Timoféeff-Ressovsky und K. G. Zimmer: Über die Natur der Genmutation und der Genstruktur. Nachr. Ges. Wiss. Göttingen, Math.-Phys. Kl., Fachgruppe *6*, Nr. 13, 190–245.
9) (1936) mit N. W. Timoféeff-Ressovsky: Strahlengenetische Versuche über sichtbare Mutationen und die Mutabilität einzelner Gene bei *Drosophila melanogaster*. Z. Indukt. Abstamm. Vererbungsl. *71*, 322–334.

10) (1936) mit N. W. Timoféeff-Ressovsky: Cosmic Rays and the Origin of Species. Nature *137*, 358–359.

11) (1936) mit G. Moliére: Statistische Quantenmechanik und Thermodynamik. Abh. Preuss. Akad. Wiss. Phys.-Math. Kl., Nr. *1*, 1–46.

12) (1939) mit E. L. Ellis: The Growth of Bacteriophage. J. Gen. Physiol. *22*, 365–384.

13) (1940) Statistical Fluctuations in Autocatalytic Reactions. J. Chem. Phys. *8*, 120–124.

14) (1940) Radiation and the Hereditary Mechanism. American Naturalist *74*, 350–362.

15) (1940) The Growth of Bacteriophage and Lysis of the Host. J. Gen. Physiol. *23*, 643–660.

16) (1940) Adsorption of Bacteriophage under Various Physiological Conditions of the Host. J. Gen. Physiol. *23*, 631–642.

17) (1940) mit L. Pauling: The Nature of Intermolecular Forces Operative in Biological Processes. Science *92*, 77–79.

18) (1940) Growth of Bacteriophage and Lysis of the Host. J. Tenn. Acad. Sci. *15*, 417 (Abstract).

19) (1941) A Theory of Autocatalytic Synthesis of Polypeptides and its Application to the Problem of Chromosome Reproduction. Cold Spring Harbor Symp. Quant. Biol. *9*, 122–124.

20) (1942) mit S. E. Luria: Interference between Bacterial Viruses. I. Interference between Two Bacterial Viruses Acting upon the Same Host, and the Mechanism of Virus Growth. Arch. Bioch. *1*, 111–141.

21) (1942) mit S. E. Luria: Interference between Inactivated Bacterial Virus and Active Virus of the Same Strain and of a Different Strain. Arch. Bioch. *1*, 207–218.

22) (1942) Bacterial Viruses (Bacteriophages). Adv. Enzymol. *2*, 1–32.

23) (1942) The Reproduction of Bacteriophage. J. Bacteriol. *45*, 74 (Abstract).

24) (1943) mit S. E. Luria und T. F. Anderson: Electron Microscope Studies of Bacterial Viruses. J. Bacteriol. *46*, 57–77.

25) (1943) mit S. E. Luria: Mutations of Bacteria from Virus Sensitivity to Virus Resistance. Genetics *28*, 491–511.

26) (1943) mit S. E. Luria: A Comparison of the Action of Sulfa-Drugs on the Growth of a Bacterial Virus and of its Host. J. Bacteriol. *46*, 574–575 und
(1944) Proc. Indiana Acad. Sci. *53*, 28–29 (Abstract).

27) (1944) A Statistical Problem. J. Tenn. Acad. Sci. *19*, 177–178.

28) (1945) Spontaneous Mutations of Bacteria. Ann. Mo. Bot. Gard. *32*, 223–233.

29) (1945) The Burst Size Distribution in the Growth of Bacterial Viruses (Bacteriophages). J. Bacteriol. *50*, 131–135.

30) (1945) Effects of Specific Antisera on the Growth of Bacterial Viruses. J. Bacteriol. *50*, 137–150.

31) (1945) Interference between Bacterial Viruses. III. The Mutual Exclusion Effect and the Depressor Effect. J. Bacteriol. *50*, 151–170.

32) (1945) Experiments with Bacterial Viruses (Bacteriophages). Harvey Lectures *41*, 161–187.

33) (1945) mit T. F. Anderson und M. Demerec: Types of Morphology found in Bacterial Viruses. J. Appl. Physiol. *16*, 264.

34) (1946) Bacterial Viruses or Bacteriophages. Biol. Rev. *21*, 30–40.

35) (1946) mit W. T. Bailey Jr.: Induced Mutations in Bacterial Viruses. Cold Spring Harbor Symp. Quant. Biol. *11*, 33–37.

36) (1947) Über Bakteriophagen. Naturwiss. *34*, 301–306.

37) (1948) Biochemical Mutants of Bacterial Viruses. J. Bacteriol. *56*, 1–16.

38) (1948) mit M. Bruce Delbrück: Bacterial Viruses and Sex. Scientific American *179*, 46–51. Auf deutsch:
(1949) Naturwiss. Rundschau 7, 301–306.
39) (1949) Génétique du Bactériophage. Colloq. Int. C.N.R.S. *8*, 91–103.
40) (1949) Symposium on Unités Biologiques Donées de Continuité Génétique. Editions du Centre National de la Recherche Scientifique, Paris, 33–35.
41) (1949) A Physicist Looks at Biology. Trans. Conn. Acad. Arts Sci. *38*, 173–190, in J. Cairns, G. S. Stent, and J. D. Watson (eds.): Phage and the Origins of Molecular Biology. Cold Spring Harbor, New York 1966. Deutsche Übersetzung: Phage und die Entwicklung der Molekularbiologie. Akademie-Verlag, Berlin 1972.
42) (1950) (als Hrsg.), Viruses 1950. Proc. Conf. California Institute of Technology, March 20–22, 1950, Pasadena.
43) (1951) mit R. K. Clayton: Purple Bacteria. Scientific American *185*, 68–72.
44) (1952) mit J. J. Weigle: Mutual Exclusion between an Infecting Phage and a Carried Phage. J. Bacteriol. *62*, 301–318.
45) (1953) mit N. Visconti: The Mechanism of Genetic Recombination in Phage. Genetics *38*, 5–33.
46) (1954) Wie vermehrt sich ein Bakteriophage? Angew. Chemie *66*, 391–395. Englische Übersetzung in:
(1956) Current Views on the Reproduction of Bacteriophage. Scientia *91*, 118–126.
47) (1954) On the Replication of Desoxyribonucleic Acid (DNA). Proc. Natl. Acad. Sci. U.S.A. *40*, 783–788.
48) (1956) mit W. Reichardt: System Analysis for the Light Growth Reactions of *Phycomyces*, in D. Rudnick (ed.): Cellular Mechanisms in Differentiation and Growth. Princeton University Press, 3–44, Princeton.
49) (1957) mit G. S. Stent: On the Mechanism of DNA Replication, in W. D. McElroy, B. Glass (eds.): The Chemical Basis of Heredity. Johns Hopkins Press, Baltimore.
50) (1958) Bacteriophage Genetics. Proc. IV. Int. Poliomyelitis Congress. Lippincott, New York.
51) (1958) mit S. W. Golomb und L. R. Welch: Construction and Properties of Comma-Free Codes. Biol. Medd. Dan. Vid. Selsk. *23*(9), 1–30.
52) (1958) mit R. Cohen: Distribution of Stretch and Twist along the Growing Zone of the Sporangiophore of *Phycomyces* and the Distribution of Response to a Periodic Illumination Program. J. Cell. Comp. Physiol. *52*, 361–388.
53) (1959) mit R. Cohen: Photoreactions in *Phycomyces*: Growth and Tropic Responses to the Stimulation of Narrow Test Areas. J. Gen. Physiol. *42*, 677–695.
54) (1960) mit W. Shropshire Jr.: Action and Transmission Spectra of *Phycomyces*. Plant Physiol. *35*, 194–204.
55) (1961) mit D. Varju: Photoreactions in *Phycomyces*: Responses to the Stimulation of Narrow Test Areas with UV Light. J. Gen. Physiol. *44*, 1177–1188.
56) (1961) mit D. Varju und L. Edgar: Interplay between the Reactions to Light and to Gravity in *Phycomyces*. J. Gen. Physiol. *45*, 47–58.
57) (1962) Knotting Problems in Biology. Proc. Symp. Appl. Math. *14*, 55–68.
58) (1962) mit H. E. Johns und S. A. Rapaport: Photochemistry of Thymine Dimers. J. Mol. Biol. *4*, 104–114.
59) (1962) Genetik und die Synthese »lebender« Substanz. MNU *15*, 241–243.
60) (1962) Ein Hinweis auf einige neue Gedanken in der Biologie. Phys. Blätter *18*, 559–562.

61) (1963) Der Lichtsinn von *Phycomyces*. Ber. Dtsch. Bot. Ges. *75*, 411–430.
62) (1963) Biophysics. Commemoration of the 50th Anniversary of Niels Bohr's Papers on Atomic Constitution, Session on Cosmos and Life. Inst. for Theoretical Physics, Copenhagen, 41–67.
63) (1963) Inwiefern ist die Biologie zu schwierig für die Biologen? Physikertagung Stuttgart 1963. Physik-Verlag, Moosbach/Baden.
64) (1963) Über Vererbungschemie. Arbeitsgemeinschaft Forsch. Land. Nordrhein-Westfalen, Nat.-Ing.-Gesellschaft, Wiss. Veröff., Heft *125*, 1–39.
65) (1963) Die Vererbungschemie. Naturwiss. Rundschau *16*, 85–89.
66) (1963) Das Begriffsschema der Molekular-Genetik. Nova Acta Leopoldina, N. F. *26*, Nr. 165, 9–16. Auch als
(1964) Betrachtungen über die Soziologie der Vererbungschemie. Das Leben *1* (4), 136–138.
67) (1965) Primary Transduction Mechanisms in Sensory Physiology and the Search for Suitable Experimental Systems. Israel J. Med. Sci. *1*, 1363–1365.
68) (1966) Beiträge zu: General Discussion. Radiat. Res. Suppl. *6*, 227–234.
69) (1967) Molecular Aspects of Genetics, in R. A. Brink (ed.): Heritage from Mendel. University of Wisconsin Press, Madison.
70) (1967) mit K. L. Zankel und P. V. Burke: Absorption and Screening in *Phycomyces*. J. Gen. Physiol. *50*, 1893–1906.
71) (1968) mit G. Adam: Reduction of Dimensionality in Biological Diffusion Processes, in N. Davidson and A. Rich (eds.): Structural Chemistry and Molecular Biology (Linus-Pauling-Festschrift). W. H. Freeman, pp. 198–215, San Francisco.
72) (1968) Molecular Biology – The Next Phase. Eng. Sci. *32* (November 1968), 36–40. Französisch als: Biologie moleculaire: La prochaine etape. Sciences (Paris) *56*, 7–13.
73) (1968) mit G. Meissner: Carotenes and Retinal in *Phycomyces*. Plant Physiol. *43*, 1279–1283.
74) (1969) mit K. Bergman, P. V. Burke, E. Cerdá-Olmedo, C. N. David, K. W. Foster, E. W. Goodell, M. Heisenberg, G. Meissner, M. Zalokar, D. S. Dennison und W. Shropshire, Jr.: *Phycomyces*. Bacteriol. Rev. *33*, 99–157.
75) (1969) mit R. Edgar: Jean Jacques Weigle 1901–1968. Eng. Sci. *33* (January 1969), 21.
76) (1970) A Physicist's Renewed Look at Biology: Twenty Years Later. Science *168*, 1312–1315. Auch in: Les Prix Nobel en 1969. The Nobel Foundation, Stockholm.
77) (1970) Lipid Bilayers as Models of Biological Membranes, in F. O. Schmitt (ed.): The Neurosciences. Rockefeller University Press, pp. 677–684, New York.
78) (1970) mit M. Petzuch: Effects of Cold Periods on the Stimulus-Response System of *Phycomyces*. J. Gen. Physiol. *56*, 297–308.
79) (1970) Vorwort, in E. Geissler (Hrsg.): Desoxyribonukleinsäure. Akademie-Verlag, Berlin.
80) (1971) Aristotle-totle-totle, in J. Monod and E. Borek (eds.): Of Microbes and Life (Andre-Lwoff-Festschrift). Columbia University Press, New York.
81) (1972) Homo Scientificus According to Beckett, in W. Beranek (ed.): Science, Scientists and Society. Bodgen and Quigley, New York. Auf Deutsch in: Neue Sammlung *12*, 528–542.
82) (1972) Signal Transducers: *Terra Incognita* of Molecular Biology. Angew. Chemie Int. Ed. Engl. *11*, 1–7.
83) (1972) Geleitwort zur deutschen Ausgabe, in E. Geissler (Hrsg.): Phagen und die Entwicklung der Molekularbiologie. Akademie-Verlag, Berlin.
84) (1972) Out of this World, in F. Reines (ed.): Cosmology, Fusion and Other Matters (George Gamow Memorial Volume). Colorado Associated University Press, Boulder.

85) (1972) Anfänge der Wahrnehmung, in H. v. Ditfurth (Hrsg.): mannheimer forum *72*, Boehringer, Mannheim, 53–84.
86) (1973) mit T. Ootaki, A. Crafts Lighty und W. J. Hsu: Complementation between Mutants of *Phycomyces* Deficient with Respect to Carotenogenesis. Mol. Gen. Genet. *121*, 57–70.
87) (1974) Anfänge der Wahrnehmung: Untersuchungen über den Mechanismus der Wandlung von Sinnessignalen bei *Phycomyces*. Karl-August-Forster-Lectures *10*. Akademie der Wissenschaften und der Literatur, Mainz.
88) (1974) mit W.-J. Hsu und D. C. Ailion: Carotenogenesis in *Phycomyces*. Phytochemistry *13*, 1463–1468.
89) (1974) Interview: Education for Suicide. Prism (November 1974), 16–19.
90) (1975) mit R. J. Cohen, Y. N. Jan und J. Matricon: Avoidance Response, House Response, and Wind Response of the Sporangiophore of *Phycomyces*. J. Gen. Physiol. *66*, 67–95.
91) (1975) mit A. P. Eslava, M. I. Alvarez und P. V. Burke: Genetic Recombination in Sexual Crosses of *Phycomyces*. Genetics *80*, 445–462.
92) (1975) mit P. G. Saffman: Brownian Motion in Biological Membranes. Proc. Natl. Acad. Sci. U.S.A. 72, 3111–3113.
93) (1975) mit A. P. Eslava und M. I. Alvarez: Meiosis in *Phycomyces*. Proc. Natl. Acad. Sci. U.S.A. 72, 4076–4080.
94) (1976) mit A. Katzir und D. Presti: Responses of *Phycomyces* Indicating Optical Excitation of the Lowest Triplet State of Riboflavin. Proc. Natl. Acad. Sci. U.S.A. *73*, 1969–1973.
95) (1976) Light and Life III. Carlsberg Res. Commun. *41*, 299–309.
96) (1976) How Aristotle Discovered DNA, in K. Huang (ed.): Physics and Our World: A Symposium in Honor of Victor F. Weisskopf. American Institute of Physics, New York.
97) (1977) mit D. Presti und W. J. Hsu: Phototropism in *Phycomyces* Mutants Lacking Beta-Carotene. Photochem. Photobiol. *26*, 403–405.
98) (1977) mit E. Cerdá-Olmedo: El Comportamiento de *Phycomyces*. Genetica Microbiana, Editorial Alhambra, Madrid.
99) (1978) Erinnerungen an Max Born, in H. Baumann (Hrsg.): Max-Born-Gymnasium Germering. Jahresbericht 1977/78.
100) (1978) mit David Presti: Photoreceptors for Biosynthesis, Energy, Storage and Vision. Plant, Cell, and Environment *1*, 81–100.
101) (1978) Mind from Matter?, American Scholar *47*, 339–353.
102) (1978) Mind from Matter??, in W. H. Heidcamp (ed.): The Nature of Life. University Park Press, Baltimore.
103) (1978) The Arrow of Time – Beginning and End. Eng. Sci. *42* (September 1978), 5–9.
104) (1978) Virology Revisited. Proc. Int. Symp. Mol. Basis Host Virus Interaction. Science Press, Princeton.
105) (1979) mit T. Ootaki: An Unstable Gene in *Phycomyces*. Genetics *92*, 27–48.
106) (1979) mit M. Jayaram und D. Presti: Light-induced Carotene Synthesis in *Phycomyces*. Exper. Mycology *3*, 42–52.
107) (1980) A Valentine for N.I.H. Trends. Bioch. Sci. (TIBS), Feb. 1980, p. XII.
108) (1980) mit M. Jayaram und L. Leutwiler: Light-induced Carotene Synthesis in Mutants of *Phycomyces* with Abnormal Phototropism. Photochem. Photobiol. *32*, 241–245.

109) (1980) Was Bose-Einstein Statistics arrived at by Serendipity? J. Chem. Education 57, 467–470.

110) (1981) mit M. K. Otto, M. Jayaram und R. M. Hamilton: Replacement of Riboflavin by an Analogue in the Blue-Light-Photoreceptor of *Phycomyces*. Proc. Natl. Acad. Sci. U.S.A. *78*, 266–269.

111) (1986) »Wahrheit und Wirklichkeit«, Rasch und Röhring Verlag, Hamburg; engl. Ausgabe »Mind from Matter?«, Blackwell Scientific, Palo Alto 1985.

Buchbesprechungen von Max Delbrück

1) (1943) Arch. Biochem. *3*, 132–134. Zu dem Buch »Virus Diseases« von Mitgliedern des Rockefeller Institute for Medical Research: T. M. Rivers *et al.* Cornell University Press, Ithaca 1943.

2) (1945) Quart. Rev. Biol. *20*, 370–372. Zu dem Buch »What is Life?« von Erwin Schrödinger. Cambridge University Press, Cambridge und Macmillan Company, New York 1945.

3) (1946) Rev. Sci. Instrum. *17*, 133–134. Zu dem Buch »Niels Bohr, an Essay«, von Léon Rosenfeld. North Holland Publishing Company, Amsterdam 1945.

4) (1968) Eng. Sci. *31* (June 1968), 6. Zu dem Buch »Structural Chemistry and Molecular Biology«, herausgegeben von N. Davidson and A. Rich. W. H. Freeman, San Francisco 1968.

5) (1970) Eng. Sci. *33* (April 1970), 53–54. Zu dem Buch »The Coming of the Golden Age: A View of the End of Progress«, von Gunther S. Stent. The Natural History Press, Garden City 1970.

Glossar

Adaptation – Anpassung an Umweltbedingungen, physiologische Veränderungen der Reizschwelle eines Sinnesorgans als Ergebnis fortgesetzter Reizung, wodurch ein stärkerer Reiz notwendig wird, um die gleiche Reaktion hervorzurufen.

α-Teilchen – Zerfallsprodukt aus radioaktiven Kernen (identifiziert als Heliumkerne).

Aminosäuren – Grundbausteine der Proteine, die aus Ketten von Aminosäuren bestehen.

Antimaterie – Besteht aus den Antiteilchen: Antiprotonen, Antineutronen und Antielektronen (Positronen); sie haben die gleiche Masse und den gleichen Spin wie ihr entsprechendes Teilchen aber die entgegengesetzte Ladung.

Assimilation – Aufnahme einfacher Nährstoffe und Synthese komplexer Verbindungen in einem Organismus.

Bakteriophage – Ein bakterielles Virus, also ein Virus, das sich in Bakterien vermehrt.

Basenpaar – Verbindung aus den Basen Adenin und Thymin bzw. Guanin und Cytosin in der Doppelhelix.

Boson – Teilchen mit ganzzahligem Spin.

Chemotaxis – Taxis, bei der der Reiz von einem chemischen Konzentrationsgefälle abhängig ist.
Chlorophyll – Grünes Pigment in Algen und höheren Pflanzen.
Chromosomen – Fadenförmige Gebilde aus dem Kern jeder Tier- und Pflanzenzelle, die aus DNS und Proteinen bestehen und das genetische Material enthalten.
Crossing over – Austausch von genetischem Material zwischen homologen Chromosomen.

DNS – Der abgekürzte chemische Name des genetischen Materials *D*esoxyribo*n*uklein*s*äure.
Doppelhelix – Das Strukturmerkmal der DNS als Doppelstrang.
Dualismus – Allgemein eine philosophische Position, die zwei unterschiedliche Einstellungen nebeneinander bestehen läßt; in der Physik speziell der Welle-Teilchen-Dualismus, Licht kann als Welle und als Teilchen in Erscheinung treten.

Elektron – Das leichteste elektrisch geladene Teilchen, Bestandteil der Atomhülle.
Elektronenmikroskop – Gerät zum Sichtbarmachen biologischer Strukturen im Größenbereich von 10 Å, statt Lichtstrahlen werden dazu Elektronenstrahlen verwendet.
Entropie – Neben der Energie eine Größe, die den Zustand eines Systems charakterisiert, ein Maß für die Wahrscheinlichkeit eines Zustands.
Enzyme – Proteine, die chemische Reaktionen katalysieren.
Erbfaktor – Gen.
Eukaryonten – Organismen, deren Zellen einen Zellkern besitzen.

Fermion – Teilchen mit halbzahligem Spin.

Gen – Ein Abschnitt auf einem Chromosom, der eine funktionelle Einheit repräsentiert.
Genetik – Wissenschaft von der Vererbung.
Genetische Karte – Die Anordnung mutierbarer Stellen eines Chromosoms, wie sie sich aus Rekombinationsversuchen ergibt.
Genetischer Code – Vermittelt zwischen DNS und Proteinen.
Genotyp – Die genetische Konstitution eines Organismus.
Geotropismus – Orientierung auf den Reiz der Schwerkraft.

Irreversibilität – Zeitliche Nichtumkehrbarkeit physikalisch-chemischer Abläufe.

Komplementarität – Die Zusammengehörigkeit verschiedener Möglichkeiten, dasselbe (z. B. ein Elektron) als Verschiedenes (als Welle oder Teilchen) zu erfahren; zentraler Begriff der Interpretation der Quantenmechanik, eingeführt von Niels Bohr.
Korrelationen – Wechselbeziehungen zwischen verschiedenen Strukturen und Vorgängen.

Lamarckismus – Theorie, nach der während des Lebens erworbene Eigenschaften vererbt werden.
Latenzzeit – Zeitspanne zwischen der Setzung eines Reizes und den ersten feststellbaren Reaktionen.
Letale Gene – Gene, deren Träger nicht lebensfähig sind.
Locus – Position eines bestimmten Gens auf einem Chromosom.
Lysis – Zerstörung von Zellen durch Aufbrechen der Plasmamembran.
Lysogenes Bakterium – Ein Bakterium, das einen Prophagen enthält.

Makromolekül – Molekül mit hohem Molekulargewicht (zwischen tausend und Millionen).
Membran – Hülle einer Zelle (außen) oder von Zellteilchen (innen), setzt sich aus einer Doppelschicht aus bestimmten Molekülen (Lipiden) zusammen, in die Proteine eingelagert sind.
Mikroorganismus – Mikroskopisch kleiner Organismus.
Mutante – Organismus mit mutiertem Gen.
Mutation – Eine vererbbare Veränderung auf einem Chromosom.
Myzel – Die Masse der Hyphen, die den vegetativen Teil eines Pilzes darstellen.

Neutron – Elektrisch neutrales Teilchen, das neben den Protonen zu den Bausteinen der Atomkerne gehört.

Phänotyp – Das Erscheinungsbild eines Organismus.
Phage – Bakteriophage.
Photon – Das Teilchen des Lichts.
Photorezeptor – Rezeptor zur Wahrnehmung von Licht.
Photosynthese – Synthese organischer Verbindungen der grünen Pflanzen aus Wasser und Kohlendioxid unter Verwendung von Sonnenlicht.
Phototaxis – Taxis, in der das Licht als Reiz wirkt.
Phototropismus – Tropismus, in dem das Licht der Reiz ist.
Plancksche Konstante – Naturkonstante, welche die kleinste Energieeinheit des Lichts festlegt, die mit der Materie ausgetauscht werden kann.
Plaque – Kahle Stelle im Bakterienrasen einer Kultur auf Agar durch Zerstörung der Bakterienzellen durch Phagen.
Prokaryonten – Zellen, die ihr genetisches Material als einfaches DNS-Molekül besitzen (kein Zellkern).
Prophage – Die DNS eines Phagen, eingebunden in die DNS der Wirtszelle.
Protein – Komplexe organische Verbindung (»Eiweiß«), die aus vielen Aminosäuren aufgebaut ist.
Proton – Positiv geladenes Teilchen, gleichzeitig der Kern des Wasserstoffatoms.

Quantenmechanik – Theorie vom Aufbau der Atome, die zum Dualismus von Welle und Teilchen führt.

Reduktionismus – Methodisch die Zurückführung von Erscheinungen auf ihre Einzelteile (meist in der Überzeugung, die Ganzheit restlos aus den Teilen erklären zu können).
Rekombination – Das Auftreten von Nachkommen mit Genkombinationen, die bei keinem der Eltern vorhanden waren.
Relativitätstheorie – Vor allem von Einstein entwickelte Theorie, die es erlaubt, die Dynamik schnell bewegter Körper zu verstehen; sie fügt Raum und Zeit zu einer Einheit zusammen.
Replikation – Herstellung exakter Kopien komplexer Moleküle.
Resistenz – Die Fähigkeit zu widerstehen.
Riboflavin – Ein Vitamin der B-Gruppe (B_2), das universell in Lebewesen verbreitet ist; bildet einen Bestandteil verschiedener Enzyme.

Spin – Eigendrehimpuls der Elementarteilchen (Drehung um die eigene Achse), der nur ganz- oder halbzahlige Vielfache der Planckschen Konstanten annehmen kann.
Sporangium – Organ, in dem ungeschlechtliche Sporen gebildet werden.
Spore – Fortpflanzungskörper, der direkt oder indirekt ein neues Individuum hervorbringt.

Taxis – Fortbewegung als Reaktion auf einen gerichteten Reiz.
Transduktion – Übertragung von genetischem Material von einem Bakterium zum anderen mit Hilfe von Phagen.
Tropismus – Wachstum als Reaktion auf einen gerichteten Reiz.

Virus – Submikroskopische Partikel, die nicht imstande sind, sich außerhalb des Wirtsgewebes zu vermehren; sie kommen in Pflanzen, Tieren und Bakterien vor.

Wildtyp – Phänotyp, der für die Mehrzahl der Individuen einer Art unter natürlichen Bedingungen charakteristisch ist.
Wirt – Organismus, der durch einen Parasiten infiziert ist.

Zelle – Kleinste lebende Grundeinheit aller Organismen.

Namenregister

Sachregister

Bildnachweis

Wenn nicht anders vermerkt, wurden die Bilder aus Kopenhagen vom Niels-Bohr-Archiv, aus Cold Spring Harbor vom Cold-Spring-Harbor-Laboratorium und aus Pasadena vom Caltech zur Verfügung gestellt. Die Bilder aus Berlin stammen aus dem Privatbesitz der Familien Delbrück und Bonhoeffer. Der Autor dankt herzlich für die Erlaubnis, die Bilder in diesem Rahmen verwenden zu dürfen.

Ernst Peter Fischer

Niels Bohr

Die Lektion der Atome
1987. 131 Seiten mit 10 Abbildungen. Serie Piper 5226

Niels Bohr (1885–1962) war einer der größten Physiker unseres Jahrhunderts. Die von ihm begründete Atomtherorie machte den Aufbau der Atome zum erstenmal erklärbar und bildete vielleicht das folgenreichste geistige Ereignis des 20. Jahrhunderts: Ohne sie wären weder Laser noch Computer denkbar, ohne die auf ihr aufbauende Quantenmechanik bleibt eine chemische Bindung ohne Erklärung und die Molekularbiologie ohne Grundlage. Und: Ohne Atomtheorie wäre schließlich die Kernspaltung nicht möglich gewesen. Als Mensch wie als Wissenschaftler bestimmte Bohr fünfzig Jahre lang die Entwicklung der Atomphysik. In seinem Denken ging er aber weit über die rein physikalisch-technischen Aspekte hinaus. Er versuchte, die Lektion der Atome zu lernen, also zu verstehen, was die neue Physik für den Menschen und seine Welt bedeuten. Das reicht von den politisch zu bewältigenden Folgen der Kernspaltung bis hin zu dem philosophischen Problem der Natur der Wirklichkeit – über das er sich mit Albert Einstein jahrzehntelang auseinandersetzte. Diesen Weg des Physikers und Philosophen Niels Bohr zeichnet Ernst Peter Fischer hier nach; ihm gelingt es dabei, auch physikalischen Laien tiefe Einblicke in sein Denken zu geben, das in unserer Welt tiefe Spuren hinterlassen hat.

»Niels Bohr war der fragende Meister der Atomtheorie. An ihm habe ich verstehen gelernt, wie Sokrates auf seine Schüler gewirkt haben muß.«
Carl Friedrich von Weizsäcker

Werner Heisenberg

Gesammelte Werke

Abteilung C: Allgemeinverständliche Schriften

Herausgegeben von Walter Blum, Hans-Peter Dürr und Helmut Rechenberg

Band I
Physik und Erkenntnis 1927–1955

Ordnung der Wirklichkeit, Interpretation der Quantenmechanik, Atomphysik, Kausalität, Unbestimmtheitsrelationen u. a. 1984. 453 Seiten. Leinen

Band II
Physik und Erkenntnis 1956–1968

Gifford-Lectures, Sprache und Wirklichkeit, Abstraktion und Vereinheitlichung, Goethes Naturbild u. a. 1984. 440 Seiten. Leinen

Band III
Physik und Erkenntnis 1969–1976

Der Teil und das Ganze, Die Bedeutung des Schönen, Naturwissenschaftliche und religiöse Wahrheit, Elementarteilchen u. a. 1985. 242 Seiten. Leinen

Band IV
Biographisches und Kernphysik

Autobiographisches, Laudationes, Nobelvortrag, Münchner Festrede, Kernphysik, Buchbesprechungen u. a. 1986. 505 Seiten. Leinen

Band V
Wissenschaft und Politik

Organisation der Forschung, Schule und Studium, A. v. Humboldt-Stiftung, Verantwortung des Wissenschaftlers u. a. (Erscheint 1988)

Die »Allgemeinverständlichen Schriften« in fünf Bänden – etwa die Hälfte der Texte wird erstmals in Buchform veröffentlicht – wenden sich vor allem an naturwissenschaftlich und philosophisch interessierte Laien. Sie erhalten aufregende Einblicke in das Denken des Nobelpreisträgers.

Das Werk Heisenbergs, das sich an das allgemeine Publikum wendet, umfaßt neben Reden und Aufsätzen zum Inhalt und zur Deutung der Physik seine Gesamtschau des Naturbildes, wie es sich von der Antike bis zur Gegenwart entwickelt hat. Darüber hinaus ist von der Organisation der Forschung und vor allem auch von der Verantwortung des Wissenschaftlers in einer wissenschaftlich-technischen Welt die Rede. Heisenbergs Schriften sind – wie schon seine erfolgreichen Bücher zeigten – geeignet, ein großes Publikum zu erreichen. Ihm gelang – wie nur wenigen bedeutenden Naturwissenschaftlern – die Vermittlung zwischen der modernen Naturwissenschaft und einer interessierten Öffentlichkeit.

Erwin Schrödinger

Was ist Leben?

Die lebende Zelle mit den Augen des Physikers betrachtet
Einführung von Ernst Peter Fischer.
Aus dem Englischen von L. Mazurczak. 2. Aufl., 5. Tsd. 1987.
154 Seiten mit 12 Abbildungen im Text und 4 Tafeln. Geb.

Das Buch »Was ist Leben?« des Physikers und Nobelpreisträgers Erwin Schrödinger hat die Entwicklung der Naturwissenschaften, vor allem der modernen Biologie maßgeblich beeinflußt.
Anläßlich des 100. Geburtstags Schrödingers im August 1987 legt der Verlag dieses Meisterwerk naturwissenschaftlicher Prosa in einer Neuausgabe vor. In seiner Einführung würdigt der Physiker und Biologe Ernst Peter Fischer die Bedeutung des Autors und seines Buches.

»Schrödingers Gedanken wurden von den Ideen der Antike geprägt. Dies wird insbesondere in seinen Schriften über die ›Natur und die Griechen‹, ›Naturwissenschaft und Humanismus‹ und ›Was ist Leben‹ deutlich. Ihn interessierte besonders die Frage, wie sich die Methoden naturwissenschaftlicher Forschung historisch entwickelt haben. Die Aufspaltung der modernen Wissenschaften erschien ihm verhängnisvoll. Schrödinger übersetzte Homer aus dem Original ins Englische und alte provenzalische Gedichte in die deutsche Sprache.« FAZ

KONSTANZER BIBLIOTHEK

Herausgeberkollegium:
Peter Böger, Friedrich Breinlinger, Jürgen Mittelstraß,
Bernd Rüthers, Jürgen Schlaeger, Hans-Wolfgang Strätz,
Horst Sund, Manfred Timmermann, Brigitte Weyl

Band 1
Wirkstoffe im Zellgeschehen
Herausgegeben von Peter Böger

Band 2
Licht und Leben
Ein Bericht über Max Delbrück,
den Wegbereiter der Molekularbiologie
Von Peter Fischer

Band 3
Frauen in der griechischen Geschichte
Von Wolfgang Schuller

Band 4
Frauen in der römischen Geschichte
Von Wolfgang Schuller

Band 5
Psychoanalyse in wissenschaftstheoretischer Sicht
Zum Werk Sigmund Freuds und seiner Rezeption
Von Adolf Grünbaum

Band 6
Die Kontrafaktur
Vorlage und Verarbeitung in Literatur, bildender Kunst,
Werbung und politischem Plakat
Von Theodor Verweyen und Gunther Witting

UNIVERSITÄTSVERLAG KONSTANZ GMBH